全国中等职业学校电工类专业通用教材

全国技工院校电工类专业通用教材（中级技能层级）

电工技能训练

（第六版）

人力资源社会保障部教材办公室　组织编写

中国劳动社会保障出版社

简　介

本书主要内容包括：钳工基本操作、电工基本操作、室内线路的安装与检修、电机的维护与检修、变压器的维护与检修。

本书由王建任主编，刘志辉、何慧凡、栾成宝任副主编，郭亚东、赵虹、张莉娟、何丽丽、吴琛、刘健、付世书、赵毅、刘源、常鹏、张永恒、陈雷、许永范和崔云龙参与编写；刘青任主审。

图书在版编目（CIP）数据

电工技能训练 / 人力资源社会保障部教材办公室组织编写．-- 6 版．-- 北京：中国劳动社会保障出版社，2022

全国中等职业学校电工类专业通用教材　全国技工院校电工类专业通用教材．中级技能层级

ISBN 978-7-5167-5399-6

Ⅰ．①电…　Ⅱ．①人…　Ⅲ．①电工技术 - 中等专业学校 - 教材　Ⅳ．①TM

中国版本图书馆 CIP 数据核字（2022）第 203414 号

中国劳动社会保障出版社出版发行

（北京市惠新东街 1 号　邮政编码：100029）

*

三河市潮河印业有限公司印刷装订　　新华书店经销

787 毫米 ×1092 毫米　16 开本　25.25 印张　483 千字

2022 年 11 月第 6 版　　2025 年 10 月第 10 次印刷

定价：49.00 元

营销中心电话：400-606-6496

出版社网址：http://www.class.com.cn

http://jg.class.com.cn

版权专有　　　侵权必究

如有印装差错，请与本社联系调换：（010）81211666

我社将与版权执法机关配合，大力打击盗印、销售和使用盗版图书活动，敬请广大读者协助举报，经查实将给予举报者奖励。

举报电话：（010）64954652

前　言

为了更好地适应全国技工院校电工类专业的教学要求，全面提升教学质量，人力资源社会保障部教材办公室组织有关学校的一线教师和行业、企业专家，在充分调研企业生产和学校教学情况、广泛听取教师使用反馈意见的基础上，吸收和借鉴各地技工院校教学改革的成功经验，对现有电工类专业通用教材进行了修订（新编）。

本次教材修订（新编）工作的重点主要体现在以下几个方面。

更新教材内容

◆ 根据企业岗位需求变化和教学实践，确定学生应具备的知识与能力结构，调整部分教材内容，增补开发教材，使教材的深度、难度、广度与实际需求相匹配。

◆ 根据相关专业领域的最新技术发展，推陈出新，补充新知识、新技术、新设备、新材料等方面的内容。

◆ 根据最新的国家标准、行业标准编写教材，保证教材的科学性和规范性。

◆ 根据一体化教学理念，提高实践性教学内容的比重，进一步强化理论知识与技能训练的有机结合，体现“做中学、学中做”的教学理念。

优化呈现形式

◆ 创新教材的呈现形式，尽可能使用图片、实物照片和表格等形式将知识点生动地展示出来，提高学生的学习兴趣，提升教学效果。

◆ 部分教材将传统黑白印刷升级为双色印刷和彩色印刷，提升学生的阅读体验。例如，《电工基础（第六版）》和《电子技术基础（第六版）》采用双色设计，使电路图、波形图的内涵清晰明了；《安全用电（第六版）》将图片进行彩色重绘，符合学生的认知习惯。

提升教学服务

为方便教师教学和学生学习，除全面配套开发习题册外，还提供二维码资源、电子教案、电子课件、习题参考答案等多种数字化教学资源。

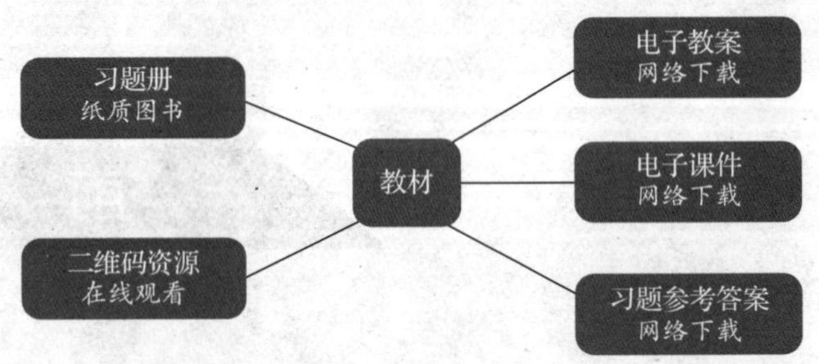

二维码资源——在部分教材中，针对重点、难点内容制作微视频，针对拓展学习内容制作电子阅读材料，使用移动设备扫描即可在线观看、阅读。

电子教案——结合教材内容编写教案，体现教学设计意图，为教师备课提供参考。

电子课件——依据教材内容制作电子课件，为教师教学提供帮助。

习题参考答案——提供教材中习题及配套习题册的参考答案，为教师指导学生练习提供方便。

电子教案、电子课件、习题参考答案均可通过技工教育网（http://jg.class.com.cn）下载使用。

致谢

本次教材的修订（新编）工作得到了辽宁、江苏、山东、河南、广西等省（自治区）人力资源社会保障厅及有关学校的大力支持，在此我们表示诚挚的谢意。

人力资源社会保障部教材办公室

2020 年 9 月

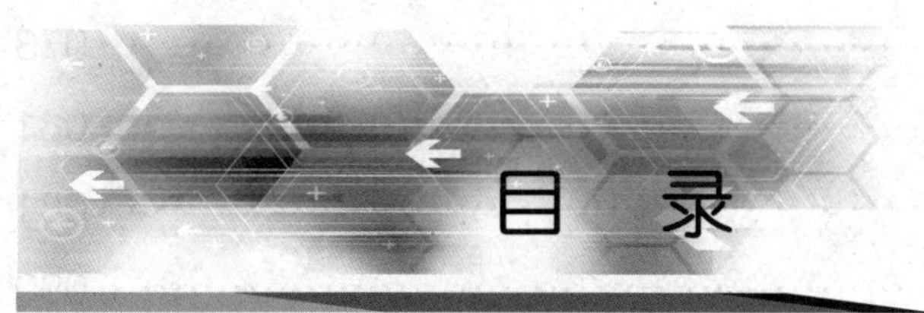

目录

第一单元　钳工基本操作

第二单元　电工基本操作

第四单元 电机的维护与检修

第五单元　变压器的维护与检修

第一单元
钳工基本操作

课题一　钳工基础知识及常用量具的使用

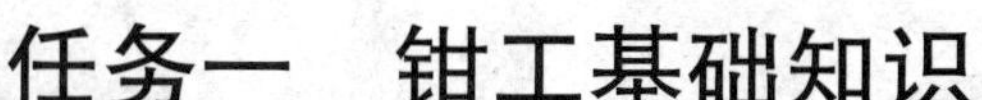

任务一　钳工基础知识

学习目标

1. 掌握钳工的基础知识。
2. 能正确使用、维护钳工常用设备。

钳工是使用钳工工具或设备，按照技术要求对工件进行加工、修整、装配的一个工种。

一、钳工的主要任务

加工零件——一些不适宜采用机械加工方法完成的工艺都可由钳工来完成，如零件加工过程中的划线、精密加工（如刮削、研磨、锉削样板等）以及检验和修配等。

装配——装配是指把零件按机械设备的装配技术要求进行组件、部件装配和总装配，并经过调整、检验和试车等，使之成为合格的机械设备。

设备维修——当机械设备在使用过程中产生故障、出现损坏或长期使用后精度降低，影响使用时，需要进行维护和修理，其修理工作主要由钳工完成。

工艺装备的制造和修理——工艺装备的制造和修理是指制造和修理各种工具、夹具、量具、模具等工艺装备。

二、钳工的基本操作

钳工的基本操作技能主要有划线、錾削、锯削、锉削、钻孔、扩孔、锪孔、铰孔、攻螺纹、套螺纹、矫正与弯形、铆接、刮削、研磨、测量、简单的热处理，以及对部件、机器进行装配、调整、维护及修理等。

三、钳工实习场地的相关设备

1. 台虎钳

台虎钳是用来装夹工件的通用夹具，常用的有固定式和回转式两种，如图 1–1–1 所示。

a)　　b)

图 1–1–1　台虎钳

a）固定式　b）回转式

台虎钳的规格以钳口的宽度表示，有 100 mm、125 mm 和 150 mm 等。

台虎钳在钳台上安装时，必须使固定钳身的工作面处于钳台边缘以外，以保证夹持长条形工件时，工件的下端不受钳台边缘的阻碍。

提示

◇夹紧工件时要松紧适当，只能用手扳紧手柄，不得借助其他工具加力。

◇不允许在台虎钳钳身上锤击工件，只允许在砧座上用手锤轻击工件（图 1–1–2）。

◇用手锤进行强力作业时，锤击力应朝向固定钳身（图 1–1–3）。

◇螺母、丝杠及滑动导轨表面应经常加润滑油润滑，保证台虎钳使用灵活（图 1–1–4）。

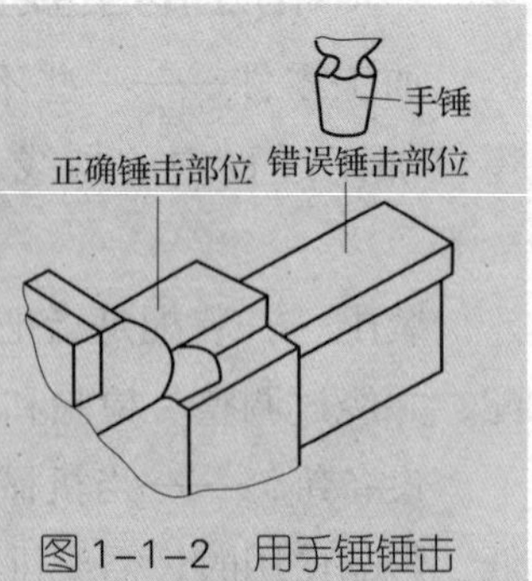

图 1–1–2　用手锤锤击工件的部位

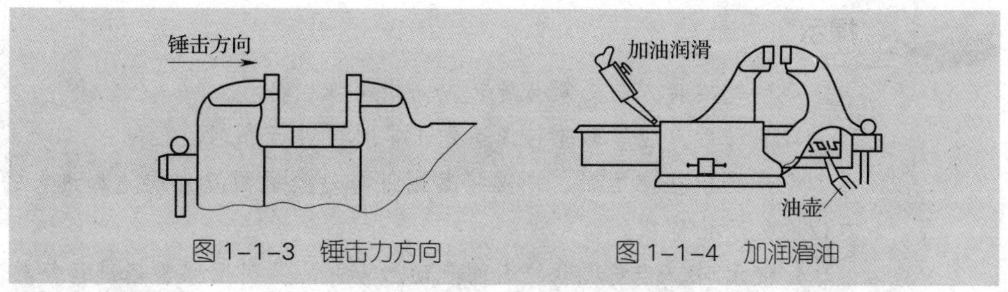

图 1–1–3 锤击力方向　　图 1–1–4 加润滑油

2．钳台（钳桌）

钳台可用来安装台虎钳、放置工具和工件等，如图 1–1–5 所示。

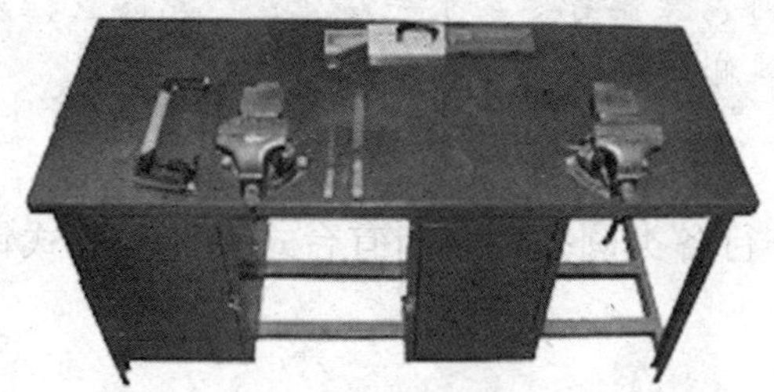
图 1–1–5 钳台

钳台的高度约为 800 ~ 900 mm，装上台虎钳后，钳口高度以恰好对齐人的肘部为宜，如图 1–1–6 所示；长度和宽度随工作需要而定。

3．砂轮机

砂轮机外形如图 1–1–7 所示，由砂轮、电动机和机座组成，主要用于刃磨各种金属切削刀具。

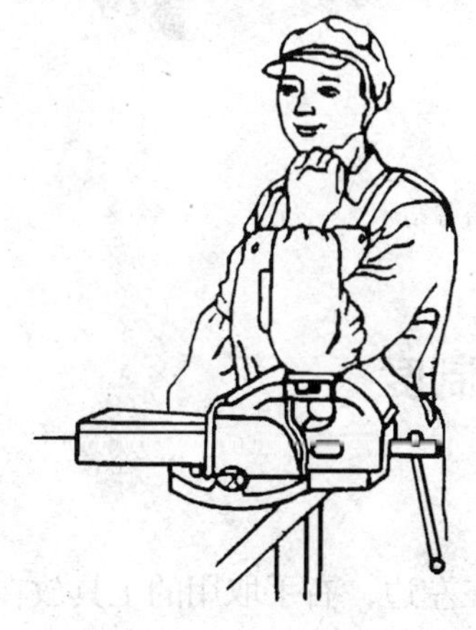
图 1–1–6 钳台的高度

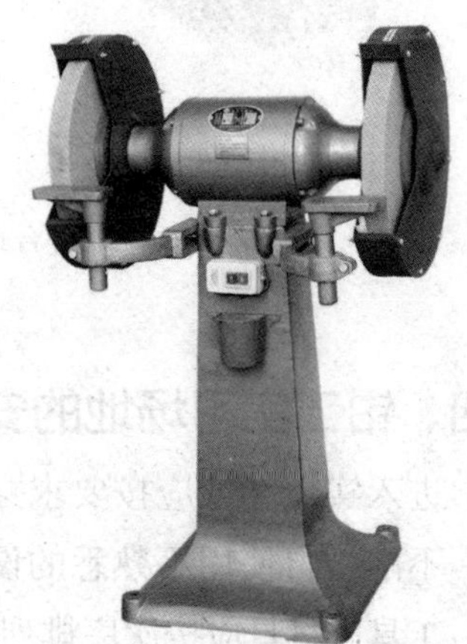
图 1–1–7 砂轮机

按外形不同，砂轮机分为台式砂轮机和立式砂轮机两种。

由于砂轮的质地较脆，使用时转速较高（一般在 35 m/s 左右），在使用时必须严格遵守安全操作规程，以防止砂轮碎裂造成人身事故。

提示

◇砂轮旋转方向必须与旋转方向指示牌相符。

◇启动后，应等砂轮转速达到正常时再进行磨削。

◇砂轮机在使用时，不准将磨削件与砂轮猛烈撞击或施加过大的压力，以免砂轮碎裂。

◇使用时，若发现砂轮表面跳动严重，应及时用修整器进行修整。

◇砂轮机的搁架与砂轮之间的距离一般应保持在 3 mm 之内，否则容易造成磨削件被砂轮轧入的事故。

◇使用时，操作者尽量不要站立在砂轮的直径方向，而应站立在砂轮的侧面或斜侧位置。

4．钻床

钻床用于对工件进行各类圆孔加工，有台式钻床、立式钻床和摇臂钻床等，如图 1–1–8 所示。

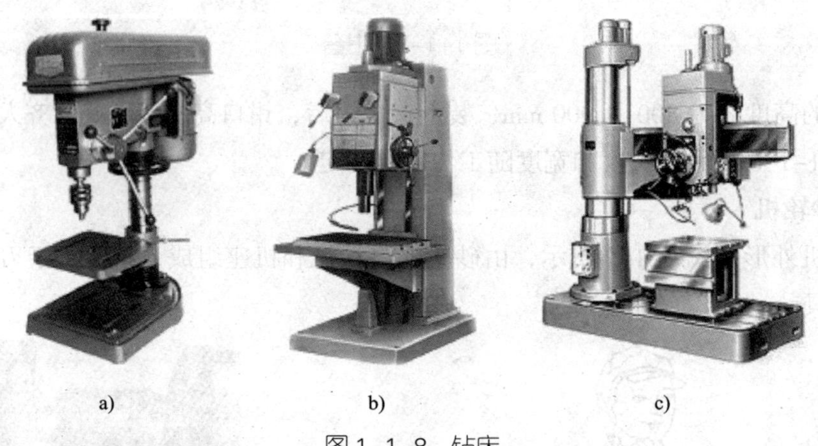

a)　　b)　　c)

图 1–1–8　钻床

a）台式钻床　b）立式钻床　c）摇臂钻床

四、钳工实习场地的安全文明生产规章制度

1. 进入实习场地应按要求穿戴好防护用品。
2. 不准擅自使用不熟悉的设备、工具、量具等。
3. 工具、量具应按次序排列，左手取用的工具放在左边，右手取用的工具放在右边。
4. 量具不能与工件、工具混放。
5. 量具使用完后及时擦拭干净，并涂油、防锈。
6. 工作场地经常保持整洁。
7. 不得在砂轮间打闹。

8. 操作砂轮必须戴上防护眼镜。

9. 在砂轮上不准磨与实习无关的物品。

10. 刃磨刀具时，必须站在砂轮机的侧面或斜侧位置。

11. 在钻孔时不能戴手套，长发女生需要戴安全帽。

12. 实习时不能串岗，不能迟到早退，不能做与实习无关的事情。

13. 注意保持教室卫生，离开实习教室前必须关闭电源和门窗。

技能训练

1. 训练内容

按以下要求完成回转式台虎钳的维护及使用：

（1）熟悉回转式台虎钳的结构。

（2）对回转式台虎钳进行装配。

（3）对回转式台虎钳进行清洁去污、注油等维护保养工作。

2. 设备及工具

（1）设备准备　2 000 mm×1 500 mm 平台 1 个，回转式台虎钳 1 台。

（2）工具准备　活扳手、内六方扳手、钢丝钳、尖嘴钳、螺钉旋具（一字形和十字形）、手锤、紫铜棒、棉纱、钢刷、毛刷、清洗液、油类、润滑脂等若干。

3. 评分标准

评分标准见表 1–1–1。

表 1–1–1　评分标准

序号	项目内容	评分标准	配分	扣分	得分
1	准备工作	准备工作不充分，每缺一件扣 2 分	10		
2	活动钳身的拆卸	（1）不能正确拆卸扣 10 分 （2）丢失零部件每件扣 10 分	20		
3	固定钳身的拆卸	（1）不能正确拆卸扣 10 分 （2）丢失零部件每件扣 10 分	20		
4	清洗保养	（1）不能正确保养扣 10 分 （2）应加油部位未加油扣 10 分	20		
5	重新装配	（1）不能正确装配扣 10 分 （2）重新装配后钳台不灵活扣 10 分	20		
6	安全文明生产	违反安全文明生产规定扣 10 分	10		
工时	1.5 h	合计	100		
备注		教师签字	年　月　日		

4. 训练步骤

（1）做好维护前的准备工作。

（2）熟悉回转式台虎钳的结构及操作。

回转式台虎钳的活动钳身通过导轨与固定钳身的导轨进行滑动配合。丝杠装在活动钳身上，可以旋转，但不能轴向移动，并与安装在固定钳身内的丝杠螺母配合。摇动手柄使丝杠旋转，就可以带动活动钳身相对于固定钳身做轴向移动，起夹紧或放松的作用。弹簧借助挡圈和开口销固定在丝杠上，其作用是在放松丝杠时，可使活动钳身及时退出。在固定钳身和活动钳身上各装有钢制钳口，并用螺钉固定。钳口的工作面上制有交叉的网纹，使工件夹紧后不易产生滑动。钳口经过热处理淬硬，具有较好的耐磨性。固定钳身装在转座上，并能绕转座轴线转动，当转到要求的方向时，扳动夹紧手柄使夹紧螺钉旋紧，便可在夹紧盘的作用下把固定钳身固定住。转座上有3个螺栓孔，用以与钳台固定。

（3）制定装配维护流程。

拆卸活动钳身→拆卸固定钳身→清洗保养→装配台虎钳

（4）拆卸活动钳身。

1）右手握住手柄，逆时针旋转丝杠，左手托着活动钳身下部导轨，慢慢将活动钳身取出。

2）将活动钳身翻向上面，用尖嘴钳取出丝杠上的开口销。

3）依次取下挡圈、弹簧，将丝杠取出。

4）用内六方扳手（或螺钉旋具）将钳口螺钉卸下，取下钳口。

（5）拆卸固定钳身。

1）用内六方扳手（或螺钉旋具）将钳口螺钉卸下，取下钳口。

2）用活动扳手将丝杠螺母座紧固螺钉卸掉，取下丝杠螺母座。

3）逆时针旋转固定钳身两边的紧固螺栓并取出螺栓，使其转盘底盘脱开。

4）取出固定钳身。

（6）清洗保养。

1）用煤油、棉纱依次清洗丝杠、转盘等零件。

2）擦拭干净各清洗零件。

3）各活动部位要加油保养。

（7）按照与拆卸相反的顺序装配好台虎钳，装配后检查活动钳身转动和丝杠旋转是否灵活。

提示

扫描右侧二维码可在线观看操作演示视频或动画。

任务二 常用钳工量具的使用

学习目标

1. 掌握常用钳工量具的基本原理。
2. 能正确使用常用钳工量具。

一、钢直尺

钢直尺是一种简单的长度量具，尺面上刻有尺寸刻线，一般最小刻线距为 0.5 mm，长度规格有 150 mm、300 mm、1 000 mm 等多种。它主要用于测量长度，也可以作为划直线的导向工具。钢直尺外形如图 1–1–9 所示。

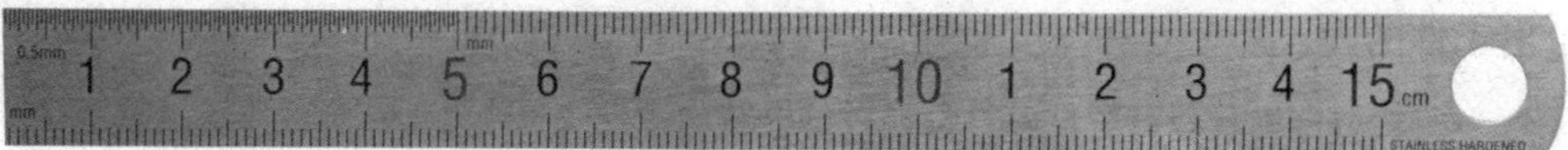

图 1–1–9 钢直尺

二、划规

划规用来划圆和圆弧、等分线段、等分角度及量取尺寸等。常用的划规如图 1–1–10 所示。

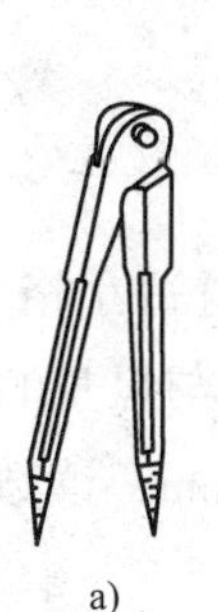
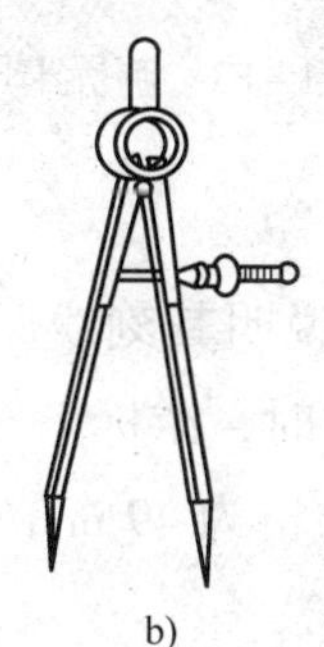

a) b) c)

图 1–1–10 划规

a）普通划规 b）弹簧划规 c）有锁紧装置的划规

三、角尺

角尺包括 90° 角尺（图 1–1–11）和万能角度尺（图 1–1–12）。90° 角尺是测量直角的量具，也是划平行线或垂直线的导向工具，同时还可用于找正工件平面在划线平台上的垂直位置。

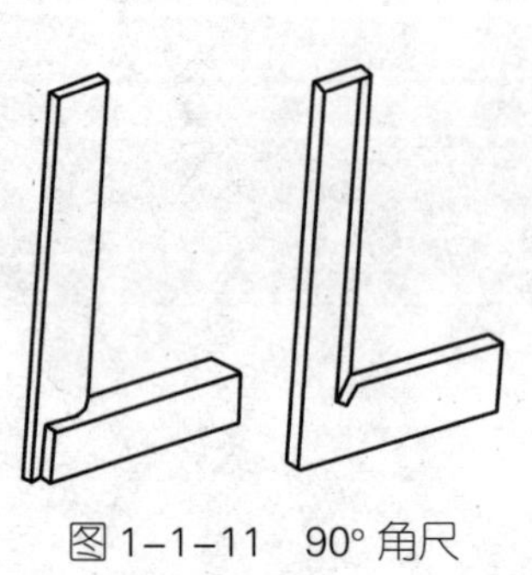

图 1–1–11　90° 角尺

图 1–1–12　万能角度尺

四、游标卡尺

游标卡尺是一种中等精度的量具，其外形及结构如图 1–1–13 所示。它可以直接测量出工件的内、外尺寸和深度尺寸。

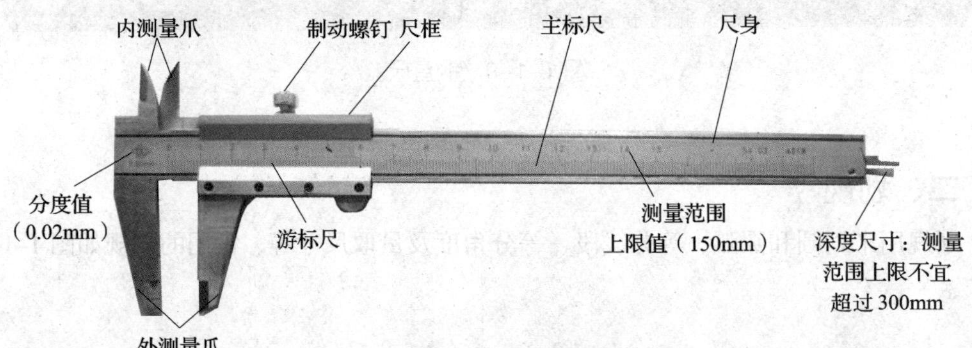

图 1–1–13　游标卡尺

1．刻线原理

下面以 0.02 mm 游标卡尺为例来说明其刻线原理。尺身每小格为 1 mm，在游标上把 49 mm 分为 50 格，当两量爪合并时，游标上 50 格刚好与尺身的 49 mm 对正，如图 1–1–14 所示。因此，游标刻线每小格为 49 mm/50=0.98 mm，读数值为尺身与游标每格之差 1 mm–0.98 mm=0.02 mm。

2．游标卡尺的使用

（1）用游标卡尺测量前，应擦净量爪两测量面，将两测量面接触贴合，校准零位，

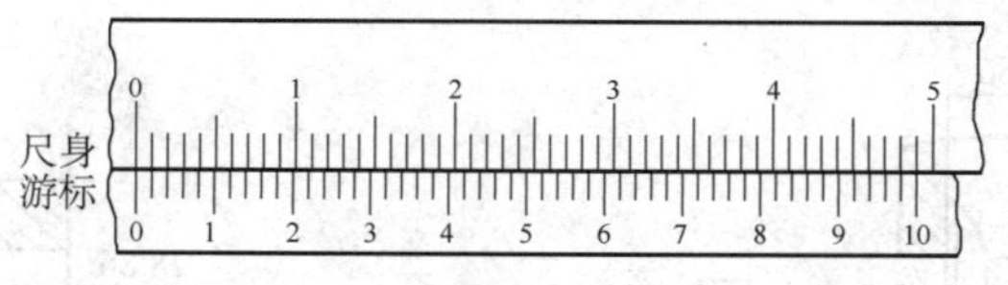

图 1-1-14 0.02 mm 游标卡尺的刻线原理

并用透光法检测两测量面的密合性。两测量面应密不透光（或有极微弱的均匀透光）且尺身上的零线与游标的零线正好对齐，若漏光严重或零线对不齐，一般都不能使用，需进行更换。

（2）将工件被测表面擦净，以保证测量准确。

（3）测量时，应将两量爪张开到略大于被测尺寸，将固定量爪的测量面贴靠着工件。然后轻轻用力移动游标，使其活动量爪的测量面也靠紧工件，并使卡尺测量面的连线垂直于被测量面。然后把制动螺钉拧紧，并读出所测数值。游标卡尺的使用如图 1-1-15 所示。

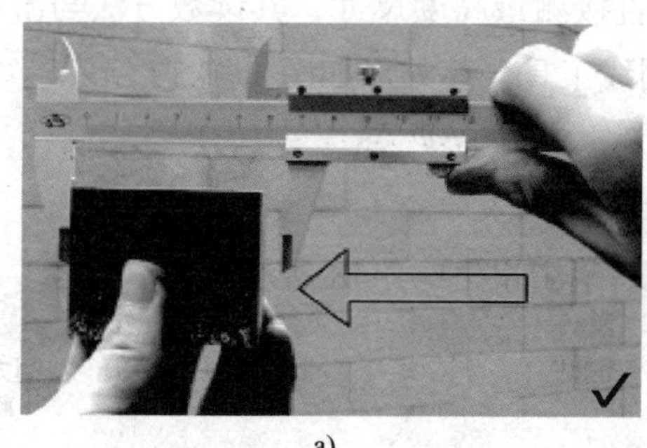

a)

b)

图 1-1-15 游标卡尺的使用

a）正确 b）错误

思考

使用游标卡尺测量时，如果卡尺测量面的连线不垂直于被测量面，将出现什么后果?

3. 游标卡尺测量值的读数

（1）读整数部分。游标零线左边尺身的第一条刻线是整数部分的读数，图 1-1-16 中为 28 mm。

（2）读小数部分。在游标上找出与尺身刻线对齐的那一条刻线，在对齐处从游标上读出小数部分，图中为 0.86 mm。

（3）将上述两数值相加，即为游标卡尺测量尺寸。图中测量结果读数为 28.86 mm。

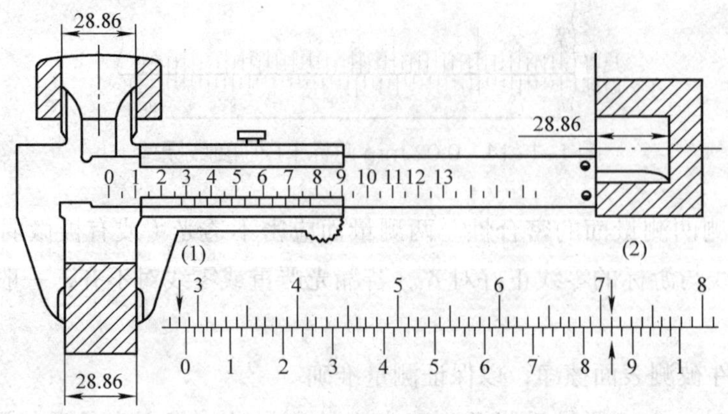

图 1–1–16　游标卡尺量值的读数

五、高度游标卡尺

高度游标卡尺由游标尺和尺座组成，能直接测量高度尺寸，其读数方法与游标卡尺相同，精度一般为 0.02 mm，可作为精密划线工具。其外形如图 1–1–17 所示。

六、千分尺

千分尺是一种精度较高的量具，其外形及结构如图 1–1–18 所示。

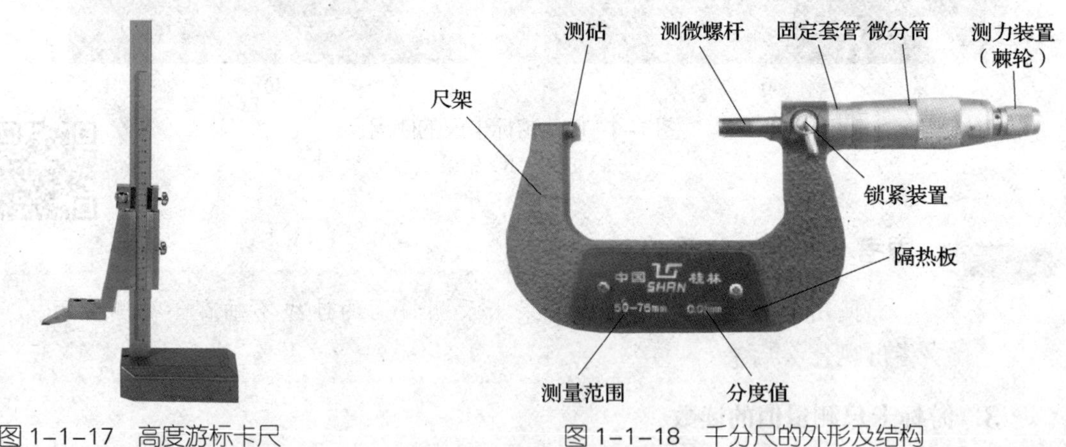

图 1–1–17　高度游标卡尺

图 1–1–18　千分尺的外形及结构

1. 刻线原理

千分尺测微螺杆螺距为 0.5 mm，微分筒每转一周，测微螺杆便沿轴线移动 0.5 mm。微分筒的外锥面上分为 50 格，微分筒每转过一小格，测微螺杆便沿轴线移动 0.5 mm/50=0.01 mm。在固定套管上刻有轴向中线，在中线两侧分布有 1 mm 间隔的刻线。上面一排刻线标出的数字表示测量结果的整数部分；下面一排刻线未标数字，上、下两排刻线相互错开 0.5 mm。

2. 千分尺的使用

（1）测量前，将千分尺测量面擦净，然后检查零位的准确性。

（2）将工件被测表面擦净，以保证测量准确。

（3）用单手或双手握持千分尺对工件进行测量，一般先转动微分筒，当千分尺的测量面刚接触到工件表面时改用棘轮，当听到棘轮发出“嗒嗒”声，停止转动，即可读数。

（4）读数时，要先看清固定套筒上露出的刻线，读出毫米数或半毫米数。然后再看清微分筒的刻线和固定套筒的基准线所对齐的数值（每格为 0.01 mm），将两个读数相加，其结果就是测量值，如图 1–1–19 所示。

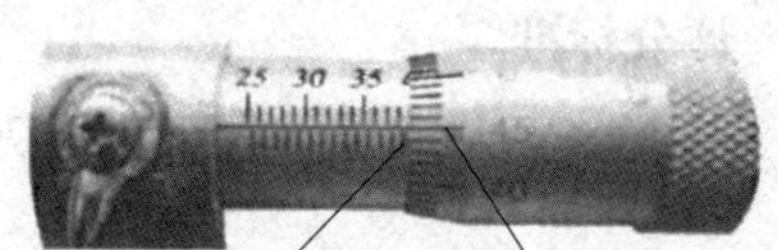

第一步 38.5mm　第二步 45×0.01mm=0.45mm

第三步 38.5mm+0.45mm=38.95mm

图 1–1–19　外径千分尺的读数

提示

使用时，要注意不能用千分尺测量粗糙的表面；使用后，应擦净测量面，并加润滑油防锈，放入盒中。

七、钢卷尺

钢卷尺的常用规格有 1 500 mm、2 000 mm 以及 5 000 mm 等，外观如图 1–1–20 所示。

钢卷尺能卷起来是因为里面装有弹簧，使用时拉出标尺进行测量，测量完毕松开标尺，弹簧会自动收缩，标尺在弹簧力的作用下便跟着收缩回去。

图 1–1–20　钢卷尺

钢卷尺的使用及注意事项如下：

1. 测量时与工件接触应适当，不可偏斜，要避免用手触及测量面。
2. 不可测量转动中的工件，以免发生危险。
3. 不可任意敲击、乱丢或乱放卷尺。
4. 使用中应避免卷尺收缩时伤到手。
5. 使用后应清洁干净。
6. 不要放在潮湿的地方保存。
7. 应每年检验 1 次，校验尺寸是否合格。

技能训练

1. 训练内容

识读游标卡尺和千分尺。

2. 材料及量具

0.02 mm 游标卡尺和 0 ~ 25 mm 的千分尺各 1 把，待测零件若干。

3. 评分标准

评分标准（以各测量 5 次为例）见表 1–1–2。

表 1–1–2 评分标准

序号	项目内容	评分标准	配分	扣分	得分
1	游标卡尺的使用	（1）读整数的毫米值错误每次扣 5 分 （2）读毫米的小数值错误每次扣 4 分	45		
2	千分尺的使用	（1）读整数的毫米值错误每次扣 5 分 （2）读毫米的小数值错误每次扣 4 分	45		
3	安全文明生产	违反安全文明生产规定扣 10 分	10		
工时	10 min	合计	100		
备注		教师签字	年 月 日		

4. 训练步骤

（1）游标卡尺的使用

1）观看教师进行游标卡尺校准零位及检测两测量面的示范操作。

2）观看教师进行游标卡尺测量工件的示范操作。

3）在教师指导下，按正确方法测量教师给出的零件尺寸，自行设计表格做好记录。

（2）千分尺的使用

1）观看教师进行千分尺校准零位的示范操作。

2）观看教师进行千分尺测量工件的示范操作。

3）在教师指导下，按正确方法测量教师给出的零件尺寸，自行设计表格做好记录。

提示

◇测量前，工件必须去毛刺、倒棱，并擦拭干净。

◇测量时，应把游标卡尺两量爪测量面擦拭干净，并轻推游标，使卡尺测量面靠紧工件被测量面。

◇读数时，对着光线明亮的地方，视线垂直于刻线表面，避免由于斜视造成读数误差，然后读出读数。

◇使用后，应用清洁的棉布擦净游标卡尺和千分尺，游标卡尺两量爪测量面需涂防护油。两量爪测量面不要完全接触贴合，必须保持一定的距离。

◇处理完毕，应将游标卡尺和千分尺放入盒中。

课题二　划线与冲眼

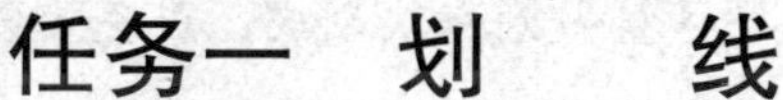

任务一　划　线

学习目标

1. 能正确使用常用划线工具。
2. 能根据要求利用划线工具对简单工件进行划线。

根据图样或实物的尺寸，用划线工具准确地在工件表面上划出加工界限的操作称为划线。通过划线可以确定各加工面的加工位置和余量，使加工时有明确的尺寸界限；能及时发现和处理不合格的毛坯，避免损失。在板料上划线下料可以做到正确排料，合理使用材料。

一、划线工具

1. 划线平台

图 1–2–1　划线平台

如图 1–2–1 所示，划线平台用铸铁制成，表面经过精刨或刮削加工。划线平台要放置平稳，并处于水平位置。在使用过程中应保持清洁，防止铁屑、灰砂等划伤台面，也不得在台面上进行敲击性工作。划线平台使用后应擦拭干净，并涂上机油防锈。

2．划针

如图 1–2–2 所示，划针用弹簧钢丝或高速钢制成，直径为 3 ～ 5 mm，尖端磨成 15° ～ 20° 的尖角，并经淬火处理，用于在工件上划线。

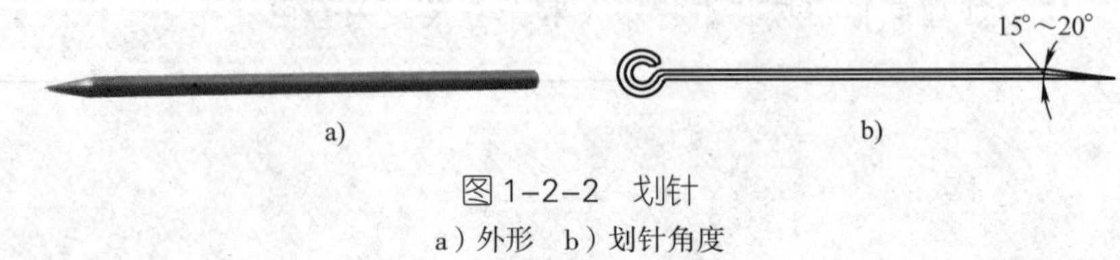

图 1–2–2　划针
a）外形　b）划针角度

提示

◇划线时，划针尖要紧贴导向工具，上端向外倾斜 15° ～ 20°，向划线方向倾斜约 45° ～ 75°，如图 1–2–3 所示。

◇操作时，要尽量做到一次划成，避免重复划线、线条过粗和模糊不清等现象的发生。

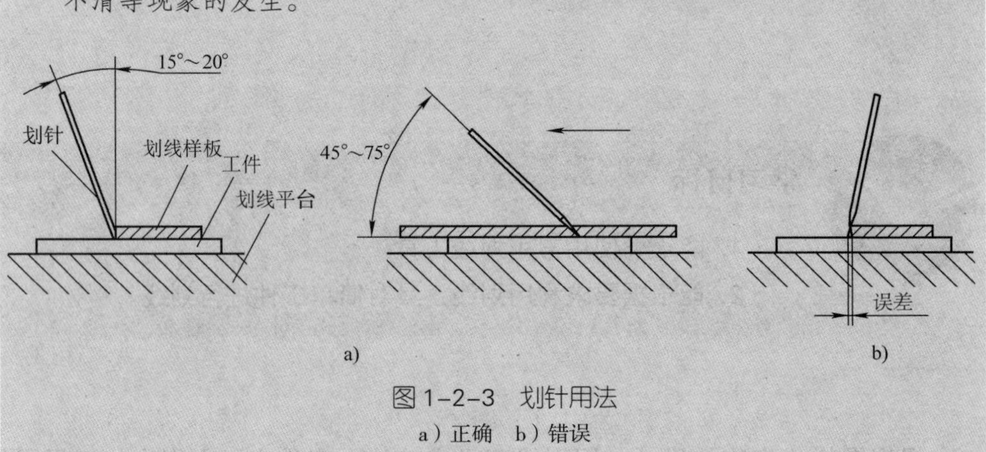

图 1–2–3　划针用法
a）正确　b）错误

3．划规

划规是划线操作的必备量具。划规两脚的长短要磨得稍有不同，而且两脚合拢时脚尖能靠紧，这样才可划出尺寸较小的圆弧。划规的脚尖应保持尖锐，以保证划出的线条清晰。用划规划圆时，作为旋转中心的一脚应加以较大的压力，另一脚则以较轻的压力在工作表面上划出圆与圆弧，这样可使中心不致滑动。

二、划线方法

1．划线前的准备

划线前，在工件划线部位的表面涂上一层薄而均匀的涂料，从而使划出的线条清晰。涂料与其表面要有一定的附着力。

常用的涂料有石灰水和蓝油。石灰水适用于铸、锻件的毛坯表面；蓝油适用于已加工的表面。

2. 选择划线基准

划线时选择一个或几个平面（或线）作为划线的依据，划其余的尺寸线都从这些线或面开始，这样的线或面就是划线基准。选定划线基准应尽量与图样上的设计基准一致。常见的选择基准的类型有以下三种：以两个互相垂直的平面为基准；以两条中心线为基准；以一个平面和一条中心线为基准。一般平面划线选两个基准。

3. 划线

（1）平行线的划法

1）用固定角尺靠边推平行线，如图 1–2–4a 所示。将角尺紧靠工件基准边，并沿基准边移动，用钢尺测量尺寸后，沿角尺划出。

2）用作图法划平行线，如图 1–2–4b 所示。以已知平行线的距离为半径，用划规划两圆弧，作两圆弧的切线即得。

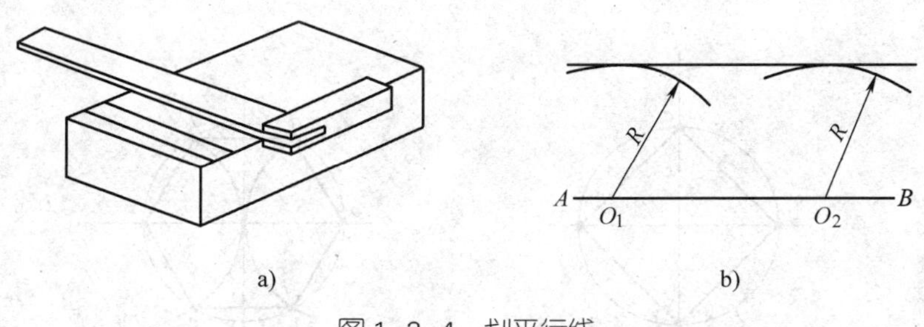

图 1–2–4 划平行线

a）用固定角尺推平行线 b）用作图法划平行线

（2）垂直线的划法 如图 1–2–5 所示，将 90° 角尺的一边对准已划好的线，沿角尺的另一边划垂直线。

（3）其他线的划法

1）角度线通常用角度规划出，如图 1–2–6 所示。角度规可用来划角度线或测量角度。

2）圆弧的划法如图 1–2–7 所示。

3）正多边形的划法如图 1–2–8 所示。

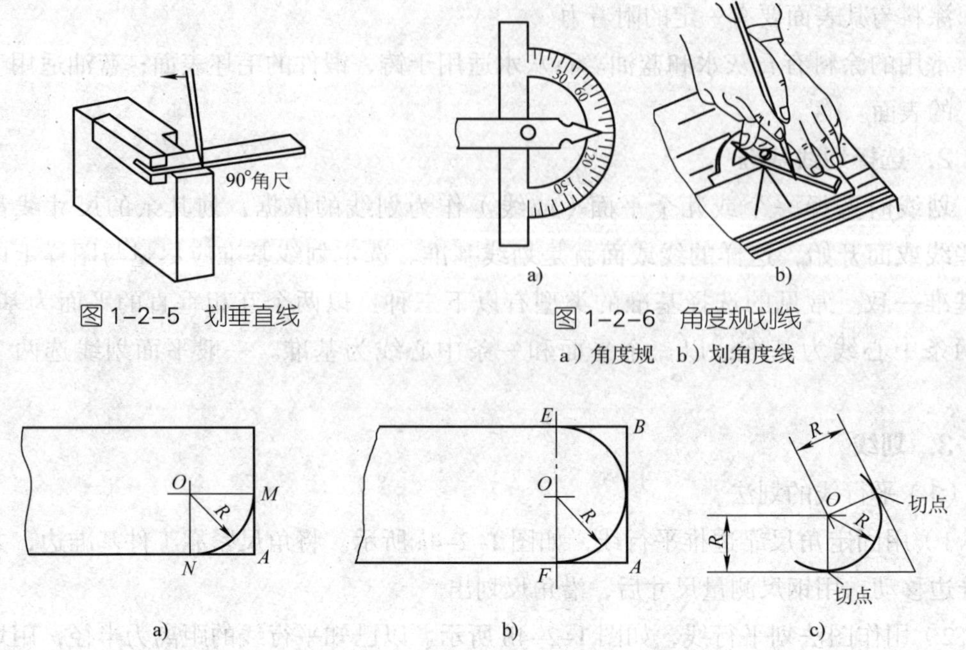

图 1–2–5　划垂直线

图 1–2–6　角度规划线

a）角度规　b）划角度线

图 1–2–7　圆弧的划法

a）在直角上划圆弧　b）在两直角间划圆弧　c）在锐角上划圆弧

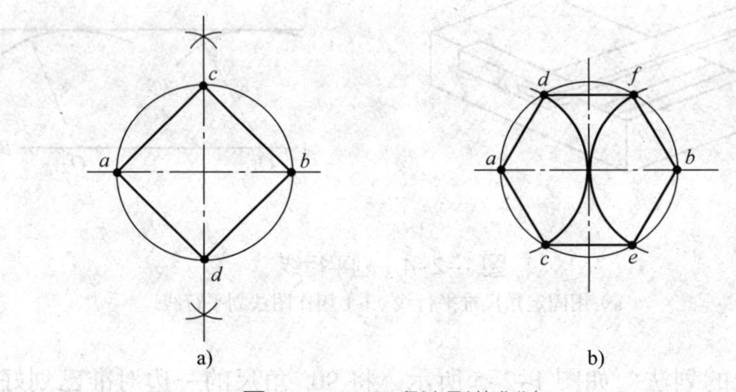

图 1–2–8　正多边形的划法

a）在圆内划正方形　b）在圆内划正六方形

技能训练

1．训练内容

按图 1–2–9 所示，在薄钢板上完成 45°、60°、75°、90° 角度线和正六边形（已知 ϕ50 mm）划线。

2．工具及材料

钢直尺、划针、划规等。

备料：160 mm × 150 mm × 2 mm 薄钢板。

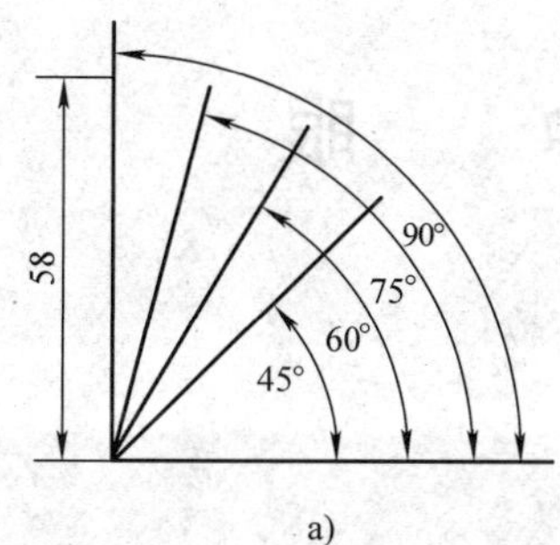

a)

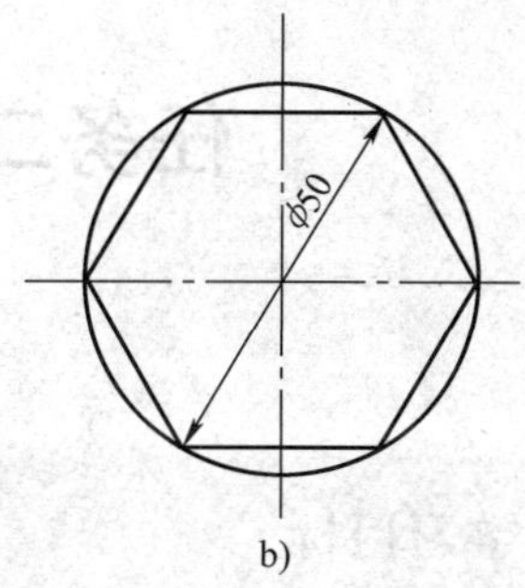

b)

图1–2–9 平面划线

a）角度划线 b）划正六边形

3. 评分标准

评分标准见表 1–2–1。

表 1–2–1 评分标准

序号	项目内容	评分标准	配分	扣分	得分
1	涂色薄而均匀	不均匀酌情扣分	10		
2	图形正确，布局合理	每错一处扣 2 分	30		
3	尺寸公差 0.5 mm	超差一处扣 2 分	30		
4	线条清晰、无重线	线条模糊或重复一处扣 2 分	20		
5	安全文明生产	违反安全文明生产规定扣 10 分	10		
工时	2 h	合计	100		
备注		教师签字	年 月 日		

4. 训练步骤

（1）准备好所用划线工具，并对工件进行清理和对划线表面涂色。

（2）熟悉各种图形划法，并按图选取划线基准及最大轮廓尺寸，在工件上安排其合理的位置。

（3）按各图编号顺序及所注尺寸，依次完成划线。

提示

◇必须正确掌握划线工具的使用方法及划线操作步骤。

◇工具放置要合理。

◇划线后，要仔细复核，避免差错。

任务二　冲　　眼

学习目标

1. 能正确使用常用冲眼工具。
2. 能根据要求对划线后的工件进行冲眼。

一、冲眼工具

常用的冲眼工具是样冲，其外观如图 1–2–10 所示。样冲一般用工具钢制成，尖端磨成 45° ~ 60° 并淬硬（可用废丝锥或废立铣刀代用），也称中心冲，用于在工件所划加工线条上冲小眼。冲眼的作用是固定已划好的线条或为作直线、作圆、作圆弧或钻孔定中心。

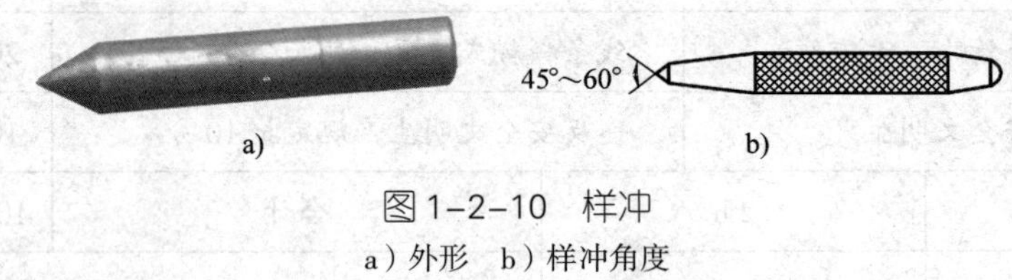

图 1–2–10　样冲
a）外形　b）样冲角度

二、冲眼方法

1．样冲的使用方法

冲眼时要看准位置，先将样冲外倾对线，使尖端对准线条的正中。然后再将样冲直立冲眼，同时手要搁实，并用锤子击打样冲，如图 1–2–11 所示。

2．冲眼要求

（1）对线位置要准确，冲点不能偏移线条，如图 1–2–12 所示。

（2）线条长而直时，冲眼距离可大些；线条短而曲时，冲眼距离要小些，但至少要有三个冲眼；在线条的交叉与转折处必须冲眼。

（3）冲眼的深浅要适当，薄壁零件冲眼要浅些，应轻敲；光滑表面冲眼也要浅些；精加工表面严禁冲眼；粗糙的表面冲眼要深些；钻孔的中心冲眼要大而深。

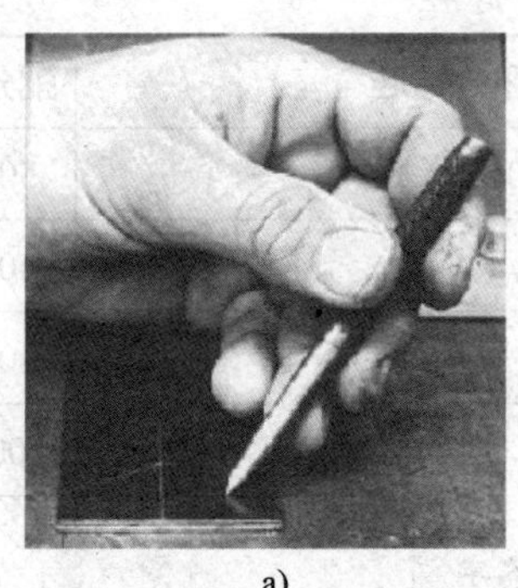
a)

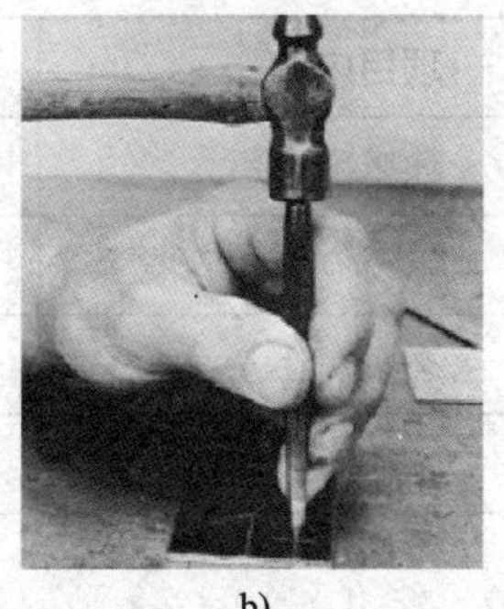
b)

图 1-2-11　样冲的使用方法
a）外倾对线　b）直立冲眼

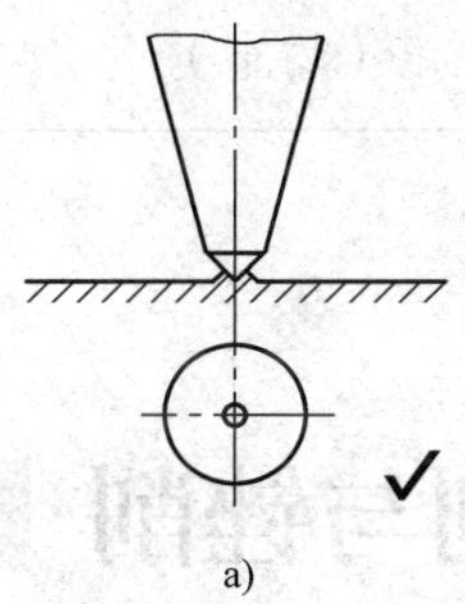
a)

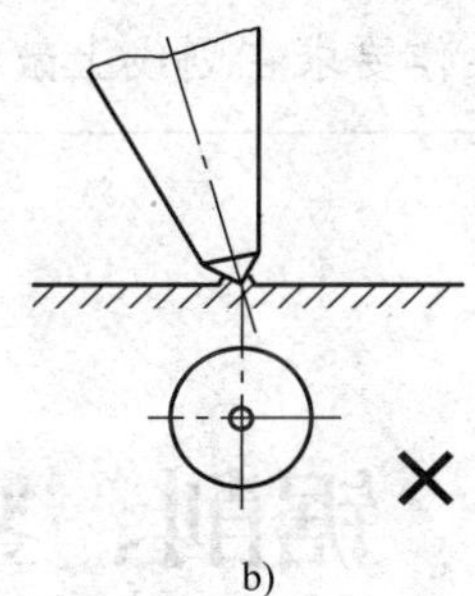
b)

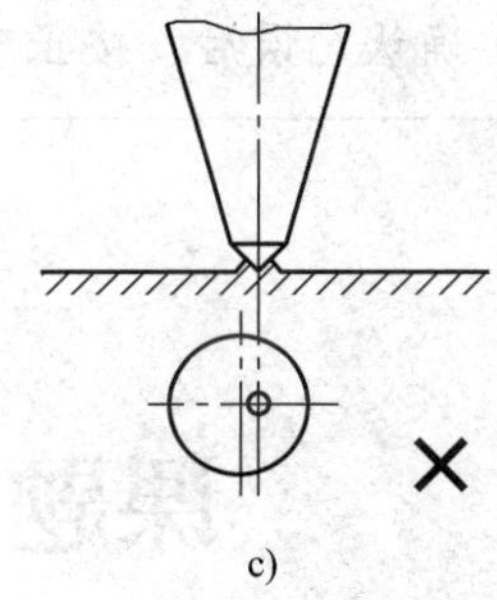
c)

图 1-2-12　冲点
a）正确　b）不垂直　c）偏心

思考

是不是冲眼冲得越深越好？

技能训练

1．训练内容

对上一任务已完成正六边形划线的工件进行冲眼。

2．工具及材料

样冲和手锤等。

备料：上一任务完成正六边形划线的薄钢板。

3．评分标准

评分标准见表 1-2-2。

表 1-2-2　评分标准

序号	项目内容	评分标准	配分	扣分	得分
1	冲眼准确	冲偏一次扣 10 分	50		
2	冲眼分布合理	一处不合理扣 4 分	40		
3	安全文明生产	违反安全文明生产规定扣 10 分	10		
工时	1 h	合计	100		
备注		教师签字	年　月　日		

4. 训练步骤

（1）对图形尺寸复检校对。

（2）确认无误后，按正确的操作要求在划线上敲打样冲眼（均布）。

课题三　锯削、錾削与锉削

任务一　锯　　削

学习目标

1. 能根据技术要求进行工艺分析，制定加工工艺。
2. 能根据技术要求利用工具进行锯削加工。

用手锯分割原材料或加工工件的操作称为锯削。

一、锯削工具

常用的锯削工具是手锯，手锯由锯弓和锯条组成。

1. 锯弓

锯弓用来张紧锯条，分为固定式和可调式两种，其外形分别如图 1–3–1 和图 1–3–2 所示，常用的是可调式。可调式锯弓包括活动锯身、定位销、固定锯身、锯弓握把、翼形螺母和安装销。

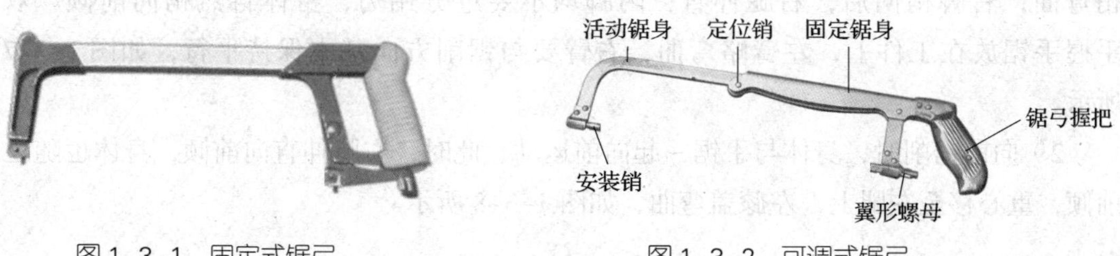

图 1–3–1 固定式锯弓　　图 1–3–2 可调式锯弓

2. 锯条

（1）锯条的种类　根据锯齿的牙距大小，锯条分为粗齿、中齿和细齿三种。常用的长度规格是 300 mm，如图 1–3–3 所示。

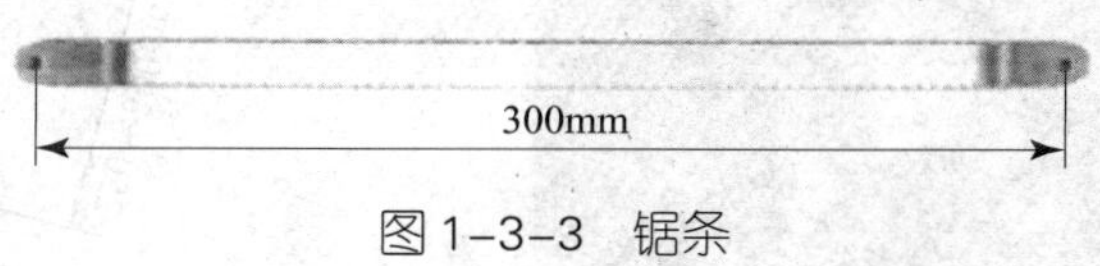

图 1–3–3 锯条

（2）锯条的选用　锯条应根据所锯材料的软硬、厚薄来选用。粗齿锯条适宜锯削软材料或锯缝长的工件；细齿锯条适宜锯削硬材料、管子、薄板料及角铁。

（3）锯条的安装　按加工需要，锯条可装成直向或横向，且锯齿的齿尖方向要向前，不能反装，如图 1–3–4 所示。锯条的绷紧程度要适当，若过紧，锯条会因受力而失去弹性，锯削时稍有弯曲，就会崩断；若过松，锯削时不但容易弯曲造成折断，而且锯缝易歪斜。

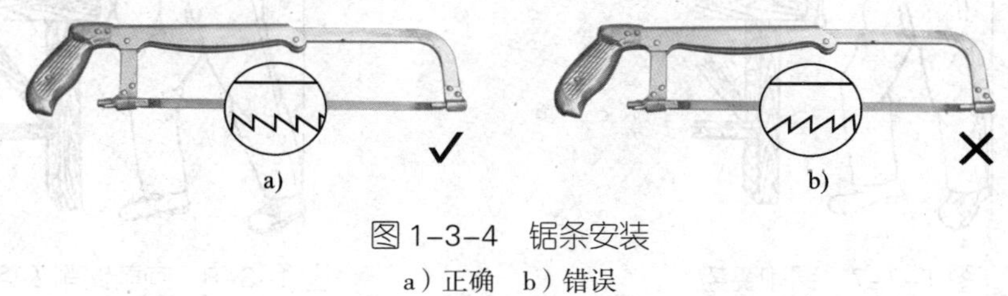

图 1–3–4 锯条安装
a）正确　b）错误

二、锯削方法

1. 锯削姿势

（1）手锯握法　右手满握锯柄（也可将食指伸直靠着弓架），控制锯削推力和压力；左手轻扶锯弓前端，配合右手扶正手锯，不要加过大压力，如图 1–3–5 所示。

（2）姿势

1）站立姿势。两脚按图 1–3–6 所示位置站稳。左脚跨前半步，膝部要自然并稍弯曲；右脚稍向后，右腿伸直；两脚均不要过分用力，身体自然稍向前倾。双手握手锯放在工件上，左臂略弯曲，右臂要与锯削方向基本保持平行，如图 1–3–7 所示。

2）向前锯削时，身体与手锯一起向前运动。此时，右腿伸直向前倾，身体也随之前倾，重心移至左腿上，左膝盖弯曲，如图 1–3–8 所示。

图 1–3–5　手锯握法

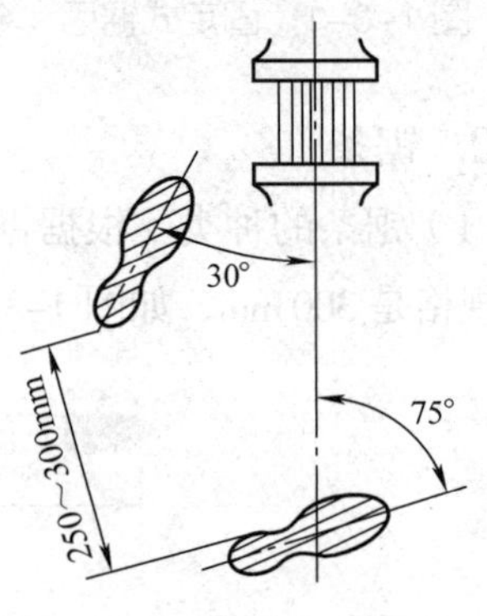

图 1–3–6　站立姿势

图 1–3–7　锯削姿势

图 1–3–8　向前锯削姿势 1

3）随着手锯行程的增大，身体倾斜角度也随之增大，如图 1–3–9 所示。

4）手锯推至锯条长度的 3/4 时身体停止运动，手锯准备回程，如图 1–3–10 所示。

（3）锯削运动　锯弓的运动有上下摆动式运动和直线式运动两种。上下摆动式运动就是手锯前推时，身体稍前倾，双手前推手锯时，左手上翘，右手下压；回程时右手上抬，左手自然跟回。上下摆动式运动较为省力，除锯削管材、薄板材和要求锯缝平直时采用锯弓不摆动、沿直线推拉的直线式运动外，其余锯削都可采用上下摆动式运动。

图 1-3-9 向前锯削姿势 2

图 1-3-10 准备回程

思考

锯弓的运动有上下摆动式运动和直线式运动两种，哪一种较为省力？为什么？

2. 锯削操作方法

（1）工件夹持　工件一般可根据需要夹在钳口的左侧或右侧，锯缝应尽量靠近钳口且与钳口侧面保持平行，以方便操作。同时，注意锯削线离钳口不要过远，以免锯削时工件振动，如图 1-3-11 所示。工件夹持要紧固，但也要防止过大的夹紧力将工件夹变形。

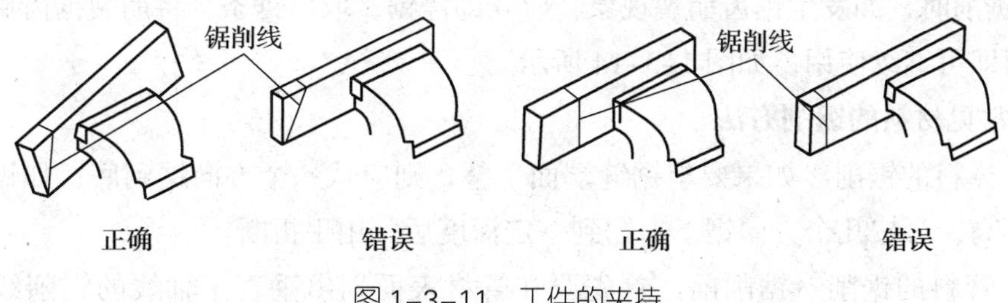

图 1-3-11 工件的夹持

（2）起锯方法　起锯有远起锯和近起锯两种方法，如图 1-3-12a、b 所示。起锯时，为保证在工件的正确位置上起锯，可用左手拇指靠住锯条，如图 1-3-12c 所示；起锯时，加的压力要小，往复行程要短，速度要慢，起锯角度约为 15°。一般情况下采用远起锯，薄型工件宜采用近起锯。

a)

b)

c)

图 1–3–12　起锯方法

a）远起锯　b）近起锯　c）左手拇指靠住锯条

（3）锯削速度和压力

1）锯削速度以 20 ～ 40 次 /min 为宜，锯削软材料可快些，锯削硬材料可慢些。

2）锯削时应尽量利用锯条的全长，一次往复的距离不小于锯条全长的 2/3。

提示

不论是远起锯还是近起锯，起锯角都要小些，一般不超过 15°，如图 1–3–13 所示。应使锯齿逐步切入工件，以免锯齿受工件上棱边的冲击而崩裂。

图 1–3–13　起锯角

3）锯削硬材料时压力可大些，否则锯齿不易切入，造成打滑；锯削软材料时压力要稍小些，否则锯齿切入过深会发生咬住现象。当工件快锯断时，推锯压力要轻，速度要慢，行程要短，并尽可能扶住工件即将掉落下来的部分。

4）锯削时，如发生锯齿崩裂现象，应立即停锯，取出锯条，将崩裂锯齿后的两三个齿磨斜即可继续使用，如图 1–3–14 所示。

3．常见材料的锯削方法

（1）棒料的锯削　如果要求锯缝端面平整，则应从一个方向锯到底；如锯出的端面要求不高，可按几个方向锯下，锯到一定深度后，用手折断。

（2）管料的锯削　锯削前，首先要在管材表面划出垂直于轴线的锯削线，再用两块 V 形木块夹起，放在台虎钳中夹牢，如图 1–3–15 所示。锯削时，锯至管内壁后，退出手锯，将管材转过一定角度，然后再沿原锯缝继续锯，依此方式锯削，直至管材锯断。

（3）薄板料的锯削　应尽量从宽面上锯削，当只能从狭面上锯削时，则应把薄板料夹持在两块木板之间，如图 1–3–16 所示，连木板一起锯下。

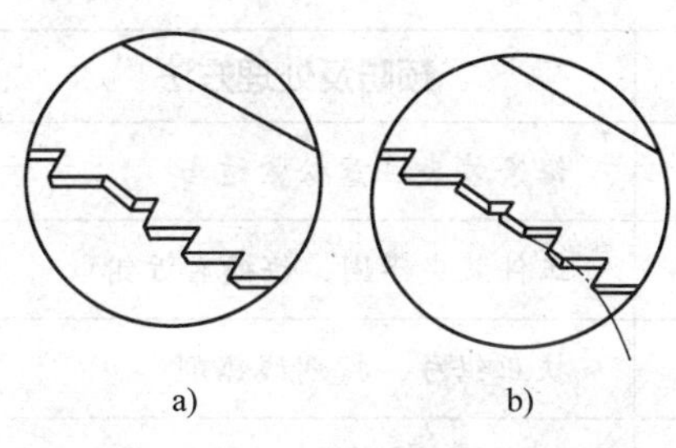

图 1–3–14 锯齿崩裂的处理
a）处理前 b）处理后

图 1–3–15 管料的锯削

（4）深缝锯削 深缝锯削时经常出现锯缝深度大于锯弓高度的情况，此时可将锯条转过 90° 再重新安装，使锯弓在工件的外侧；或转过 180°，将锯弓放置在工件底部，继续进行锯削。锯条转过 90° 的锯削如图 1–3–17 所示。

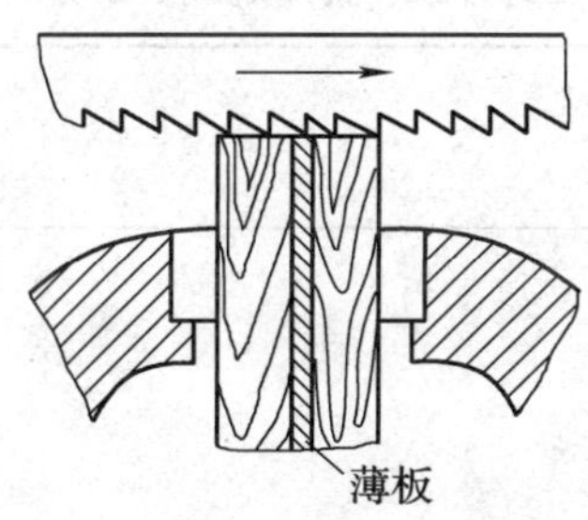

图 1–3–16 薄板料的锯削

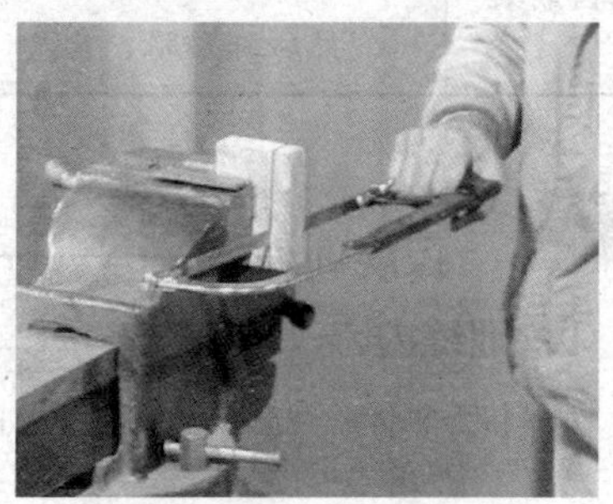

图 1–3–17 深缝锯削

提示

◇锯条安装松紧要适当，锯削时速度不要过快，压力不要过大，防止锯条突然崩断，弹出伤人。

◇工件快要锯断时，要及时用手扶住被锯下的部分，以防止工件落下砸伤脚或损坏工件。

4．锯削时的缺陷分析与处理

锯削时的缺陷分析与处理见表 1–3–1。

表 1–3–1 锯削时的缺陷分析与处理

损坏形式	产生原因	预防及处理方法
锯缝歪斜	工件夹持歪斜，锯削时又未顺线找正	重新夹持工件并找正
	锯条安装太松或锯条与锯弓平面扭曲	锯条装夹注意松紧要适当
	锯弓未摆正或用力歪斜	摆正锯弓并注意用力均匀

续表

损坏形式	产生原因	预防及处理方法
锯条折断	锯条装夹过紧或过松	锯条装夹注意松紧适当
	工件装夹不牢，抖动或松动	工件装夹牢固，锯缝靠近钳口
	锯缝歪斜，借正时扭断	扶正锯弓，按划线锯削
	压力过大	压力调整适当
	新锯条在原锯缝中卡住	更换新锯条后，工件应反向装夹，重新起锯
	推锯时手不稳，呈扭曲状况	纠正推锯动作
锯齿崩裂	起锯方向不对，角度过大	选择正确的起锯方向和角度
	突然碰到砂眼、杂质	碰到砂眼、杂质时减小压力

技能训练

1. 训练内容

锯削四方体，技术要求如图 1–3–18 所示。

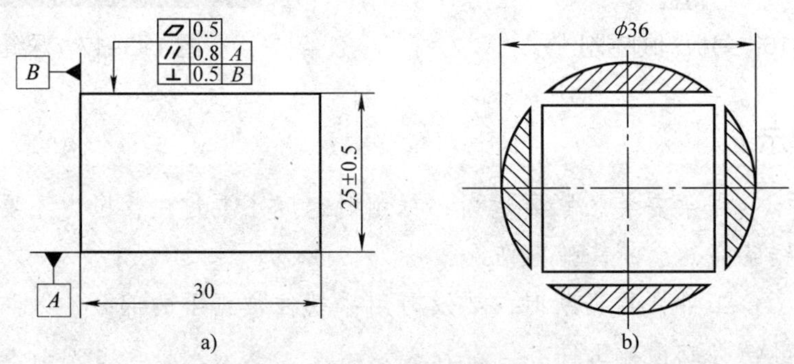

图 1–3–18 锯削四方体

a）四方体 b）锯削示意图

2. 工具及材料

划线工具、游标卡尺、角尺、高度游标卡尺、锯弓、锯条、软钳口、扁油刷、V 形块等。

备料：ϕ36 mm×30 mm，Q235A，车。

3. 评分标准

评分标准见表 1–3–2。

表 1-3-2 评分标准

序号	项目内容	评分标准	配分	扣分	得分
1	(25±0.5)mm(两组)	超差 0.1 mm 扣 2 分	20		
2	平行度公差为 0.8 mm(两组)	超差 0.1 mm 扣 2 分	8		
3	平面度公差为 0.5 mm(四面)	超差 0.1 mm 扣 2 分	12		
4	垂直度公差为 0.5 mm(四处)	一处超差扣 3 分	12		
5	锯纹一致	锯纹不一致扣 10 分	10		
6	锯削姿势	不正确按程度扣分	10		
7	锯条使用正确	折断一根锯条扣 5 分	10		
8	锐边倒钝 $R0.5$ mm	一处不合格扣 2 分	8		
9	安全文明生产	违反安全文明生产规定扣 10 分	10		
工时	7 h	合计	100		
备注		教师签字	年 月 日		

4. 训练步骤

(1)按图样检查毛坯，划锯削线，复检后打样冲眼。

(2)锯削四方体(要求纵向锯)，达到尺寸(25±0.5)mm(两组)、平行度 0.8 mm、锯削断面的平面度 0.5 mm、与基面垂直度 0.5 mm，锯痕整齐。

提示

◇注意锯条安装和工件的夹持是否正确，注意起锯方法和起锯角度是否正确。

◇初学时，锯削速度要慢些，锯削时出现姿势不自然、有摆动、摆动幅度过大等错误时，必须注意及时纠正。

◇要经常检查锯缝的平直情况并及时纠正。

◇在测量前，应注意倒棱、去刺。

◇锯削时，可以加适量机油，以减少摩擦，延长锯条使用寿命。

◇锯削完毕，应将锯弓上的翼形螺母拧松些，但不要拆下锯条，以免其零件散落，然后将锯弓妥善放好。

任务二　錾　　削

学习目标

1. 能根据技术要求进行工艺分析，制定加工工艺。
2. 能根据技术要求利用工具进行錾削加工。

錾削是用锤子敲击錾子对工件进行切削加工的一种方法。錾削是一种粗加工，目前主要用于不便于机床加工或用机床加工不经济的场合，如去除毛坯上的毛刺、分割材料、錾削沟槽及油槽等。

一、錾削工具

1. 锤子

锤子如图 1–3–19 所示，是钳工常用的敲击工具，由锤头、木柄和楔子组成。锤头通常用碳素工具钢制成并经热处理淬硬，规格有 0.25 kg、0.5 kg 和 1 kg 等。锤柄用比较坚韧的木材制成，长为 300 ~ 350 mm。锤柄装入锤孔后用楔子楔紧，以防锤头脱落。

2. 錾子

錾子是錾削的切削工具，通常由工具钢锻打成型后进行刃磨，并经淬火和回火处理而制成，錾子的结构如图 1–3–20 所示。常用的錾子有扁錾（阔錾）、尖錾（狭錾）、油槽錾三种，如图 1–3–21 所示。用錾子錾削工件的示意图如图 1–3–22 所示。

（1）錾子的几何角度　錾削时，錾子的刃口要根据加工材料性质选用合适的几何角度，其中主要的是楔角和后角。

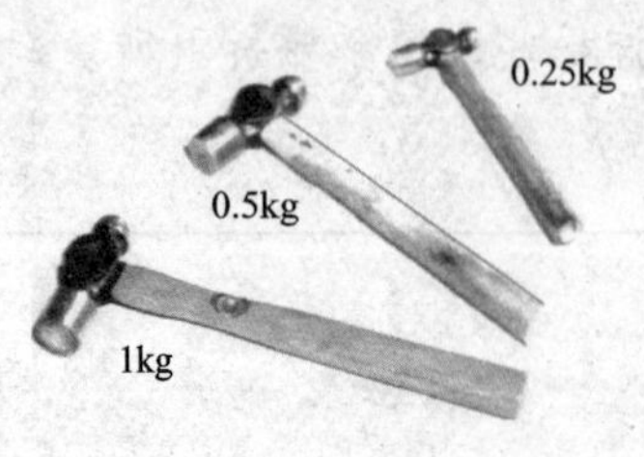

图 1–3–19　锤子

图 1–3–20　錾子的结构

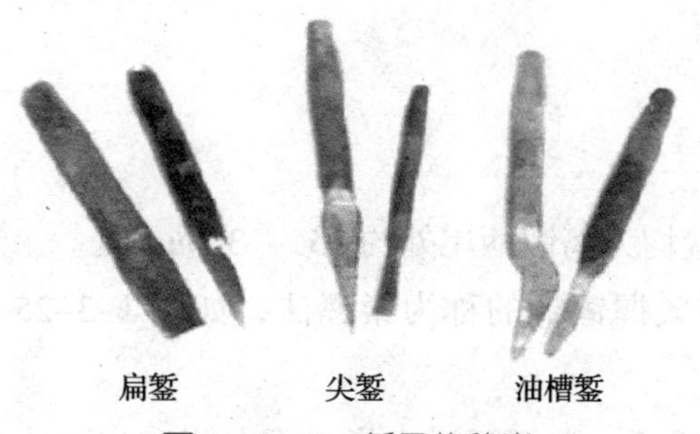

图 1–3–21 錾子的种类

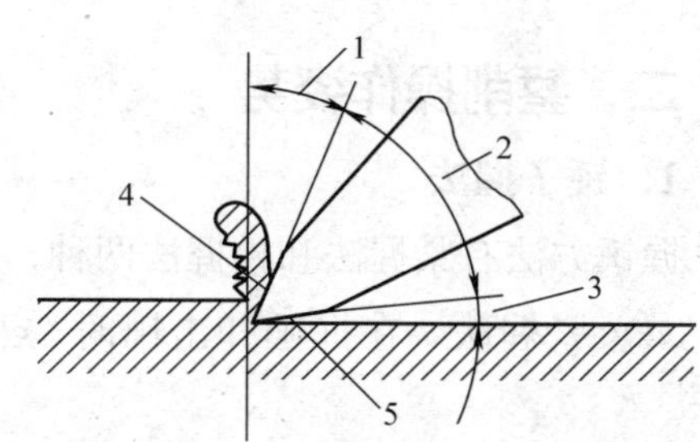

图 1–3–22 錾子錾削工件的示意图

1—前角 2—楔角 3—后角 4—前刀面 5—后刀面

1）楔角是錾子刃前刀面和后刀面间的夹角，楔角应以錾子的几何中心线等分，如图 1–3–23 所示。楔角越小，錾子的刃口越锋利，但强度越差；楔角越大，錾子的强度越好，但錾削时阻力越大。錾削硬钢和铸铁时楔角取 60° ~ 70°，錾削一般钢材取 50° ~ 60°，錾削铜、铝等软材料时一般取 30° ~ 50°。

2）后角是錾子刃后刀面与切削面之间的夹角，后角取决于握錾位置，一般取 5° ~ 8°。后角大，切入深，过大会造成錾削困难；过小则容易打滑。

（2）錾子的刃磨 錾子应按加工要求磨出合适的楔角。

1）扁錾的刃口应成略凸圆弧形；尖錾的切削刃应与槽宽相适应，两个侧面的宽度应从切削刃口起向柄部逐步变窄。

2）錾子刃磨时，前后两刀面要光洁平整。刃磨时双手握錾，使切削刃高于砂轮中心，如图 1–3–24 所示。使切削刃在砂轮全宽上平稳均匀地左右移动，加压不要过大，两面要交替磨，以保证磨出正确的楔角。

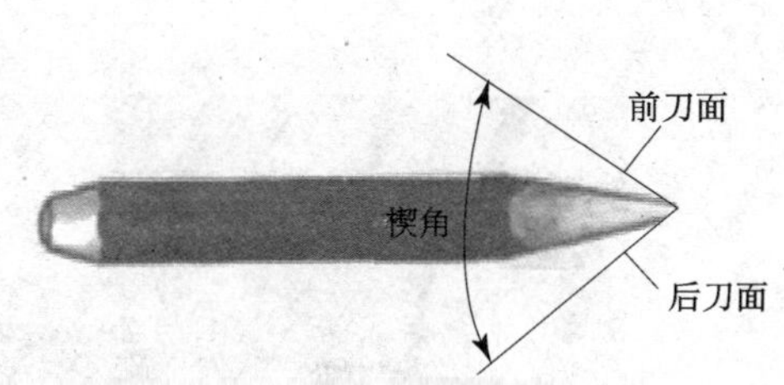

图 1–3–23 錾子的楔角

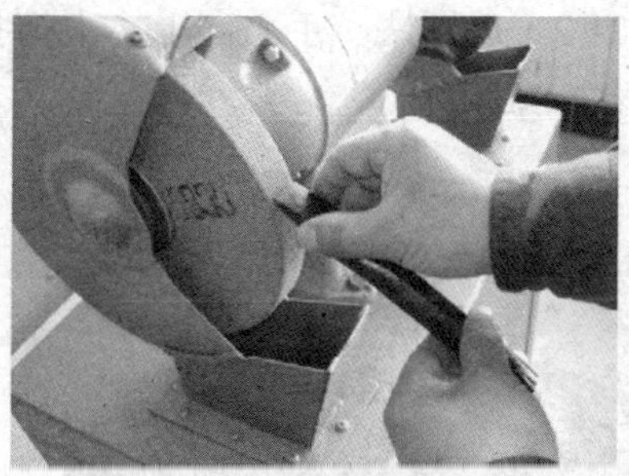

图 1–3–24 錾子的刃磨

提示

◇刃磨錾子时还要经常蘸水冷却，以防其退火。

◇刃磨后的錾子要进行淬火和回火处理，使錾子的切削部分获得所需的硬度和一定的韧性。

二、錾削操作姿势

1. 锤子握法

握锤方法有紧握法和松握法两种，握锤位置均为离锤柄尾处约 15 ~ 30 mm 处。

（1）紧握法　在挥锤和击锤时，五指始终紧握锤柄的称为紧握法，如图 1–3–25 所示。

（2）松握法　只用大拇指和食指始终紧握锤柄，在挥锤时小指、无名指和中指依次放松，在击锤时以相反次序逐一紧握锤柄的称为松握法，如图 1–3–26 所示。

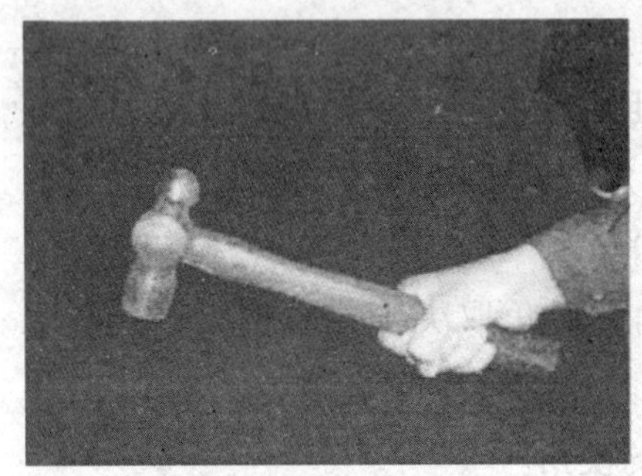

图 1–3–25　紧握法

图 1–3–26　松握法

2. 錾子握法

錾子的握法有正握法和反握法两种。

（1）正握法　手心向下，腕部伸直，用中指、无名指握住錾子，小指自然合拢、食指和大拇指自然伸直，放松靠在一起，錾子头部伸出约 20 mm，如图 1–3–27 所示。

（2）反握法　手心向上，大拇指握住扁平处，其余手指自然捏住錾子，手掌悬空，如图 1–3–28 所示。

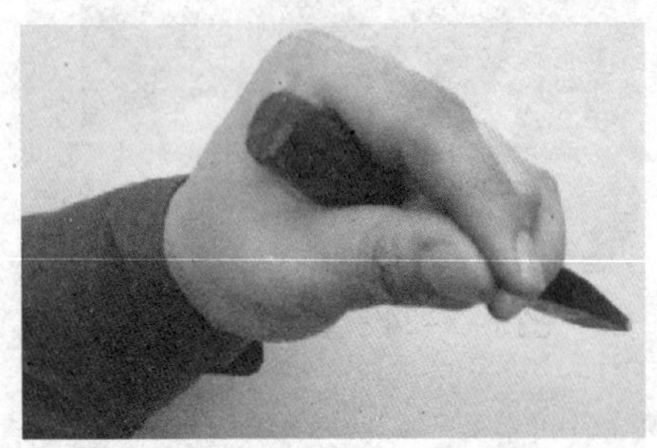

图 1–3–27　正握法

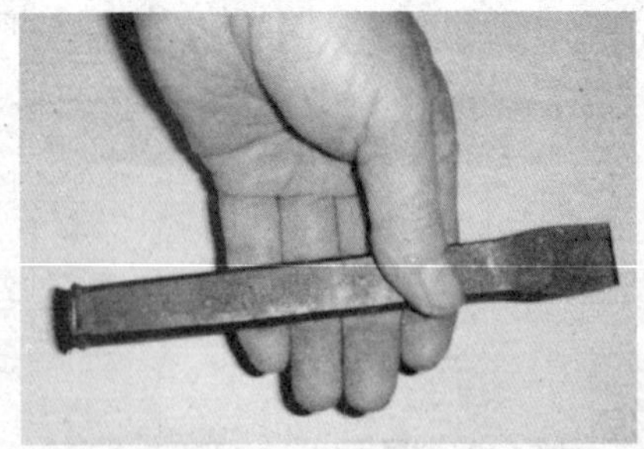

图 1–3–28　反握法

提示

錾削时左小臂要放松，錾子要握稳。

3. 站立姿势

操作时双脚站立位置与锯削相同，如图 1–3–6 所示。站立时胸部要自然挺直，不可前俯后仰；腰部要自然放松；头不可前后左右倾斜；两眼要注视工件的切削处，观察錾削情况时，不可观察錾子锤击处。

4. 挥锤方法

挥锤方法如图 1–3–29 所示，有腕挥、肘挥和臂挥三种。腕挥一般用于錾削余量较少或錾削的开始和结尾处；肘挥锤击力较大，应用较广；臂挥应用于要大力錾削的工件。一般挥锤速度大约为 40 次 /min。

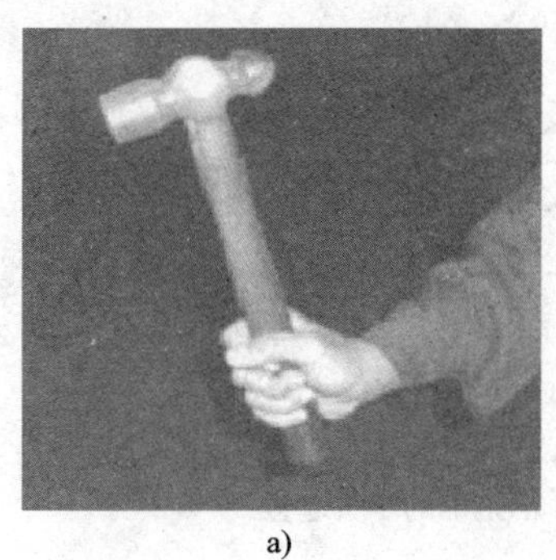

a)

b)

c)

图 1–3–29 挥锤方法

a）腕挥 b）肘挥 c）臂挥

三、錾削操作方法

1. 起錾方法

起錾时锤击力要小。錾削平面时，应采用斜起錾法，先在工件的边缘尖角处轻轻錾出一个斜面，如图 1–3–30a 所示，然后按正常錾削角度（后角为 5° ～ 8°）逐步向中间錾削。不能在尖角处起錾的工件（如錾槽），起錾时錾子的全部刃口贴在工件錾削部分的端面，錾出一个斜面，如图 1–3–30b 所示，然后按正常角度錾削。錾削过程中，每錾 2 ～ 3 次后，可将錾子退回一些，观察錾削表面的平整情况，然后再继续錾削。

2. 錾尽方法

当錾到工件尽头处约 10 mm 时，必须把工件掉头，从反向錾去剩余部分，否则，将錾出缺口，造成工件报废，如图 1–3–30c、d 所示。

3. 板料的錾切

切断厚度在 2 mm 以下的板料时，可将其夹持在台虎钳上錾切，板料的切割线应与钳口平齐，用扁錾沿钳口以 45° 角自右向左錾切。

对尺寸较大的板料，可在铁砧上或垫有平铁的平地上錾削，如图 1–3–31 所示。切断用的錾子，应切削刃磨成适当的弧面。

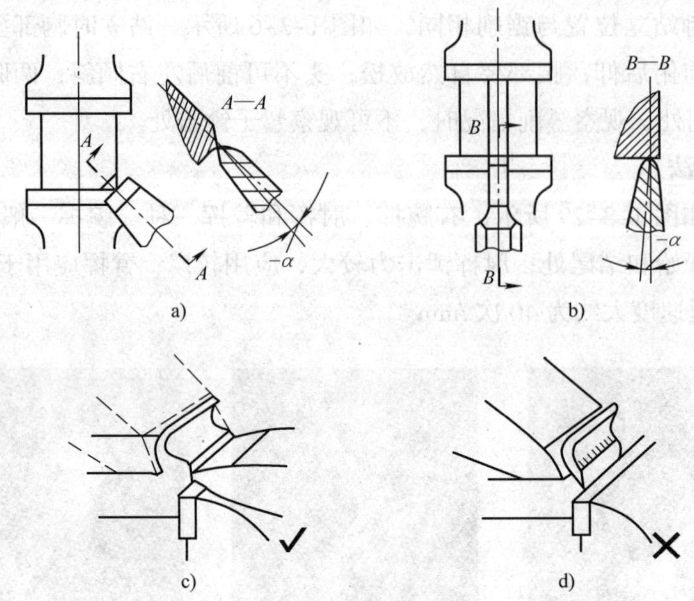

图 1-3-30 起錾与錾尽的方法

a）斜角起錾 b）正面起錾 c）正确的尽头起錾 d）不正确的尽头起錾

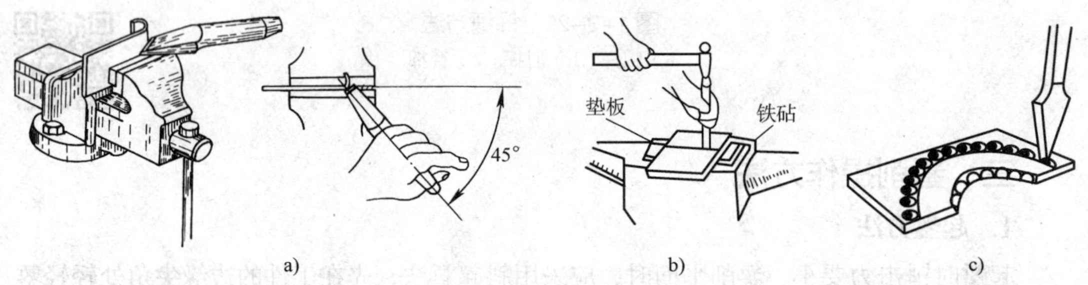

图 1-3-31 板料的錾切方法

a）在台虎钳上錾切板料 b）在铁砧上錾切板料 c）板料几何形状錾切方法

4. 平面的錾削

錾削较窄的平面，錾子的切削刃应与錾削方向保持一定的斜度，使切削刃与工件有较多的接触面。这样錾子容易掌握，錾削出的平面较平整，如图 1-3-32a 所示。

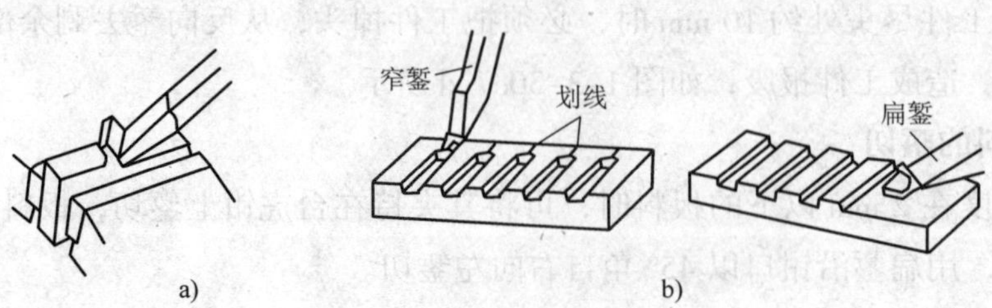

图 1-3-32 平面的錾削

a）錾削窄平面 b）錾削宽平面

錾削较宽的平面时，一般先用窄錾分段开槽，再用扁錾錾去剩余部分，如图 1-3-32b 所示。

錾削平面时，每次粗錾的錾削余量应在 1.5 mm 左右。

提示

◇錾子要经常刃磨，保证切削刃锋利，以免錾削时打滑。

◇要及时磨去錾子头部的明显毛刺。

◇在台虎钳上操作时，不可使切屑左右飞溅；在无防护网的工作台上操作时，切屑飞溅方向不得有人通过。

◇在錾削切屑飞溅没有规律或切屑特别易飞溅的材料时，应适当减少锤击力，操作者需戴防护眼镜。

◇切屑要用刷子刷掉，不得用手擦和嘴吹。

◇锤子柄要装牢，如有松动现象或楔铁丢失，应立即停止使用。

◇挥锤时，要注意握住锤柄，疲劳时要做适当休息，以免过度疲劳击偏伤手。

◇錾子头部、锤子头部和锤子木柄都不应沾油和沾水，以防滑出。

技能训练

1. 训练内容

錾削长方体，技术要求如图 1-3-33 所示。

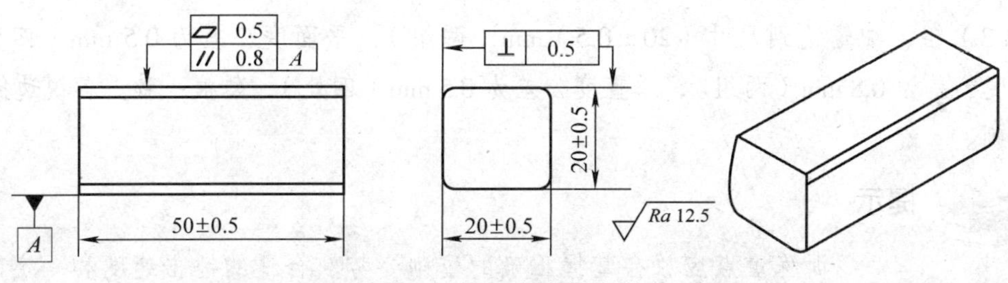

图 1-3-33 錾削长方体

2. 工具及材料

划线工具、高度游标卡尺、锤子、扁錾、V 形垫块、游标卡尺、角尺、扁钳口、扁油刷等。

备料：24 mm×24 mm×50 mm 废刀杆 1 件。

3. 评分标准

评分标准见表 1-3-3。

表1-3-3 评分标准

序号	项目内容	评分标准	配分	扣分	得分
1	（20± 0.5）mm（两组）	超差 0.1 mm 扣 5 分	24		
2	平行度公差为 0.8 mm（两组）	超差 0.1 mm 扣 2 分	12		
3	平面度公差为 0.5 mm（四面）	超差 0.1 mm 扣 2 分	12		
4	垂直度公差为 0.5 mm（四处）	超差 0.1 mm 扣 2 分	12		
5	錾削姿势	按不正确程度酌情扣分	15		
6	錾纹一致	錾纹不一致扣 5 分	5		
7	倒钝锐边 *R*0.5 mm	一处不合格扣 2 分	10		
8	安全文明生产	违反安全文明生产规定扣 10 分	10		
工时	8 h	合计	100		
备注		教师签字	年 月 日		

4．训练步骤

（1）按图样锯削下料 24 mm×24 mm×（50±0.5）mm。

（2）划加工线，复检后打样冲眼。

（3）粗、细錾达到尺寸（20±0.5）mm（两组），平面度公差为 0.5 mm（四面），平行度公差为 0.8 mm（两组），垂直度公差为 0.5 mm（四处），錾痕一致。各锐边倒钝、去毛刺。

提示

◇训练重点应放在掌握正确的錾削姿势、合适的锤击速度和一定的锤击力量上。

◇要注意克服锤击速度过快、左手握錾不稳、锤击无力等问题。

◇要注意操作安全。

任务三 锉 削

学习目标

1. 能根据技术要求进行工艺分析，制定加工工艺。
2. 能根据技术要求利用工具进行锉削加工。

用锉刀对工件表面进行切削加工，使工件达到图样所要求的尺寸、形状和表面粗糙度的加工方法称为锉削。

一、锉刀

锉刀的一般结构如图 1–3–34 所示。

1. 锉刀的种类

（1）普通锉（图 1–3–35） 普通锉是适用于加工、锉削金属零件的各种形式的锉刀，按锉纹可分为粗锉、细锉；按锉刀断面的形状可分为扁锉、方锉、圆锉、半圆锉、三角锉五种。

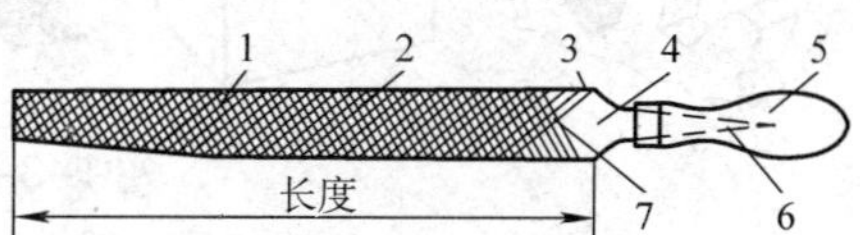

图 1–3–34 锉刀的结构

1—锉刀面 2—锉刀边 3—底齿 4—锉刀尾 5—木柄 6—锉刀舌 7—面齿

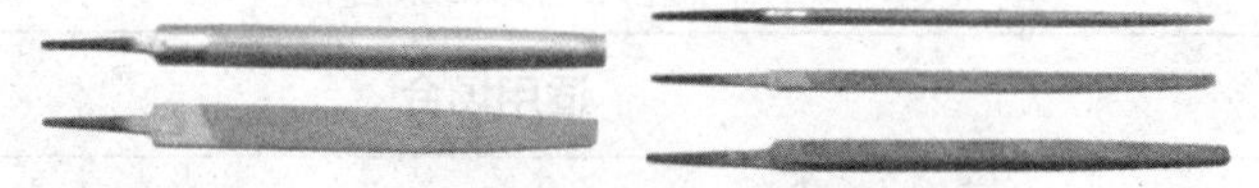

图 1–3–35 普通锉

（2）异形锉（图 1–3–36） 异形锉是适用于锉削零件上特殊表面的锉刀。

（3）整形锉（图 1–3–37） 整形锉适用于修整零件上的细小部位，由若干把各种断面形状的锉刀组成一套。

2. 锉刀的选择

（1）锉刀断面形状的选择 锉刀断面形状的选择一般取决于工件加工表面的形状，如图 1–3–38 所示。

（2）锉刀锉纹的选择 锉刀锉纹粗细的选择主要取决于加工余量、尺寸精度和表面粗糙度要求。锉刀的齿纹有单齿纹和双齿纹两种，锉削软金属用单齿纹，此外都用双齿纹。双齿纹又分粗、中、细等几种。

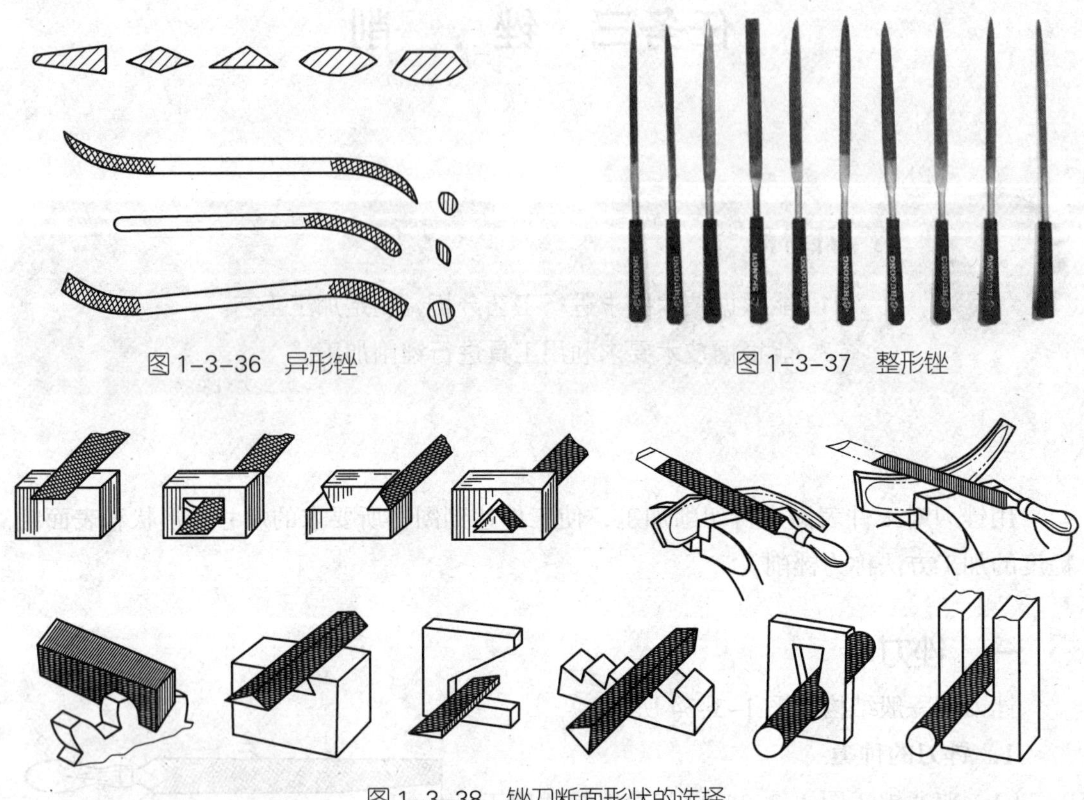

图 1–3–36　异形锉　　　　图 1–3–37　整形锉

图 1–3–38　锉刀断面形状的选择

粗齿锉刀一般用于锉削软金属材料、加工余量大、精度或表面粗糙度要求不高的工件；细齿锉刀则用在不宜用粗齿锉刀的场合。通常可按表 1–3–4 进行选择。

表 1–3–4　锉刀锉纹的选择

锉纹	适用场合		
	锉削余量 /mm	尺寸精度 /mm	表面粗糙度 *Ra*/μm
粗	0.5 以上	0.2 ~ 0.5	50 ~ 12.5
中	0.2 ~ 0.5 0.05 ~ 0.2	0.05 ~ 0.20 0.02 ~ 0.05	6.3 ~ 3.2 3.2 ~ 1.6
细	0.05 以下	0.01	0.8 ~ 0.4

（3）锉刀规格的选择　锉刀长度的选择取决于工件加工面的大小，工件加工面越大，所选锉刀规格也越大。

3. 锉刀柄的拆装

锉刀装柄后方可使用，锉刀柄的装、拆方法如图 1–3–39 所示。

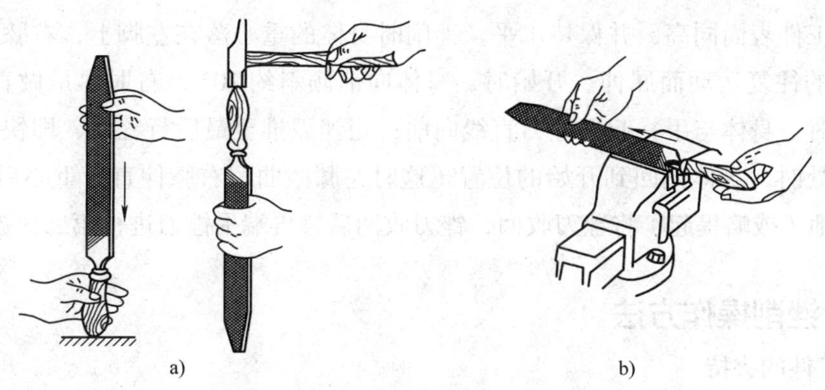

图 1–3–39 锉刀柄的装、拆方法

a）安装 b）拆卸

二、锉削操作姿势

1．锉刀握法

锉刀的握法如图 1–3–40 所示，随锉刀的大小、形状不同而有所不同。对于长于 250 mm 的锉刀，应用右手握锉刀柄，柄端顶住掌心，大拇指放在柄的上部，其余的手指满握锉刀柄；左手将拇指根部的肌肉压在锉刀头上，拇指自然伸直，其余四指弯曲向掌心，用中指、无名指捏住锉刀的前端。右手推动锉刀并决定锉刀的推动方向，左手协同右手使锉刀保持平衡。

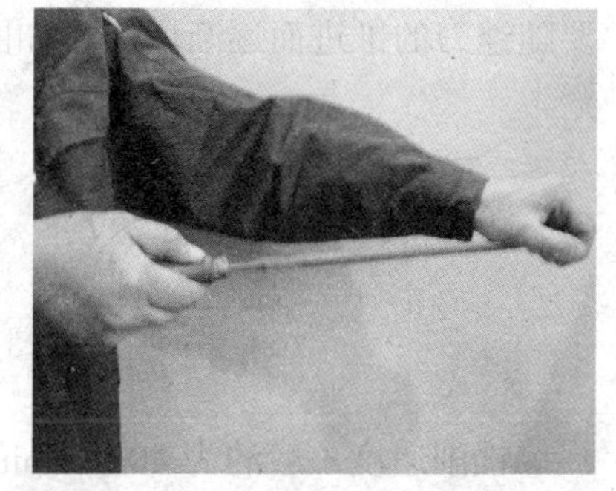

图 1–3–40 锉刀握法

2．锉削姿势

（1）锉削时双脚站立位置与锯削相似，站立要自然，要便于用力和适应不同的锉削要求。

（2）锉削时身体动作如图 1–3–41 所示，右手握锉刀，左手辅握锉刀，将锉刀放在工件上面。左臂自然弯曲，腰提起，小臂与工件锉削面的左右方向基本保持平行；

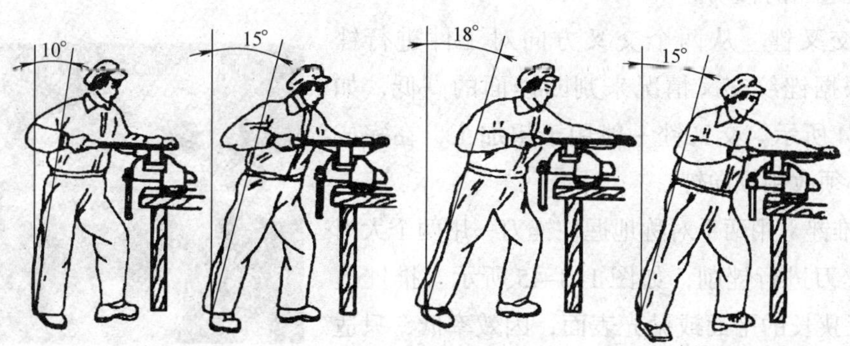

图 1–3–41 锉削动作

右小臂与工件表面同高，并保持水平。锉削时身体的重心落在左脚上，右膝伸直，左膝随锉刀的往复运动而屈伸。开始时，身体向前倾斜约 10°，右肘尽量做直线后缩；锉刀行程时，身体与手一起推锉刀直线向前；当锉刀推至最后行程时，即快接近锉刀面的单纹处时，身体先回到开始的位置（这时左膝微曲，右膝伸直，重心后移），并顺势平行地（或略提起）将锉刀收回，锉刀收回后，再端平锉刀进行第二次锉削。

三、锉削操作方法

1. 工件的夹持

工件要夹持在台虎钳口的中间，且伸出钳口约 15 mm，以防止锉削时产生振动；夹持要牢靠又不致使工件变形；夹持已加工或精度较高的工件时，应在钳口和工件之间垫入钳口铜皮或其他软金属保护衬垫；夹持表面不规则工件时要加垫块，垫平夹稳；夹持大而薄的工件时可用两根长度相适应的角钢夹住工件，并一起夹持在钳口上。

2. 锉削方法

（1）锉平直的平面，必须使锉刀保持直线运动。在推进过程中要使锉刀不上下摆动，并使锉刀在工件任意位置时前后两端所受的力矩保持平衡，因此推进时右手压力要随锉刀的推进而逐渐增大，如图 1–3–42 所示。回程中不加压力。

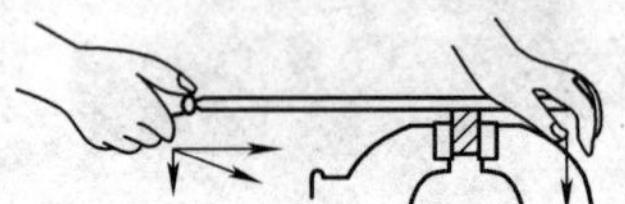
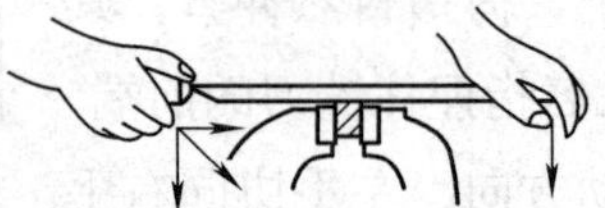
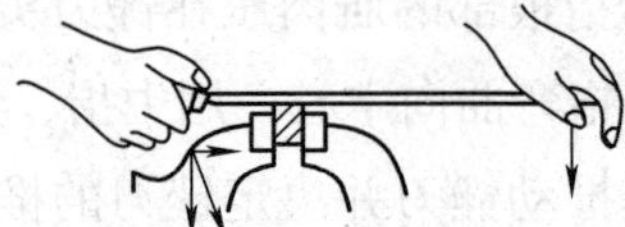

图 1–3–42　锉削的力矩平衡

锉削速度一般约为 40 次 /min，推进时较慢，回程时稍快，动作要自然协调。

（2）基本锉法

1）顺向锉　锉刀推锉方向与工件夹持方向保持一致，如图 1–3–43 所示，锉纹整齐一致，一般适用于锉削不大的平面和最后的精锉。锉宽平面时，每次退回锉刀时应在横向做适当的移动。

2）交叉锉　从两个交叉方向对工件进行锉削，可根据锉纹交叉情况来判断锉面的高低，如图 1–3–44 所示。交叉锉一般用于粗加工，在完成以前，必须改用顺向锉。

3）推锉　用两手对称地握住锉刀，用两个大拇指推动锉刀进行锉削，如图 1–3–45 所示。推锉适合于加工狭长的平面或抛光表面，因效率低，只适用于加工余量较少的场合或修整尺寸用。

图 1–3–43　顺向锉

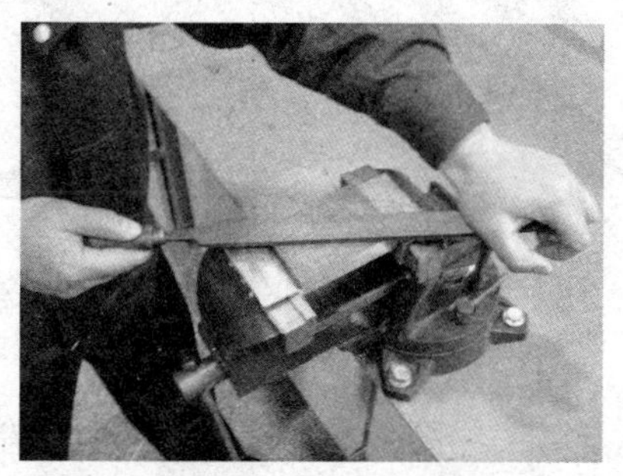
图 1–3–44 交叉锉

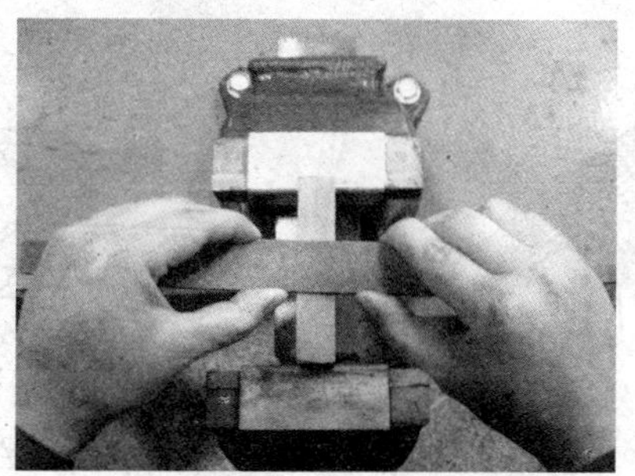
图 1–3–45 推锉

（3）平面的锉削 先用交叉锉粗加工，再用顺向锉精加工，锉削时要经常用钢直尺或刀口形直尺通过透光法检验其平面度。检验时，将钢直尺或刀口形直尺垂直放在工件表面上，沿纵向、横向和对角方向多处逐一检验，如图 1–3–46a、图 1–3–46b 所示。若刀口形直尺与工件间平面透光微弱且均匀，则该平面是平直的；反之，该平面是不平直的，如图 1–3–46c 所示。

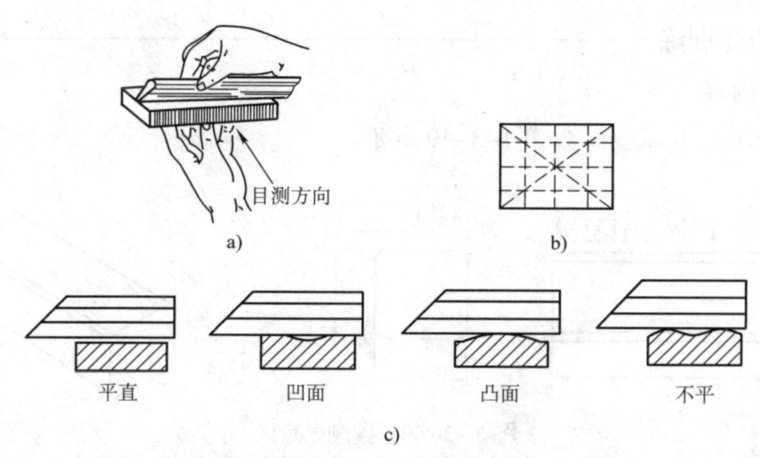

图 1–3–46 平面的锉削
a）纵向检测 b）对角检测 c）检测的不同情况

（4）外圆弧面的锉削 外圆弧面的锉削方法有两种：

1）顺向圆弧面锉 锉削时锉刀要同时完成前进运动和围绕工件圆弧中心的转动，如图 1–3–47a 所示。这种锉削方法锉刀位置不易掌握，效率也不高，但锉出的圆弧面光洁圆滑，故适用于精锉圆弧面。

2）横向圆弧面锉 锉削时锉刀做直线运动，并不断随工件表面摆动，把工件表面锉成非常接近圆弧的多棱面，适用于圆弧面的粗加工，如图 1–3–47b 所示。

（5）内圆弧面的锉削 锉削内圆弧可用圆锉或半圆锉。锉削时，锉刀要同时完成三个运动——前进运动、随圆弧面做向左或向右的微小移动和绕锉刀中心线转动，如图 1–3–48 所示。

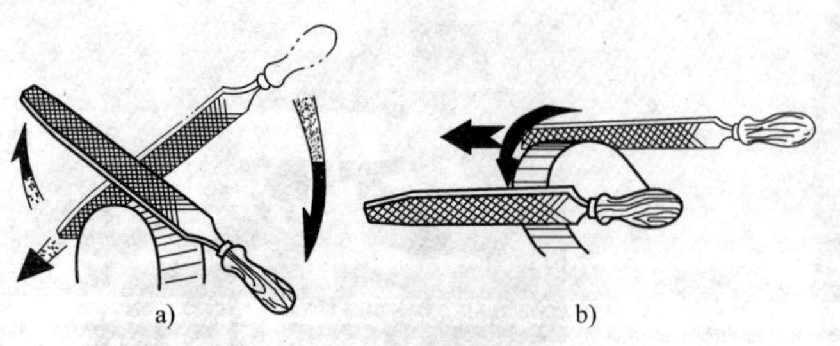

图 1–3–47　外圆弧面的锉削

a）顺向圆弧面锉　b）横向圆弧面锉

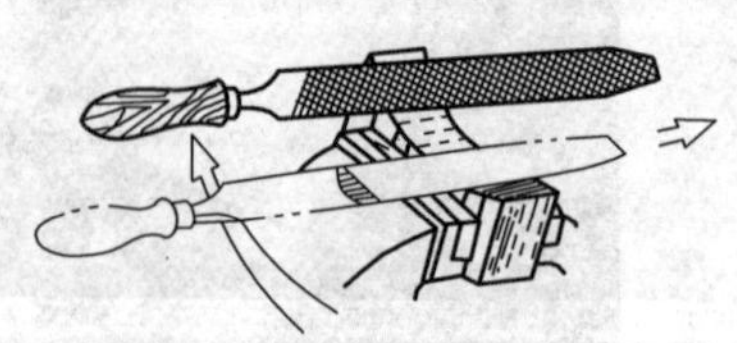

图 1–3–48　内圆弧面的锉削

提示

◇没有装柄或柄已裂开的锉刀不可使用；不可将锉刀当作拆卸工具或锤子使用；锉刀不用时，应放在台虎钳的右面，其柄不可露出钳台外。

◇不能用嘴吹锉屑，也不能用手擦工件的表面。

技能训练

1. 训练内容

锉削长方体，技术要求如图 1–3–49 所示。

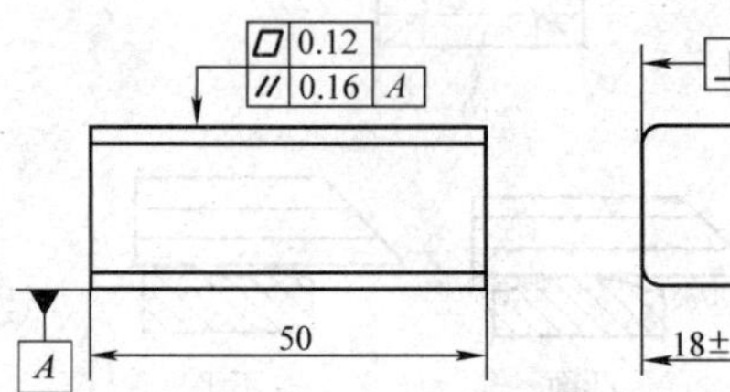

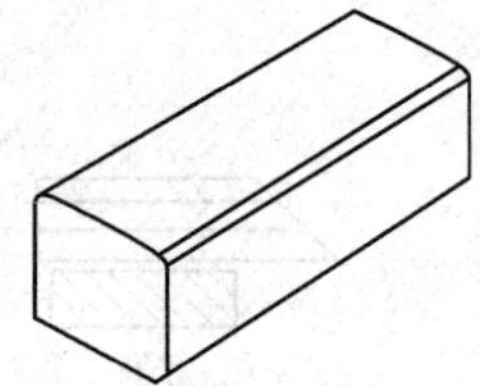

图 1–3–49　锉削长方体

2. 工具及材料

划线工具、高度游标卡尺、角尺、软钳口、扁油刷、锉刀等。

备料：本课题任务二中錾削完成的长方体。

3. 评分标准

评分标准见表 1–3–5。

表 1–3–5　评分标准

序号	项目内容	评分标准	配分	扣分	得分
1	（18±0.2）mm（两组）	超差 0.1 mm 扣 2 分	30		
2	平行度公差为 0.16 mm（两组）	超差 0.01 mm 扣 1 分	10		
3	平面度公差为 0.12 mm（四面）	超差 0.01 mm 扣 1 分	12		

续表

序号	项目内容	评分标准	配分	扣分	得分
4	垂直度公差为 0.1 mm（四处）	超差 0.1 mm 扣 1 分	8		
5	Ra6.3 μm，锉纹一致	一处錾痕扣 1 ~ 5 分	5		
6	倒钝锐边 R0.5 mm	一处不合格扣 3 分	5		
7	使用工具操作姿势正确	发现一次不正确，扣 1 分	10		
8	安全文明生产	违反安全文明生产规定扣 10 分	10		
工时	7 h	合计	100		
备注		教师签字	年 月 日		

4. 训练步骤

（1）按图样检查毛坯各部分尺寸。

（2）选择平面度较好的一面为基准面，粗、精锉达到平面度公差为 0.12 mm。

（3）粗、精锉基准面的对面。先在平台用高度划线尺划出相距 18 mm 尺寸的平面加工线，粗、精锉达到尺寸要求（18±0.2）mm，平行度公差为 0.16 mm。

（4）粗、精锉基准面的任一邻面。先用角尺和划针划出平面加工线，然后粗、精锉达到平面度公差为 0.12 mm 和垂直度公差为 0.1 mm 的要求（垂直度用角尺检查）。

（5）粗、精锉基准面的另一邻面。先划出相距对面 18 mm 的尺寸加工线，然后粗、精锉达到图样尺寸要求。

（6）做全部精度检查，并做必要的修整。

提示

◇工件夹持时，台虎钳钳口要垫软金属片。

◇操作时要掌握好两个重点：一是要不断地纠正不正确的锉削姿势和动作；二是要注意掌握两手用力变化，使锉刀在工件上保持平衡，逐步掌握平面锉削的技巧。

◇加工平行面必须在基准面达到平面度要求后进行；加工垂直面，必须在基准面、平行面加工好以后进行。

◇检查平面度时应将工件表面和钢尺或刀口平面擦净，并垂直测量。

◇检查垂直度时，应将工件锐角倒棱，并擦净角尺和工件的测量面；角尺的移动速度不要太快，压力不要太大。

◇进行接近加工尺寸要求时的误差修正时，要全面考虑，逐步、仔细地进行。

课题四　钻孔、攻螺纹和套螺纹 

任务一　钻　　孔

学习目标

1. 能根据技术要求进行工艺分析，制定加工工艺。
2. 能根据技术要求利用工具进行钻孔加工。

钻孔是利用钻头在工件上加工出孔的一种加工方法。

一、钻孔设备和工具

1. 钻床

钻床的种类、形式很多，钻孔常用的钻床有台式钻床、立式钻床和摇臂钻床，如图 1–4–1 所示。

最常用的是台式钻床，简称台钻，一般用来加工直径小于 12 mm 的孔。台钻能调节三挡转速或五挡转速，变速时要先停车。钻孔时，主轴做顺时针方向转动。台钻的

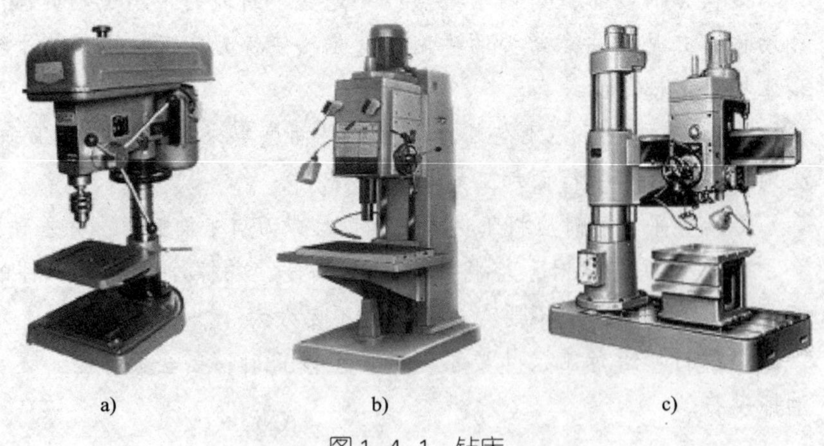

a)　　b)　　c)

图 1–4–1　钻床

a）台式钻床　b）立式钻床　c）摇臂钻床

主体和工作台之间可进行上下或左右的调节，调定位置后，必须将手柄锁紧。使用过程中应保持工作台面的清洁，不可使钻头钻入工作台面，不可在工作台面上敲打，以免损坏工作台面。

钻床在使用前后，操作者要认真检查，擦拭钻床各个部位，并进行注油保养，使钻床保持润滑清洁，发生故障要及时排除，并做好记录。钻床运转满 500 h 应进行一次一级保养，清洗规定的部位，疏通油路，更换油线、油毡，调整各部位配合间隙，紧固各个部位。

提示

◇工作前应给钻床的各润滑点加润滑油；低速试运转，看有无异常现象。

◇操作钻床时，严禁戴手套或垫棉纱工作，留长发者要戴工作帽；工件、夹具、刀具必须装夹牢固、可靠。

◇钻深孔或在铸件上钻孔时，要经常退刀，排除切屑。钻通孔时，要在工件的底部垫板，以免钻伤工作台。

2. 电钻

电钻有手提式和手枪式两种，如图 1-4-2 所示。一般工件可用电钻钻孔。电钻通常用的是 220 V 或 36 V 的交流电源。为保证安全，在使用 220 V 的电钻时，应戴绝缘手套；在潮湿的环境中应使用额定电压为 36 V 的电钻。

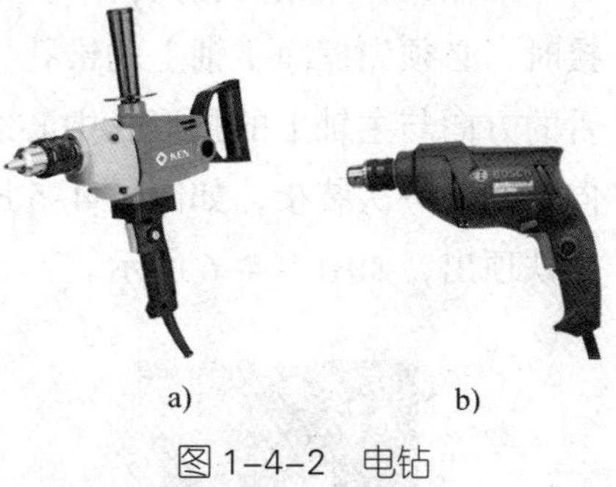

图 1-4-2 电钻
a）手提式 b）手枪式

3. 钻头

常用的钻头是麻花钻，如图 1-4-3 所示。麻花钻一般用高速钢（W18Cr4V 或 W9Cr4V2）制成，淬硬后达 62 ~ 68HRC。麻花钻由钻柄和钻体组成。

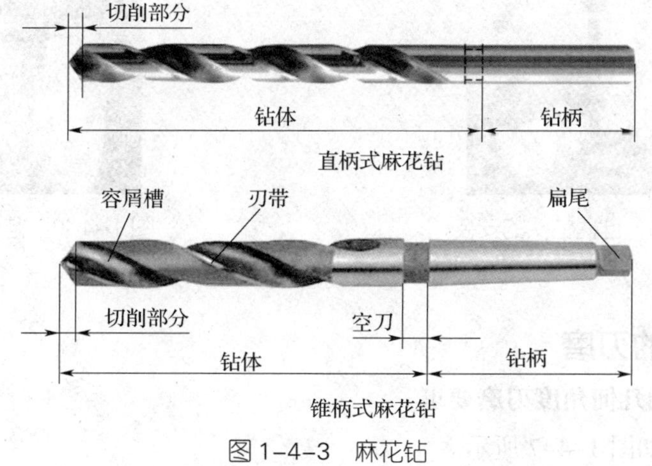

图 1-4-3 麻花钻

（1）钻柄是用来夹持、定心和传递动力的，直径 13 mm 以下的一般制成直柄式，直径 13 mm 以上的一般制成锥柄式。锥柄式的钻柄扁尾用来增加传递的扭矩，避免钻头在主轴孔钻套中打滑，并作为把钻头从主轴孔或钻套中打出之用。

（2）钻体由切削部分、导向部分和空刀组成。切削部分由五刃（两条主切削刃、两条副切削刃和一条横刃）和六面（两个前刀面、两个后刀面和两个副后刀面）组成，担任主要的切削工作。导向部分有两条螺旋槽，作用是形成切削刃以及容纳和排除切屑，便于切削液沿着螺旋槽注入。同时。导向部分的外缘是两条棱带，略呈倒锥形（每 100 mm 长度内，直径向柄部减少 0.05 ～ 0.1 mm）。这样既可以引导钻头切削时的方向，使它不致偏斜，又可以减少钻头与孔壁的摩擦。空刀是钻体上直径减小的部分，为磨制钻头时供砂轮退刀之用，也用来刻印商标和规格。

4．钻夹头和钻头套

钻夹头和钻头套是夹持钻头的夹具。直柄式钻头用钻夹头夹持，先将钻头的柄部塞入钻夹头的三爪卡中，塞入长度不小于 15 mm，然后用钻夹头钥匙旋转外套，以夹紧或放松钻头，如图 1–4–4 所示。

图 1–4–4　钻夹头夹持钻头

锥柄钻头用钻头套夹持，直接与主轴连接。连接时，必须先擦净主轴上的锥孔，并使钻头套矩形舌的方向与主轴上的腰形孔中心线方向一致，利用向上冲力一次装接，如图 1–4–5 所示。拆卸时，用斜铁顶出，如图 1–4–6 所示。

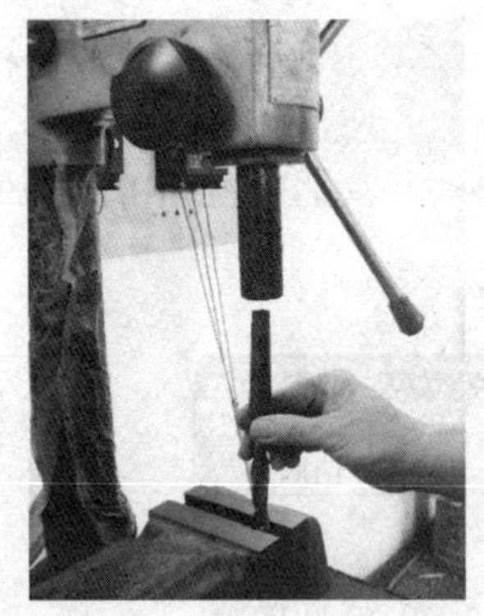
图 1–4–5　锥柄钻头的安装

图 1–4–6　锥柄钻头的拆卸

二、钻头的刃磨

1．麻花钻的几何角度刃磨要求

其几何角度如图 1–4–7 所示。

（1）顶角 2φ　顶角 2φ 应根据工件的材料性质、厚薄及排屑要求来选择，一般钢材为 120° 左右，铝和铝合金或薄板料为 135° 左右，一般铜料为 90° 左右。

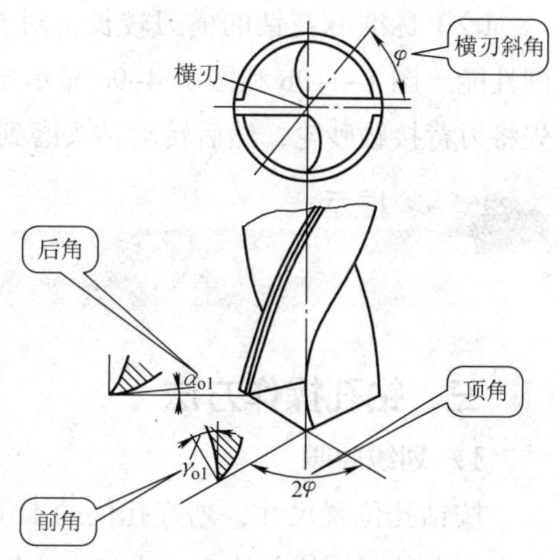

图 1–4–7　几何角度

（2）后角 α　后角越小，钻头强度越高，但后刃面与工件切削表面的摩擦面积也越大。因此，材料越硬，后角应越小，进给量也越小。对于直径小于 15 mm 的钻头的标准后角为 10° ~ 14° 。

（3）横刃斜角　横刃斜角的大小决定于横刃的长度，而横刃长度决定后角大小，后角大，横刃就长。横刃若太长，则进给抗力就大，且不易定中心。所以，横刃应该磨得短些，标准的横刃斜角为 50° ~ 55° 。

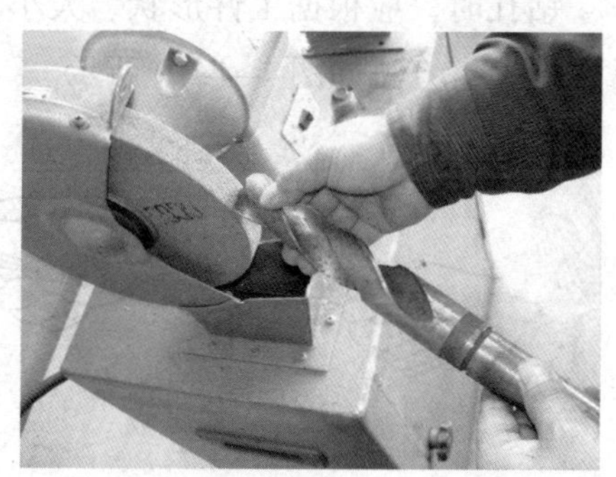

图 1–4–8　钻头的刃磨姿势

2. 钻头的刃磨方法

（1）右手握住钻头的头部，食指尽可能靠近切削部分，作为定位支点，或将右手靠在砂轮的搁架上做好支点，左手握住钻头的尾部。使刃磨部分的主切削刃处于水平位置，钻头的轴心线与砂轮圆柱母线在平面内的夹角等于顶角的一半。如图 1–4–8 所示，刃磨时将主切削刃在略高于砂轮水平中心面处先接触砂轮，使钻头沿自己的轴线由下向上转动，同时施加适当的压力，使整个后刃面都磨到。在磨到刃口时要减小压力，停止时间不能太长，在钻头快要磨好时，应注意摆回，不要吃刃，以免刃口退火。切削刃两面要经常轮换，直至达到刃磨要求。具体刃磨角度如图 1–4–9 所示。

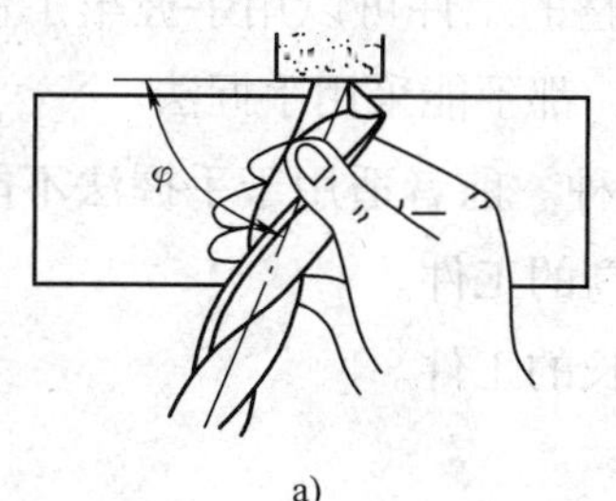

a)

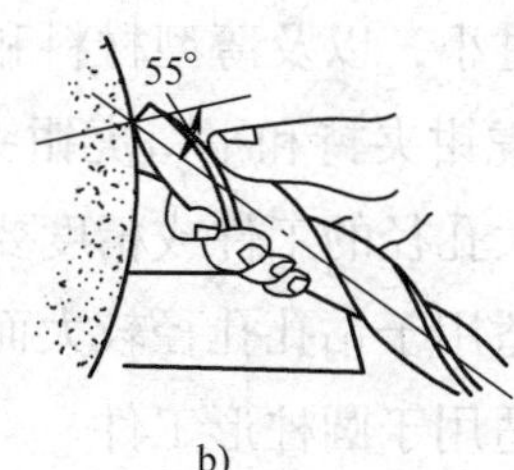

b)

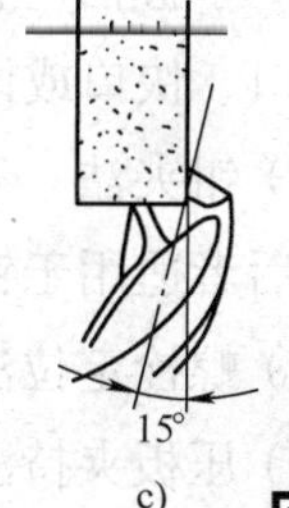

c)

图 1–4–9　钻头的刃磨

a）主切削刃的刃磨　b）、c）横刃的修磨方法

（2）标准麻花钻的横刃较长，对 5 mm 以上的钻头，通常要修磨横刃，以改善切削性能。图 1–4–9b 和图 1–4–9c 显示出了修磨横刃时钻头与砂轮的相对位置，修磨时先将刃背接触砂轮，然后转动钻头磨到主切削的前刃面，以此把横刃磨短。

提示

钻头刃磨时，要经常蘸水冷却，防止因过热退火而降低硬度。

三、钻孔操作方法

1．划线冲眼

按钻孔位置尺寸，划好孔位的十字中心线，并打出小的中心样冲眼，按孔的孔径大小划孔的圆周线并检查，再将中心样冲眼打大打深。

2．工件的夹持

钻孔时，应根据工件形状、大小和孔径采用合适的夹持方法，以保证质量和安全。常用的夹持方法如图 1–4–10 所示。

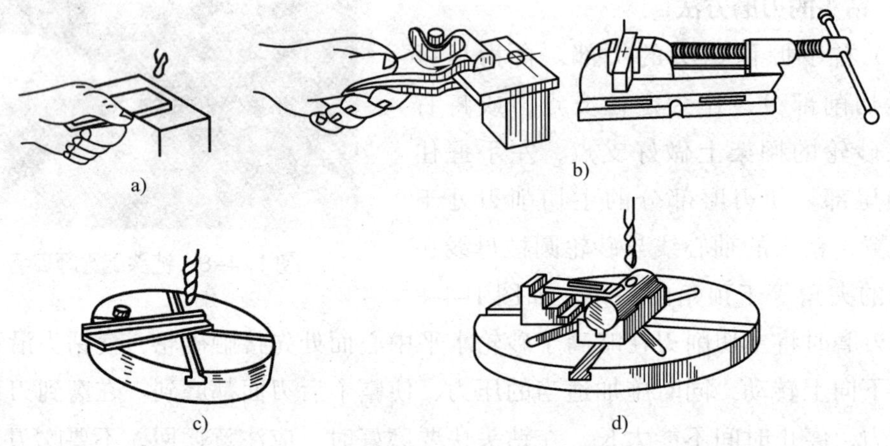

图 1–4–10　工件夹持方法
a）手握法　b）钳夹法　c）螺栓定位法　d）压板夹持法

（1）手握法　钻孔直径在 8 mm 以下、表面平整的工件可以用手握牢工件。有毛刺、缺口、快口或体积过小，以及薄型材料和工件，都不能采用手握法。

（2）钳夹法　有手虎钳夹持和平口虎钳夹持两种。前者适用于手握法不能把持的工件，后者适用于钻较大孔径的工件或精度要求较高的工件。

（3）螺栓定位法　适用于钻孔孔径较大而又较长的工件。

（4）压板夹持法　适用于圆柱形工件。

3．钻孔时的切削用量

切削用量是切削速度、进给量和吃刀深度的总称。通常钻小孔的钻削速度可快些，进给量要小些；钻较大的孔时，钻削速度要慢些，进给量要适当大些。钻硬材料时，钻削速度要慢些，进给量要小些；钻软材料时，钻削速度要快些，进给量也要大些。

4. 钻孔操作方法

（1）钻孔时，先将钻头对准中心样冲眼，进行试钻，试钻出来的浅坑应保持在中心位置，如有偏移，要及时校正。

（2）校正方法。可在钻孔的同时用力将工件向偏移的反向推移，还可用样冲在偏移的位置斜着冲眼达到逐步校正的目的。当试钻达到孔位要求后，即可压紧工件完成钻孔。

钻孔时要经常退钻排屑。孔将钻穿时，进给力必须减小，以防止钻头折断或使工件随钻头转动造成事故。

5. 钻孔时的冷却与润滑

为了使钻头散热冷却，减小钻削时钻头与工作、切屑间的摩擦，提高钻头的耐用度和改善加工孔的表面质量，钻孔时要加注足够的冷却润滑液。钻铜、铝及铸件等材料时一般可不加，钻钢件时，可用废柴油或废机油代替。

四、钻孔时产生废品的原因

钻孔时产生废品的原因见表 1–4–1。

表 1–4–1 钻孔时产生废品的原因

废品形式	产生原因
孔径大于零件图尺寸	（1）钻头两切削刃长短不等，高低不一致 （2）钻床主轴有摆动或没有锁紧 （3）钻头弯曲或装夹不好，使钻头摆动
孔呈多角形	（1）钻头后角太大 （2）钻头两切削刃长短不等，角度不对称
孔壁粗糙	（1）钻头不锋利 （2）进给量太大 （3）切削液性能差或供给不足 （4）钻屑堵塞螺旋槽
孔位置偏移	（1）工件划线不正确或装夹不正确 （2）钻头横刃太长，定心不稳 （3）起钻孔偏而没有纠正
孔歪斜	（1）工件与钻头不垂直，钻床主轴与台面不垂直 （2）工件安装时，安装接触面不干净 （3）进给量过大，钻头弯曲

提示

◇操作钻床时不可戴手套，袖口要扎紧，必须戴工作帽。

◇钻孔前，要根据所需的钻削速度，调节好钻床的速度。调节时，必须断开钻床的电源开关。

◇工件必须夹紧。

◇开动钻床时，应检查是否有钻夹头钥匙或斜铁插在转轴上，工作台面上不能放置量具和其他工件等杂物。

◇不能用手和棉纱头清除切屑，也不可用嘴吹，必须要用毛刷等工具清除，尽可能在停车时清除。

◇停车时，应让主轴自然停止转动，严禁用手捏刹钻头。严禁在开车状态下装拆工件或清洁钻床。

技能训练

1. 训练内容

钻孔操作，技术要求如图 1–4–11 所示。

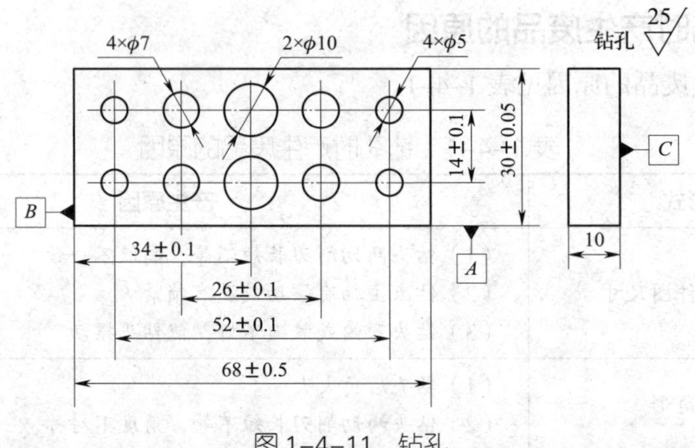

图 1–4–11 钻孔

2. 设备、工具及材料

划线平台 2 000 mm×1 500 mm、Z4112 型台式钻床、钳台 3 000 mm×2 000 mm、台虎钳 125 mm、平口钳 125 mm、S3SL–250 型砂轮机各 1 台；高度游标卡尺 0 ~ 300 mm/0.02、游标卡尺 0 ~ 150 mm/0.02；直柄麻花钻 ϕ5 mm、ϕ7 mm、ϕ10 mm、ϕ12 mm 平锉 300 mm（1 号纹）、200 mm（3 号纹）、150 mm（3 号纹）。

备料：70 mm×32 mm×10 mm，Q235。

3. 评分标准

评分标准见表 1–4–2。

表 1-4-2 评分标准

序号	项目内容	评分标准	配分	扣分	得分
1	钻头刃磨	角度不符合要求，每处扣 5 分	10		
2	（68±0.5）mm	超差 0.1 扣 5 分	5		
3	（52±0.1）mm	超差 0.1 扣 5 分	5		
4	（26±0.1）mm	超差 0.1 扣 5 分	5		
5	（34±0.1）mm	超差 0.1 扣 5 分	5		
6	（14±0.1）mm	超差 0.1 扣 5 分	5		
7	（30±0.05）mm	超差 0.1 扣 5 分	5		
8	2×ϕ10 mm	每孔超差扣 5 分	10		
9	4×ϕ7 mm	每孔超差扣 5 分	20		
10	4×ϕ5 mm	每孔超差扣 5 分	20		
11	安全文明生产	违反安全文明生产规定扣 10 分	10		
工时	3 h	合计	100		
备注		教师签字	年 月 日		

4. 训练步骤

（1）对照图样，进行工艺分析，制定工艺流程。此件外部轮廓尺寸较大，用锉削加工来达到图样要求。划线时线条要准确，划出检验方框来保证孔位。起钻时，先使钻头对准钻孔中心，钻出一个小浅坑，检查钻孔位置是否正确，并不断借正，使浅坑与检验方框同轴。

（2）检查工件尺寸。

（3）加工工件的外部轮廓尺寸。

（4）划出全部钻孔线。

（5）打样冲眼。

（6）按图样要求钻孔。

（7）复查、去毛刺、做标记。

提示

◇刃磨钻头时，注意姿势动作，保证钻头几何形状和角度正确。

◇用钻夹头装夹钻头时要用钻夹头钥匙，不可用扁铁和手锤敲击，以免损坏夹头或影响钻床主轴精度。工件装夹时，必须做好装夹面的清洁工作。

◇工件必须夹紧，特别在小工件上钻较大直径孔时装夹必须牢固，孔将钻穿时，要尽量减小进给力。

◇操作者的头部不准与旋转着的主轴靠得太近，停车时应让主轴自然停止，不可用手去刹住，也不能用反转制动。

任务二　攻螺纹和套螺纹

学习目标

1. 能根据技术要求利用攻螺纹工具进行螺纹加工。
2. 能根据技术要求利用套螺纹工具进行螺纹加工。

一、攻螺纹

用丝锥在孔中切削出内螺纹的加工过程称为攻螺纹。

1. 攻螺纹工具

（1）丝锥　丝锥是加工内螺纹的工具，如图 1–4–12 所示。按加工螺纹的种类分为：普通三角螺纹丝锥（其中 M6 ~ M24 的丝锥为两只一套，小于 M6 和大于 M24 的丝锥为三只一套）、圆柱管螺纹丝锥（为两只一套）、圆锥管螺纹丝锥（均为单只）。按加工方法分为机用丝锥和手用丝锥。

（2）铰杠　铰杠是用来夹持丝锥的工具，如图 1–4–13 所示。常用的是活铰杠，铰杠长度应根据丝锥尺寸来选择，以便控制一定的攻螺纹扭矩。

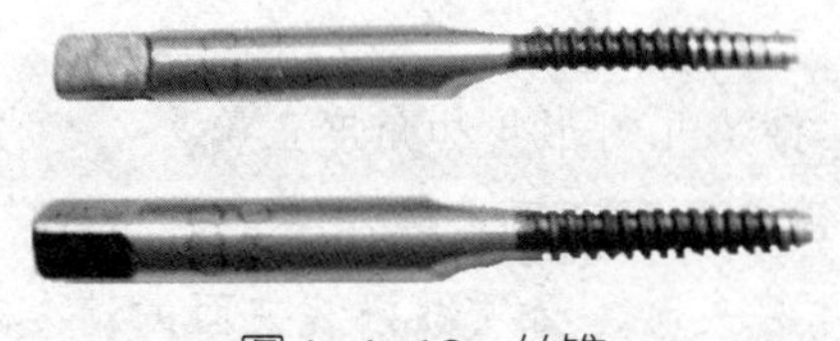

图 1–4–12　丝锥

图 1–4–13　铰杠

2．丝锥的选用

（1）选用丝锥主要依据大径、牙型、精度和旋向等参数，根据所配用的螺栓大小选择相应的标称规格。

（2）选用圆柱管螺纹或圆锥管螺纹丝锥时，应注意镀锌钢管标称直径是以内径标称的，而电线管标称直径是以外径标称的。

3．攻螺纹的操作方法

（1）攻螺纹前应确定底孔直径，底孔直径应比丝锥螺纹小径略大，还要考虑工件材料性质，可用下列经验公式计算。

钢和塑性较大的材料： $D=d-P$

铸铁等脆性材料： $D=d-1.05P$

式中 D——底孔直径，mm；

d——螺纹大径，mm；

P——螺距，mm。

（2）划线、钻底孔。底孔孔口应用锉刀倒角；通孔应两端倒角，便于丝锥切入，并可防止孔口的螺纹崩裂。

（3）攻螺纹前工件夹持位置要正确，应尽可能把底孔中心线置于水平或垂直位置，便于攻螺纹时掌握丝锥是否垂直于工件。

（4）先用头锥起攻，丝锥一定要和工件垂直，可一手用掌按住铰杠中部，用力加压；另一手配合做顺时针旋转，如图 1–4–14 所示。或两手均匀握住铰杠，均匀施加压力，并将丝锥顺时针旋转。当丝锥攻入 1、2 圈后，从间隔 90° 的两个方向用 90° 角尺检查，如图 1–4–15 所示，并校正丝锥位置至符合要求。攻入 3、4 圈后，不要再在铰杠上加压，两手把稳铰杠，均匀用力顺时针推动铰杠旋转。一般转 1/4 ~ 1/2 圈倒转一次，以利排屑。在攻 M5 以下塑性较大的材料时，倒转要频繁，一般正转 1/2 圈倒转一次。

（5）攻螺纹时必须按头锥、二锥、三锥顺序攻削至标准尺寸。换用丝锥时，先用手将丝锥旋入已攻出的螺孔中，待手转不动时，再装上铰杠攻螺纹。

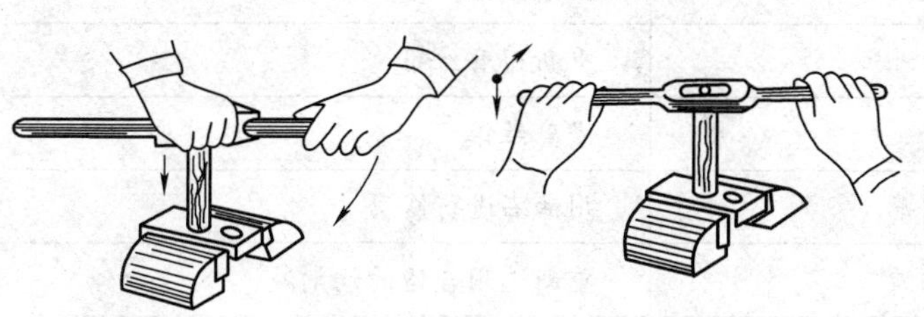

图 1–4–14 攻螺纹

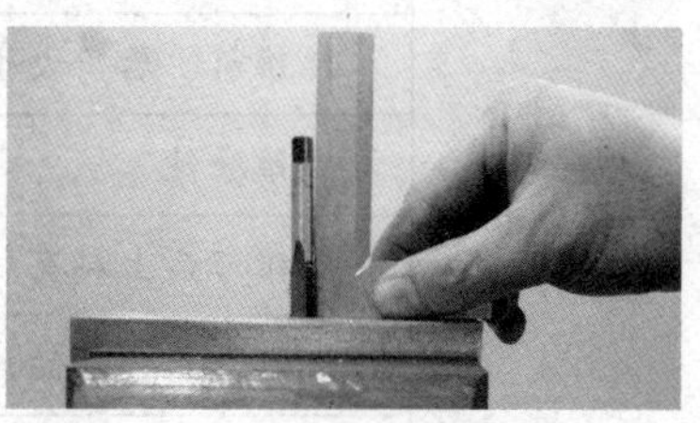

图 1–4–15 用角尺检查垂直度

提示

◇攻不通孔时，应在丝锥上做深度标记。

◇攻螺纹时，要经常退出丝锥，排除切屑。

◇攻螺纹时，要加注冷却润滑液。钢件攻螺纹时用机油，铸件攻螺纹时可加煤油。

4. 攻螺纹时产生废品的原因及预防

攻螺纹时产生废品的原因及预防方法见表 1-4-3。

表 1-4-3　攻螺纹时产生废品的原因及预防方法

废品形式	产生原因	预防方法
烂牙（乱扣）	螺纹底孔直径太小，丝锥攻不进，孔口烂牙	检查底孔直径，把底孔扩大后再攻螺纹
	机攻时，丝锥校准部分全部攻出头，退出时造成烂牙	机攻时，丝锥校准部分不能全部攻出头
	二锥与头锥不重合而强行攻削	换用二锥时，应先用手将其旋入，再用铰杠攻制
	攻不通孔螺纹时，丝锥到底后仍继续扳旋丝锥	攻制不通孔螺纹时，要在丝锥上做出深度标记
	用铰杠带着退出丝锥	能用手直接旋动丝锥时应停止使用铰杠
	丝锥刀齿上粘有积屑瘤	用油石进行修磨
	丝锥切削部分全部切入仍施加轴向压力	丝锥切削部分全部切入后应停止施加压力
螺纹歪斜	手攻时，丝锥位置不正	目测或用角尺等工具检查
	机攻时，丝锥与螺纹底孔不同轴	钻底孔后不改变工作位置，直接攻螺纹
螺纹牙深不够	攻螺纹前底孔直径过大	正确计算底孔直径并正确钻孔
	丝锥磨损	修磨丝锥
螺纹表面粗糙度过大	丝锥前、后面粗糙度大	重新修磨丝锥
	丝锥前、后角太小	重新刃磨丝锥
	丝锥磨钝	修磨丝锥
	丝锥刀齿上粘有积屑瘤	用油石进行修磨
	没有选用合适的切削液	重新选用合适的切削液
	切屑拉伤螺纹表面	经常倒转丝锥，折断切屑；采用左旋容屑槽

二、套螺纹

用板牙在圆杆上切削出外螺纹的加工过程称为套螺纹。

1. 套螺纹工具

（1）板牙　板牙是加工外螺纹的工具，如图 1–4–16a 所示，常用的有圆板牙和圆柱管板牙两种。圆板牙如同一个螺母，在上面有几个均匀分布的排屑孔。

（2）板牙架　板牙架是用于安装板牙的工具，如图 1–4–16b 所示，与板牙配合使用。使用时，应将螺钉插入板牙的圆坑内并拧紧。

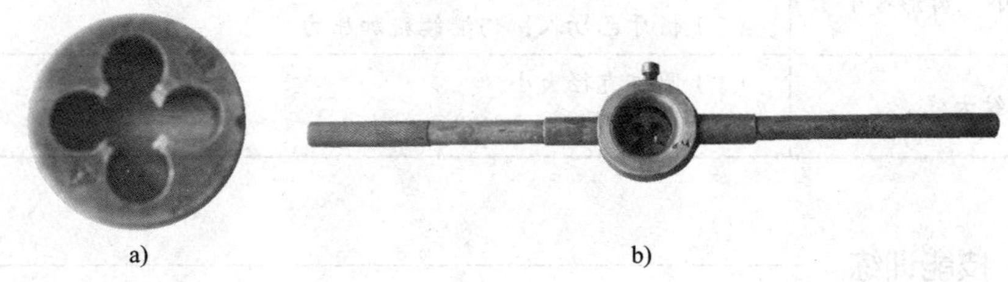

a)　　b)

图 1–4–16　套螺纹工具

a）板牙　b）板牙架

（3）板牙的选用　圆柱体或圆柱管的外径要稍小于螺纹大径。外径 D 可用下列经验公式计算确定：

$$D \approx d-0.13P$$

式中　D——圆柱体（或圆柱管）外径，mm；

d——螺纹大径，mm；

P——螺距，mm。

2. 套螺纹操作方法

（1）将圆柱体（或圆柱管）端部倒成 15° ~ 20° 的锥体，且锥体的小端直径略小于螺纹小径，可避免套螺纹后的螺纹端部产生锋口和卷边。

（2）工件用台虎钳夹持，套螺纹部分尽可能接近钳口，夹持必须牢固。

（3）起套时，用一手掌按住板牙架中部，沿工件的轴向施加压力；另一手配合做顺时针切进，转动要慢，压力要适当，并保证板牙端面与工件轴向垂直，否则会出现螺纹一边深一边浅的现象，并且容易发生烂牙。当板牙旋入 3 ~ 4 圈时，不要再施加压力，只需顺着旋转方向均匀地推动手柄，并经常倒转切屑。

（4）在钢件上套螺纹时，要加润滑切削液，以降低加工螺纹的表面粗糙度和延长板牙的寿命，一般可用机油或较浓的乳化液。

3. 套螺纹时常见的废品原因分析

套螺纹时常见的废品原因分析见表 1–4–4。

表 1-4-4　套螺纹时常见的废品原因

废品形式	废品产生的原因
烂牙	（1）未进行必要的润滑，导致工件上螺纹损坏 （2）板牙一直不倒转，切屑堵塞导致螺纹损坏 （3）圆杆直径太大 （4）板牙歪斜太多，纠正时造成烂牙
螺纹歪斜	（1）圆杆端部倒角不良，使板牙位置不易放准，放入时发生歪斜 （2）两手用力不均，使板牙位置发生歪斜
螺纹中径小（齿形瘦小）	（1）板牙架经常摆动或调整位置，使螺纹切去过多 （2）板牙已切入，仍继续施加压力
螺纹太浅	（1）圆杆直径太小 （2）板牙调节的直径过大

技能训练

1. 训练内容

钻孔、攻螺纹和套螺纹，工件的图样如图 1-4-17 所示。

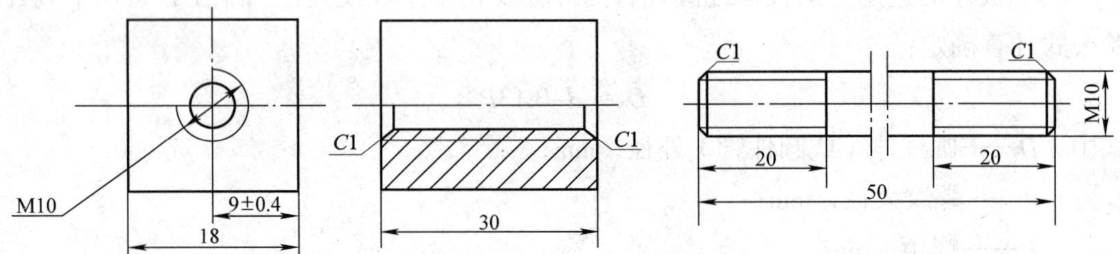

图 1-4-17　钻孔、攻螺纹和套螺纹

2. 工具及材料

划线工具、高度游标卡尺、游标卡尺、钻头、丝锥、板牙、软钳口、锉刀、扁油刷、机油等。

备料：ϕ10 mm×50 mm，18 mm×18 mm×30 mm，Q235。

3. 评分标准

评分标准见表 1-4-5。

表 1-4-5　评分标准

序号	项目内容	评分标准	配分	扣分	得分
1	（9±0.4）mm（两处）	超差 0.1 mm 扣 3 分	20		
2	钻底孔垂直度小于 0.3 mm	超差 0.1 mm 扣 2 分	10		
3	M10 螺纹正确	螺纹乱牙或形状不完整扣 15 分	15		

续表

序号	项目内容	评分标准	配分	扣分	得分
4	孔口倒角正确（两处）	一处不正确扣5分	10		
5	M10螺杆正确	螺纹歪斜或形状不完整扣15分	15		
6	螺杆与螺孔配合	配合稍紧扣5分，不能自如配合扣10分	10		
7	使用工具及操作姿势正确	一次不正确扣2分，断丝锥扣10分	10		
8	安全文明生产	违反安全文明生产规定扣10分	10		
工时	4 h	合计	100		
备注		教师签字	年 月 日		

4. 训练步骤

（1）观看教师钻头刃磨示范操作。

（2）观看教师钻孔示范操作。

（3）在训练件上进行划线钻孔，达到尺寸要求。

（4）进行攻螺纹和套螺纹加工。

提示

◇用钻夹头夹持钻头时要用钥匙，不可用锤子敲击钥匙，以免损坏夹头。

◇实训中要注意掌握：钻孔时，手动进给压力应根据钻头工作情况，以目测和感觉进行控制；攻螺纹、套螺纹时，必须按工艺进行；操作中两手用力均匀，铰杠、板牙架平稳，防止螺纹偏斜、乱牙、螺杆弯曲。

◇要及时修磨用钝的钻头。

◇注意切削液的选用。

◇操作时要注意安全。

课题五 矫正与弯曲

任务一 矫 正

学习目标

1. 能正确使用矫正工具。
2. 能根据技术要求进行工件的矫正操作。

矫正是消除材料不应有的弯曲、扭曲和翘曲等缺陷的工艺过程。矫正分为机械矫正和手工矫正两种。

一、手工矫正工具

1. 平板和铁砧

平板和铁砧是支撑矫正工件用的，它们的表面都应有较好的平整度。

2. 锤子

矫正用的锤子一般采用圆头锤和扁头锤，用来矫正一般材料制成的工件。用来矫正已加工过的和精细的工件则用铜锤、木锤或橡胶锤。

3. 拍板和方木条

拍板又称抽条，由条状薄钢板弯曲而成，用来矫正较大面积的薄型板材。方木条也称木拍，由檀木制成，用来矫正精细的或加工过的板料、条状工件，或用来拍打绕组的导线或母线排使之平直。

二、矫正的操作方法

1. 条料的矫正

（1）矫正扭曲变形的条料的方法如图 1-5-1a 和图 1-5-1b 所示。将扭曲变形的条料的一端夹持在台虎钳上，用类似扳手的工具或活扳手夹持住另一端，左手按住工件的上部，右手握住另一端，向扭曲的相反方向施加扭力，进行初步矫正，然后再在铁砧上用锤子进一步矫正，如图 1–5–1c 所示。

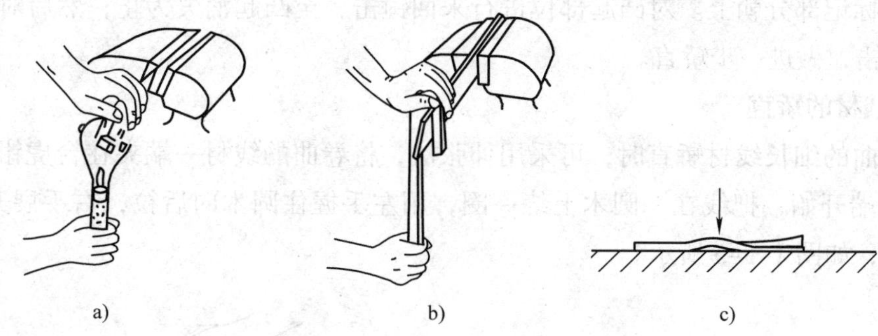

图 1–5–1 扭曲条料的矫正
a）活扳手矫正 b）其他工具矫正 c）锤击矫正

（2）矫正弯曲变形的条料如图 1–5–2 所示，将弯曲变形的条料夹持在台虎钳上，用手或活扳手扳直弯曲部分，进行初步矫正，也可以在台虎钳上利用钳口进行初步矫正，然后再在铁砧上用锤击的方法进一步矫正，如图 1–5–2b 所示。

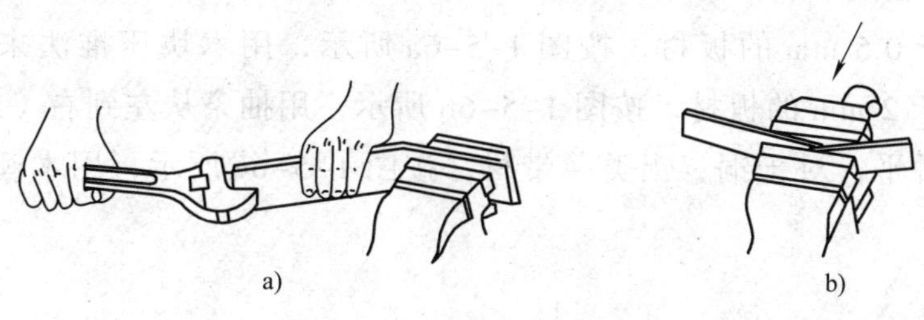

图 1–5–2 弯曲条料的矫正

2. 角钢的矫正

将扭曲变形的角钢的平直部分放在铁砧上，用锤子锤击翘起的一面，如图 1–5–3a 所示。锤击点应由边向里，锤击力由重到轻，锤击一遍后，反方向再锤击另一面，方法相同。反复数遍，即可矫正。

角钢的弯曲变形部分有里翘和外翘两种，矫正时应将凸起部分朝上放在铁砧上，如图 1–5–3b、图 1–5–3c 所示，用锤子击在凸起部分，反复数遍，即可矫正。

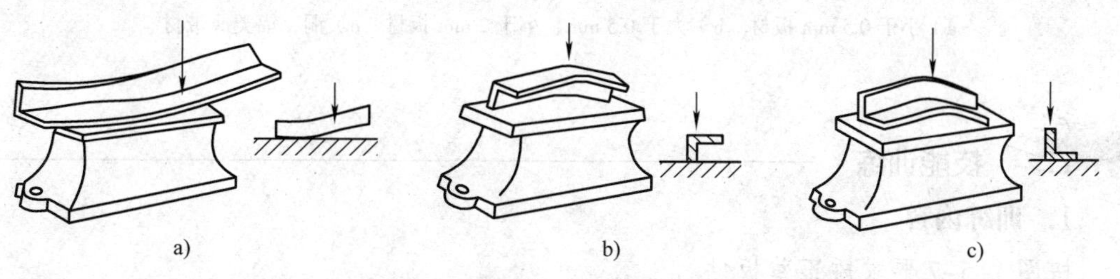

图 1–5–3 角钢变形的矫正方法
a）扭曲变形的矫正 b）里翘变形的矫正 c）外翘变形的矫正

3．棒料的矫直

在矫直前，用粉笔在弯曲部分做出标记，然后按图 1–5–4 所示把棒料放在铁砧上，并将标记部分朝上。对凸起部位进行来回锤击，至凸起消失为止；然后对棒料全长用锤轻击，做进一步矫直。

4．线材的矫直

对卷曲的细长线材矫直时，可采用伸张法，将卷曲的线材一端夹在台虎钳上，从钳口处一端开始，把线在一圆木上绕一圈，用左手握住圆木向后拉，右手展开线材，把它拉直，如图 1–5–5 所示。

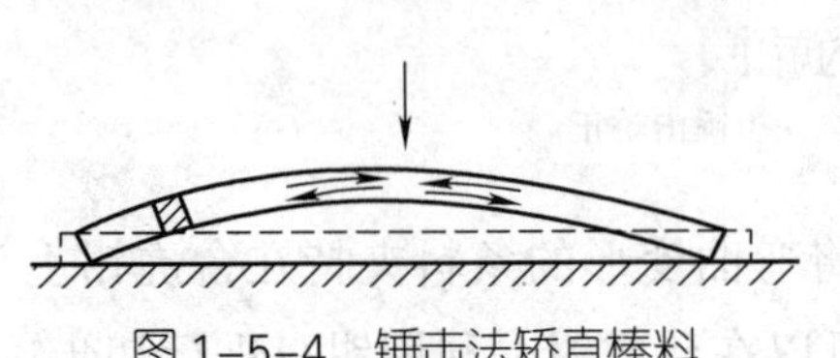

图 1–5–4　锤击法矫直棒料

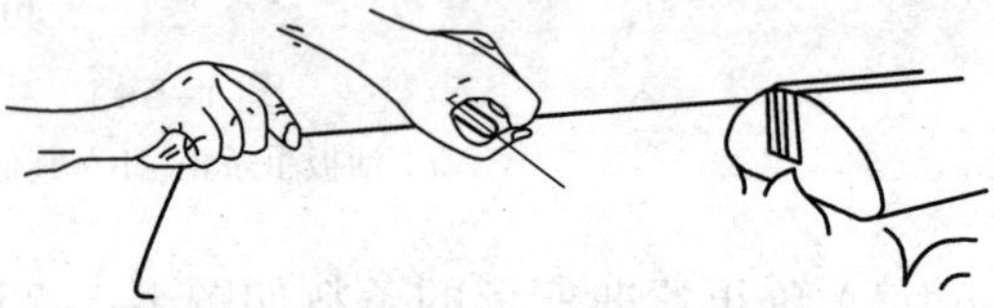

图 1–5–5　伸张法矫直线材

5．薄板的矫平

厚度小于 0.5 mm 的板材，按图 1–5–6a 所示，用木块压推法来矫平；大于 0.5 mm、小于 2 mm 的板材，按图 1–5–6b 所示，用抽条从左到右（或从右到左）顺序拍打来矫平；对于铜、铝类薄带材，按图 1–5–6c 所示，用木锤锤平法来矫平。

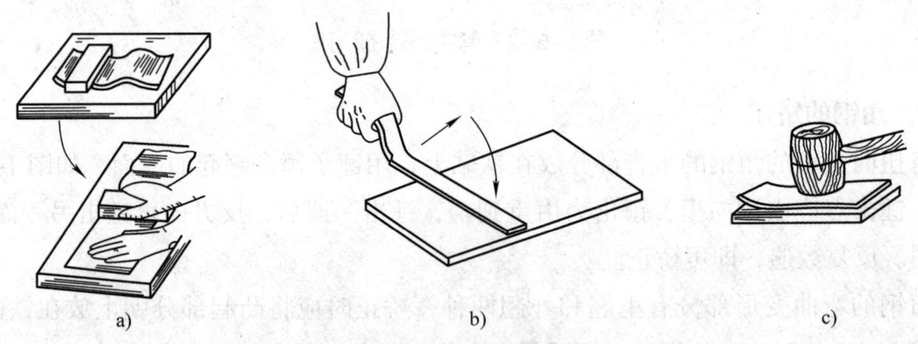

图 1–5–6　薄板矫平法

a）小于 0.5 mm 板材　b）大于 0.5 mm、小于 2 mm 板材　c）铜、铝类薄带材

技能训练

1．训练内容

按图 1–5–7 要求矫正薄板件。

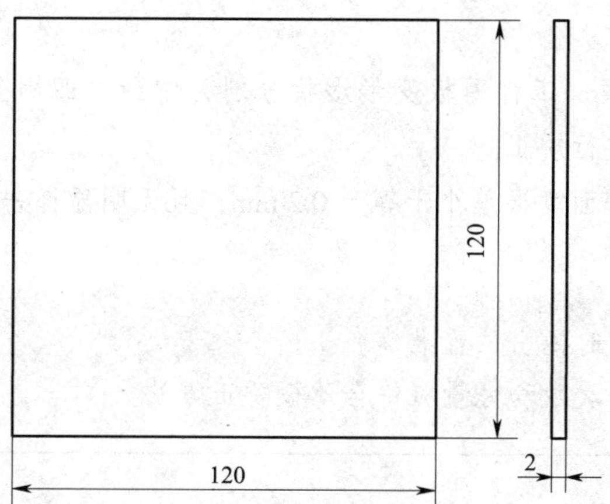

技术要求：
（1）3 块薄板变形形状分别为中凸、四周呈波浪形、对角翘曲。
（2）对薄板件进行矫正工作，要求无明显锤击痕迹，平面度误差小于等于 0.2 mm。

图 1–5–7 工件图

2. 设备、工具及材料

划线平台 2 000 mm × 1 500 mm、S3SL–250 型砂轮机、90° 角尺、0 ~ 150 mm 的游标卡尺、手锤、木锤、平板、锉刀。

备料：120 mm × 120 mm × 2 mm 的板料，Q235，3 件。

3. 评分标准

评分标准见表 1–5–1。

表 1–5–1 评分标准

序号	项目内容	评分标准	配分	扣分	得分
1	中凸矫正尺寸	超差 0.2 mm 每处扣 5 分	30		
2	波浪形尺寸	超差 0.2 mm 每处扣 5 分	20		
3	对角翘曲尺寸	超差 0.2 mm 每处扣 5 分	20		
4	使用工具操作姿势正确	发现一次不正确，扣 2 分	20		
5	安全文明生产	违反安全文明生产规定扣 10 分	10		
工时	2 h	合计	100		
备注		教师签字	年 月 日		

4. 训练步骤

（1）按图样检查毛坯各部分尺寸。

（2）确定凸起部位。

（3）拟订矫正方案，工件薄板变形形状分别为中凸、四周呈波浪形、对角翘曲，采用延展法可对工件进行矫正。

（4）矫正板料，平面度误差小于等于 0.2 mm，且无明显锤击痕迹。

提示

◇矫正时锤击位置准确。

◇锤击次数和力量应符合薄板矫正方法。

任务二　弯　曲

学习目标

1. 能正确使用弯曲工具。
2. 能根据技术要求进行工件的弯曲操作。

弯曲是把材料弯成所需要形状的工艺过程。弯曲时，处于外侧（外层）的材料因拉伸伸长；靠内侧（内层）的材料，则因受压缩而缩短；只有处于中间（中间层）的材料既没伸长也没缩短。因此，只有塑性良好的材料才能进行弯曲。

弯曲分为热弯和冷弯两种，一般材料厚度在 5 mm 以下时，可在常温下冷弯。

一、弯管卡操作方法

如图 1-5-8 所示，弯管卡前，应将所弯的直板划好弯曲部位线，并按线夹在台虎钳的两块角铁衬里，用方头锤的窄头锤击。经过图 1-5-8a、图 1-5-8b、图 1-5-8c 所示三步，通过一端成型、两端成型、两边矫直的三步初步成型，然后在半圆模上修整圆弧（图 1-5-8d），使其形状符合要求（图 1-5-8e）。

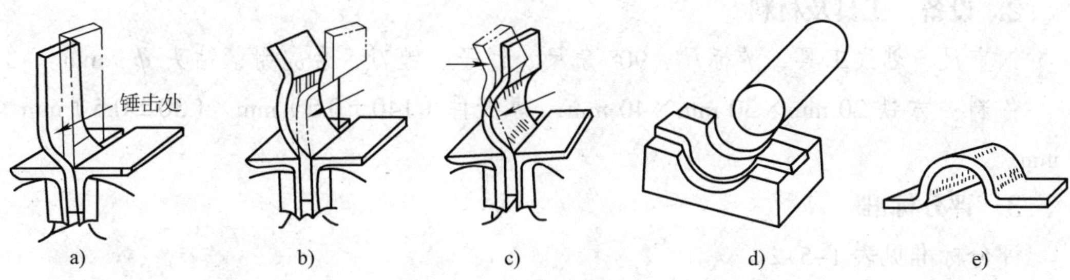

图 1–5–8 管卡弯曲方法

a）一端弯曲 b）两端弯曲 c）两边矫正 d）整形 e）成型

二、管夹头弯曲方法

在板料上划好弯曲部位线，并加工好两端的圆弧和孔，然后按图 1–5–9 所示的方法弯曲，弯曲可用衬垫将板料夹在台虎钳内，先将两端的两处弯好，最后在圆钢上弯工件的圆弧。

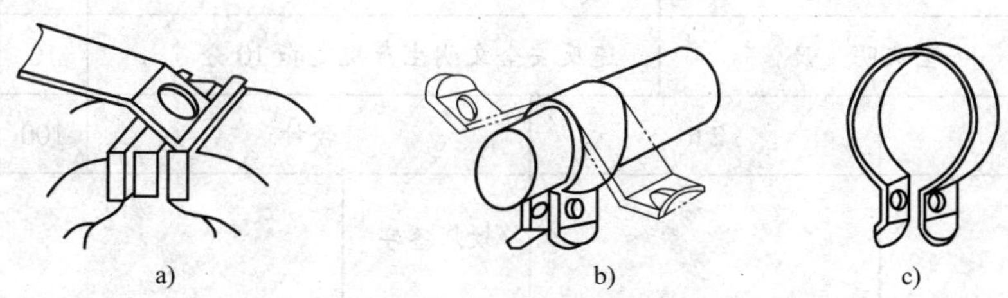

图 1–5–9 管夹头弯曲方法

a）、b）弯曲方法 c）管夹头成型

技能训练

1. 训练内容

完成管卡制作，工件图样如图 1–5–10 所示。

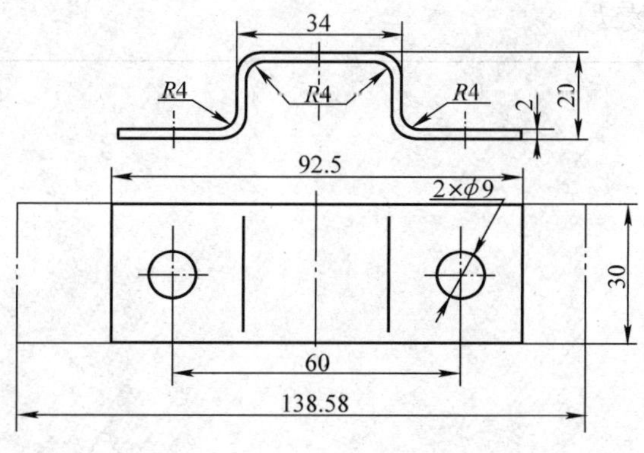

图 1–5–10 管卡

2. 设备、工具及材料

钢直尺、划线工具、游标尺、90° 角尺、锤子、锉刀、台虎钳、钻头 ϕ9 mm。

备料：方铁 20 mm×30 mm×40 mm，薄板件（140±0.5）mm×（30±0.5）mm×2 mm。

3. 评分标准

评分标准见表 1–5–2。

表 1–5–2　评分标准

序号	项目内容	评分标准	配分	扣分	得分
1	尺寸要求	每超差 0.1 mm 扣 2 分	30		
2	孔径及孔距	每超差 0.2 mm 扣 5 分	20		
3	*R*4 圆弧	每超差 0.1 mm 扣 5 分	20		
4	使用工具操作姿势正确	发现一次不正确，扣 2 分	20		
5	安全文明生产	违反安全文明生产规定扣 10 分	10		
工时	2 h	合计	100		
备注		教师签字	年　月　日		

4. 训练步骤

（1）按图样检查毛坯各部分尺寸。

（2）按图样要求进行划线。

（3）在台虎钳上进行钻孔操作，保证两孔 ϕ9 mm 尺寸。

（4）在台虎钳上垫上方铁，进行管卡的弯曲制作，保证圆弧及各部分尺寸达到要求。

（5）用锉刀修正棱边。

课题六 综合技能训练

任务一 制作六角螺母

学习目标

1. 能分析加工图的技术要求，制定加工工艺。
2. 能根据图样制作六角螺母。

技能训练

1. 训练内容

按图 1-6-1 所示图样制作六角螺母。

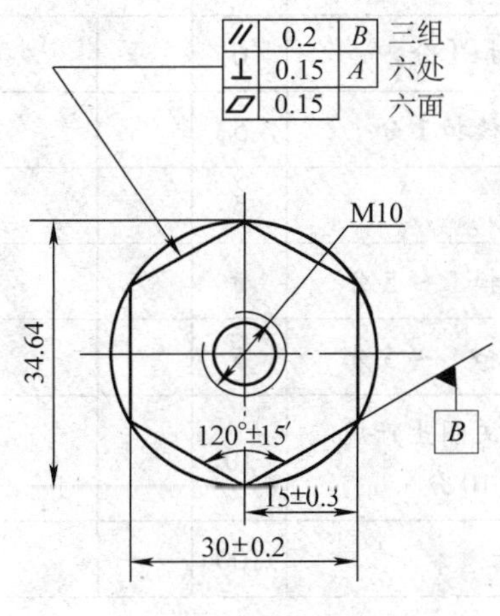

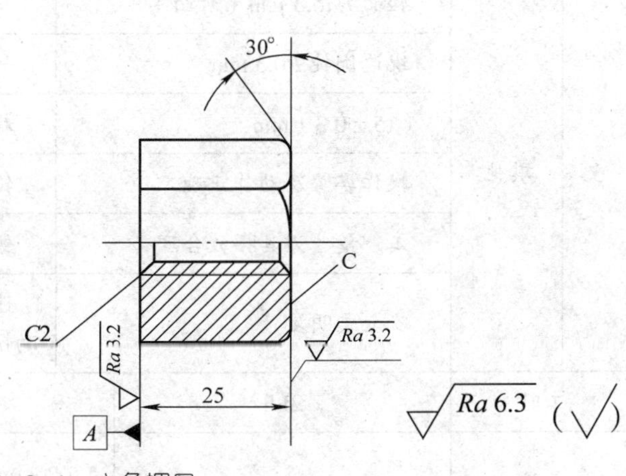

图 1-6-1 六角螺母

技术要求及说明：

（1）*A*、*C* 两面车平，可做微量修整，不再加工。

（2）六方体的六个面需先用錾削加工，不得用锯加工。

（3）锐边倒钝 $R0.3$ mm。

（4）六处 30° 倒角大小一致，圆滑。

2. 工具及材料

划线工具、高度游标卡尺、90° 角尺、角度样板、锤子、扁錾、锉刀、软钳口、V 形垫块、扁油刷等。

备料：ϕ 36 mm×25 mm，Q235A。

3. 评分标准

评分标准见表 1-6-1。

表 1-6-1　评分标准

<table>
<tr><th>序号</th><th colspan="2">项目内容</th><th>评分标准</th><th>配分</th><th>扣分</th><th>得分</th></tr>
<tr><td rowspan="6">1</td><td rowspan="6">锉削</td><td>（30±0.2）mm（三组）</td><td>超差全扣</td><td>18</td><td></td><td></td></tr>
<tr><td>120° ±15′（六处）</td><td>超差全扣</td><td>12</td><td></td><td></td></tr>
<tr><td>平行度公差为 0.2 mm（三组）</td><td>超差全扣</td><td>6</td><td></td><td></td></tr>
<tr><td>垂直度公差为 0.15 mm（六处）</td><td>超差全扣</td><td>6</td><td></td><td></td></tr>
<tr><td>平面度公差为 0.15 mm（六面）</td><td>超差全扣</td><td>6</td><td></td><td></td></tr>
<tr><td>30° 倒角（六处）</td><td>一处不符扣 1 分</td><td>6</td><td></td><td></td></tr>
<tr><td>2</td><td>钻孔
攻螺纹</td><td>M10 螺纹完整</td><td>螺纹不完整无分</td><td>10</td><td></td><td></td></tr>
<tr><td rowspan="6">3</td><td rowspan="6">其他</td><td>锉面 $Ra6.3$ μm（六面）</td><td>一面降级扣 1 分</td><td>6</td><td></td><td></td></tr>
<tr><td>锐边倒钝 $R0.3$ mm</td><td>一处未倒棱扣 1 分</td><td>5</td><td></td><td></td></tr>
<tr><td>（15±0.3）mm</td><td>超差全扣</td><td>5</td><td></td><td></td></tr>
<tr><td>操作姿势及动作正确</td><td>错误酌情扣 1 ~ 5 分</td><td>5</td><td></td><td></td></tr>
<tr><td>工、量、刃具摆放合理</td><td>错误酌情扣 1 ~ 5 分</td><td>5</td><td></td><td></td></tr>
<tr><td>安全文明生产</td><td>违反安全文明生产规定酌情扣 1 ~ 10 分</td><td>10</td><td></td><td></td></tr>
<tr><td colspan="2">工时</td><td>21 h</td><td>合计</td><td>100</td><td></td><td></td></tr>
<tr><td colspan="2">备注</td><td></td><td>教师签字</td><td colspan="3">年　月　日</td></tr>
</table>

注：若（30±0.2）mm（三组）尺寸超差 2 mm，工件作废。

4. 训练步骤

（1）检查毛坯件，修整、去毛刺后涂色。

（2）按图样对正六角形体划线，复查后打样冲眼。

（3）按外正六角形体加工方法，以外圆母线为测量基准，通过计算，测量单边錾削余量。将圆柱体粗、精錾削成正六角形体，使毛坯件对边尺寸为$30^{+0.75}_{+0.50}$ mm、120° 角，与*A*面的垂直度及平面度、表面粗糙度达到要求。

（4）锉削修整基面*A*，达到平面度、表面粗糙度要求，并划 ϕ30 mm 内切圆线。

（5）粗、精锉基准面*B*，达到平面度、与*A*面垂直度及表面粗糙度要求。

（6）以*B*面为基准，粗、精锉其相对面，达到尺寸公差、平面度、平行度、与*A*面的垂直度及表面粗糙度要求。

（7）分别粗、精锉与*B*面相邻的两组对边，达到 120° 角、平面度、尺寸公差、边长相等和表面粗糙度的要求。

（8）按图样做全部精度复检后，划出内切圆直径及 25 mm 高度尺寸线，并用锉削外圆弧面方法，做六处 30° 倒角，达到角度正确、倒角大小一致、圆弧面光洁圆滑的要求。

（9）按图样划螺孔的加工线并检查，然后将中心冲眼加大，再钻底孔 ϕ8.5 mm 并对两端口进行倒角 *C*2。

（10）螺孔攻螺纹 M10 mm，达到垂直度及表面粗糙度要求。

（11）锐边倒钝，并做全部精度复查后交检查评分。

提示

◇划线尺寸要准确，线条要清晰，冲眼要准确。

◇錾削时工件必须夹紧，伸出钳口在 10 mm 以内，上面需用钳口衬垫，正面要加 V 形垫铁垫实。

◇为了达到粗加工工件尺寸公差、120° 角度、平面度公差、平行度公差与基面的垂直度公差，在錾削中应使用测量工具经常、全面地检测工件。

◇为保证加工表面粗糙度，在锉削钢件时，必须常用钢刷清除嵌入锉刀齿纹内的锉屑，并在齿面上涂上粉笔灰。

◇为了便于掌握加工各面时的锉削余量，控制边长相等，在加工中应经常用划规做内切圆检测。

◇为了达到精加工工件尺寸公差、120° 角度、平面度公差、平行度公差与基面的垂直度公差，在粗、精锉中不但要正确使用工、量、刃具，而且对误差的修整要全面考虑，逐步、细致地进行。

任务二 制作鸭嘴锤

学习目标

1. 能分析加工图的技术要求，制定加工工艺。
2. 能根据图样制作鸭嘴锤。

技能训练

1. 训练内容

按图 1–6–2 所示工件图样制作鸭嘴锤。

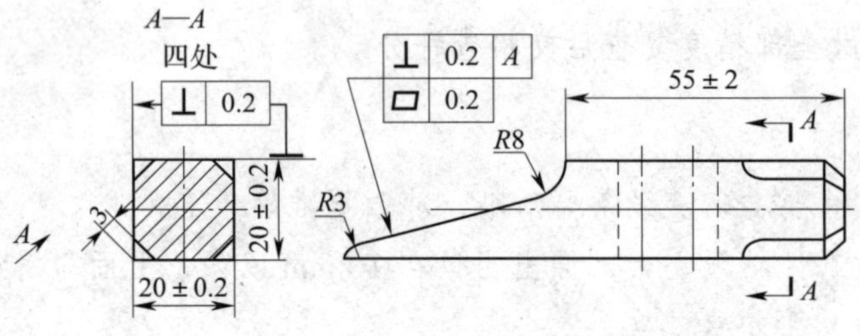

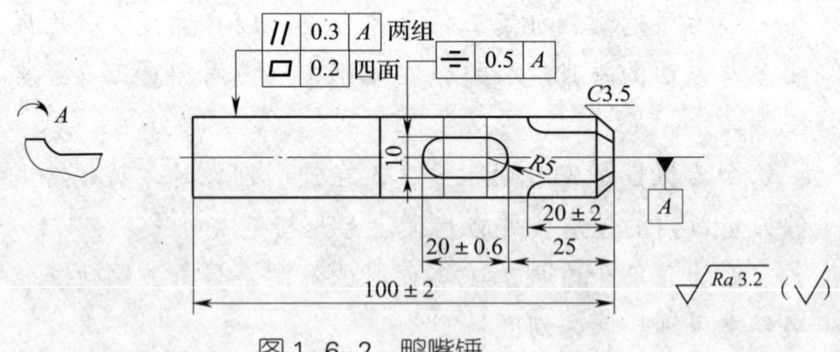

图 1–6–2 鸭嘴锤

技术要求及说明：

（1）圆弧连接要圆滑，锉纹一致。

（2）倒角均匀，各棱线清晰。

（3）热处理 40 ~ 45HRC。

（4）锐边倒钝 *R*0.3 mm。

2. 工具及材料

划线工具、高度游标卡尺、角尺、半径规、手锯、软钳口、扁油刷、锉刀、钻头、砂布等。

备料：ϕ 30 mm×105 mm，45 钢。

3. 评分标准

评分标准见表 1–6–2。

表 1–6–2　评分标准

序号	项目内容		评分标准	配分	扣分	得分
1	锉削	（20±0.2）mm	每超 0.1 mm 扣 2 分	20		
		（100±2）mm	超差全扣	3		
		（55±2）mm	超差全扣	3		
		（20±2）mm	超差全扣	3		
		平行度公差 0.3 mm（两组）	超差全扣	6		
		垂直度公差 0.2 mm（四处）	超差全扣	6		
		平面度公差 0.2 mm（四面）	超差全扣	6		
		鸭嘴斜面平面度公差 0.2 mm，垂直度公差 0.2 mm	超差全扣	5		
		*R*8 mm、*R*3 mm 与斜面连接	不合要求扣 1 ~ 2 分	5		
		*C*3.5 mm 倒角（四处）	一处不合格扣 3 分	8		
2	腰孔	（20±0.6）mm	超差全扣	5		
		对称度公差 0.5 mm	超差全扣	5		
3	其他	倒角均匀	不合要求扣 1 ~ 5 分	5		
		锐边倒钝 *R*0.3 mm	一处未倒棱无分	5		
		操作姿势及动作正确	错误酌情扣 1 ~ 5 分	5		
		工、量、刃具摆放合理	错误酌情扣 1 ~ 5 分	5		
		安全文明生产	违反安全文明生产规定酌情扣 1 ~ 5 分	5		
工时		16 h	合计	100		
备注			教师签字	年　月　日		

4. 训练步骤

（1）检查来料，用长方体加工方法：

1）按粗加工要求锯削成 21 mm×21 mm×104 mm 的长方体。

2）按图样要求锉成 20 mm×20 mm×100 mm 的长方体。

（2）以长面为基准，锉一端面达到垂直度，并以长面和端面为基准，按图样划出形体加工线，腰孔加工界线，检查圆的检查线（两面同时划出）。按图样复查尺寸线。

（3）按尺寸线用 ϕ9.7 mm 钻头钻孔，并用 ϕ12 mm 钻头进行倒角，然后用圆锉锉通两孔，再用整形锉按尺寸锉好腰孔，腰孔内呈喇叭形。

（4）用手锯按加工线锯去鸭嘴斜面（留锉削余量）。然后用粗、细半圆锉、扁锉交替粗、精锉 R8 mm 内圆弧面、斜平面和 R3 mm 外圆弧面，达到总长尺寸 100 mm，以及垂直度、平面度的要求，内、外圆弧与平面连接光洁、圆滑、纹理整齐（结合部用推锉法修整，砂布抛光）。

（5）按图样划 C3.5 mm 倒角加工线。锉削倒角的方法：先用圆锉粗锉出 R3.5 mm 的圆弧，然后用粗、细扁锉粗、精锉倒角，再用圆锉精加工 R3.5 mm 内圆弧，最后用推锉法修整，并用砂布抛光。

（6）将八角端部棱边倒角 C3.5 mm，并将端面锉成略凸弧形。

（7）用砂布将各加工面抛光，复查后交件检查评分。

提示

◇钻头钻孔时，要求钻孔位置正确，以免造成加工余量不足，影响腰孔的正确加工。

◇锉削腰孔时，应先锉两侧平面，后锉两端圆弧面。在锉平面时要注意控制锉刀的横向移动，防止锉坏两端孔面。

◇加工四角 R3.5 mm 内圆弧时，横向锉要锉准、锉光，这样以后抛光就容易些，切圆弧尖角处也不易坍角。

◇在加工 R8 mm、R3 mm 内、外圆弧面与斜平面时，横向必须平直，并与侧平面垂直，才能使弧形面与平面连接正确，外形美观。

◇不准用砂轮机进行磨削加工，要求独立完成工件。

◇遵守安全文明操作规程，防止发生事故。

第二单元
电工基本操作

课题一　电工安全常识

任务一　电工安全文明操作

学习目标

1. 掌握电工基本安全知识。
2. 掌握安全用电、文明生产和消防知识。
3. 掌握安全用电技术，能遵守安全操作规程。

一、电工基本安全知识

电工必须接受安全教育，在掌握基本安全知识和工作范围内的安全技术规程后，才能进行实际操作。

1. 电工必须具备的条件

（1）身体健康，精神正常。凡患有高血压、心脏病、气喘病、神经系统疾病、色盲疾病，或者听力障碍、四肢功能有严重障碍者，不得从事电工工作。

（2）获得电工国家职业资格证书，并持电工操作证。

（3）掌握触电急救方法。

2. 电工人身安全知识

（1）在进行电气设备安装和维修操作时，必须严格遵守各种安全操作规程，不得玩忽职守。

（2）操作时，要严格遵守停送电操作规定，要切实做好防止突然送电时的各项安全措施，如挂上“有人工作，禁止合闸！”的标示牌，锁上闸刀或取下电源熔断器等。

不准违规临时送电。

（3）在带电部分附近操作时，要保证有可靠的安全间距。

（4）操作前，应仔细检查操作工具的绝缘性能，以及绝缘鞋、绝缘手套等安全用具的绝缘性能是否良好，有问题的应及时更换。

（5）登高工具必须安全可靠，未经登高训练的人员，不准进行登高作业。

（6）如发现有人触电，要立即采取正确的急救措施。

二、安全用电、文明生产和消防知识

1. 安全用电知识

电工不仅要具备安全用电知识，还有宣传安全用电知识的义务和阻止违反安全用电行为发生的职责。安全用电知识的主要内容有：

（1）严禁用一线（相线）一地（大地）连接用电器具。

（2）在一个电源插座上不允许引接过多或功率过大的用电器具和设备。

（3）未掌握有关电气设备和电气线路知识及技术的人员，不可安装和拆卸电气设备及其线路。

（4）严禁用金属丝（如铝丝）绑扎电源线。

（5）不可用潮湿的手去接触开关、插座及具有金属外壳的电气设备，不可用湿布去揩抹带电的电器。

（6）堆放物资、安装其他设施或搬移物体时，必须与带电设备或带电体保持一定的距离。

（7）严禁在电动机等各种电气设备上放置衣物，不可在电动机上坐立，不可将雨具等物悬挂在电动机等电气设备上方。

（8）在搬移电焊机、鼓风机、电风扇、洗衣机、电视机、电炉和电钻等可移动电器时，要先切断电源，不可拖拉电源线。

（9）在潮湿环境使用可移动电器时，必须采用额定电压 24 V 及以下的低压电器。若采用 220 V 的电气设备时，必须使用隔离变压器。如在金属容器（如锅炉）及管道内使用可移动电器，则应使用 12 V 的低压电器，同时安装临时开关，派专人在该容器外监视。对低电压的可移动设备应安装特殊型号的插头，以防止误插入 220 V 或 380 V 的插座内。

（10）在雷雨天气，不可走到高压电杆、铁塔和避雷针的接地导线周围，以防雷电伤人。切勿走近断落在地面的高压电线，万一进入跨步电压危险区时，要立即单脚或双脚并拢，迅速跳到距离接地点 10 m 以外的区域，切不可奔跑，以防跨步电压伤人。

2. 文明生产知识

文明生产是一项十分重要的内容，它影响电工工具的使用及操作技能的发挥，更为重要的是，还影响到设备和人身的安全。所以，从开始学习基本操作技能时，就要养成良好的安全文明生产习惯。

（1）实习时，必须穿工作服和绝缘鞋。

（2）操作时，电工工具应装入工具袋和工具包，并随身携带。公用工具应放入专用箱内，并放置到指定地点。

（3）导线和各种电器应放在规定的位置，排列应整齐平稳，便于取放。

（4）结束工作后，应清扫实习场地，废旧电线、电器应堆放在指定地点。

3. 消防知识

在电气设备或临近电气设备附近发生火灾时，电工应运用正确的灭火知识，指导和组织群众采用正确的方法灭火。

（1）当电气设备或电气线路发生火警时，要尽快切断电源，防止火情蔓延和灭火时发生触电事故。

（2）对于电类火灾（C 类火灾），不可用水或泡沫灭火器灭火，尤其是油类引发的火灾，应采用二氧化碳或 1211 灭火器灭火。

（3）灭火人员不应使身体及所持灭火器材触及带电的导线或电气设备，以防触电。

三、电工实训室安全操作规程

电工实训室的安全文明操作规程主要有以下几方面：

1. 进入实训室时，必须做好课前准备工作，与实训无关的物品不得带入实训室（图 2–1–1）。

2. 实训时不得在实训室内打闹，不得做与实训无关的事情，不得离开工位，不得请他人或代他人加工工件（图 2–1–2）。

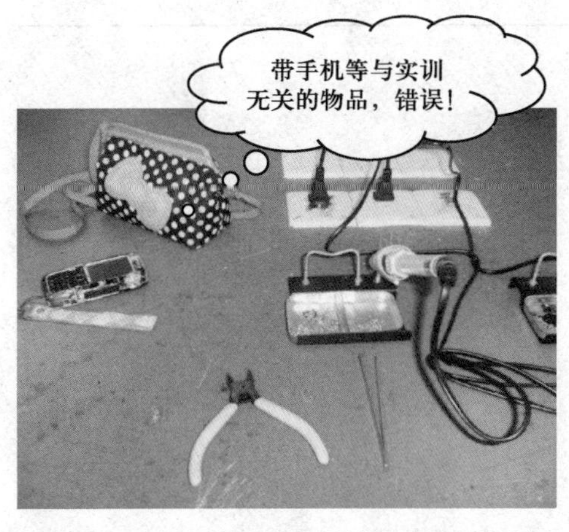

图 2–1–1　无关物品不得带入电工实训室

图 2–1–2　不能在实训室内打闹

3. 严格遵守文明操作规程，不得擅自开启电源。在没有得到指导教师的同意及指导下，不得带电操作（图 2–1–3）。

图 2–1–3　不得未经同意擅自带电操作

4. 在电工电子产品装接过程中，必须对电源线、电源插座等进行安全检查，发现有松动或损坏应立即进行更换。

5. 实训时应将所要使用的工具放置在工作台的指定位置，不使用的工具放入工具箱并将工具箱放置在工作台的左前方或工作台下。

6. 实训场地及实训台上应保持干净整洁。各种垃圾应随时放入指定垃圾桶中。

7. 使用机械工具时应避免因操作不当而引起的机械损伤事故，使用电烙铁时要防止烫伤。

8. 制作工件时应仔细认真，工件应轻拿轻放，防止工件磕碰造成损坏。

9. 实训结束后，必须切断所有电源，然后清洁工作台面、清除垃圾、保持工具整洁。离开实训室前应关闭门、窗。

技能训练

1. 训练内容

（1）参观实习场地。

（2）执行安全操作规程。

2. 服装准备

工作服每人 1 套，长发女生戴工作帽。

3. 评分标准

评分标准见表 2–1–1。

表 2-1-1 评分标准

<table>
<tr><th>序号</th><th>项目内容</th><th colspan="2">评分标准</th><th>配分</th><th>扣分</th><th>得分</th></tr>
<tr><td>1</td><td>参观实习场地或生产现场</td><td colspan="2">（1）工作服穿戴不整齐，扣 10 ~ 15 分
（2）长发女生未戴工作帽，扣 10 ~ 15 分</td><td>30</td><td></td><td></td></tr>
<tr><td>2</td><td>安全操作规程的执行与遵守</td><td colspan="2">（1）带手机等不符合安全操作规程的物品，每件扣 15 分
（2）大声喧哗、打闹等，扣 10 分
（3）未经允许，擅自开启电源，扣 20 分
（4）不听从指挥，不按顺序参观，扣 15 分
（5）未经允许，擅自动用工作台上的工具及仪表，扣 10 分</td><td>70</td><td></td><td></td></tr>
<tr><td rowspan="2">备注</td><td rowspan="2"></td><td colspan="2">合计</td><td>100</td><td></td><td></td></tr>
<tr><td>教师签字</td><td colspan="4">年 月 日</td></tr>
</table>

4. 训练步骤

（1）将工作服、工作帽穿戴整齐。

（2）列队，在教师或工人师傅的带领下，进入实习场地或生产现场参观，重点关注以下三个方面：

1）观察现场的设备、仪器的摆放情况。

2）参观工人或实习中的学生的具体工作内容、工作过程。

3）结合参观，深入理解电工实训室安全操作规程的具体要求。

任务二 触电急救

学习目标

1. 掌握触电急救的要点。
2. 能正确利用触电急救的操作技术对触电者进行救护。
3. 能对触电者的外伤进行处理。

一、触电急救的要点

触电急救的要点是：抢救迅速和救护得法，即用最快的速度在现场采取积极措施，保护触电者生命，减轻伤情，减少痛苦，并根据伤情需要迅速联系医疗救护部门救治。

一旦发现有人触电，周围人员首先应迅速拉闸断电，尽快使其脱离电源，将触电者迅速抬到宽敞、空气流通的地方，使其平卧在硬板床上，采取相应的抢救方法。在送往医院的路途中应不间断地进行救护。经验表明，在 1 min 之内抢救，救活的概率非常高，若 6 min 以后再去救人则非常危险。

低压触电通常都是假死，触电急救要有耐心，要一直抢救到触电者复活或经过医生确定停止抢救方可停止。

二、触电急救的操作技术

1. 解救触电者脱离电源的方法

触电急救的第一步是使触电者迅速脱离电源，具体方法如下：

（1）低压电源触电脱离电源的方法

1）拉　附近有电源开关或插座时，应立即拉下电源开关或拔掉电源插头，如图 2–1–4 所示。

2）切　若一时找不到断开电源的开关，应迅速用绝缘完好的钢丝钳或断线钳剪断电线，以断开电源，如图 2–1–5 所示。

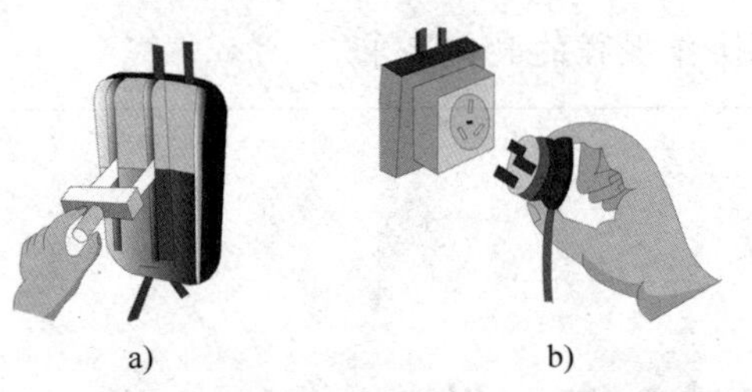

a)　　b)

图 2–1–4　拉

a）拉下电源开关　b）拔掉电源插头

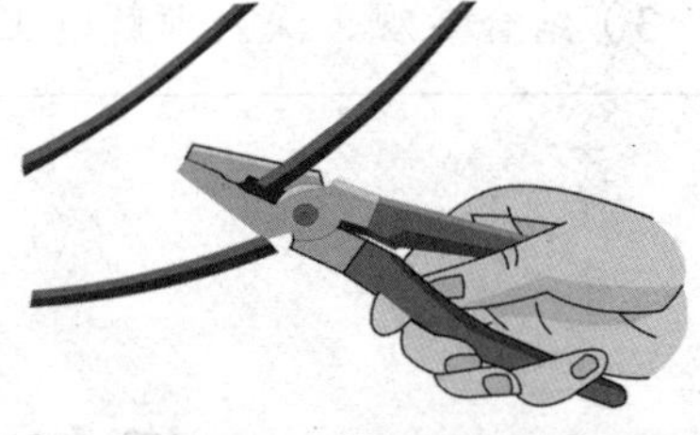

图 2–1–5　切

3）挑　对于由导线绝缘损坏造成的触电，急救人员可用绝缘工具、干燥的木棒等将电线挑开，如图 2–1–6 所示。

4）拽　急救人员可戴上手套或在手上包缠干燥的衣服等绝缘物品拖拽触电者；也可站在干燥的木板、橡胶垫等绝缘物品上，用一只手将触电者拖拽开来，如图 2–1–7 所示。

（2）高压电源脱离电源的方法

对于高压电源触电，应立即拉闸断电。注意应先戴上绝缘手套，穿上绝缘靴，然后再拉开高压断路器，如图 2–1–8 所示。

图 2–1–6 挑

图 2–1–7 拽

2. 触电急救的方法

（1）简单诊断

1）将脱离电源的触电者迅速移至通风、干燥处，将其仰卧，松开上衣和裤带，如图 2–1–9 所示。

图 2–1–8 拉闸

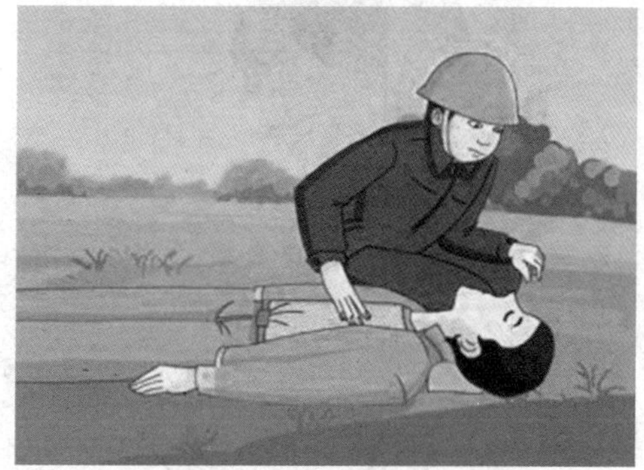
图 2–1–9 简单诊断

2）观察触电者的瞳孔是否放大。当处于假死状态时，人体大脑细胞严重缺氧，处于死亡边缘，瞳孔会自行放大，如图 2–1–10 所示。

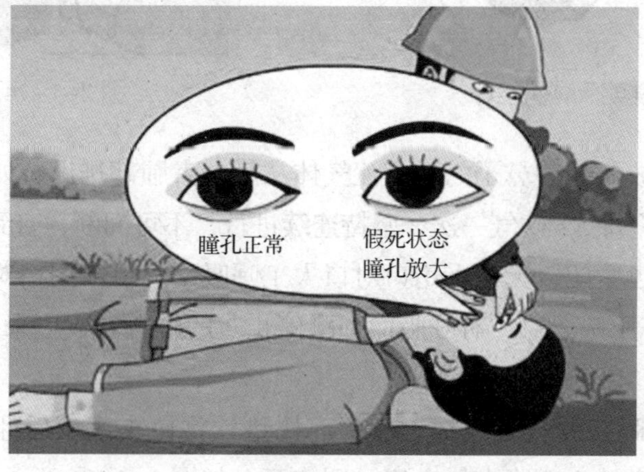

图 2–1–10 观察触电者的瞳孔

3）观察触电者有无呼吸，摸一摸颈部的颈动脉有无搏动，如图 2–1–11 所示。

（2）现场救护

心肺复苏是针对骤停的心脏和呼吸采取的抢救措施。心肺复苏的黄金时间为 4 ~ 6 min，因此必须及时采用正确的方法对触电者进行救治。

1）口对口人工呼吸法　对“有心跳而呼吸停止”的触电者，应采用“口对口人工呼吸法”进行急救。

①使触电者仰卧，颈部枕垫软物，头部偏向一侧，松开衣服和裤带，清除触电者口中的血块、假牙等异物。抢救者跪在病人的一边，使触电者的鼻孔朝天，头后仰，如图 2–1–12、图 2–1–13 所示。

②用一只手捏紧触电者的鼻子，深深吸一口气，用嘴紧贴触电者的嘴，大口吹气，使触电者胸部扩张，如图 2–1–14 所示。

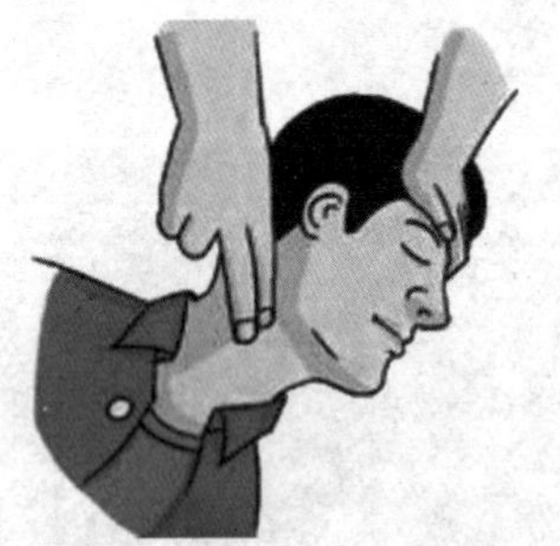

图 2–1–11　摸颈动脉

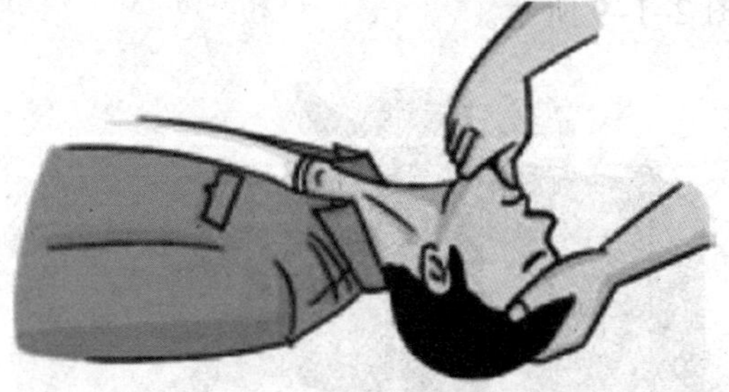

图 2–1–12　清理口腔阻塞

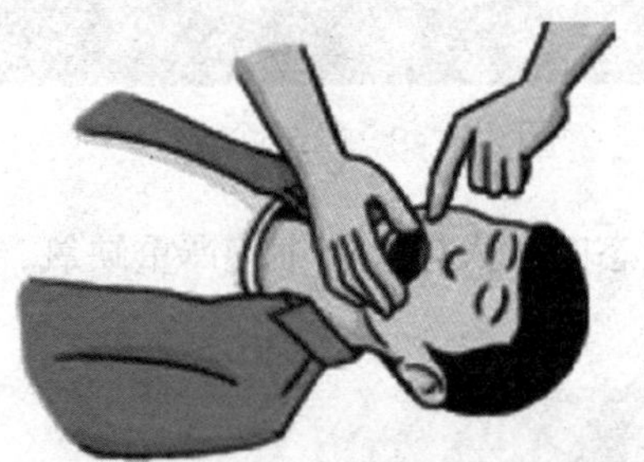

图 2–1–13　鼻孔朝天，头后仰

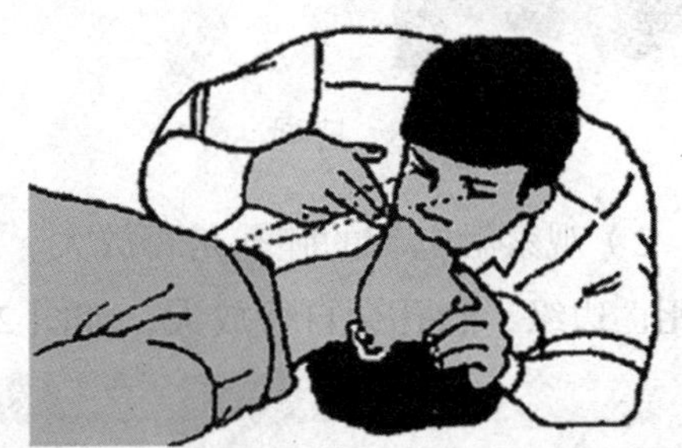

图 2–1–14　吹气

③将嘴离开，放松捏着鼻子的手，让气体从触电者肺部排出，如图 2–1–15 所示。如此反复进行，每 5 s 吹气一次，坚持连续进行，不可间断，直到触电者苏醒为止。如果触电者嘴巴紧闭，无法采用口对口人工呼吸法，可采用口对鼻人工呼吸法。

2）胸外心脏挤压法　对“有呼吸而心跳停止”的触电者，应采用胸外心脏挤压法进行急救。

①使触电者仰卧在硬板上或地上，颈部枕垫软物使头部稍后仰，松开衣服和裤带，急救者站立或跪在触电者一侧胸旁，如图 2–1–16 所示。

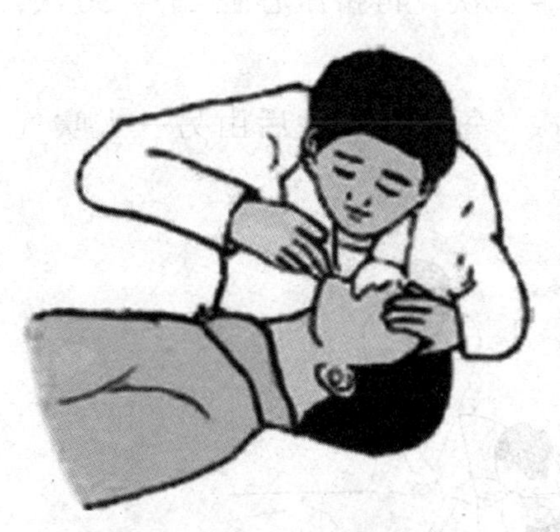

图 2–1–15 放开嘴鼻换气

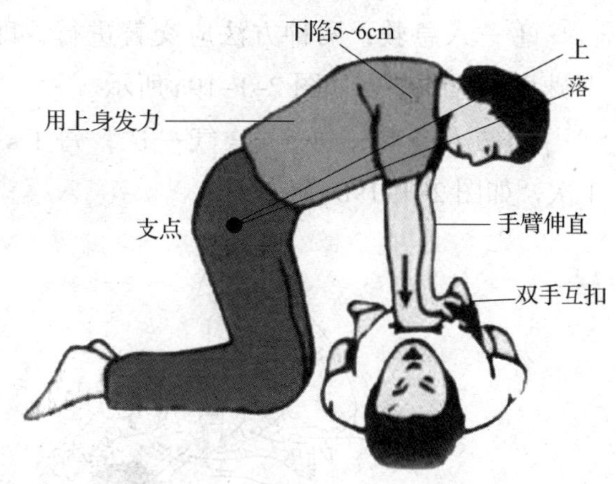

图 2–1–16 救护姿势

②急救者将一只手掌根部按于触电者胸骨下二分之一处，中指指尖对准其颈部凹陷的下缘，当胸一手掌，将另一只手掌压在手背上，如图 2–1–17 所示。

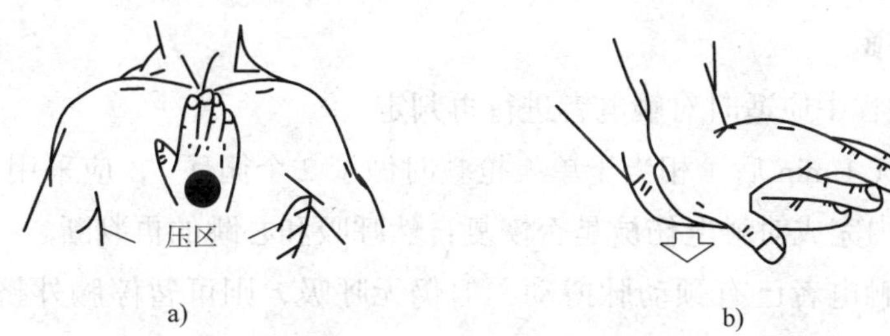

a) b)

图 2–1–17 正确的按压处

a）中指对凹膛，当胸一手掌 b）掌根用力向下压

③掌根用力下压 5 ~ 6 cm，然后突然放松，如图 2–1–18 所示。挤压与放松的动作要有节奏，每分钟 100 ~ 120 次为宜，每次按压和放松的时间相等，必须坚持连续进行，不可中断，直到触电者苏醒为止。

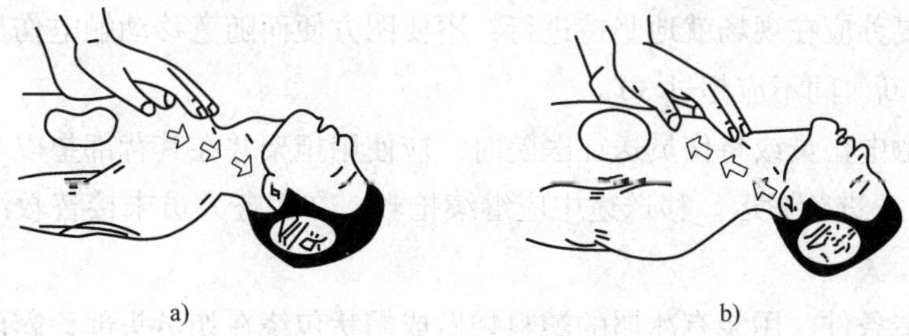

a) b)

图 2–1–18 按压要求

a）慢慢向下 b）突然放

3）两种方法交替进行 对“呼吸和心跳都已停止”的触电者，应同时采用口对口人工呼吸法和胸外心脏挤压法进行急救。

①一人急救：两种方法应交替进行，即吹气 2 ~ 3 次，再挤压心脏 25 ~ 30 次，且速度都应快些，如图 2–1–19a 所示。

②两人急救：每 5 s 吹气一次，每 1 s 挤压一次，每按压 5 次后由另一人吹气 1 次，如图 2–1–19b 所示。

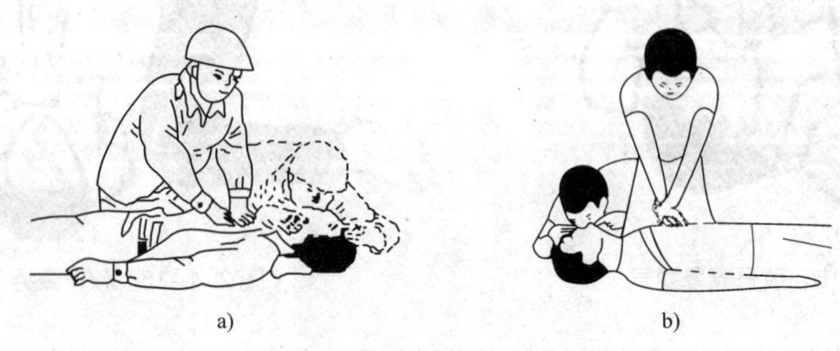

图 2–1–19　急救方法

a）一人急救　b）两人急救

3. 注意事项

（1）抢救过程中应适时对触电者进行再判定

1）按压吹气 1 min 后（相当于单人抢救时做了 2 个循环），应采用“看、听、试”方法在 5 ~ 7 s 内完成对触电伤员是否恢复自然呼吸和心跳的再判断。

2）若判定触电者已有颈动脉搏动，但仍无呼吸，则可暂停胸外挤压，而再进行 2 次口对口人工呼吸，接着每隔 5 s 吹气一次（相当于每分钟 12 次）。如果脉搏和呼吸仍未能恢复，则继续坚持心肺复苏法抢救。

3）在抢救过程中，要每隔数分钟用“看、听、试”方法再判定一次触电者的呼吸和脉搏情况，每次判定时间不得超过 5 ~ 7 s。在医务人员未前来接替抢救前，现场人员不得放弃现场抢救。

（2）抢救过程中移送触电伤员时的安全要点

1）心肺复苏应在现场就地坚持进行，不要图方便而随意移动触电伤员，如确需移动时，抢救中断时间不应超过 30 s。

2）移动触电伤员或将伤员送往医院时，应使用担架并在其背部垫以木板，不得让伤员身体蜷曲着进行搬运。移送途中应继续抢救，在医务人员未接替救治前不可中断抢救。

3）应创造条件，用装有冰屑的塑料袋做成帽状包绕在伤员头部，露出眼睛，使脑部温度降低，争取触电者心、肺、脑能得以复苏。

（3）伤员好转后的处理　如伤员的心跳和呼吸经抢救后均已恢复，可暂停心肺复苏法操作。但心跳呼吸恢复的早期仍有可能再次骤停，救护人应严密监护，不可麻痹，要随时准备再次抢救。触电伤员恢复之初，往往神志不清、精神恍惚或情绪躁动、不安，应设法使他安静下来。

（4）慎用药物 人工呼吸和胸外心脏挤压是对触电“假死”者的主要急救措施。任何药物都不可替代。现场触电抢救中，对使用肾上腺素等药物应持慎重态度。如没有必要的诊断设备条件和足够的把握，不得乱用。在医院内抢救触电者时，由医务人员根据医疗仪器设备诊断的结果决定是否采用这类药物救治。

提示

禁止采取冷水浇淋、猛烈摇晃、大声呼唤或架着触电者跑步等“土”办法刺激触电者，因为人体触电后，心脏会发生颤动，脉搏微弱，血流混乱，如果此时用上述办法强烈刺激心脏，会使触电者因急性心力衰竭而死亡。

三、关于电伤的处理

电伤主要指触电引起的人体外部损伤（包括电击引起的摔伤）以及电灼伤、电烙印、皮肤金属化等组织损伤。出现电伤需要到医院治疗，但现场也必须做预处理，以防止细菌感染导致损伤扩大，从而减轻触电者的痛苦，便于转送医院。电伤的现场处理措施见表 2–1–2。

表 2–1–2 电伤的现场处理措施

电伤的部位	现场处理措施
一般性的外伤创面	先用无菌生理食盐水或清洁的温开水冲洗，再用消毒纱布、防腐绷带或干净的布包扎，然后将触电者护送到医院
伤口出血	立即设法止血，并送医院处理。压迫止血法是最迅速的临时止血法，即用手指、手掌或止血橡皮带在出血处供血端将血管压瘪在骨骼上而止血。如果伤口出血不严重，可用消毒纱布或干净的布料叠几层盖在伤口处压紧止血
因触电摔跌而骨折	应先止血、包扎，然后用木板、竹竿、木棍等物品将骨折肢体临时固定并立即送医院处理
出现颅脑外伤	应使触电者平卧并保持气道畅通。如有呕吐，应扶好头部和身体，使之侧转，以防止呕吐物造成窒息。当耳鼻有液体流出时，不要用棉花堵塞，只可轻轻拭去，以降低颅内压力

技能训练

1. 训练内容

练习口对口人工呼吸法和胸外心脏挤压法。

2. 工具及仪表

模拟橡皮人 1 具，秒表 1 块。

3. 评分标准

评分标准见表 2–1–3。

表 2–1–3　评分标准

序号	项目内容	评分标准	配分	扣分	得分
1	急救方法的选用	选用急救方法不正确每次扣 10 分	40		
2	急救方法使用	（1）急救方法不熟练每次扣 20 分 （2）急救方法不正确每次扣 20 分	60		
工时	10 min	合计	100		
备注		教师签字	年　月　日		

4. 训练步骤

（1）选择急救方法　根据教师设定的情境，判断触电者是否有呼吸、心脏是否停搏，选择适当的急救方法。

（2）实施救护　把触电者放在结实坚硬的地板或木板上，使触电者伸直仰卧，按正确的方法实施救护。

提示

◇如果没有模拟橡皮人，可将学生分成两人一组进行急救练习。

◇胸外挤压时，操作频率要适当，定位要准确，压力要适当（压陷 3 ~ 4 cm 为宜）。

◇具体操作时间由教师确定。

课题二　常用电工工具的使用

任务一　电工通用工具的使用

学习目标

1. 熟悉验电器、螺钉旋具、钳子、电工刀、扳手等电工通用工具的作用。

2. 能熟练使用验电器、螺钉旋具、钳子、电工刀、扳手等电工通用工具进行操作。

一、验电器

验电器是检验导线和电气设备是否带电的一种电工常用检测工具。它分为低压验电器和高压验电器两种。

1. 低压验电器

低压验电器又称为验电笔，按其结构形状分为笔式和旋具式两种，按其显示方式分为发光式和数显示两种，如图 2–2–1 所示。

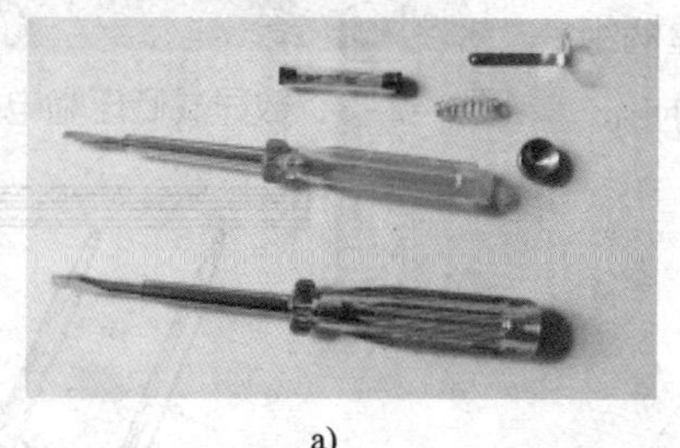

a)

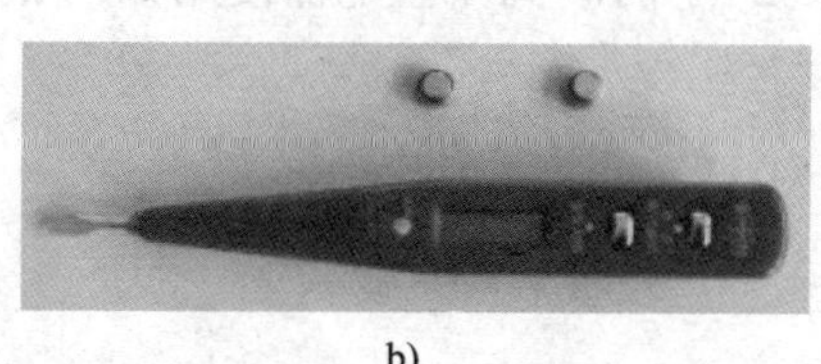

b)

图 2–2–1　低压验电器

a）发光式　b）数显式

笔式低压验电器由氖泡、电阻器、弹簧、笔身和笔尖等组成，使用时，必须按图 2–2–2 所示的正确方法把笔握妥，以手指触及笔尾的金属体，使氖管小窗背光朝向操作者。

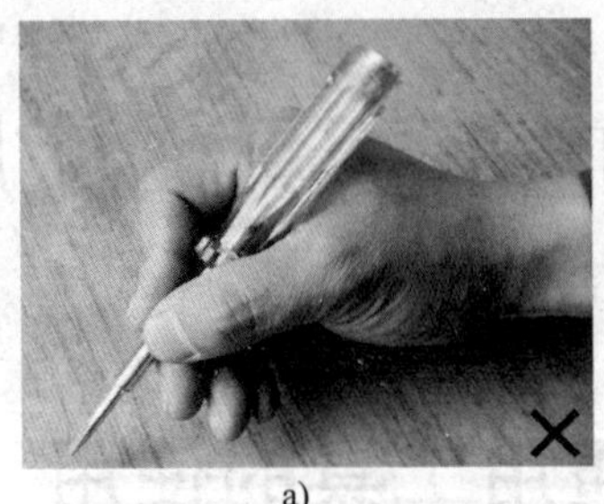
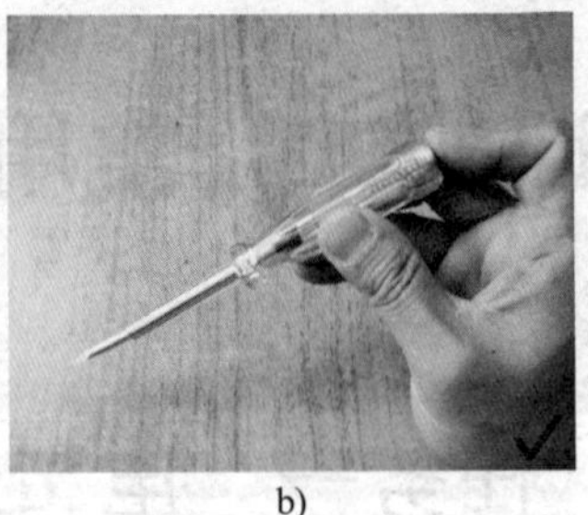

a) b)

图 2–2–2 低压验电器的使用方法

a）错误握法 b）正确握法

当用验电笔测带电体时，电流经带电体、验电笔、人体、地形成回路，只要带电体与大地之间的电位差超过 60 V，验电笔中的氖泡就会发光。低压验电笔测试范围为 60 ~ 500 V。

低压验电器的作用见表 2–2–1。

表 2–2–1 低压验电器的作用

作用	要 点
区别电压高低	测试时可根据氖管发光的强弱来判断电压的高低
区别相线与零线	在交流电路中，当验电器笔尖触及导线时，氖管发光的即为相线，正常情况下，触及零线不发光
区别直流电与交流电	交流电通过验电器时，氖管里的两极同时发光；直流电通过验电器时，氖管里两个极中只有一个极发光
区别直流电的正、负极	把验电器连接在直流电的正、负极之间，氖管中发光的一极即为直流电的负极

数显式低压验电器可通过显示窗读出被测电压的具体数值，其使用如图 2–2–3 所示。

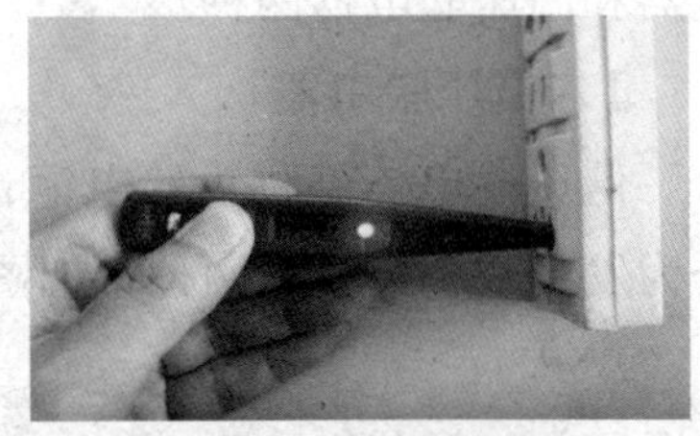

图 2–2–3 数显式低压验电器的使用

2. 高压验电器

高压验电器又称高压测电器，10 kV 高压验电器由金属钩、氖管、氖管窗、紧固螺钉、护环和握柄组成，如图 2–2–4 所示。高压验电器使用如图 2–2–5 所示。

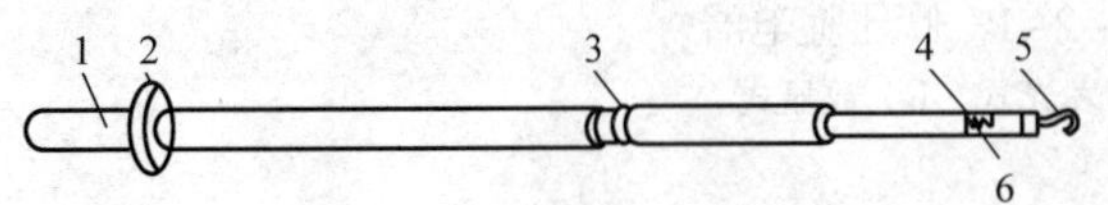

图 2–2–4 高压验电器

1—握柄 2—护环 3—紧固螺钉 4—氖管窗 5—金属钩 6—氖管

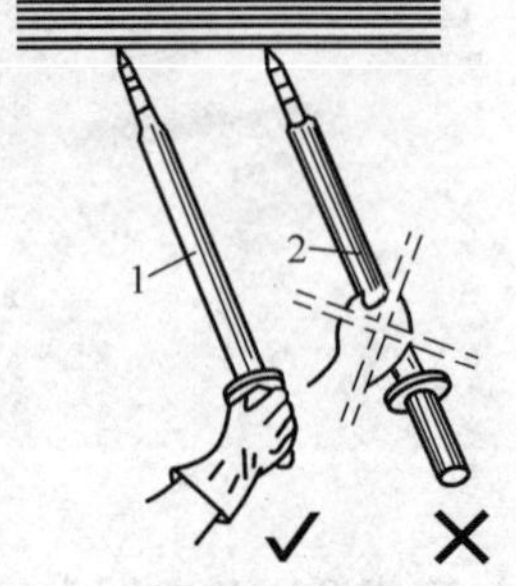

图 2–2–5 高压验电器的使用

1—正确 2—错误

提示

◇验电器使用前，应在已知带电体上测试，证明验电器功能正常方可使用。

◇使用高压验电器时，应逐渐靠近被测物体，直到氖管发亮；只有在氖管不发亮时，人体才可以与被测物体试接触。

◇室外使用高压验电器时，必须在气候条件良好的情况下才能使用。在雨、雪、雾天气及湿度较大的情况下，不宜使用。

◇使用高压验电器测试时，必须戴上符合要求的绝缘手套；不可一个人单独测试，身旁必须有人监护；测试时，要防止发生相间或相对地短路事故；人体与带电体应保持足够的安全距离，10 kV 高压的安全距离为 0.7 m 以上。

思考

为什么低压验电器只能验 60 V 以上的电压？为什么使用高压验电器时应逐渐靠近带电体？

二、螺钉旋具

螺钉旋具简称旋具，是紧固或拆卸螺钉的工具。

1．螺钉旋具的结构及种类

螺钉旋具的种类有很多，按头部形状可分为一字旋具和十字旋具，如图 2–2–6 所示。

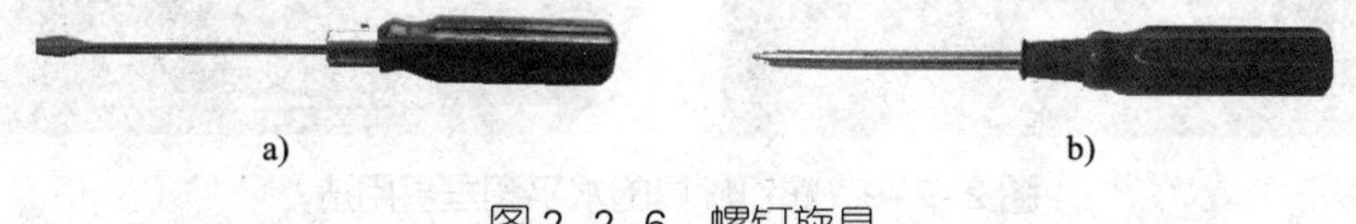

图 2–2–6 螺钉旋具

a）一字旋具 b）十字旋具

一字旋具常用规格有 50 mm、100 mm、150 mm、200 mm 等，电工必备的是 50 mm 和 150 mm 两种。十字旋具专供紧固和拆卸十字槽的螺钉，常用的规格有 Ⅰ 号、Ⅱ 号、Ⅲ 号、Ⅳ 号四种。旋具的握柄材料主要为木质绝缘材料和塑胶绝缘材料。金属杆刀口端焊有磁性金属材料的磁性旋具可以吸住待拧紧的螺钉，以便准确定位、拧紧，使用方便，应用较广泛。

2．螺钉旋具的使用

（1）大旋具的使用 大旋具一般用来紧固较大的螺钉。使用时，除大拇指、食指和中指要夹住握柄外，手掌还要顶住柄的末端，这样就可以防止旋具转动时滑脱，如图 2–2–7 所示。

（2）小旋具的使用　小旋具一般用来紧固电气装置接线柱上的小螺钉，使用时，可用手指顶住木柄的末端捻转，如图 2-2-8 所示。

图 2-2-7　大旋具的使用方法

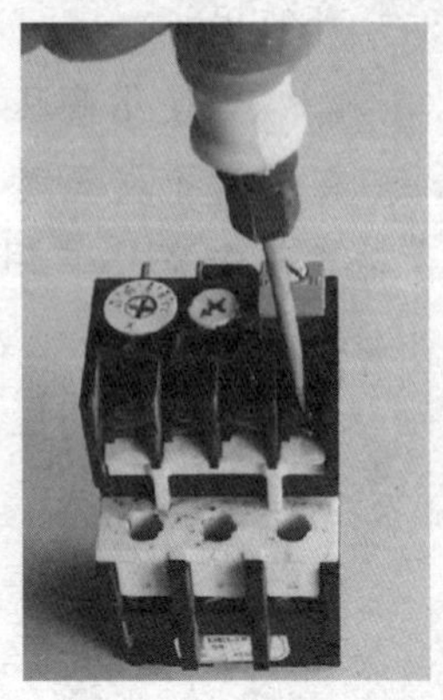

图 2-2-8　小旋具的使用方法

（3）螺钉旋具的水平和垂直用法　螺钉旋具的水平和垂直用法如图 2-2-9 所示。

图 2-2-9　螺钉旋具的水平和垂直用法

3. 机动旋具

目前在大批量流水作业的装配线上，机动旋具已普遍使用。机动旋具分为电动和气动两大类。小型电动旋具，由于体积小、质量小，在小型电子整机产品装配中被广泛地应用，其外观如图 2-2-10 所示。

图 2-2-10　小型电动旋具

提示

◇电工操作中不可使用金属杆直通的旋具，否则容易造成触电事故。

◇使用旋具紧固和拆卸带电的螺钉时，手不得触及旋具的金属杆，以免发生触电事故。

◇为了避免旋具的金属杆触及邻近带电体，应在金属杆上套上绝缘套管。

◇使用较长的旋具时，可用右手压紧并旋转手柄，左手握住旋具中间部分，以使旋具刀口不致滑脱。此时，左手不得放在螺钉的周围，以免旋具刀口滑出时将手划伤。

三、钳子

1. 电工钢丝钳

钢丝钳有铁柄和绝缘柄两种，绝缘柄的为电工钢丝钳，常用的规格有150 mm、175 mm和200 mm三种。

电工钢丝钳由钳头和钳柄两部分组成，钳头又包括钳口、齿口、刀口和铡口四部分。其用途很多，钳口用来弯绞和钳夹导线线头；齿口用来紧固或起松螺母；刀口用来剪切或剖削软导线绝缘层；铡口用来铡切导线线芯、钢丝或铅丝等较硬金属丝。其外形及结构如图2-2-11所示。

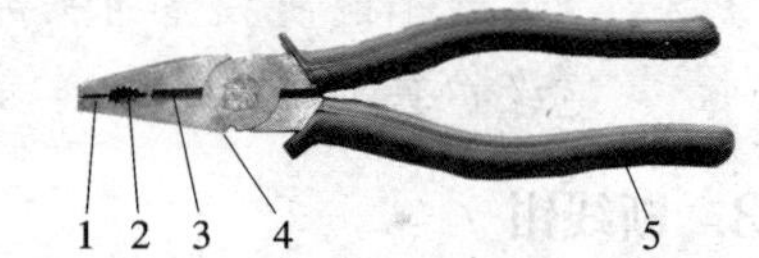

图2-2-11 电工钢丝钳的结构与用途

1—钳口 2—齿口 3—刀口 4—铡口 5—钳柄

提示

◇使用前，必须检查绝缘柄的绝缘是否良好。

◇剪切带电导线时，不得同时剪切两根导线。

◇钳头不可代替锤子作为敲打工具使用。

思考

为什么剪切带电导线时不得同时剪切两根导线？为什么钳头不可代替锤子作为敲打工具使用？

2. 尖嘴钳

尖嘴钳的头部尖细，适用于在狭小的空间操作。钳柄有铁柄和绝缘柄两种，绝缘柄的耐压为500 V，主要用于切断细小的导线、金属丝，或夹持小螺钉、垫圈及导线等元件，还能将导线端头弯曲成所需的各种形状。尖嘴钳外形如图2-2-12所示。

尖嘴钳常用的规格有 130 mm、160 mm、180 mm 和 200 mm 四种。

尖嘴钳的握法有正握和反握两种，如图 2–2–13 所示。

图 2–2–12　尖嘴钳

a）

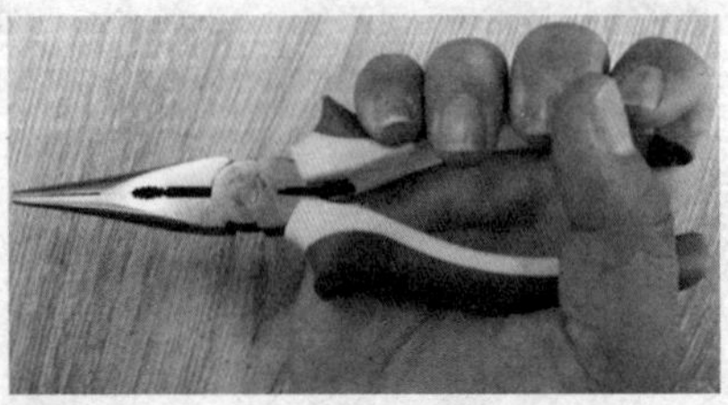

b）

图 2–2–13　尖嘴钳的握法
a）正握　b）反握

提示

◇绝缘手柄应无破损。

◇加工整形的导线或元器件引线不宜过粗，直径一般不要超过 2 mm。

◇钳头不可代替锤子作为敲打工具使用。

◇不能使尖嘴钳头部长时间过热，以免使头部退火以及损坏尖嘴钳绝缘护套。

3. 断线钳

断线钳又称斜口钳，钳柄有铁柄、管柄和绝缘柄三种，其中电工用的带绝缘柄断线钳的外形如图 2–2–14 所示。一般绝缘柄的耐压为 500 V。断线钳主要用于剪断较粗的电线、金属丝及导线电缆。

4. 平嘴钳

平嘴钳的钳口平直，如图 2–2–15 所示，可用于夹弯元器件管脚与导线。因它的钳口无纹路，所以适用于对导线拉直、整形等操作，但因其钳口较薄，不宜夹持螺母或需施力较大的部位。其规格与尖嘴钳相似。

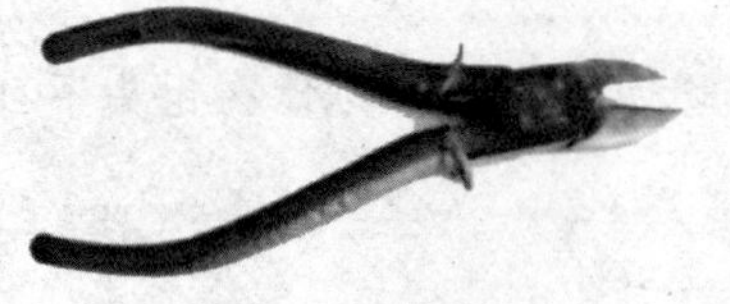

图 2–2–14　断线钳

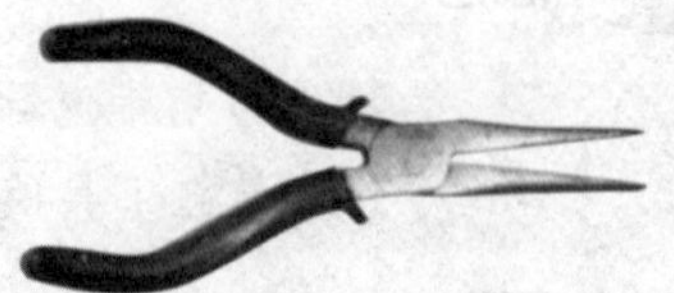

图 2–2–15　平嘴钳

5. 剥线钳

剥线钳是用来剥削小直径导线绝缘层的专用工具，其外形如图 2–2–16 所示。剥线钳的绝缘手柄耐压一般为 500 V。

使用剥线钳时，将要剥削的绝缘层长度用标尺定好后，即可把导线放入相应的刀口中（比导线直径稍大），用手将柄握紧，导线的绝缘层即被割破，且自动弹出。

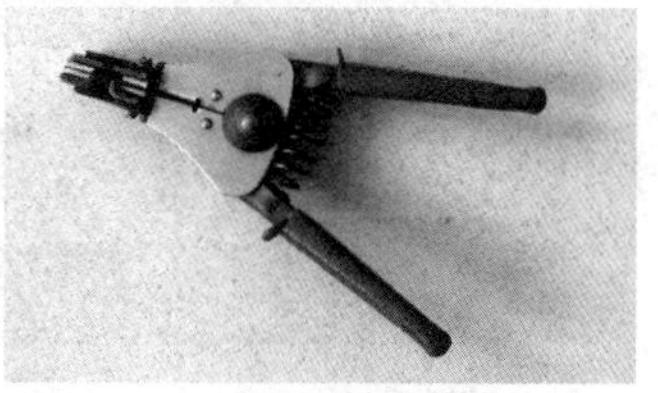

图 2–2–16 剥线钳

四、电工刀

电工刀是剖削导线线头、切割木台缺口、削制木榫的专用工具，其外形如图 2–2–17 所示。使用时，应将刀口朝外剖削。剖削导线绝缘层时，应使刀面与导线呈较小的锐角，以免割伤导线。

图 2–2–17 电工刀

提示

◇使用电工刀时应注意避免伤手，不得传递刀身未折进刀柄的电工刀。

◇电工刀用毕，应及时将刀身折进刀柄。

◇电工刀刀柄无绝缘保护，不能用于带电作业，以免触电。

五、扳手

1．活扳手

活扳手是用来紧固和起松螺母的一种专用工具。活扳手由活扳唇、呆扳唇、蜗轮、轴销和扳手柄组成，如图 2–2–18a 所示。蜗轮可调节扳口大小。电工常用的活扳手规格由长度与最大开口宽度的乘积（单位均为 mm）来表示，有 150 mm × 19 mm（6 in）、200 mm × 24 mm（8 in）、250 mm × 30 mm（10 in）、300 mm × 36 mm（12 in）等四种规格。

使用活扳手时应注意：

（1）扳动大螺母时，常用较大的力矩，手应握在近柄尾处，如图 2–2–18b 所示。

（2）扳动较小螺母时，所用力矩不大，但螺母过小易打滑，故手应握在接近头部的地方，如图 2–2–18c 所示，这样可随时调节蜗轮，收紧活扳唇，防止打滑。

（3）活扳手不可反用，以免损坏活扳唇，也不可用钢管接长手柄来施加较大的扳拧力矩。

（4）活扳手不得当作撬棍和手锤使用。

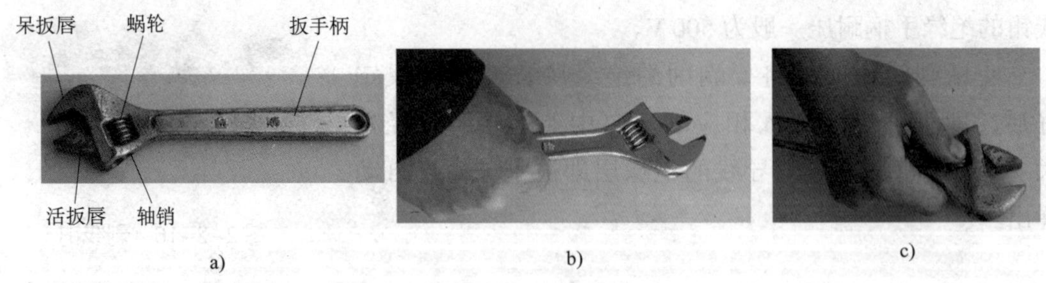

图 2–2–18　活扳手的结构与使用

a）活扳手的结构　b）扳动较大螺母的握法　c）扳动较小螺母的握法

2. 内六角扳手

内六角扳手结构简单、轻巧，和螺钉之间有六个面接触，使用时不容易造成损坏。常见的内六角扳手外形如图 2–2–19 所示。它的两端都可以被用于拧动，能拧动非常小的螺钉，包括紧定螺钉，还可用于拧动深孔中的螺钉，其驱动扭矩受扳手直径和长度的限制。

图 2–2–19　常见的内六角扳手

内六角扳手规格对照见表 2–2–2。

表 2–2–2　内六角扳手规格对照表

工具尺寸	内六角圆柱头螺钉	带销螺钉	坚定螺钉	平头螺钉
1.5 mm	M1.6 和 M2		M3	
2 mm	M2.5		M4	M3
2.5 mm	M3		M5	M4
3 mm	M4	M6	M6	M5
4 mm	M5	M8	M6	M6
5 mm	M6	M10	M10	M8
6 mm	M8	M12	M12	M10
8 mm	M10	M16		M12
10 mm	M12	M20		M16
12 mm	M14			
14 mm	M16 和 M18			
17 mm	M20 和 M22			
19 mm	M24			
22 mm	M30			
27 mm	M36			

3. 其他扳手

其他常用的扳手还有呆扳手、梅花扳手和套筒扳手等，如图 2–2–20 所示。

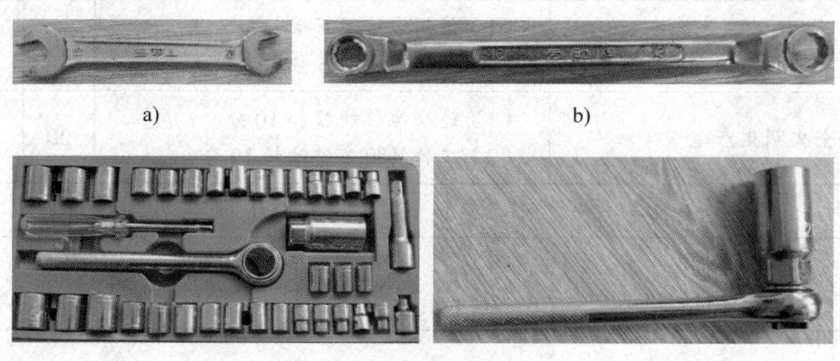

图 2–2–20 其他扳手

a）呆扳手 b）梅花扳手 c）套筒扳手

技能训练

1. 训练内容

练习验电器、螺钉旋具、钳子、电工刀等电工通用工具的使用。

2. 工具及材料

电工钢丝钳、尖嘴钳、断线钳、螺钉旋具、剥线钳、木板、螺钉和废旧塑料单芯导线若干。

3. 评分标准

评分标准见表 2–2–3。

表 2–2–3 评分标准

序号	项目内容	评分标准	配分	扣分	得分
1	验电器操作练习	（1）使用方法不正确，扣 5 分 （2）操作错误，扣 5 分	10		
2	螺钉旋具操作练习	（1）使用方法不正确，扣 10 分 （2）不文明作业，扣 10 分	20		
3	电工钢丝钳、尖嘴钳做剪切、弯绞导线练习	（1）握钳姿势不正确，扣 10 分 （2）导线有损伤，每处扣 5 分 （3）多股导线剖断，每根扣 5 分	20		
4	平嘴钳做弯绞导线练习	（1）使用方法不正确，扣 10 分 （2）导线有损伤，每处扣 5 分	20		

续表

序号	项目内容	评分标准	配分	扣分	得分
5	断线钳剪切导线练习	（1）使用方法不正确，扣 5 分 （2）损坏设备扣 5 分	10		
6	安全文明生产	（1）违反操作规程扣 10 分 （2）工作场地不整洁扣 10 分	20		
工时	2 h	合计	100		
备注		教师签字	年　月　日		

4．训练步骤

观看教师演示后，利用所准备的材料，按照教师布置的训练内容，完成以下练习：

（1）用验电器进行验电练习。

（2）用螺钉旋具旋紧螺钉。

（3）用钢丝钳、尖嘴钳做剪切、弯绞导线练习。

（4）用平嘴钳做弯绞导线练习。

（5）用断线钳做剪切导线练习。

任务二　喷灯和钻孔工具的使用

学习目标

1. 熟悉喷灯和常用的手持式电动钻孔工具的功能。
2. 能正确使用喷灯进行操作。
3. 能熟练使用电钻、冲击电钻、电锤进行操作。

一、喷灯

喷灯是一种利用喷射火焰对工件进行加热的工具，常用来焊接铅包电缆的铅包层、大截面铜导线连接处的搪锡以及其他连接表面的防氧化镀锡等。喷灯火焰温度可达900 ℃以上。

1．喷灯的外形

常用的喷灯有燃油喷灯和燃气喷灯两类，其外形如图 2–2–21 所示。

a)

b)

图 2–2–21 喷灯

a）燃油喷灯 b）燃气喷灯

2．燃油喷灯的使用方法

（1）加油 旋下加油阀下面的螺栓，倒入适量油液，以不超过筒体的 3/4 为宜。保留一部分空间的目的在于储存压缩空气，以维持必要的空气压力。加完油后应及时旋紧加油口的螺栓，关闭放油调节阀的阀杆，擦净洒在外部的油液，并认真检查是否有渗漏现象。

（2）预热 先在预热燃烧盘内注入适量汽油，用火点燃，将火焰喷头烧热。

（3）喷火 在火焰喷头烧热后，而燃烧盘内汽油燃完之前，用打气阀打气 3 ~ 5 次，然后再慢慢打开放油调节阀的阀杆喷出油雾，喷灯即点燃喷火。随后继续打气，直到火焰正常为止。

（4）熄火 先关闭放油调节阀，直至火焰熄灭，再慢慢旋松加油口螺栓，放出筒体内的压缩空气。

提示

◇喷灯的加、放油及检修均应在熄火后进行。加油时，应将油阀上螺栓先慢慢放松，待气体放尽后方能开盖加油。

◇煤油喷灯筒体内不得掺加汽油。

◇喷灯使用过程中，应注意筒体的油量，一般不得少于筒体容积的1/4。

◇打气压力不应过高。打完气后，应将打气柄卡牢在泵盖上。

◇喷灯工作时，应注意火焰与带电体之间的安全距离，距离 10 kV 以下带电体应大于 1.5 m，距离 10 kV 以上带电体应大于 3 m。

思考

为什么燃油喷灯使用过程中应注意筒体的油量，一般不得少于筒体容积的 1/4？

3．燃气喷灯的特点和使用方法

（1）燃气喷灯的特点

1）使用简单、安全、携带方便，不怕工作场所出现强风；

2）处于任何角度（包括倒置）均可使用，不会熄火；

3）其外壳采用 304 号不锈钢材质，质轻坚固，永不生锈；

4）气瓶装卸快速、牢靠，不用时可卸下挂置，防止漏气，节省燃气。

（2）燃气喷灯的使用方法

1）把气瓶斜放入底座圆槽内，以气瓶下压底座。

2）压下底座后，气瓶靠紧握臂上之弧板，然后迅速放开气瓶，使气瓶嘴进入进气口。

3）微开气阀，让微量燃气溢出，迅速点火。然后再开大火焰，约 20 s 后任何角度均可使用。

4）停止使用时，关闭气阀确定火已熄灭。把气瓶移出进气口，并按规定挂置。

提示

◇燃料瓶与喷灯结合后，检查结合处有无漏气之异味或气声，也可浸入水中查看，若有漏气现象，切勿点火使用。

◇清除喷火嘴的污垢时，可使用附于底座下的通针。

4．喷灯的维护

（1）燃气喷灯用完后，应放尽气体，存放在不受潮的地方。

（2）不得用重物碰撞喷灯，以免出现裂纹，影响安全使用。

（3）喷灯螺栓、螺母等有滑丝现象时应及时更换。

二、钻孔工具

常用的手持式电动钻孔工具有电钻、冲击电钻和电锤等。

1．电钻

电钻应用最为普遍，它是一种头部有钻头、内部装有单相整流子电动机、靠旋转钻孔的手持式电动工具。它内部由电动机带动传动齿轮，驱动钻头旋转，在接触面上进行打孔。电钻只具备旋转方式钻孔的功能，特别适用于在金属、瓷砖、木板等材料上钻孔。电钻价格经济，适用于在工作面上精准打孔，但不适合在混凝土砖墙上作业。

2. 冲击电钻

冲击电钻采用旋转带冲击的工作方式，一般带有调节开关。当调节开关在旋转无冲击（即“钻”）的位置时，其功能如同普通电钻；当调节开关在旋转带冲击（即“锤”）的位置时，装上镶有硬制合金的钻头，便能在混凝土和砖墙等建筑构架上钻孔。冲击电钻的外形如图 2–2–22 所示。

a) b)

图 2–2–22 冲击电钻

a）普通冲击电钻 b）带深度尺的冲击电钻

冲击电钻主要依靠内轴上的斜齿轮相互跳动来实现冲击效果，它通过驱动钻头在作业面上反复冲击和旋转来进行工作，可用于室内外装修打孔（混凝土、石材、金属）。冲击电钻的冲击力不如电锤，但是如果在金属或木材上钻孔，选用冲击电钻会更加经济。冲击电钻开孔容易偏大，孔边缘容易出现毛刺、裂纹，故不适用于精准打孔。

使用冲击电钻时应注意：

（1）工作前，首先检查冲击电钻电源导线是否完好，防止导线破损漏电。

（2）选装钻头时，需用专用钥匙锁紧钻头，严禁使用非专用工具敲打冲击电钻。钻头安装完毕，首先让钻头空钻一段时间，检查安装无误后，方可使用。

（3）操作时，操作员严禁戴手套、露出长发，应穿着合体的工作服，保持双腿跨立。由于钻头直径较细，操作者应保证冲击电钻与钻孔平面成 90º 沿垂直方向打孔作业。操作过程中不能用力过猛，防止折断钻头。使用金属外壳冲击电钻时，必须戴绝缘手套、穿绝缘鞋或站在绝缘板上，以确保操作人员安全。

（4）在钻孔过程中应经常把钻头从钻孔中抽出以便排除钻屑。

（5）如遇停电时应立即切断电源，防止突然来电造成事故。如遇冲击电钻异常发热、异常响动则应立即停止作业。

（6）操作时如遇地面积水，操作人员与冲击电钻导线应远离水面。如无法避免，应立即停止操作。

（7）工作结束后，用专用扳手取下冲击电钻钻头，收纳进专用收纳箱中，放置在阴凉、通风、干燥处保存，防止虫蚀鼠咬。

（8）冲击电钻在使用时应避免保护橡胶电缆在地面拖拉、车轮碾压。

（9）对于长期搁置不用的冲击电钻，使用前必须使用 500 V 兆欧表测定对地绝缘电阻，其阻值不小于 0.5 MΩ。

3. 电锤

电锤内部由电动机带动两组齿轮结构进行工作，一组齿轮驱动钻头旋转，实现钻孔，另一组齿轮带动活塞，产生冲击力，实现钻头一边旋转，一边冲击。电锤主要用于在混凝土、砖墙、石材上进行钻孔作业，其外观如图 2-2-23 所示，电锤的冲击频率高达每分钟 1 000 ~ 3 000 次，可以产生显著的冲击力。

图 2-2-23 电锤

技能训练

1. 训练内容

（1）练习喷灯的使用。

（2）练习手持式电动钻孔工具的使用。

2. 设备及工具

燃气喷灯、燃油喷灯及附件等；电钻、冲击电钻及附件等。

3. 评分标准

评分标准见表 2-2-4。

表 2-2-4 评分标准

序号	项目内容	评分标准	配分	扣分	得分
1	利用燃气喷灯进行加热、预热、喷火和熄火练习	（1）使用方法不正确，扣 10 分 （2）不文明作业，扣 10 分	20		
2	利用燃油喷灯进行加热、预热、喷火和熄火练习	（1）使用方法不正确，扣 10 分 （2）不文明作业，扣 10 分	20		
3	电钻操作练习	（1）使用方法不正确，扣 10 分 （2）损坏设备扣 10 分	20		
4	冲击电钻操作练习	（1）使用方法不正确，扣 10 分 （2）损坏设备扣 10 分	20		
5	安全文明生产	（1）违反操作规程扣 10 分 （2）工作场地不整洁扣 10 分	20		
工时	2 h	合计	100		
备注		教师签字	年 月 日		

4. 训练步骤

观看教师演示后，利用实习场地提供的工具、材料，按照教师布置的训练内容，完成以下练习：

（1）用燃气喷灯进行加热、预热、喷火和熄火练习。

（2）用燃油喷灯进行加热、预热、喷火和熄火练习。

（3）按电钻的使用方法，进行电钻钻孔操作练习。

（4）按冲击电钻的使用方法，进行冲击电钻钻孔操作练习。

课题三 登高技能

任务一 梯子登高

学习目标

1. 掌握使用梯子登高的技能。
2. 掌握登高的安全知识。

电工在登高作业时，要特别注意人身安全，登高工具必须牢固可靠，以保证登高作业的安全。未经现场训练过的或患有精神病、严重高血压、心脏病和癫痫等疾病者，均不能进行登高作业。

电工常用的梯子有单梯和人字梯，如图 2-3-1 所示。

一、梯子作业

单梯通常用于室外作业，常用的规格有 13 挡、15 挡、17 挡、19 挡、21 挡和 25 挡；人字梯通常用于室内登高作业。

制作梯子的材料有竹、木和铝合金型材等，通常梯脚绑有橡胶等防滑材料。

图 2–3–1　梯子

进行单梯作业时应注意：

1. 施工人员登梯操作必须穿防滑鞋、戴安全帽，高度超过 2 m 时需佩戴安全带。

2. 单梯在使用前应检查是否有虫蛀及折裂现象，梯脚应绑扎橡胶等防滑材料。

3. 单梯的放置倾斜角约为 60º ~ 75º。在单梯上作业时，为了保证不致用力过度站立不稳，应按图 2–3–2 所示的姿势站立。

4. 安放的梯子应与带电部分保持安全距离，扶梯人应戴好安全帽，单梯不准放在箱子或桶等易活动物体上使用。

图 2–3–2　单梯上站立姿势

二、人字梯作业

人字梯是电工作业常用的室内登高作业工具。由于其使用时外观类似汉字“人”字而得名。人字梯顶部安装有合页，方便工作时移动。铝合金制人字梯具有轻便、耐用、美观等特点，目前较为常用。

进行人字梯作业时应注意：

1. 使用前检查人字梯踏板有无断裂、变形。

2. 梯子间的固定拉杆或安全绳必须固定牢固；梯子底部应平整，装有防滑套，梯子周边不得有凸起尖锐物，如在人员较多地区施工，周围需增加标识或围挡。

3. 人字梯应直立存放。

4. 施工人员作业时，只允许一人站在梯子上，梯子下方应站另一人扶持。需要传递工具及材料时，应通过第三人传递，不得投、掷工具材料。

5. 攀爬人字梯时要面朝人字梯，采用三点接触攀爬法（使用双手和单脚或单手和双脚），攀爬时不允许携带大和重的物品，不可跨立在梯子上或站立梯子最高两级工作。

6. 在人字梯上作业时，不得使用冲击电钻、电锤或进行较重设备的安装。

技能训练

1. 训练内容

练习单梯登高、人字梯登高。

2. 设备及工具

单梯、人字梯、电工工具及绝缘鞋等。

3. 评分标准

评分标准见表 2-3-1。

表 2-3-1 评分标准

序号	项目内容	评分标准	配分	扣分	得分
1	单梯登高动作	登高动作不规范，一次扣 8 分	40		
2	人字梯登高动作	登高动作不规范，一次扣 8 分	40		
3	作业时间	10 min 内完成上、下动作，每超 30 s 扣 10 分	10		
4	安全	（1）未穿戴好防护用品扣 10 分 （2）高空掉下器具扣 10 分	10		
备注		合计	100		
		教师签字	年 月 日		

4. 训练步骤

（1）对梯子进行安全检查。

（2）完成单梯使用练习：

1）梯子靠墙放置，检查角度是否符合要求，是否放置牢固。

2）按照梯子登高步骤，进行上、下梯子各五次练习。

（3）完成人字梯使用练习：

1）梯子按要求放置，检查角度是否符合要求，是否放置牢固，保护绳是否牢固。

2）按照人字梯登高步骤，进行上、下梯子各五次练习。

（4）整理现场。

任务二　踏板和脚扣登高

学习目标

掌握使用踏板和脚扣登高的技能。

一、踏板登高

踏板又称蹬板，用来攀登电杆。踏板由板、绳索、挂钩等组成。板采用质地坚韧的木材制作，规格如图 2–3–3 所示。绳索应采用 16 mm 三股白棕绳，绳索两端结在踏板两头的扎结槽内，顶端装上挂钩。系结后绳长应约为操作者一人加一手长，如图 2–3–4a 所示。踏板和白棕绳能承载的物体质量均应不小于 300 kg，每半年应进行一次载荷试验。

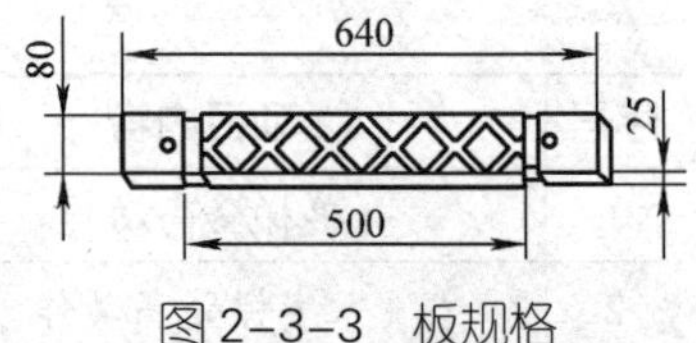

图 2–3–3　板规格

a)

b)

c)

d)

图 2–3–4　踏板的规格和使用方法

a）绳索长度　b）踏板操作　c）挂钩正确　d）挂钩错误

1. 使用前的检查

（1）踏板使用前，要检查踏板有无开裂和腐朽现象、绳索有无断股。

（2）参照图 2–3–4a 所示长度将踏板挂好，挂踏板挂钩时必须正钩，切勿反钩，以免造成脱钩事故，如图 2–3–4c、图 2–3–4d 所示。

（3）用身体做冲击载荷试验，检查踏板是否牢固可靠。腰带也应用身体进行冲击载荷试验，腰带外形如图 2–3–5 所示。

2．踏板登杆技能

（1）把一只踏板钩在电杆上，高度以操作者能跨上为准，另一只踏板挂在肩上。右手握住挂钩端两根棕绳，并用大拇指顶住挂钩，左手握住左边贴近木板的单根棕绳，把右脚跨上踏板，如图 2–3–6 所示。

（2）用力使身体上升，待重心转到右脚，左手即向上扶住电杆，如图 2–3–7 所示。

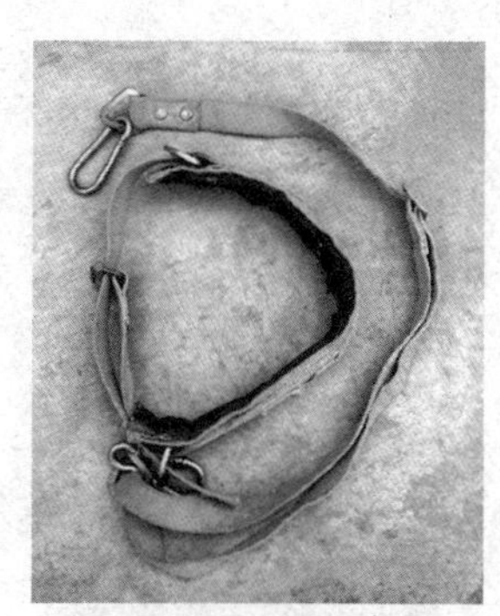
图 2–3–5　腰带外形

图 2–3–6　踏板登杆 1

图 2–3–7　踏板登杆 2

（3）上升到一定的高度时，松开右手并向上扶住电杆，使身体立直，将左脚绕过左边单根棕绳踏入木板内，如图 2–3–8 所示。

（4）站稳后，在电杆上方挂上另一只踏板，然后右手紧握上一只踏板的双根棕绳，并使大拇指顶住挂钩，左手握住左边贴近木板的单根棕绳，左脚从下踏板左边的单根棕绳内退出，踏在正面下踏板上。接着将右脚跨上上踏板，手脚同时用力，使身体上升，如图 2–3–9 所示。

（5）当身体离开下面一只踏板时，需将该踏板解下，此时左脚必须抵住电杆，以免身体摇晃不稳，如图 2–3–10 所示。

图 2–3–8　踏板登杆 3

图 2–3–9　踏板登杆 4

图 2–3–10　踏板登杆 5

以后重复上述各步骤进行攀登，直到所需高度。

3. 踏板下杆技能

（1）在一只踏板上站稳（左脚绕过左边绳踏入木板内），把另一只踏板钩在下方电杆上，如图 2-3-11 所示。

（2）左手握住上踏板的左端棕绳，同时左脚用力抵住电杆，以防踏板滑下和身体摇晃，如图 2-3-12 所示。

（3）双手紧握上踏板的两端棕绳，左脚抵住电杆不动，身体逐渐下降，双手也随之下移紧握棕绳的位置，直至贴近两端木板，如图 2-3-13 所示。

图 2-3-11　踏板下杆 1

图 2-3-12　踏板下杆 2

图 2-3-13　踏板下杆 3

（4）身体向后仰开，同时右脚从上踏板退下，使身体继续下降，直至右脚踏到下踏板，如图 2-3-14 所示。

（5）把左脚从下踏板两根棕绳内抽出，身体贴近电杆站稳，左脚下移并绕过左边棕绳踏到下踏板上，如图 2-3-15 所示。

重复进行以上步骤，直至操作者着地为止。

（6）着地后，松开挂钩，整理绳索，如图 2-3-16 所示。

图 2-3-14　踏板下杆 4

图 2-3-15　踏板下杆 5

图 2-3-16　踏板下杆 6

二、脚扣登高

脚扣又称铁脚，也是攀登电杆的工具。脚扣分木杆脚扣和水泥杆脚扣两种，木杆脚扣的扣环上有铁齿，水泥杆脚扣上裹有橡胶，以防打滑，其外形如图 2–3–17 所示。脚扣攀登速度较快，容易掌握登杆方法，但在杆上作业时没有踏板灵活舒适，易于疲劳，故适用于电杆上短时作业。

1. 登杆前，对脚扣进行人体载荷冲击试验，试验时先登一步电杆，然后将整个身体重心迅速转到一只脚扣上并用力登踏，若无问题再换一只脚扣作冲击试验。当试验证明两只脚扣都完好时，才能进行登杆作业。

2. 左脚向上跨扣，左手应同时向上扶住电杆，如图 2–3–18a 所示；接着右脚向上跨扣，右手应同时向上扶住电杆，两只脚扣应按如图 2–3–18b 所示方法定位。重复进行，直至所需高度。

3. 下杆时，要手脚配合向下移动身体，动作与登杆时相反。

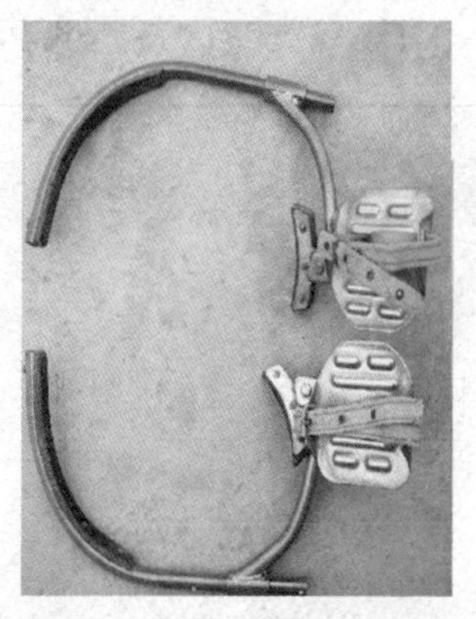

图 2–3–17 水泥杆脚扣外形

图 2–3–18 使用脚扣登杆的方法

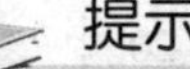

提示

◇使用前，必须仔细检查脚扣有无断裂、腐朽现象，脚扣皮带是否牢固可靠。脚扣皮带若损坏，不得用绳子或电线代替。

◇一定要按电杆的规格大小选择合适的脚扣，水泥杆脚扣可用于木杆，但木杆脚扣不可用于水泥杆。

◇雨天或冰雪天不宜用脚扣登水泥杆。

◇上、下杆的每一步都必须使脚扣环完全套入，并可靠地扣住电杆后，才能移动身体，否则会造成事故。

思考

为什么水泥杆脚扣可用于木杆，但木杆脚扣不可用于水泥杆？

三、腰带、保险绳和腰绳的使用

腰带用来系挂保险绳，在使用时应系结在臀部的上部，不应系在腰间。保险绳用来防止操作人员失足下落时坠地摔伤，其一端要可靠地系结在腰带上，另一端用保险绳扣钩在横担或抱箍上，如图 2–3–19 所示。使用时将腰绳系在电杆横担或抱箍下方，防止腰绳窜出电杆顶端，造成事故。

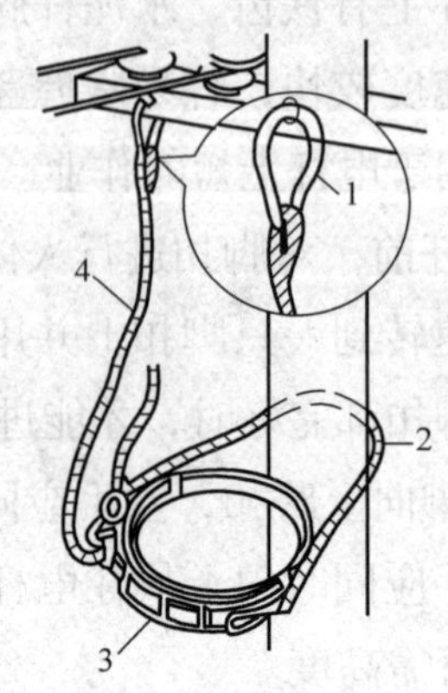

图 2–3–19 腰带、保险绳及腰绳的使用方法

1—保险绳扣 2—腰绳 3—腰带 4—保险绳

技能训练

1. 训练内容

完成脚扣、踏板登高的上、下练习。

2. 设备及工具

水泥杆脚扣、踏板、安全带、电工工具、绝缘鞋、电杆等。

3. 评分标准

评分标准见表 2–3–2。

表 2–3–2 评分标准

序号	项目内容	评分标准	配分	扣分	得分
1	脚扣登高姿势	登高动作不规范，一次扣 10 分	20		
2	踏板登高姿势	登高动作不规范，一次扣 10 分	20		
3	作业时间	男生登杆高 6 m，女生登杆高 4 m，完成时间 10 min，每超时 30 s 扣 10 分	50		
4	安全	（1）未穿戴好防护用品扣 10 分 （2）高空掉下器具扣 10 分	10		
备注		合计	100		
		教师签字	年 月 日		

4. 训练步骤

（1）首先对踏板和安全带做人体载荷冲击试验。

（2）按照登杆和下杆步骤进行上、下各5次练习。

提示

◇初学学员必须在较低的电杆上训练，待熟练后，才可正式参加登高杆作业。

◇登高前，仔细检查各种登高器具是否完好，防止因器具损坏而引发事故。

◇学员登杆操作时，电杆下面应放上海绵垫子等保护物，现场必须有人监护。

课题四　导线连接与绝缘恢复

任务一　铜芯导线的连接与绝缘恢复

学习目标

1. 能规范进行导线的剖削。
2. 能规范进行单股铜芯导线的连接与绝缘恢复。
3. 能规范进行多股铜芯导线的连接与绝缘恢复。

在电气装修中，导线的连接是电工的基本操作技能之一。导线连接质量的好坏，直接关系着线路和设备能否可靠、安全地运行。对导线连接的基本要求是：电接触良好，有足够的机械强度，接头美观，绝缘恢复正常。

一、导线绝缘层的剖削

导线线头的绝缘层必须剖削除去，以便芯线连接，电工必须学会用电工刀或钢丝钳等工具来剖削绝缘层。

1．塑料硬线绝缘层的剖削

塑料硬线绝缘层可用钢丝钳、剥线钳或电工刀进行剖削。

（1）芯线截面积不大于 4 mm^2 的塑料硬线，一般可用钢丝钳进行剖削，其方法如图 2-4-1 所示。

1）用左手捏导线，根据线头所需长度用钢丝钳口切割绝缘层，但不可切入线芯。

2）用手握住钢丝钳头用力向外勒出塑料绝缘层。

图 2-4-1 钢丝钳剖削塑料硬线绝缘层

3）剖削出的芯线应保持完整无损，如损伤较大应重新剖削。

（2）芯线截面积大于 4 mm^2 的塑料导线，可用电工刀来剖削绝缘层。其方法和步骤见表 2-4-1。

表 2-4-1 用电工刀剖削绝缘层

步骤	图示	说明
1		根据所需的长度用电工刀以倾斜 45° 角切入塑料层
2		刀面与芯径保持 25° 左右，用力向线端推削，削去上面一层塑料绝缘层，注意不可切入芯线
3		将下面塑料绝缘层向后扳翻，然后用电工刀齐根切去

2. 塑料软线绝缘层的剖削

塑料软线绝缘层只能用剥线钳或钢丝钳剖削，不可用电工刀剖削，其剖削方法与塑料硬线绝缘层的剖削相同。

3. 塑料护套线绝缘层的剖削

塑料护套线的绝缘层必须用电工刀来剖削，剖削方法见表 2-4-2。

表 2-4-2　塑料护套线绝缘层的剖削

步骤	图示	说明
1		按所需长度，用刀尖对准芯线缝隙划开护套层
2		向后扳翻护套，在距离护套层 5 ~ 10 mm 处用电工刀以倾斜 45° 角切入绝缘层，用刀齐根切去。其他剖削步骤与塑料硬线绝缘层的剖削相同

4. 橡皮线绝缘层的剖削

橡皮线绝缘层外面有一层柔软的纤维保护层，其剖削方法如下：

（1）把橡皮线纺织保护层用电工刀尖划开，用与剖削护套线的护套层相同的方法将其剖去。

（2）用与剖削塑料线绝缘层相同的方法剖去橡胶层。

（3）将松散的棉纱层集中到根部，用电工刀切去。

5. 花线绝缘层的剖削

（1）在所需长度处用电工刀在棉纱纺织物保护层四周切割一圈后拉去。

（2）距棉纱纺织物保护层末端 10 mm 处，用钢丝钳刀口切割橡胶绝缘层，注意不要损伤芯线。然后右手握住钳头，左手把花线用力拉开，用钳口勒出橡胶绝缘层，方法如图 2-4-2a 所示。

（3）把包裹芯线的棉纱层松散开来，用电工刀割去，如图 2-4-2b 所示。

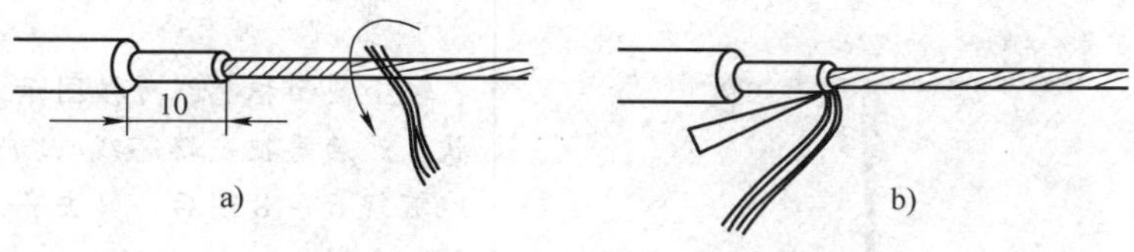

图 2-4-2　花线绝缘层的剖削

a）将棉纱层散开　b）割断棉纱

二、铜芯导线的连接

当导线不够长或要分接支路时，就要进行导线与导线的连接。常用导线的线芯有单股、7 股和 11 股等多种，连接方法随芯线的股数不同而异。

1. 单股铜芯线的直线连接

单股铜芯线的直线连接见表 2–4–3。

表 2–4–3　单股铜芯线的直线连接

步骤	图示	说明
1		剖削绝缘层，长度为芯线直径的 70 倍左右，并去掉氧化层；把两线头的芯线进行 X 形交叉，互相绞接 2 ～ 3 圈
2		扳直两线头
3		将每个线头在芯线上贴紧并缠绕 6 圈，用钢丝钳切除余下的芯线，并钳平芯线末端

2. 单股铜芯线的 T 形分支连接

单股铜芯线的 T 形分支连接见表 2–4–4。

表 2–4–4　单股铜芯线的 T 形分支连接

步骤	图示	说明
1		将分支芯线的线头与干芯线十字相交，使支路芯线根部留出约 3 ～ 5 mm，然后按顺时针方向缠绕支路芯线，缠绕 6 ～ 8 圈后，用钢丝钳切去余下的芯线，并钳平芯线末端
2		较小截面积芯线可按图示方法环绕成结状，然后再把支路芯线头抽紧扳直，紧密地缠绕 6 ～ 8 圈后，剪去多余芯线，钳平切口毛刺

3. 7股铜芯导线的直线连接

7股铜芯导线的直线连接见表2–4–5。

表2–4–5 7股铜芯导线的直线连接

步骤	图示	说明
1		剖削绝缘层，长度为导线直径的21倍左右，然后把剖去绝缘层的芯线散开并拉直，把靠近根部的1/3线段的芯线绞紧，余下的2/3芯线头分散成伞形，并把每根芯线拉直
2		把两个伞形芯线头隔根对叉，并拉平两端芯线
3		把一端7股芯线按2、2、3根分成三组，然后把第一组2根芯线扳起，使其垂直于芯线并按顺时针方向缠绕
4		缠绕2圈后，余下的芯线向右扳直，再把下边第二组的2根芯线向上扳直，按顺时针方向紧紧压着前2根扳直的芯线缠绕
5		缠绕2圈后，将余下的芯线向右扳直，再把下边第三组的3根芯线向上扳直，按顺时针方向紧紧压着前4根扳直的芯线缠绕
6		缠绕3圈后，切去每组多余的芯线，钳平线端。用同样的方法再缠绕另一端芯线

4. 7股铜芯导线的分支连接

7股铜芯导线的分支连接见表2–4–6。

表 2–4–6　7 股铜芯导线的分支连接

步骤	图示	说明
1		把分支芯线散开钳直，线端剖开，把剖出的近绝缘层 1/8 长度的芯线绞紧，把分支线头的 7/8 长度的芯线分成两组，一组 4 根，另一组 3 根，将两组芯线分别排齐，然后用旋具把干线芯线撬分成两组，再把支线成排插入缝隙间
2		把插入缝隙间的 7 根线头分成两组，一组 3 根，另一组 4 根，分别按顺时针方向和逆时针方向缠绕 3 ～ 4 圈
3		钳平线端

5. 铜芯导线接头处的锡焊

（1）电烙铁锡焊　10 mm² 及其以下的铜芯导线接头可使用 150 W 电烙铁进行锡焊。锡焊前，接头上均须涂一层无酸焊锡膏，待烙铁烧热后，即可锡焊。

（2）浇焊　对于 16 mm² 及其以上铜芯导线接头，应用浇焊法焊接。浇焊时，首先将焊锡放在化锡锅内，用喷灯或电炉加热熔化，至其表面呈磷黄色，焊锡即达到高热。然后将导线接头放在锡锅上，用勺盛上熔化的锡，从接头上面浇下，直到全部焊牢为止，如图 2–4–3 所示。最后用抹布轻轻擦去焊渣，使接头表面光滑。

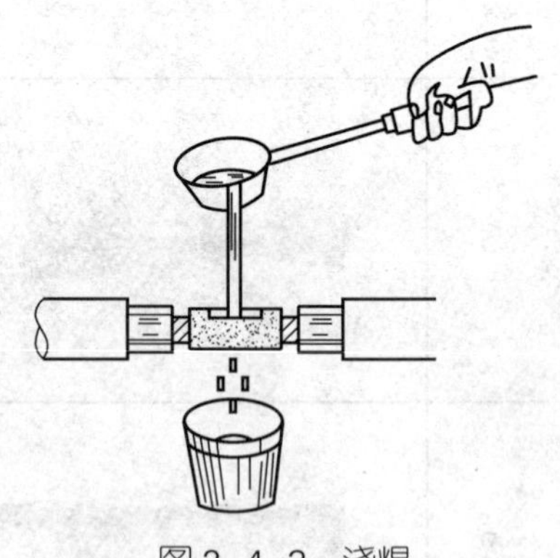

图 2–4–3　浇焊

思考

铜芯导线的连接应使用哪些工具？锡焊前，为什么接头上均须涂一层无酸焊锡膏？

三、导线绝缘层的恢复

导线绝缘层破损后必须恢复绝缘，导线连接后，也须恢复绝缘。恢复后的绝缘强度不应低于原来的绝缘层。通常用黄蜡带、涤纶薄膜带和黑胶布作为恢复绝缘层的材料，黄蜡带和黑胶布一般选宽为 20 mm 的较合适，包扎也方便。此外，利用热缩管进行导线绝缘层恢复的方法也被广泛地应用。

1．黄蜡带、黑胶布的使用

将黄蜡带从导线左边完整的绝缘层上开始包扎，包扎两圈带宽后方可进入无绝缘层的芯线部分，如图 2–4–4a 所示。包扎时，黄蜡带与导线保持约 55° 的倾斜角，每圈压叠带宽的 1/2，如图 2–4–4b 所示。

包扎 1 层黄蜡带后，将黑胶面接在黄蜡带的尾端，按另一斜叠方向包扎 1 层黑胶布，每圈也压叠带宽的 1/2，如图 2–4–4c、图 2–4–4d 所示。

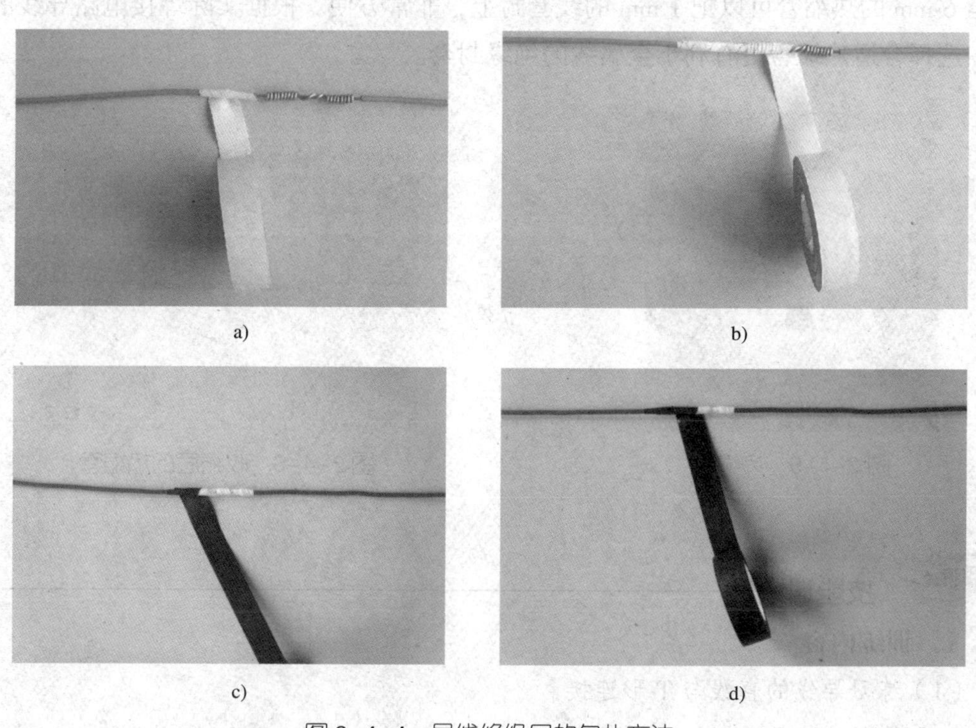

图 2–4–4　导线绝缘层的包扎方法

a）、b）包扎黄蜡带　c）、d）包扎黑胶布

提示

◇在 380 V 线路上恢复导线绝缘时，必须包扎 1 ~ 2 层黄蜡带，然后再包 1 层黑胶布。

◇在 220 V 线路上恢复导线绝缘时，可先包扎 1 ~ 2 层黄蜡带，然后再包 1 层黑胶布，或者只包 2 层黑胶布。

◇绝缘带包扎时，各包层之间应紧密相接，不能稀疏，更不能露出芯线。

◇存放绝缘带时，不可放在温度很高的地方，也不可被油类浸入沾污。

2. 热缩管的使用

热缩管主要利用它的热收缩性为裸露的金属线做绝缘封套。成捆的热缩管如图 2–4–5 所示。

例如电线与接头焊接好之后，焊接的部分是裸露的，不绝缘，可以选一小截热缩管（以热缩管能顺利套入为准），套放在焊口处，用热风枪加热热缩管，收缩后的热缩管会把接口紧紧地套封起来，如图 2–4–6 所示。热缩管的“缩小比例”是很大的，甚至 6 mm 的热缩管可以把 1 mm 的线套封上，非常方便。根据实际焊接电路导线的大小，选择合适热缩管更有利于金属线的绝缘封套。

图 2–4–5　热缩管

图 2–4–6　收缩后的热缩管

技能训练

1. 训练内容

（1）练习导线的直线与 T 形连接。

（2）恢复绝缘层。

2. 工具及材料

铜芯绝缘电线（BV–4 mm^2 或自定）2 m，BV–16 mm^2（7/1.7）塑料铜芯电线 2 m，绝缘带 1 卷，黑胶布 1 卷，塑料胶带 1 卷，焊料、电烙铁及浇焊器具，电工通用工具 1 套，绝缘鞋，工作服等。

3. 评分标准

评分标准见表 2–4–7。

表 2-4-7 评分标准

序号	项目内容	评分标准	配分	扣分	得分
1	导线剖削正确，连接方法正确，导线缠绕紧密，切口平整，线芯无损伤	（1）剖削绝缘导线方法不正确，扣 10 分 （2）缠绕方法不正确扣 10 分 （3）密排并绕不紧有间隙，每处扣 5 分 （4）导线缠绕不整齐扣 10 分 （5）切口不平整，每处扣 10 分	50		
2	正确恢复绝缘，在导线连接处包缠两层绝缘带，方法正确，质量符合要求	（1）包缠方法不正确扣 20 分 （2）包缠质量达不到要求扣 20 分	40		
3	安全文明生产	违反安全文明生产规定扣 10 分	10		
工时	2 h	合计	100		
备注		教师签字	年 月 日		

4. 训练步骤

（1）剖削绝缘层。

（2）将导线进行直线连接与 T 形连接。

（3）浇焊。

（4）恢复绝缘层。

（5）浸入常温水中 30 min 进行检查，应不渗水。

提示

◇操作时，要严格按照操作规范进行。

◇浇焊时，要注意人身安全。

任务二　铝芯导线的连接及接线柱连接

学习目标

1. 能规范进行导线的剖削。
2. 能规范进行铝芯导线的连接。
3. 能规范进行线头与接线柱的连接。

一、铝芯导线的连接

由于铝极易氧化，且铝氧化膜的电阻率很高，所以铝芯导线不宜采用铜芯导线的方法进行连接，铝芯导线常采用螺钉压接法和压接管压接法连接。

1．螺钉压接法连接

螺钉压接法连接适用于负荷较小的单股铝芯导线的连接。

（1）把削去绝缘层的铝芯线线头用钢丝刷刷去表面的铝氧化膜，并涂上中性凡士林，如图 2-4-7a 所示。

（2）直路连接时，先把每根铝芯导线在接近线端处卷上 2 ～ 3 圈，以备线头断裂后再次连接用。把四个线头两两相对地插入两只接线瓷头（又称接线桥）的四个接线柱上。最后旋紧接线柱上的螺钉，如图 2-4-7b 所示。

（3）分路连接时，要把支路导线的两个芯线头分别插入两个接线柱上，最后旋紧螺钉，如图 2-4-7c 所示。

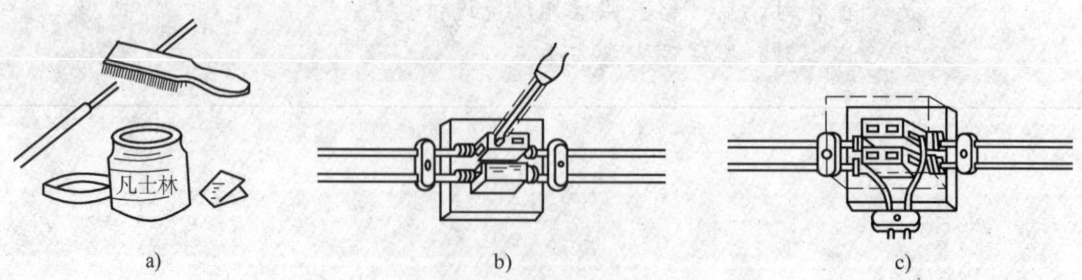

图 2-4-7　螺钉压接法

a）去氧化膜　b）直路连接　c）分路连接

（4）在瓷接头上加罩铁皮盒盖。

如果连接处是在插座或熔断器附近，则不必用瓷接头，可用插座或熔断器上的接线柱进行连接，如图 2-4-8 所示。

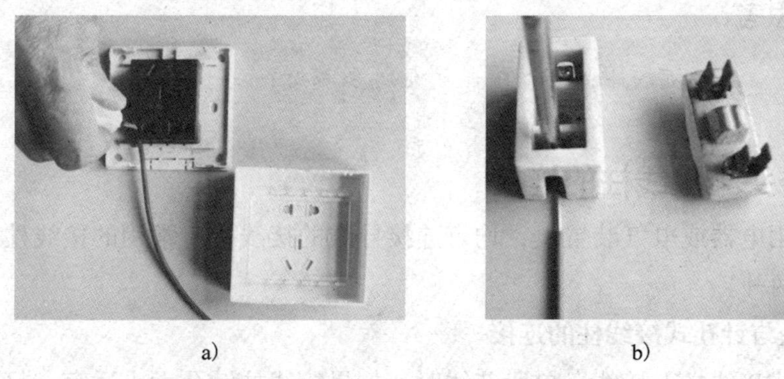

图 2-4-8 用插座或熔断器上的接线柱进行连接

a）插座接线柱连接 b）熔断器接线柱连接

2. 压接管压接法连接

压接管压接法连接适用于较大负荷的多根铝芯导线的直线连接。手动压接钳和压接管（又称钳接管）及其用法如图 2-4-9a、图 2-4-9b 所示。

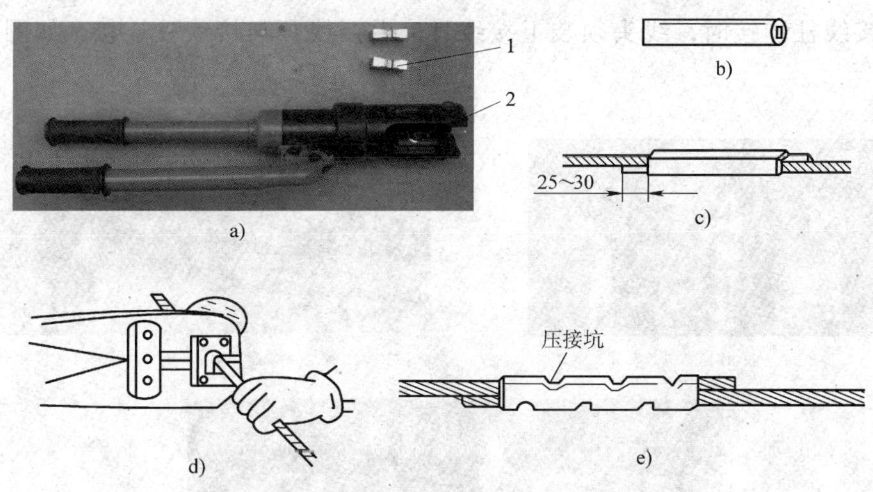

图 2-4-9 压接钳和压接管及其用法

a）液压手动压接钳 b）压接管 c）穿压接管 d）进行压接 e）压接后的铝芯线

1—模口 2—液压手动压接钳口

（1）根据多股铝芯导线规格选择合适的铝压接管。

（2）用钢丝刷清除铝芯表面和压接管内壁的铝氧化层，涂上一层中性凡士林。

（3）把两根铝芯导线线端相对穿入压接管，并使线端穿出压接管 25 ~ 30 mm，如

图 2–4–9c 所示。

（4）按图 2–4–9d 所示进行压接。压接时，第一道坑应在铝芯线端一侧，不可压反，压接坑的距离和数量应符合技术要求。

思考

压接坑的距离和数量是不是越多越好？

二、线头与接线柱的连接

在各种用电器或电气装置上，均有连接导线的接线柱。常用的接线柱有针孔式和螺钉平压式两种。

1．线头与针孔式接线柱的连接

在针孔式接线柱上接线，单股芯线时，如果接线柱针孔大小适宜，只要把芯线插入针孔，旋紧螺钉即可。如果单股芯线较细，则要把芯线折成双根插入针孔。如果是多根细丝的软芯线，必须先绞紧，再插入针孔，切不可有细丝露在外面，以免发生短路事故。

2．线头与螺钉平压式接线柱的连接

线头与螺钉平压式接线柱连接时，如果是较小截面单股芯线，则必须把线头弯成羊眼圈，羊眼圈弯曲的方向应与螺钉拧紧的方向一致。较大截面单股芯线与螺钉平压式接线柱连接时，线头须装上接线耳，由接线耳与接线柱连接，如图 2–4–10 所示。

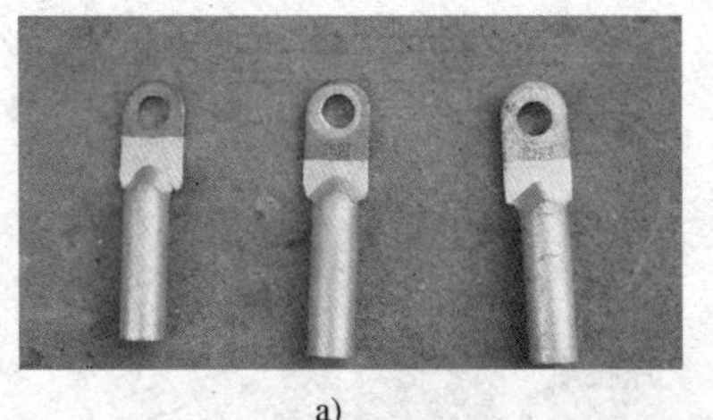

a)

b)

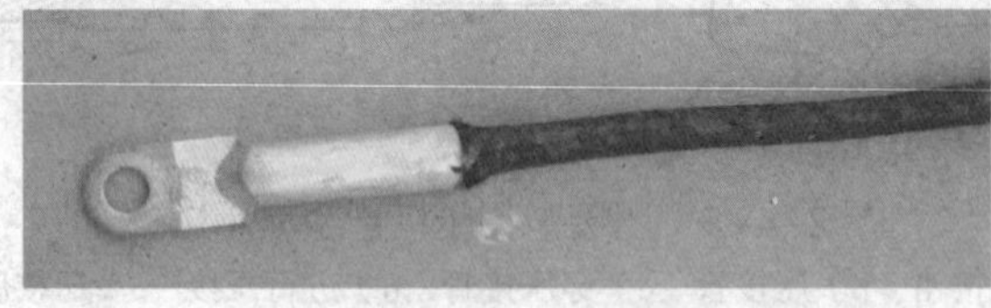

c)

图 2–4–10　线头装接线耳

a）铜铝过渡接头　b）铝芯与接线耳压接　c）导线与铜铝过渡接头连接

技能训练

1. 训练内容

（1）完成铝芯导线的螺钉压接和压线管压接。

（2）完成恢复绝缘层。

（3）完成导线与接线柱的连接。

2. 工具及材料

铜芯绝缘电线（BV–4 mm^2 或自定）2 m、BV16 mm^2（7/1.7）塑料铜芯电线 2 m、压接端子若干、液压压接钳 1 把、压接管若干、接线耳若干、绝缘带 1 卷、黑胶布 1 卷、塑料胶带 1 卷、电工通用工具 1 套、绝缘鞋、工作服等。

3. 评分标准

评分标准见表 2–4–8。

表 2–4–8 评分标准

序号	项目内容	评分标准	配分	扣分	得分
1	导线剖削正确，连接方法正确，导线压接紧密，切口平整，线芯无损伤	（1）剖削绝缘导线方法不正确，扣 10 分 （2）螺钉压接方法不正确扣 10 分 （3）压线管压接方法不正确扣 10 分 （4）压接不牢固扣 10 分 （5）切口不平整，每处扣 5 分	50		
2	正确恢复绝缘，在导线连接处包缠两层绝缘带，方法正确，质量符合要求	（1）包缠方法不正确扣 10 分 （2）包缠质量达不到要求扣 10 分	20		
3	线头与针孔式接线柱的连接正确；线头与螺钉平压式接线柱的连接正确	（1）压接方法错误扣 10 分 （2）压接不牢固扣 10 分	20		
4	安全文明生产	违反安全文明生产规定扣 10 分	10		
工时	1 h	合计	100		
备注		教师签字	年 月 日		

4. 训练步骤

（1）剖削绝缘层。

（2）分别采用螺钉压接和压线管压接两种方法完成导线压接。

（3）恢复绝缘层。

（4）完成导线与接线柱的压接。

（5）整理现场。

课题五 常见电工材料及其选用

任务一 常见电工材料的识别

学习目标

1. 掌握常见电工材料的分类和性能。
2. 能识别常见的电工材料。

常见的电工材料分为四类：绝缘材料、导电材料、电热材料和磁性材料。

一、绝缘材料

绝缘材料又名电介质，其电阻率常大于 $1\times10^{9}\ \Omega\cdot cm$。绝缘材料的主要作用是用来隔离不同电位的导体或导体与地之间的电流，使电流仅沿设定的导体流通。在不同的电工产品中，根据需要不同，绝缘材料还起着不同的作用。

1．绝缘材料的性能、种类及型号

（1）绝缘材料的主要性能参数 绝缘材料的主要性能参数见表 2-5-1。

表 2-5-1 绝缘材料的主要性能参数

参数	含 义
击穿强度	绝缘材料在高于某一数值的电场强度的作用下，会被损坏而失去绝缘性能，这种现象称为击穿。绝缘材料击穿时的电场强度称为击穿强度，单位为 kV/mm
泄漏电流	绝缘材料的电阻率虽然很高，但在一定的电压作用下，也可能有极其微弱的电流通过，这个电流称为泄漏电流

续表

参数	含 义
耐热性	绝缘材料及其制品承受高温而不致损坏的能力称为耐热性
机械强度	根据各种绝缘材料的具体要求，相应规定抗张、抗压、抗弯、抗剪、抗撕、抗冲击等各项强度指标

另外，黏度、固体含量、酸值、干燥时间及焦化时间等也是其主要性能指标。不同的绝缘材料还有其他不同的性能指标，如渗透率、耐油性、伸长率、耐溶剂性和耐电弧性等。

（2）绝缘材料的分类　常用的绝缘材料一般分为气体绝缘材料、液体绝缘材料和固体绝缘材料三种。

1）绝缘材料长期正常工作所允许的最高温度可分为七个耐热等级，见表 2–5–2。

2）绝缘材料按应用或工艺特征可分为六大类，见表 2–5–3。

表 2–5–2　绝缘材料的耐热等级和极限温度

等级代号	耐热等级	极限温度 /℃	等级代号	耐热等级	极限温度 /℃
0	Y 级	90	4	F 级	155
1	A 级	105	5	H 级	180
2	E 级	120	6	C 级	180
3	B 级	130			

表 2–5–3　绝缘材料的分类

分类代号	材料类别	材料示例
1	漆、树脂和胶类	1030 醇酸浸渍漆、1052 硅有机漆等
2	浸渍纤维制品	2432 醇酸玻璃漆布等
3	层压制品类	3240 环氧酚醛层压玻璃布板、3640 环氧酚醛层压玻璃布管等
4	塑料类	4013 酚醛木粉压制塑料
5	云母制品类	5438–1 环氧玻璃粉云母带、5450 硅有机粉云母带
6	薄膜、粘带和复合制品类	6020 聚酯薄膜、聚酰亚胺等

（3）绝缘材料的型号　绝缘材料产品按《电气绝缘材料产品分类、命名及型号编制方法》（JB/T 2197—1996）规定的统一命名原则进行分类和型号编制。产品型号一般由四位数字组成，必要时会增加附加代号（数字或字母），但较少使用。第一位表

示大类号；第二位表示在各大类中划分的小类号；第三位表示绝缘材料的耐热等级，用数字 1、2、3、4、5、6 来分别表示 A、E、B、F、H、C 六个等级；第四位表示产品顺序号。

2. 常用绝缘材料

（1）绝缘漆

1）浸渍漆　主要用于浸渍电机、电器的线圈和绝缘零部件，以填充其间隙和微孔，并使线圈粘结成一个结实的整体，提高绝缘结构的耐潮、导热、击穿强度和机械强度等性能。

浸渍漆分为有溶剂漆和无溶剂漆两类。前者供浸渍在油中工作的线圈和零部件用，后者供浸渍电机线圈用。常用的有 1030 醇酸浸渍漆和 1032 三聚氰胺醇酸浸渍漆，这两种都是烘干漆，都具有较好的耐油性及耐电弧性，漆膜平滑有光泽。

2）覆盖漆　用于覆盖经浸渍处理的线圈和绝缘零部件，在其表面形成均匀的绝缘护层，以防止机械损伤、气候影响及油污等的化学腐蚀作用，同时使外表更美观。

覆盖漆有清漆和磁漆两种。前者多用于绝缘零部件表面和电器内表面的涂覆，后者多用于线圈和金属表面涂覆。常用的清漆是 1231 醇酸晾干漆，它干燥快、漆膜硬度高并有弹性，电气性能较好。常用的磁漆是 1320 和 1321 两个型号的醇酸灰漆，前者是烘干漆，后者是晾干漆，它们的漆膜坚硬、光滑、强度高。

3）硅钢片漆　主要涂覆于硅钢片表面，以降低铁芯的涡流损耗，增强防锈及耐腐蚀性能。常用的有 1611 油性硅钢片漆，它着附力强，漆膜薄、坚硬、光滑、厚度均匀，且耐油和防潮性好。

（2）浸渍纤维制品

1）浸渍纤维布　主要用于电机、仪表、线圈和变压器线圈的绝缘。常用的有 2432 醇酸玻璃漆布，它的电气性能及耐油性、防潮性都比较好，机械强度高，并具有一定的防震性能，一般可用于油浸变压器及热带气候中使用的电工产品。

2）漆管　由棉、涤纶、玻璃纤维管浸以不同的绝缘漆经烘干而成。常用的有 2730 醇酸玻璃漆管，它具有良好的电气性能及机械性能，耐油性、耐潮性都比较好，但弹性较差，通常作为电机、电器和仪表等设备和引出线的连接线绝缘。

3）绑扎带　主要用于绑扎变压器铁芯和代替合金钢绑扎电动机转子绕组端部。常用的是 B17 玻璃纤维无纬带。

（3）电工层压制品　电工层压制品是以有机纤维、无机纤维作底材，浸涂不同的胶黏剂，经热压或卷制而成的层状结构绝缘材料，具有优良的电气、机械性能，并具有耐热、耐油、耐霉、耐电弧、防电晕等特性。电工层压制品分为层压板、层压管（棒）、电容器套管芯三类。常用的电工层压制品有 3240 环氧酚醛层压玻璃布板、3640 环氧酚醛层压玻璃布管和 3840 层压玻璃布棒，这三种制品适宜做电机的绝缘结构零件。

（4）压制塑料　常用的压制塑料有4013酚醛木粉压制塑料和4330酚醛玻璃纤维压制塑料两种，它们都具有很好的电气性能和防潮性能，尺寸稳定、机械强度高，适宜做电气设备的绝缘零件。

（5）云母

1）柔软云母板　柔软云母板在室温时较柔软，可以弯曲，主要用于电机的槽绝缘、匝间绝缘和相间绝缘。常用的有5131醇酸玻璃柔软云母板及5131–1醇酸玻璃柔软粉云母板。

2）塑料云母板　塑料云母板在室温时较硬，加热变软后可压塑成各种形状的绝缘零件，主要用来做直流电机换向器的V形环和其他绝缘零件，常用的有5230及5235醇酸塑料云母板，后者含胶量少，可用于温升较高及转速较高的电机。

3）云母带　云母带在室温时较软，适用于电机、电器线圈及连接线的绝缘，常用的有5434醇酸玻璃云母带、5438环氧玻璃粉云母带和5430硅有机玻璃云母带，后者厚度均匀、柔软，固化后电气及机械性能良好，但需低温保存。

4）换向器云母板　换向器云母板含胶量少，室温时很硬，厚度均匀，主要用来做直流电机换向器的片间绝缘，常用的有5535虫胶换向器云母板及5536环氧换向器粉云母板，后者仅用于中小型电机。

5）衬垫云母板　衬垫云母板适宜做电机、电器的绝缘衬垫，常用的有5730醇酸衬垫云母板及5737环氧衬垫粉云母板。

（6）薄膜和薄膜复合制品　薄膜和薄膜复合制品的分类、性能及用途见表2–5–4。

表2–5–4　薄膜和薄膜复合制品的分类、性能及用途

分类	性能及用途
薄膜	电工用薄膜要求厚度薄、柔软、电气性能及机械强度高，绝缘薄膜由若干种高分子材料聚合而成，主要用作电机、电器线圈和电线电缆绕包绝缘以及作电容器介质，常用的有6020聚酯薄膜，适用于电机的槽绝缘、匝间绝缘、相间绝缘，以及其他电器产品线圈的绝缘
复合膜制品	复合膜制品要求电气性能好，机械强度高，常用的有6520聚酯薄膜绝缘纸复合箔及6530聚酯玻璃漆箔，适用于电机的槽绝缘、匝间绝缘、相间绝缘，以及其他电工产品线圈的绝缘

（7）其他绝缘材料　其他绝缘材料是指在电机、电器中作为结构、补强、衬垫、包扎及保护作用的辅助绝缘材料。这类材料品种多、规格杂，有的无统一的型号。

1）电话纸　主要用于电信电缆的绝缘，也可以在电机、电器中作辅助绝缘材料。

2）绝缘纸板和纸管　绝缘纸板可制作某些绝缘零件和作保护层用。其中，硬钢

纸板组织紧密，有良好的机械加工性，适宜制作小型低压电机槽楔和其他支撑绝缘零件；钢纸管由氧化锌处理过的无胶棉纤维纸经卷绕后漂洗而成，有良好的机械加工性能，适用于熔断器、避雷器的管芯和电机的线路套管。

3）涤纶玻璃丝绳（简称涤纶绳） 它的强度高，耐热性好，主要用来代替垫片和蜡线绑扎电机定子绕组端部；用涤纶绳并经浸漆、烘干处理后，可使绕组端部形成整体，大大提高电机运行的可靠性，同时也简化了电机制造工艺。

4）聚酰胺（尼龙）1010 白色半透明体，在常温时具有较高的机械强度，耐油、耐磨，电气性能较好，吸水性较小，尺寸稳定，适宜做绝缘套、插座、线圈骨架、接线板等绝缘零件。

5）黑胶布 常用于低压电线和电缆接头的绝缘包扎。

二、导电材料

导电材料是专门用于传导电流的金属材料。铜和铝是常用的导电材料，它们的主要用途是制造用于传输电能、信息和实现电磁能转换的线材产品——电线电缆。

1. 导电材料的分类

电气设备用电线电缆的使用范围广、品种多。按产品的使用特点分为通用电线电缆、电机电器用电线电缆、仪器仪表用电线电缆、地质勘探和采掘用电线电缆、交通运输用电线电缆、信号控制电线电缆和直流高压软电缆 7 类。电工常用的是前两类中的六个系列，见表 2–5–5。

表 2–5–5 常用电气设备的电线电缆品种分类表

类别	系列名称	型号字母及含义
通用电线电缆	（1）橡皮、塑料绝缘导线 （2）橡皮、塑料绝缘软线 （3）通用橡套电缆	B——绝缘布线 R——软线 Y——移动电缆
电机电器用电线电缆	（1）电机、电器用引接线 （2）电焊机用电缆 （3）潜水电动机用防水橡套电缆	J——电机用引接线 YH——电焊机用的移动电缆 YHS——有防水橡套的移动电缆

2. 常用导电材料

电气设备用电线电缆由导电线芯、绝缘层和保护层所组成。常见的导电材料如下：

（1）B 系列橡胶、塑料电线 这种系列的电线结构简单，质量小，价格低，电气和机械性能有较大的裕度，广泛应用于各种动力、配电和照明线路，并用于中小型电气设备作安装线。它们的交流工作电压为 500 V，直流工作电压为 1 000 V。B 系列中常用的品种见表 2–5–6。

表 2-5-6　B 系列橡胶、塑料电线常用品种

产品名称	型号		长期最高工作温度 /℃	用途
	铜芯	铝芯		
橡胶绝缘电线	BX	BLV	65	固定敷设于室内（明敷、暗敷或穿管），可用于室外，也可作设备内部安装用线
氯丁橡胶绝缘电线	BXF	BLXF	65	同 BX 型。耐气候性能好，适用于室外
橡胶绝缘软电线	BXR	—	65	同 BX 型。仅用于安装时要求电线柔软的场合
橡胶绝缘和护套电线	BXHF	BLXHF	65	同 BX 型。适用于较潮湿的场合和作室外进户线，可代替老产品铅包电线
聚氯乙烯绝缘电线	BV	BLV	65	同 BX 型。耐湿性和耐气候性较好
聚氯乙烯绝缘软导线	BVR	—	65	同 BX 型。仅用于安装时要求电线柔软的场合
聚氯乙烯绝缘和护套电线	BVV	BLVV	65	同 BX 型。用于潮湿的、机械防护要求较高的场合，可直接埋于土壤中
耐热聚氯乙烯绝缘电线	BV-105	BLV-105	105	同 BX 型。用于 45 ℃及以上高温环境中
耐热聚氯乙烯绝缘软电线	BVR-105	—	105	同 BX 型。用于 45 ℃及以上高温环境中

注：“X” 表示橡胶绝缘；“XF” 表示氯丁橡胶绝缘；“HF” 表示非燃性；“V” 表示聚氯乙烯绝缘；“VV” 表示聚氯乙烯绝缘和护套；“105” 表示耐热 105 ℃。

（2）R 系列橡胶、塑料软线　这种系列软线的线芯用多根细铜线绞合而成，它除了具备 B 系列电线的特点外，还比较柔软，大量用于家用电器、仪表及照明线路。R 系列中的常用品种见表 2-5-7。

表 2-5-7　R 系列橡胶、塑料软线常用品种

产品品种	型号	工作电压 /V	长期最高工作温度 /℃	用途及使用条件
聚氯乙烯绝缘软线	RV RVB RVS	交流 250 直流 500	65	供各种移动电器、仪表、电信设备、自动化装置接线用，也可用作内部安装线。安装环境温度不低于 -15 ℃

续表

产品品种	型号	工作电压 /V	长期最高工作温度 /℃	用途及使用条件
耐热聚氯乙烯绝缘软线	RV-105	交流 250 直流 500	105	同 BX 型。用于 45 ℃及以上高温环境中
聚氯乙烯绝缘和护套软线	RVV	交流 250 直流 500	65	同 BV 型。用于潮湿的、机械防护要求较高的以及经常移动、弯曲的场合
丁腈聚氯乙烯复合物绝缘软线	RFB RFS	交流 250 直流 500	70	同 RVB、RVS 型。低温柔软性较好
棉纱编织橡胶绝缘双绞软线、棉纱纺织橡胶绝缘软线	RXS RX	交流 250 直流 500	65	室内家用电器、照明用电源线
棉纱纺织橡胶绝缘平型软线	RXB	交流 250 直流 500	65	室内家用电器、照明用电源线

（3）Y 系列通用橡套电缆　这种系列的电缆适用于一般场合，作为各种电气设备、电动工具、仪器和家用电器的移动电源线，所以又称为移动电缆。

按其可承受机械力的不同分为轻、中、重三种形式。Y 系列中常用的品种见表 2–5–8。

表 2–5–8　Y 系列通用橡套电缆品种表

产品名称	型号	交流工作电压 /V	特点和用途
轻型橡套电缆	YQ	250	轻型移动设备和家用电器电源线
	YQW		轻型移动设备和家用电器电源线，且具有耐气候性和一定的耐油性能
中型橡套电缆	YZ	500	各种移动电气设备和农用机械设备电源线
	YZW		各种移动电气设备和农用机械设备电源线，且具有耐气候性和一定的耐油性能
重型橡套电缆	YC	500	同 YZ 型，能承受一定的机械外力作用
	YCW		同 YZ 型，能承受一定的机械外力作用，且具有耐气候性和一定的耐油性能

三、电热材料

电热材料用来制造各种电阻加热设备中的发热元件，作为电阻接到电路中，把电能转变为热能，使加热设备的温度升高。对电热材料的基本要求是电阻率高、加工性能好，在高温时具有足够的机械强度和良好的抗氧化能力。常用的电热材料是镍铬合金和铁铬铝合金，其品种、工作温度、特点和用途见表 2–5–9。

表 2–5–9 电热材料品种、特点和用途

品种		工作温度 /℃		特点和用途
		常用	最高	
镍铬合金	Gr20Ni80	1 000 ~ 1 050	1 150	电阻率高，加工性能好，高温时机械强度较好，用后不变脆，适用于移动设备
	Gr20Ni50	900 ~ 950	1 050	
铁铬铝合金	Gr13Al4	900 ~ 950	1 100	抗干扰性能比镍铬合金好，电阻率比镍铬合金高，价格较便宜，但高温时机械强度较差，用后会变脆，适用于固定设备
	Gr13Al6Mn2	1 050 ~ 1 200	1 300	
	Gr25Al5	1 050 ~ 1 200	1 300	
	Gr27Al7Mn2	1 200 ~ 1 300	1 400	

四、磁性材料

磁性材料按其磁性能及应用可以分为软磁材料、硬磁材料和特殊磁性材料三类，按其组成又可分为金属（合金）磁性材料和非金属磁性材料——铁氧体磁性材料两种系列。

1. 软磁材料的用途

硅钢片是电力和通信等领域的基础材料，用量占磁性材料的 90% 以上，硅钢片主要用于工频交流电磁器件中，如变压器、电机、开关和继电器等的铁芯。一般说来，含硅量 1% ~ 3% 的硅钢片用于制造电动机和发电机，含硅量 3% ~ 5% 的硅钢片用于制造变压器。在电子器件中，则要求使用厚度在 0.05 ~ 0.20 mm 之间的薄带硅钢片。热轧硅钢片是磁性无取向的硅钢片，可用作各种旋转电机和变压器的冲击铁芯。近年来冷轧硅钢片有取代热轧硅钢片的趋势，冷轧无取向硅钢片主要用于小型叠片铁芯，冷轧取向硅钢片主要用作电力变压器和大型发电机的铁芯。

铁镍合金用于较高频率、弱磁场或要求磁导率特别高的铁芯。这类合金常用于制作海底电缆、电视、精密仪器用的各类特种变压器及精密仪表的磁元件等一类小功率的磁性器件。

铁铝合金常用来制作在弱磁场中工作的音频变压器、脉冲变压器、灵敏继电器、磁放大器和电机的磁屏蔽等。

软磁铁氧体是目前用途广、品种多、数量大、产值高的一种铁氧体。最常用的铁氧体软磁材料有锰锌铁氧体和镍锌铁氧体。

软磁材料一般都在交变磁场中使用，选用时主要考虑材料的磁性能及价格等因素。在强磁场下，最常用的软磁材料是硅钢片；在弱磁场下，常选用各种铁镍合金和铁铝合金以及冷轧单取向硅钢薄带；在高频下一般选用铁氧体软磁材料。

2. 硬磁材料的用途

铝镍钴合金是目前我国电机、电器工业中应用较多的硬磁材料，主要用于电机、微电机、磁电系仪表等。

铁氧体硬磁材料主要用于电信器件中的拾音器、扬声器、电话机等的磁芯，以及微电机、微波器件、磁疗片等。

稀土钴硬磁材料主要为超大型高频器件中的电子聚焦装置提供磁场，另外，还应用在微电机、磁性轴承、电子手表等方面。

塑性变形硬磁材料通常用于里程表、罗盘仪、计量仪表、微电机、继电器等。

3. 特殊磁性材料的用途

恒导磁合金实际上是铁镍钴和铁镍钴钼合金经过适当处理得到的合金品种，一般用来制作恒电感、精密电流互感器和中等功率的单极性脉冲变压器等的铁芯。

磁温度补偿合金主要用于制作微电机、继电器、电磁铁等空间技术器件，可以满足磁感应强度高、体积小、质量小等特殊要求。

磁记录材料主要有磁头材料和磁性媒质。磁头材料是高密度的磁性材料，磁导率高，饱和磁感应强度高，剩磁低和矫顽力低，专用作磁头的制作。磁性媒质是涂敷在磁带（磁盘）和磁鼓上面的，用于记录和存储信息的磁性材料。

五、电阻合金

电阻合金是制造电阻元件的重要材料之一，广泛应用于电机、电器、仪表及电子等工业。电阻合金除了必须具备电热材料的基本要求外，还要求电阻的温度系数低，阻值稳定。

电阻合金按其主要用途可分为调节元件用、电位器用、精密元件用及传感器用四种。其中，调节元件用电阻合金主要用于制造调节电流（电压）的电阻器与控制元件的绕组，常用的有康铜、新康铜、镍铬铝合金等，它们都具有机械强度高、抗氧化性能好及工作温度高等特点。电位器用电阻合金主要用于各种电位器及滑线电阻，一般采用康铜、镍铬合金和滑线锰铜。滑线锰铜具有抗氧化性、焊接性能好、电阻温度系数低等特点。

对于精度要求不高的电阻器，也可以用铸铁的电阻元件，它的优点是价格便宜，加工方便；缺点是性脆易断，电阻率低，电阻温度系数高，体积和质量较大。

技能训练

1. 训练内容

识别常用电工材料。

2. 工具、仪表及材料

自动空气开关，胶质线（RVS–2×16/0.15，截面 0.3 mm^2）1 m，铜塑线（BVR–0.75，导线结构 7/0.37）1 m，橡套电缆（YQ–2×0.3，每根截面 0.3 mm^2、双芯）1 m，电工通用工具 1 套，万用表 1 块，绝缘鞋、工作服 1 套。

3. 评分标准

评分标准见表 2–5–10。

表 2–5–10 评分标准

序号	项目内容	评分标准	配分	扣分	得分
1	正确识别各种材料	电工材料识别不正确、不完整，每种扣 15 分	45		
2	正确识别自动空气开关各部件的材料名称	电工材料识别不正确、不完整，每种扣 5 分	15		
3	叙述各种材料的用途和适用范围	（1）叙述各种材料的用途不正确，每次扣 5 分 （2）适用范围叙述不正确，每次扣 5 分	40		
备注		合计	100		
		教师签字		年 月 日	

4. 操作步骤

（1）叙述教师给出的电工材料样品的名称、类型、主要用途和适用范围。

（2）观察自动空气开关的结构，识别其各部件所采用的电工材料，叙述其名称、类型，并说明此部件为何选用此种材料。必要时，可在教师指导下，对自动空气开关进行拆解，以便观察。

任务二　常见导电材料的选用

学习目标

1. 掌握常见导电材料的选用原则和方法。
2. 能根据设备选用常见的电线电缆。

一、导线的正确选用

1．导线线芯材料的选择

作为线芯的金属材料必须具备的特点是：电阻率较低；有足够的机械强度；在一般情况下有较好的耐腐蚀性；容易进行各种形式的机械加工，价格较便宜。铜和铝基本符合这些特点，因此常作为导线的线芯。铜导线的电阻率比铝导线小，焊接性能和机械性能比铝导线好，常用于要求较高的场合；铝导线的密度比铜导线小，价格相对低廉。目前，铝导线的使用较为普遍。

2．导线截面的选择

（1）根据导线发热条件选择导线截面　电线电缆的允许载流量是指在不超过它们最高工作温度的条件下，允许长期通过的最大电流值，又称为安全载流量。这是电线电缆的一个重要参数。

单根 RV、RVB、RVS、RVV 和 BLVV 型电线在空气中敷设时的允许载流量（环境温度为 25 ℃）见表 2-5-11。

表 2-5-11　电线长期连续负荷允许载流量

标称截面积 /mm²	长期连续负荷允许载流量 /A			
	一芯		二芯	
	铜芯	铝芯	铜芯	铝芯
0.75	16	—	12.5	—
1.0	19	—	15	—
1.5	24	—	19	—

续表

标称截面积 /mm²	长期连续负荷允许载流量 /A			
	一芯		二芯	
	铜芯	铝芯	铜芯	铝芯
2.0	28	—	22	—
2.5	32	25	26	20
4	42	34	36	26
6	55	43	47	33
10	75	59	65	51

（2）根据线路的机械强度选择导线截面　导线安装后和运行中，要受到外力的影响，导线本身自重和不同的敷设方式使导线受到不同的张力，如果导线不能承受张力作用，会造成断线事故。在选择导线时，必须考虑导线截面。

（3）根据电压损失条件选择导线截面

1）对于住宅用户，由变压器低压侧至线路末端，电压损失应小于 6%。

2）电动机在正常情况下，电动机端电压与额定电压不得相差 ±5%。

提示

◇根据以上条件选择导线截面的结果，在同样负载条件下可能得出不同截面的数据。此时，应选择其中最大的截面。

◇导线截面还要与线路中装设的熔断器相适应。

二、熔体的选择

熔体是低压熔断器最主要的零件。将熔体串联在线路中，当电流超过允许值时，熔体首先被熔断而切断电源，从而起到保护其他电气设备的作用。熔体通常制作成片状和丝状。常用的熔体是铅锡合金，它的特点是熔点低。

正确、合理地选择熔体，对保证线路和电气设备的安全运行关系很大。熔体选择的原则是：

第一，当电流超过设备正常值一定时间后，熔体应熔断。

第二，在电气设备正常短时过电流时（如电动机启动等），熔体不应熔断。

熔体选择的方法因线路不同而有所差异，具体见表 2–5–12。

表 2–5–12　熔体选择的方法

对象	选择方法
照明及电路设备线路	（1）在线路上总熔体的额定电流等于电能表额定电流的 0.9 ～ 1 倍 （2）在支路上熔体的额定电流等于支路上所有负载额定电流之和的 1 ～ 1.1 倍
交流电焊机线路	单台交流电焊机线路上的熔体可用下列简便方法估算： （1）电源电压为 220 V 时，熔体的额定电流数值等于电焊机功率（kW）数值的 6 倍 （2）电源电压超过 380 V 时，熔体的额定电流数值等于电焊机功率（kW）数值的 4 倍
交流电动机线路	（1）单台交流电动机线路上熔体的额定电流等于该电动机额定电流的 1.5 ～ 2.5 倍 （2）多台电动机线路上的额定电流等于线路上功率最大的一台电动机额定电流的 1.5 ～ 2.5 倍，再加上其他电动机额定功率的总和

提示

选择熔体额定电流时系数的控制：若电动机是空载或轻载启动的，则系数取小一些；反之则取大一些。在个别情况下，系数取 2.5 倍后不能满足电动机启动要求时，还可以适当放大，但不能超过 3 倍。对于用补偿器启动的交流电动机，系数取 1.5 ～ 2 倍。

技能训练

1. 训练内容

有一单相功率为 400 W 的电钻（估算工作电流为 3.2 A），选择其电源线类型并写出导线型号规格，完成接线。

2. 设备、工具、仪表及材料

胶质线（RVS–2×16/0.15，截面 0.3 mm^2）2 m，铜塑线（BVR–0.75，导线结构 7/0.37）1 m，橡套电缆（YQ–3×0.5，每根截面 0.3 mm^2、双芯）1 m，单相交流电源（～ 220 V，5 A）1 处，电工通用工具 1 套，万用表 1 块，黑胶布（自定）1 卷，透明胶布（自定）1 卷，绝缘鞋、工作服 1 套。

3. 评分标准

评分标准见表 2–5–13。

表 2-5-13 评分标准

<table>
<tr><th>序号</th><th colspan="2">项目内容</th><th colspan="2">评分标准</th><th>配分</th><th>扣分</th><th>得分</th></tr>
<tr><td>1</td><td colspan="2">选用导线种类，并叙述其用途和适用范围</td><td colspan="2">（1）材料选用不正确扣 10 分
（2）叙述其用途或适用范围不正确扣 10 分</td><td>30</td><td></td><td></td></tr>
<tr><td>2</td><td colspan="2">选用导线规格</td><td colspan="2">（1）计算不正确扣 20 分
（2）选用导线规格不正确扣 10 分</td><td>30</td><td></td><td></td></tr>
<tr><td>3</td><td colspan="2">接线</td><td colspan="2">（1）相线与中性线接线不正确每处扣 10 分
（2）保护线接线不正确每处扣 10 分</td><td>30</td><td></td><td></td></tr>
<tr><td>4</td><td colspan="2">安全文明生产</td><td colspan="2">违反安全文明生产规定扣 10 分</td><td>10</td><td></td><td></td></tr>
<tr><td rowspan="2" colspan="2">备注</td><td rowspan="2"></td><td colspan="2">合计</td><td>100</td><td></td><td></td></tr>
<tr><td>教师签字</td><td colspan="4">年 月 日</td></tr>
</table>

4. 训练步骤

（1）用途使用环境分析　电钻属于移动式电气设备，长期工作于 –15 ~ 65 ℃的范围内。

（2）导线类型的选用　依照电钻的用途可以确定，应选 Y 系列橡套电缆，而且电钻使用过程中与人体接触，故应有可靠的保护线，所以确定选用三芯橡套电缆。

（3）导线的型号及规格　对上述导线类型的分析可以基本选定 YQ 系列橡套电缆，现所备线型中的 YQ–3×0.5 的橡套电缆，其安全载流量为 9 A，所以完全能够满足要求。

（4）接线　将 YQ 三芯电缆中的两根 0.5 mm^2 芯线分别连接电源的相线、零线和电钻的电源输入端，另外一根 0.5 mm^2 芯线将电钻金属外壳与保护线 PE 作可靠连接。

提示

◇车间照明和动力线路中实际上是按安全电流来选择导线截面面积。具体技术参数可查阅电工手册。例如，铜塑线（BVR–0.75，导线结构 7/0.37）用于交流 500 V、直流 1 000 V 及以下电气装置；橡套电缆（YQ–2×0.3，每根截面 0.3 mm^2、双芯）主要用于移动式电气设备，长期工作温度 65 ℃。

◇按安全载流量选择导线截面面积时，若供电线路较长或线路上接有重载启动的电动机，必须校核线路的电压降是否超过下列允许值：在照明线路上两根线的电压不得超过干线电压的 4%；动力线路为 2%。若超过允许压降，应加大导线截面积。

◇为保证导线有一定的机械强度，接到设备上的铜芯导线最小截面为 1.5 mm^2，铝线为 2.5 mm^2。

课题六　常用便携式仪表的使用

任务一　万用表的使用

学习目标

能熟练使用万用表测量电阻、电压和电流。

根据结构和用途，万用表可分为模拟式万用表和数字式万用表两大类。

一、模拟式万用表的使用

1．模拟式万用表的结构和原理

模拟式万用表主要由测量机构、测量线路、转换开关三部分组成。

（1）测量机构的作用　把过渡电量转换为仪表指针的机械偏转角，万用表的测量机构通常采用磁电系直流微安表，其满偏电流为几微安到几百微安。测量机构的满偏电流越小灵敏度越高，万用表的灵敏度一般用电压灵敏度来表示。

（2）测量线路的作用　把各种不同的被测电量（如电流、电压、电阻等）转换为磁电系测量机构所能接受的微小直流电流（即过渡电量）。

（3）转换开关的作用　把测量线路转换为所需要的测量种类和量程。万用表的转换开关一般采用多层多刀多掷开关。图 2–6–1 所示为模拟式万用表的外形图。

模拟式万用表的基本工作原理主要是欧姆定律和电阻串并联规律。电压灵敏度是模拟式万用表的主要参数之一。对一只模拟式万用表来说，当转换开关置于电压挡时，电压量程越高，电压挡内阻越大。但是，各量程内阻与相应电压量程的比值却是一个常数，该常数就是电压灵敏度，单位是 Ω/V。电压灵敏度的意义是：电压灵敏度越高，其电压挡的内阻越大，对被测电路的影响越小，测量准确度越高。

2．模拟式万用表的使用方法

（1）使用之前调零　为了减小测量误差，在使用模拟式万用表之前应先进行机械调零，如图 2–6–2a 所示。

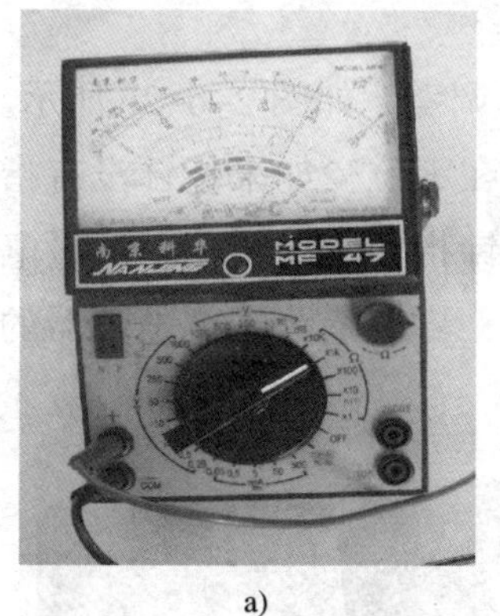

a)

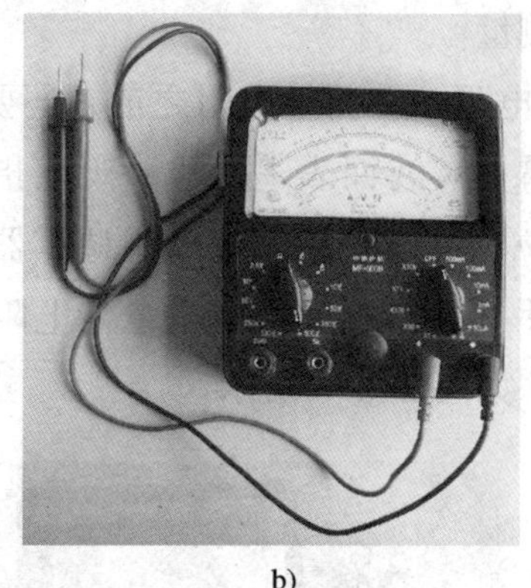
b)

图 2–6–1 模拟式万用表的外形

a）MF47 型万用表 b）500 型万用表

a)

b)

图 2–6–2 模拟式万用表调零

a）机械调零 b）欧姆调零

（2）正确接线 模拟式万用表面板上的插孔和接线柱都有极性标记。使用时将红表笔插入“+”极性孔，黑表笔插入“–”极性孔，如图 2–6–3 所示。测量直流量时，要注意正、负极性不得接反，以免指针反转。测量电流时，仪表应串联在被测电路中；测量电压时，仪表要并联在被测电路两端。在用模拟式万用表测量晶体管时，应牢记模拟式万用表的红表笔与内部电池的负极相接，黑表笔与内部电池的正极相接。

（3）正确选择测量挡位 测量挡位包括测量对象和量程。如测量电压时应将转换开关放在相应的电压挡，测量电流时应放在相应的电流挡等。如误用电流挡去测量电压，会造成仪表损坏。选择电流或电压量程时，应使指针处在标度尺 2/3 以上的位置；选择电阻量程时，最好使指针处在标度尺的中间位置，这样做的目的是尽量减小测量误差。测量时，如无法估计被测电流、电压的数值范围，应先将转换开关转至对应的最大量程，然后根据指针的偏转程度逐步减小至合适量程，如图 2–6–4 所示。

（4）测量

1）测电阻　在测量电阻之前，还要进行欧姆调零，如图 2–6–2b 所示。欧姆调零的具体步骤是：将两表笔短接，观察指针是否指在零位。如果指针没有指在欧姆零位，可以左右调整欧姆调零器，直至指针指在欧姆零位。测量电阻时，右手握持两表笔，左手拿住电阻器中间处，将表笔跨接在电阻器的两引线上，如图 2–6–5 所示。

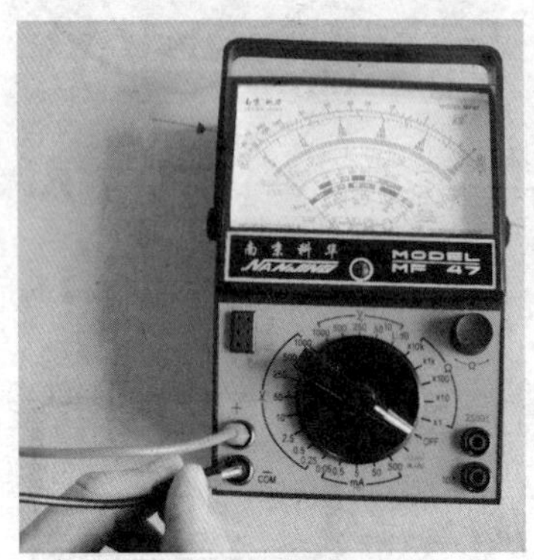

图 2–6–3　正确接线

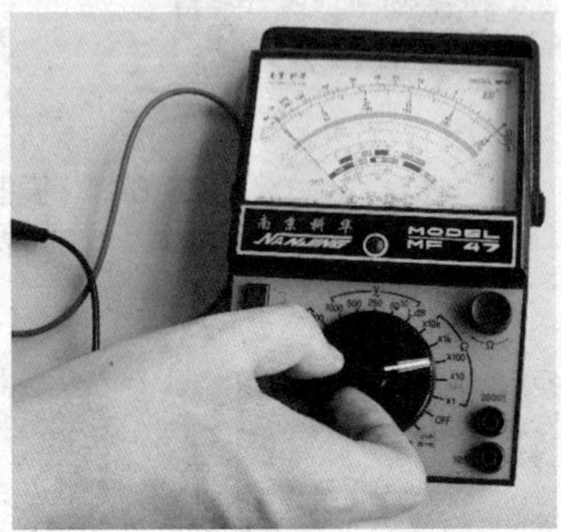

图 2–6–4　选择合适的挡位

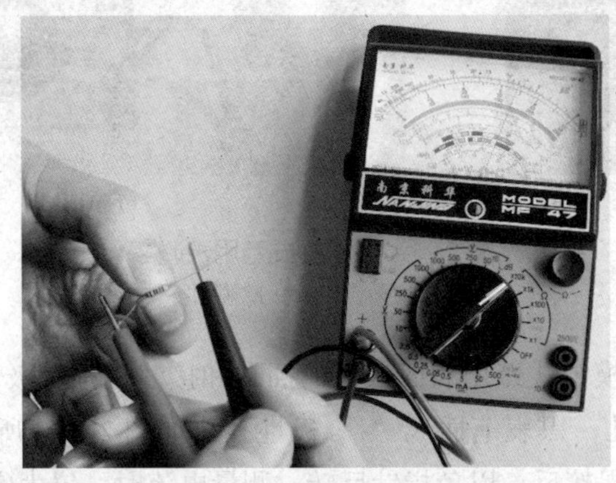

图 2–6–5　测量电阻

2）测直流电流

①将开关量程放置在直流挡，根据被测电流选择合适的量程，测量时，将测试表笔串联于被测电路中，电流流入端与红表笔相接，流出端与黑表笔相接。

②若电源内阻和负载电阻都很小，应尽量选择较大的电流量程。不能带电变换挡位和量程。

3）测直流电压

①如果测量直流电压，一定要注意极性，红表笔放置在高电位，黑表笔放置在低电位。

②测量时，表笔接触测量部位要准确，接触良好，不要碰触其他电路，否则将影响测量结果，甚至损坏万用表及测量电路。

③在测量相对于某一参考点的电位时，可将表笔一端固定在参考点进行单手操作，如图 2-6-6 所示。测量高内阻电源电压时，应尽量选择较高的电压量程，以减少表头内阻对量程结果的影响。测量带感抗电路的电压时，必须在切断电源前脱开万用表。

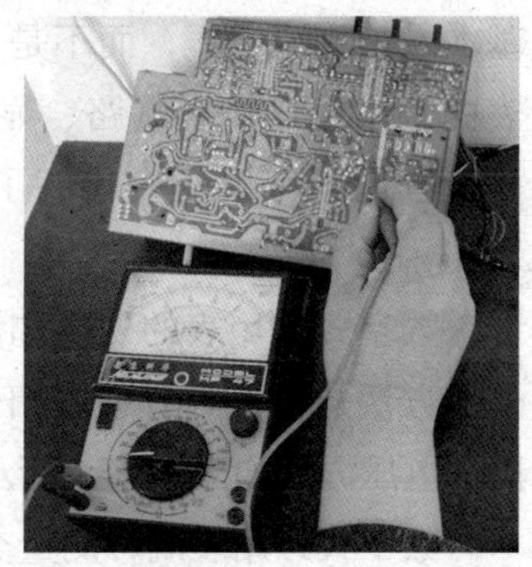

图 2-6-6　单手操作

④测量较高电压，需将红表笔插入 2 500 V 孔。

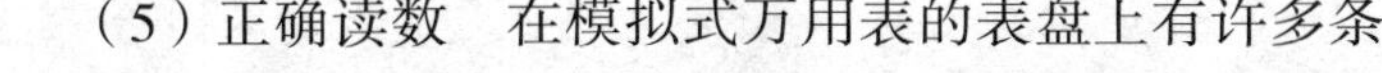

（5）正确读数　在模拟式万用表的表盘上有许多条标度尺，分别用于不同的测量对象。测量时要在对应的标度尺上读数，同时应注意标度尺读数和量程的配合，避免出错。读数时模拟式万用表应摆平放正，双眼正视指针。

以测量电阻为例，将指针所指读数乘以欧姆量程，就可得出被测电阻的阻值。例如，若此时指针读数为 25，欧姆量程为 R × 1 k，则被测电阻值为 25 × 1 k = 25 kΩ。

（6）维护保养　使用完毕，应将模拟式万用表转换开关置于交流电压最高挡。长期不用应取出电池。

提示

◇使用中如果反复调整欧姆调零器，指针仍然没有指在欧姆零位，就应该检查表内电池的电压是否低于 1.2 V。

◇严禁在被测电阻带电的情况下用模拟式万用表的欧姆挡测量电阻。

◇用模拟式万用表测量电阻时，所选择的倍率挡应使指针处于表盘的中间段。

思考

为什么选择电阻量程时，最好使指针处在标度尺的中间位置？为什么不准在被测电阻带电的情况下用模拟式万用表的欧姆挡测量电阻？

二、数字式万用表的使用

目前，数字式万用表已得到广泛的应用。其型号品种繁多，内部电路大多是由一块 CMOS 大规模集成电路和一块液晶显示器，再加上其他元件构成。其特点是结构紧凑、轻巧、功耗低。有些数字式万用表具有自动改变量程和极性显示功能，故测量极为简便。由于其输入阻抗较高和数字直接显示，因此测量精度高。有的数字式万用表还有超量程报警装置，使用时安全可靠。

与模拟式万用表相比，数字式万用表有两个特点：第一，数字式万用表测量的

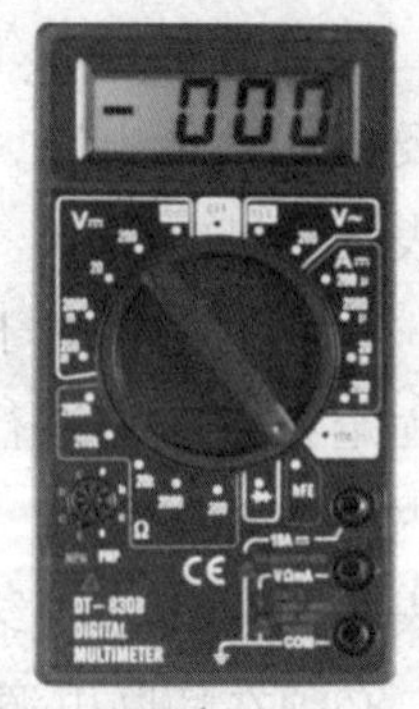

图 2–6–7　数字式万用表的外形

基本量是直流电压，而不是直流电流；第二，在数字式万用表中，用 A/D 转换电路、显示逻辑电路及显示器组成的单一量程的数字电压表代替了模拟式万用表中简单的磁电系表头。

数字式万用表的外形如图 2–6–7 所示。数字式万用表的使用方法与模拟式万用表相似，使用前要进行调零，测量电阻、电压方法如图 2–6–8 所示。

数字式万用表既可测量交直流电压、交直流电流和电阻，还可以测量半导体二极管管降压、三极管参数 h_{FE}，此外还可进行线路通断判别测试。

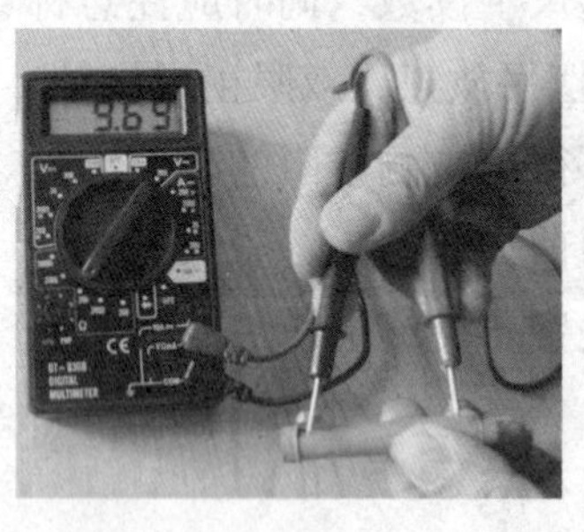

a)

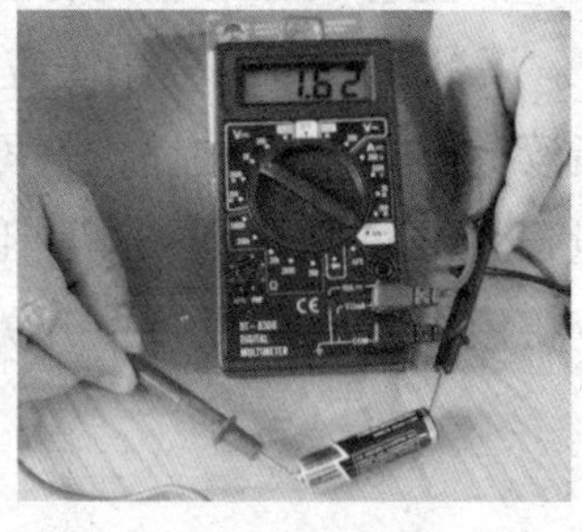

b)

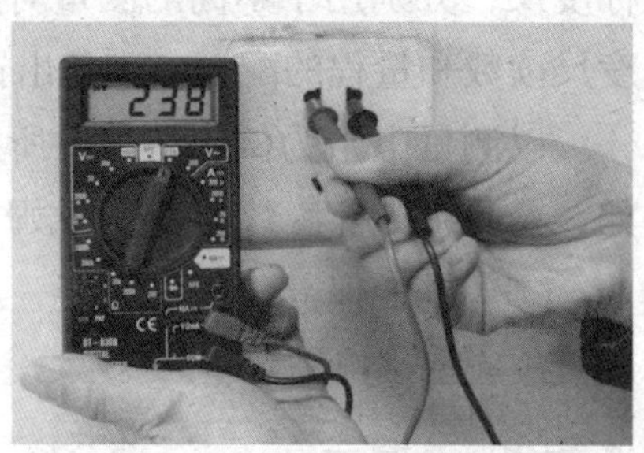

c)

图 2–6–8　测量方法

a）测量电阻　b）测量直流电压　c）测量交流电压

技能训练

1. 训练内容

使用万用表完成以下练习：

（1）用万用表测量交流电源的电压。

（2）用万用表测量直流稳压电源的电压。

（3）用万用表测量电阻阻值。

2. 设备、工具、仪表及材料

三相四线交流电源（3×380/220 V，20 A）1 处，直流稳压电源（220/12 V）1 处，万用表（500 型或自定）1 块，24 Ω/0.5 W、240 Ω/0.5 W、24 kΩ/0.5 W、240 kΩ/0.5 W 电阻各 2 只，电工通用工具 1 套，胶布（自定）1 卷，绝缘鞋，工作服等。

3. 评分标准

评分标准见表 2–6–1。

表 2-6-1 评分标准

序号	项目内容	评分标准	配分	扣分	得分
1	测量准备	万用表测量挡位选择不正确每次扣 10 分	20		
2	测量过程	测量过程中，操作步骤每错 1 处扣 10 分	30		
3	测量结果	（1）测量交流电压值结果有较大误差或错误扣 10 分 （2）测量直流电压值结果有较大误差或错误扣 10 分 （3）测量电阻值结果有较大误差或错误每次扣 10 分	30		
4	维护保养	维护保养有误扣 10 分	10		
5	安全文明生产	违反安全文明生产规定扣 10 分	10		
工时	40 min	合计	100		
备注		教师签字	年 月 日		

4. 操作步骤

（1）测量前准备好电工仪表及电工工具。

（2）在保证安全的情况下，选择合适的挡位，测量交流电源的线电压和相电压。

（3）选择合适的挡位，测量直流稳压电源的输出电压是否为 12 V。

（4）选择合适的挡位，测量所给定的电阻的阻值，并做好记录。

（5）维护保养。将万用表的挡位置于交流最高挡。

任务二 兆欧表的使用

学习目标

能熟练使用兆欧表测量绝缘电阻。

一、兆欧表及其特点

正常情况下，电气设备的绝缘电阻数值都非常大，通常在几兆欧甚至几十兆欧，远远大于万用表欧姆挡的有效量程。另一方面，由于万用表内的电池电压太低，而在低电压下测量的绝缘电阻不能真实反映在高电压下绝缘电阻的真正数值。因此，电气设备的绝缘电阻必须用一种本身具有高压电源的仪表进行测量，这种仪表就是兆欧表。

兆欧表俗称“摇表”，它主要由磁电系比率表、手摇直流发电机、测量线路三大部分组成，其外观如图 2–6–9 所示。磁电系比率表的特点是，其指针的偏转角与通过两动圈电流的比率有关，而与电流的大小无关。

图 2–6–9　兆欧表

二、兆欧表的选择

选择兆欧表的原则，一是其额定电压一定要与被测电气设备或线路的工作电压相适应；二是兆欧表的测量范围也应与被测绝缘电阻的范围相符合（表 2–6–2），以免引起大的读数误差。

表 2–6–2　不同额定电压兆欧表的使用范围

测量对象	被测设备的额定电压 /V	兆欧表的额定电压 /V
线圈绝缘电阻	<500	500
	≥ 500	1 000
电力变压器、电机线圈绝缘电阻	≥ 500	1 000 ~ 2 500
发电机线圈绝缘电阻	≤ 380	1 000
电气设备绝缘电阻	<500	500 ~ 1 000
	≥ 500	2 500
绝缘子	—	2 500 ~ 5 000

提示

如果用 500 V 以下的兆欧表测量高压设备的绝缘电阻，则测量结果不能正确反映其工作电压下的绝缘电阻值。同样，也不能用电压太高的兆欧表去测量低压电气设备的绝缘电阻，以免损坏其绝缘。

三、兆欧表的接线

兆欧表有三个接线端钮，分别标有L（线路）、E（接地）和G（屏蔽），使用时应按测量对象的不同来选用。当测量电力设备对地的绝缘电阻时，应将L接到被测设备上，E可靠接地即可。其接线如图2–6–10所示。当测量表面不干净或潮湿的电缆的绝缘电阻时，为了准确测量其绝缘材料内部的绝缘电阻（即体积电阻），就必须使用G端钮。

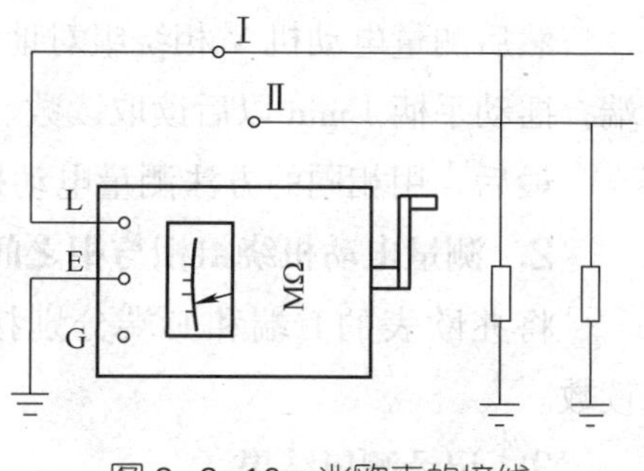

图2–6–10 兆欧表的接线

四、使用兆欧表前的检查

使用兆欧表前要先检查其是否完好。检查步骤是：在兆欧表未接通被测电阻之前，摇动手柄使发电机达到120 r/min的额定转速，观察指针是否指在标度尺的“∞”位置。再将端钮L和E短接，缓慢摇动手柄，观察指针是否指在标度尺的“0”位置，如图2–6–11所示。如果指针不能指在相应的位置，表明兆欧表有故障，必须检修后才能使用。

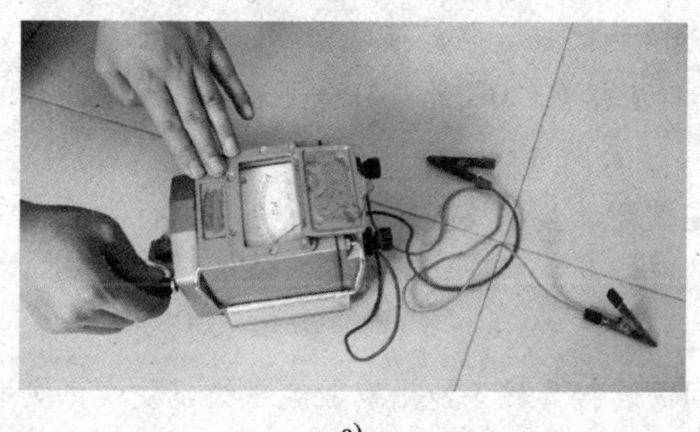

a)

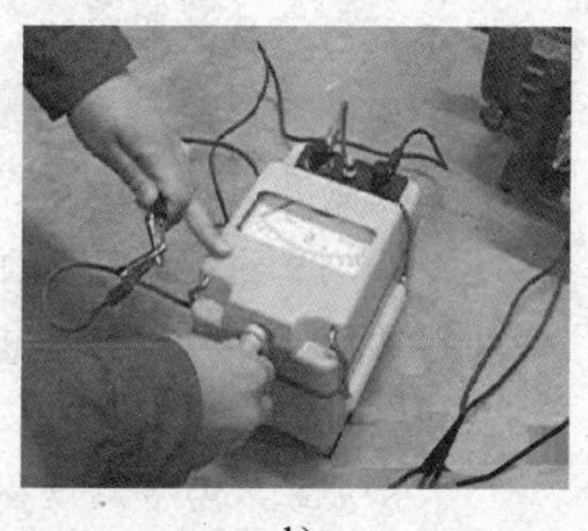

b)

图2–6–11 使用兆欧表前的检查
a）空转检查 b）短接检查

五、测量绝缘电阻

以三相异步电动机为例说明其操作方法。

1. 测量各相绕组对地的绝缘电阻

首先测量电动机U相绕组对地的绝缘电阻。将兆欧表的E端接电动机的外壳，L端接在电动机U相绕组接线端上，如图2–6–12所示。摇动手

图2–6–12 兆欧表E端、L端的接线

柄应由慢渐快增加到 120 r/min，手摇发电机时要保持匀速。若发现指针指零，应立即停止摇动手柄。应注意，读数应在匀速摇动手柄 1 min 以后进行。

然后测量电动机 V 相绕组对地的绝缘电阻。将兆欧表的 L 端改接在 V 相绕组接线端，摇动手柄 1 min 以后读取读数。

最后，用相同的方法测量电动机 W 相绕组对地的绝缘电阻。

2. 测量电动机绕组相与相之间的绝缘电阻

将兆欧表的 L 端和 E 端分别接在每两相绕组接线端，摇动手柄 1 min 以后读取读数。

3. 记录测量结果

将各测量结果记录下来，根据测量结果，若电动机各相绕组对地的绝缘电阻和各相绕组之间的绝缘电阻均大于 500 MΩ，则说明该电动机的绝缘电阻符合技术要求。

4. 维护保养

安装连接片，将接线盒端盖盖上，并将螺钉拧紧，操作结束。

提示

◇使用兆欧表前要校表，对兆欧表进行一次开路和短路试验，检查其是否良好。具体方法是，将两连接线开路，摇动手柄，指针应指在“∞”处，再将两连接线短接，指针应指在“0”处。符合上述条件者即良好，否则不能使用。

◇测量绝缘电阻必须在被测设备和线路停电的状态下进行。对含有大电容的设备，测量前应先进行放电，测量后也应及时放电，放电时间不得小于 2 min，以保证人身安全。

◇兆欧表与被测设备间的连接导线不能用双股绝缘线或绞线，应用单股线分开单独连接，以避免线间电阻引起的误差。

◇摇动手柄时，应由慢渐快至额定转速 120 r/min。在此过程中，若发现指针指零，说明被测绝缘物发生短路事故，应立即停止摇动手柄，避免表内线圈因发热而损坏。

◇测量具有大电容设备的绝缘电阻，读数后不能立即停止摇动兆欧表，以防止已充电的设备放电而损坏兆欧表。应在读数后一边降低手柄转速，一边拆去接地线。在兆欧表停止转动和被测物充分放电之前，不能用手触及被测设备的导电部分。

◇测量设备的绝缘电阻时，应记下测量时的温度、湿度、被测设备的状况等，以便于分析测量结果。

技能训练

1. 训练内容

用兆欧表测量三相异步电动机的绝缘电阻。

2. 设备、工具、仪表及材料

三相四线交流电源（3×380/220 V，20 A）1处、兆欧表1台、万用表（500型或自定）1块、电工通用工具1套、胶布（自定）1卷、绝缘鞋、工作服等。

3. 评分标准

评分标准见表2-6-3。

表2-6-3 评分标准

序号	项目内容	评分标准	配分	扣分	得分
1	测量准备	（1）三相电源线的保护措施未做好扣10分 （2）三相异步电动机的接线盒中，电源线有未断开的扣10分	20		
2	测量过程	测量过程中，操作步骤每错1处扣5分	30		
3	测量结果	（1）测量结果有较大误差扣10分 （2）测量结果有较大错误扣20分	30		
4	维护保养	维护保养有误扣10分	10		
5	安全文明生产	违反安全文明生产规定扣10分	10		
工时	40 min	合计	100		
备注		教师签字	年 月 日		

4. 操作步骤

（1）测量前准备好电工仪表及电工工具，检查兆欧表及接线是否完好。

（2）打开三相异步电动机的接线盒，将三相异步电动机接线盒拆开，取下所有接线柱之间的连接片，使三相绕组各自独立。

（3）测量三相异步电动机相与相之间的绝缘电阻。

（4）测量三相异步电动机相与地之间的绝缘电阻。

（5）记录测量结果。

（6）测量结束后，将兆欧表的挡位置于最大量程位置。

任务三　钳形电流表的使用

学习目标

能熟练使用钳形电流表测量电流。

一、钳形电流表及其特点

钳形电流表的最大优点是能在不停电的情况下测量电流。

钳形电流表根据其结构及用途分为互感器式和电磁系两种。互感器式钳形电流表由电流互感器和整流系仪表组成，外观如图 2–6–13 所示，它只能测量交流电流。电磁系钳形电流表主要由电磁系测量结构组成，可以交、直流两用。

图 2–6–13　互感器式钳形电流表

二、钳形电流表的使用

现以用钳形电流表测量三相异步电动机的工作电流为例，说明钳形电流表的使用方法。

1．测量前的检查

将电动机与电源连接好，并检查钳形电流表有无损坏。

2．选择量程

估计被测电流的大小，选择合适的量程。若无法估计被测电流的大小，则应先从最大量程开始，逐步换成合适的量程。

3．测量并读取测量结果

合上电源开关，将被测电流导线置于钳口内的中心位置，以免增大误差，如图 2–6–14 所示。若量程不对，应在退出钳口后转换量程开关。如果转换量程后指针仍不动，需继续减小量程至较小量程。

图 2–6–14　测量并读取测量结果

使用时，钳口的结合面要保持良好的接触，如有噪声，应将钳口重新开合一次；若噪声依然存在，应检查钳口处有无污垢存在，如有，可用酒精或汽油擦干净后再进行测量，如图 2–6–15 所示。

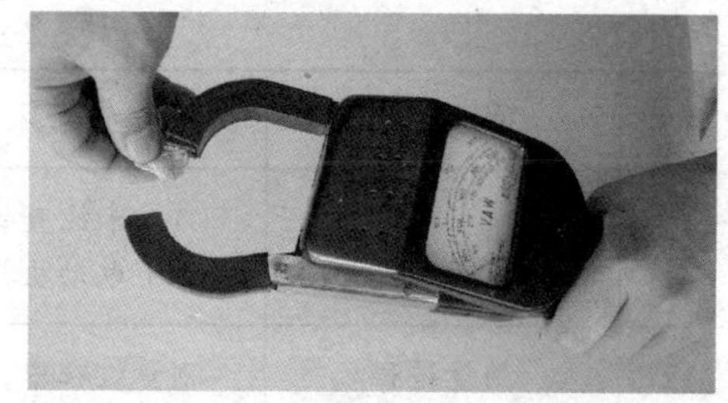

图 2–6–15 用酒精或汽油擦净调试钳口

测量 5 A 以下较小电流时，可将被测导线多绕几圈再放入钳口测量，被测的实际电流值就等于仪表读数除以放进钳口中的导线的圈数，如图 2–6–16 所示。

4. 维护保养

测量完毕，应将仪表的量程开关置于最大量程位置上，以防下次使用时由于使用者疏忽而造成仪表损坏，如图 2–6–17 所示。

图 2–6–16 测量小电流

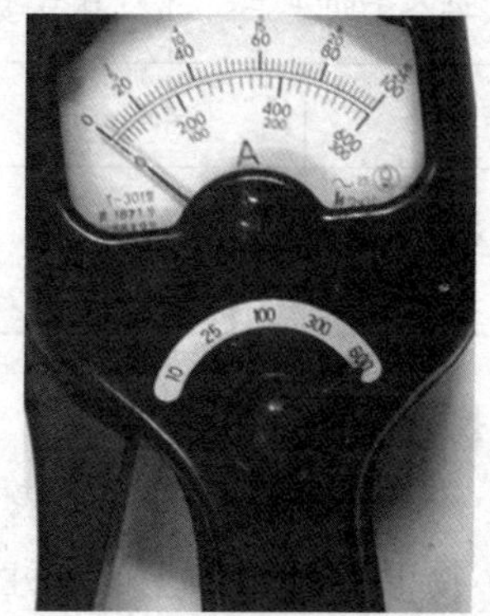

图 2–6–17 维护保养

思考

使用钳形电流表测量电流能否同时放入两根不同相的导线？

技能训练

1. 训练内容

用钳形电流表测量三相异步电动机的启动瞬时电流和空载电流。

2. 设备、工具、仪表及材料

7.5 kW、1.1 kW 三相异步电动机各 1 台，万用表（500 型或自定）1 块，QJ23 型电桥 1 台，钳形电流表（互感器式钳形电流表）1 块，连接导线（BVR–2.5 mm^2）9 m，三相刀开关（HK2–15/3，380 V）1 只，三相四线交流电源（3×380/220 V，20 A）1 处，电工通用工具 1 套，透明胶布（自定）1 卷等。

3. 评分标准

评分标准见表 2–6–4。

表 2-6-4　评分标准

序号	项目内容	评分标准	配分	扣分	得分
1	测量准备	（1）未检查钳形电流表扣 10 分 （2）电动机接线错误扣 10 分	20		
2	测量过程	测量过程中，操作步骤每错 1 处扣 10 分	30		
3	测量结果	（1）测量结果错误扣 10 分 （2）测量结果有较大误差扣 10 分 （3）读数错误扣 10 分	30		
4	维护保养	维护保养有误扣 10 分	10		
5	安全文明生产	违反安全文明生产规定扣 10 分	10		
工时	40 min	合计	100		
备注		教师签字	年　月　日		

4. 操作步骤

（1）测量前检查钳形电流表是否完好。

（2）按电动机铭牌上的标注，检查电动机有关接线柱之间的连接片，接通三相交流电源，用万用表测量三相电源的线电压，然后通电运行。

（3）选择合适的量程，用钳形电流表测量启动瞬时电流，如果有噪声，应将钳口重新开合一次或擦拭。

（4）用钳形电流表测量空载电流。

（5）做好测量记录。

（6）按上述步骤测量另一台电动机的启动瞬时电流和空载电流。

（7）测量完毕，将钳形电流表的量程置于最大量程处。

提示

电动机运行时应注意人身安全。

任务四 直流电桥的使用

学习目标

1. 能熟练使用直流单臂电桥测量电阻。
2. 能熟练使用直流双臂电桥测量电阻。

直流电桥是测量较精密电阻的精密测量仪器，常用的有直流单臂电桥和直流双臂电桥。

一、直流单臂电桥及其使用

1．直流单臂电桥的原理

直流单臂电桥又称惠斯通电桥，是一种专门用来测量 1 Ω 以上直流电阻的仪器。它的原理图和外形如图 2-6-18 所示，Rx、R2、R3、R4 分别组成电桥的四个臂。其中，Rx 称为被测臂，R2、R3 构成比例臂，R4 称为比较臂。

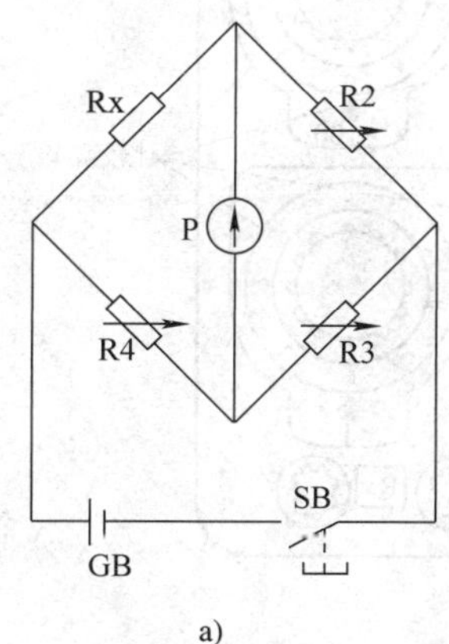

a)

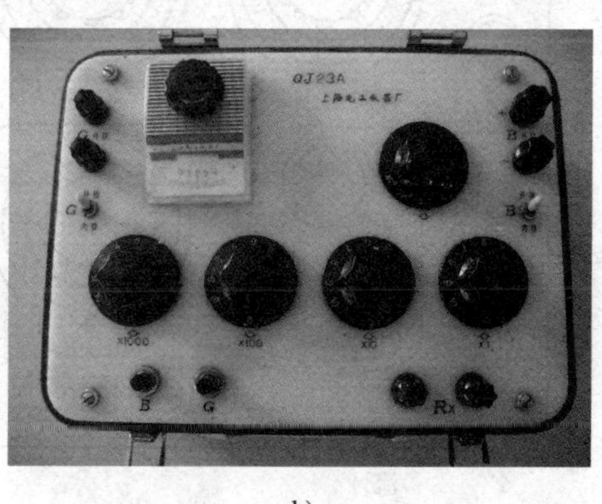

b)

图 2-6-18 直流单臂电桥原理图和外形图

a）原理图 b）外形图

当接通按钮开关 SB 后，调节标准电阻 R2、R3、R4，使检流计 P 的指示为零，即 $I_P = 0$，这种状态称为电桥的平衡状态。

电桥平衡的条件是 $R_2R_4 = R_xR_3$，它说明，电桥相对臂电阻的乘积相等时，检流计

中的电流 $I_P=0$。

2. QJ23 型直流单臂电桥

QJ23 型直流单臂电桥的电路图及面板图如图 2-6-19 所示。它的比例臂 R_2/R_3 由八个标准电阻组成，共分为七挡，由转换开关 SA 换接。比例臂的读数盘设在面板左上方。比较臂 R4 由四个可调标准电阻组成，它们分别由面板上的四个读数盘控制，可得到从 0 ~ 9 999 Ω 范围内的任意电阻值，最小步进值为 1 Ω。

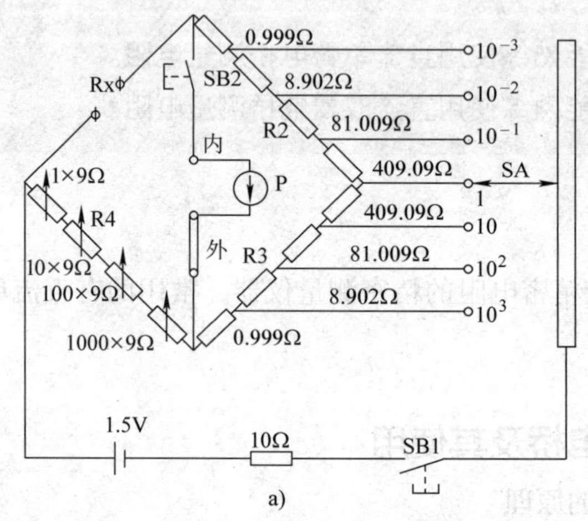

a)

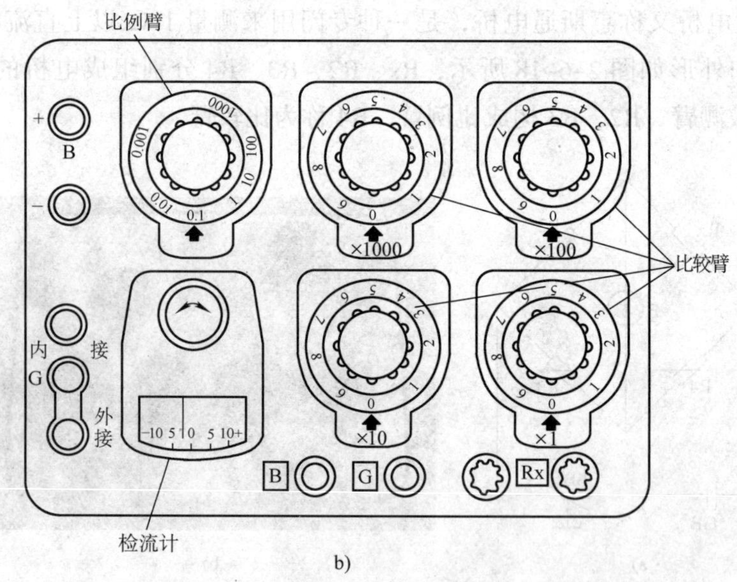

b)

图 2-6-19　QJ23 型电桥内部电路与面板图

a）内部电路　b）面板图

面板上标有“Rx”的两个端钮用来连接被测电阻。当使用外接电源时，可从面板上标有“B”的两个端钮接入。如需使用外附检流计，应用连接片将内附检流计短路，再将外附检流计接在面板上标有“外接”的两个端钮上。

3. 直流单臂电桥的使用方法

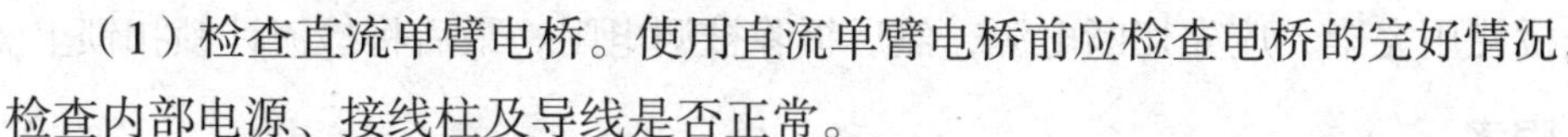

（1）检查直流单臂电桥。使用直流单臂电桥前应检查电桥的完好情况，检查内部电源、接线柱及导线是否正常。

（2）调整检流计零位。测量前应先将检流计开关置于“内接”位置，即打开检流计的锁扣。然后调节调零器使指针指在零位，如图 2–6–20 所示。

（3）用万用表的欧姆挡估测被测电阻值，得出估计值，如图 2–6–21 所示。

图 2–6–20　调整检流计零位

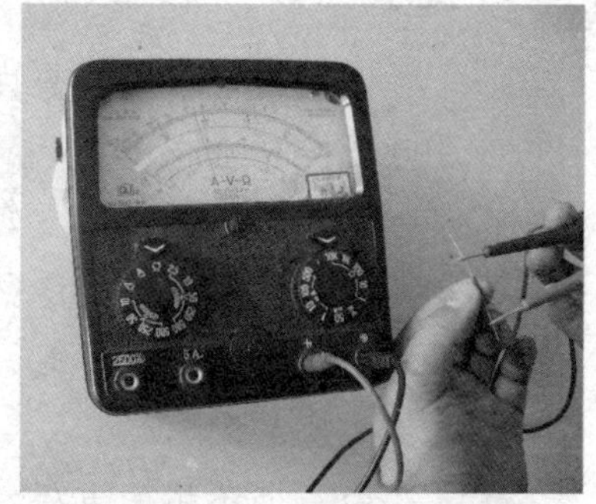

图 2–6–21　估测被测电阻值

（4）接入被测电阻时，应采用较粗较短的导线，并将接头拧紧，如图 2–6–22 所示。

（5）根据被测电阻的估计值，选择适当的比例臂，使比较臂的四挡电阻都能被充分利用，从而提高测量准确度。例如，被测电阻约为几十欧时，应选用 ×0.01 的比例臂；被测电阻约为几百欧时，应选用 ×0.1 的比例臂，如图 2–6–23 所示。

图 2–6–22　接入被测电阻

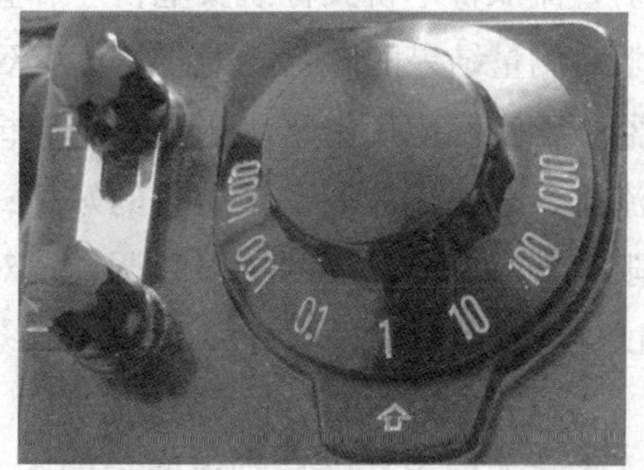

图 2–6–23　选择适当的比例臂

（6）当测量电感线圈的直流电阻时，应先按下电源按钮，再按下检流计按钮。测量完毕，应先松开检流计按钮，后松开电源按钮，以免被测线圈产生自感电动势损坏检流计。

（7）电桥电路接通后，若检流计指针向“+”方向偏转，应增大比较臂电阻；反之应减小比较臂电阻。

（8）电桥检流计平衡时，读取被测电阻值，即比例臂读数与比较臂读数的乘积。

（9）电桥使用完毕，应先切断电源，然后拆除被测电阻，最后将检流计锁扣锁上。

思考

使用直流单臂电桥测量电阻，选用的比例臂为 ×0.001，当电桥平衡时，若比较臂读数为 5 331，实际电阻值是多少？

提示

◇使用前应先检查内附电池，电池容量不足会影响测量准确度，要及时更换电池。

◇连接导线应尽量短而粗，接点漆膜或氧化层应刮干净，接头要拧紧，以防止因接触不良影响准确度或损坏检流计。

◇采用外接电源时，必须注意电源的极性，且电源电压值不应超过电桥的规定值。

◇长期不用的电桥，应取出内附电池，把电桥放在通风、干燥、阴凉的环境中保存。

◇要保证电桥的接触点接触良好，如发现接触不良，可拆去外壳，用蘸有汽油的纱布清洗，并旋转各旋钮，清除接触面的氧化层，再涂上一层薄薄的中性凡士林油。

二、直流双臂电桥及其使用

直流双臂电桥又称凯文电桥。和直流单臂电桥相比，它能够消除接线电阻和接触电阻对测量结果的影响，因此，直流双臂电桥是专门用来精密测量 1 Ω 以下小电阻的仪器，在实际应用中常用于测量金属棒、电缆、导线、金属导体的电阻值；检查电流汇流排、金属壳体等焊接质量的好坏；对开关、电器、接触电阻的测定；对低阻标准电阻、直流分流器等的校验和调整；对各类型电机、变压器绕组的直流电阻测量和温升试验等。

1. 直流双臂电桥的结构及原理

直流双臂电桥的原理电路如图 2–6–24 所示。与直流单臂电桥不同，被测电阻 Rx 与标准电阻 R4 共同组成一个桥臂，标准电阻 Rn 和 R3 组成另一个桥臂，Rx 与 Rn 之间用一阻值为 r 的导线连接起来。为了消除接线电阻和接触电阻的影响，Rx 与 Rn 都采用两对端钮，即电流端钮 C1、C2、C_{n1}、C_{n2}，电位端钮 P1、P2、P_{n1}、P_{n2}。桥臂电阻 R1、R2、R3、R4 都采用阻值大于 10 Ω 的标准电阻。R 是限流电阻，可防止仪表中电流过大。

使用时首先调节各桥臂电阻，使检流计指零，即 $I_P = 0$，此时 $I_1 = I_2$，$I_3 = I_4$。

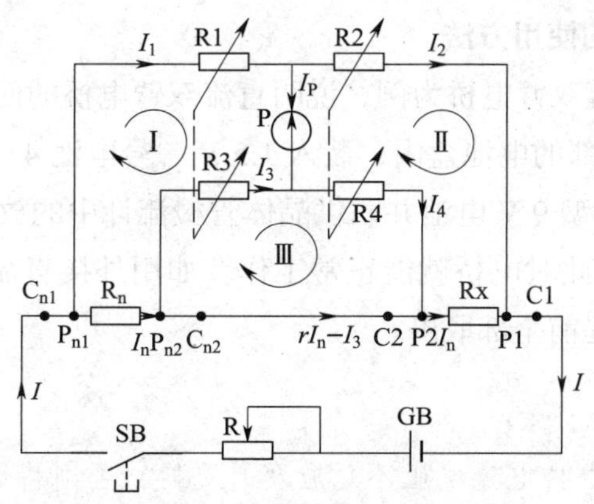

图 2–6–24 直流双臂电桥原理图

$$R_x=\frac{R_2}{R_1}R_n+\frac{rR_2}{r+R_3+R_4}\left(\frac{R_3}{R_1}-\frac{R_4}{R_2}\right)$$

由上式可知，用直流双臂电桥测量电阻时，R_X 由两项决定。其中第一项与直流单臂电桥基本相同，第二项称为“校正项”。为了使直流双臂电桥平衡时，求解 R_X 的公式与直流单臂电桥相同，即 $R_x=\frac{R_2}{R_1}R_n$，就必须使校正项等于零。所以，要求 $R_3/R_1=R_4/R_2$，同时使 $r\to 0$。

此时，只要电桥平衡，即有：被测电阻 R_X 的阻值等于比例臂倍率与比较臂读数的乘积。

2. QJ44 型直流双臂电桥

QJ44 型直流双臂电桥的面板如图 2–6–25 所示。该电桥的测量范围是 10 μΩ ~ 11 Ω。仪器上共设有六个接线柱，其中四个大接线柱供接被测电阻用，两个小接线柱供外接工作电源用。

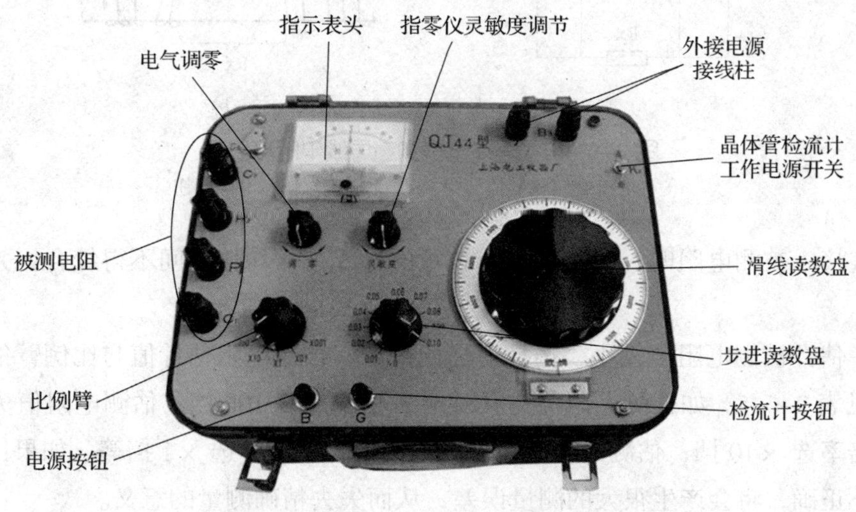

图 2–6–25 QJ44 型直流双臂电桥面板

3. 直流双臂电桥的使用方法

下面以 QJ44 型直流双臂电桥为例，说明直流双臂电桥的使用方法。

（1）在仪器外壳底部的电池盒内，装入 1.5 V 一号电池 4 ~ 6 节并联供电桥工作用，2 节 6F22 型 9 V 电池并联供晶体管检流计中的放大器用，所有并联线在仪表内部已经连接好，此时电桥就能正常工作。如用外接直流电源 1.5 ~ 2 V 时，电池盒内的 1.5 V 电池应提前全部取出。

提示

◇发现电桥电池电压不足应及时更换，否则将影响电桥的灵敏度。

◇当采用外接电源时，必须注意电源的极性。将电源的正、负极分别接到“+”“–”端钮，且不要使外接电源电压超过电桥说明书上的规定值。

（2）将晶体管检流计工作电源开关 K1 置于“通”的位置，预热 5 min 后，调节电气调零旋钮，使检流计指针指零。同时将灵敏度调至最低。

（3）将被测电阻按四端钮法接入电桥的 C1、P1、P2、C2 接线柱，同时要注意电位端钮总是在电流端钮的内侧，且两电位端钮之间的电阻就是被测电阻，如图 2–6–26a 所示。如果被测电阻（如一根导体）没有电流端钮和电位端钮，则可按图 2–6–26b 所示自行引出电流端钮和电位端钮，然后与电桥上相应的端钮相连接。

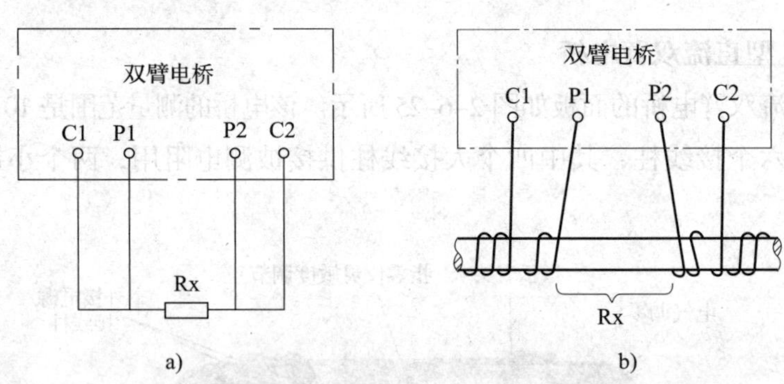

图 2–6–26 双臂电桥测量导线电阻接线图

a）有电流端钮和电位端钮 b）无电流端钮和电位端钮

（4）接入被测电阻时，应采用较粗较短的导线连接，接线间不得绞合，并要将接头拧紧。

（5）估计被测电阻值大小，选择适当比例臂。被测电阻估计值与比例臂倍率挡的选择参见表 2–6–5。如估测电阻值为几欧时，倍率选 ×100 挡；估测电阻值为零点几欧时，倍率选 ×10 挡；估测电阻值为零点零几欧时，倍率选 ×1 挡等。如果比例臂倍率选择不正确，将会产生很大的测量误差，从而失去精确测量的意义。

表 2-6-5 双臂电桥比例臂倍率挡的选择

被测电阻估计值范围 /Ω	应选倍率挡
1.1 ~ 11	×100
0.11 ~ 1.1	×10
0.011 ~ 0.11	×1
0.001 1 ~ 0.011	×0.1
0.000 11 ~ 0.001 1	×0.01

提示

在测量未知电阻时，为避免指零仪指针损坏，指零仪的灵敏度调节旋钮应放在最低位置，使电桥初步平衡后再增加指零仪灵敏度。在改变指零仪灵敏度或受环境等因素的影响，有时会引起指零仪指针偏离零位，在测量之前，随时都可以调节指零仪零位。

（6）先按下 G 按钮，再按下 B 按钮，调节步进盘和滑线盘，使指零仪指针指在零位上，电桥平衡，此时，被测电阻按下式计算：

被测电阻值（R_X）= 比例臂读数 ×（步进盘读数 + 滑线盘读数）

由于双臂电桥在工作时电流较大，要求上述调节过程中动作要迅速，以免电池耗电量过大。另外，如果被测电阻不含电感，也可同时按下（或松开）电源按钮和检流计按钮。

测量 0.1 Ω 以下阻值时，B 按钮应间歇使用。

在测量 0.1 Ω 以下阻值时，双臂电桥的 C1、P1、C2、P2 接线柱到被测电阻之间的连接导线电阻应尽量小，其范围可在 0.005 ~ 0.01 Ω 之间；测量其他阻值时，连接导线电阻应不大于 0.05 Ω。

（7）先断开检流计按钮，再断开电源按钮，然后拆除被测电阻。最后将开关 K1 置于“断”位置，避免晶体管检流计放大器工作电源耗电。

（8）每次测量完毕，将仪表盒盖盖好，存放于干燥、避光、无震动的场合。

4. 直流双臂电桥的维护保养

（1）如电桥长期放置不用，应将电池取出。

（2）仪器长期放置不用，在开关触点接触处可能产生氧化，造成接触不良，为使其接触良好，应涂上一层无酸性凡士林予以保护。

（3）仪器在使用中，如发现指零仪灵敏度显著下降，可能因电池电压太低所致，应及时更换新的电池。

（4）电桥应存放在环境温度为 5 ~ 35 ℃、相对湿度为 25% ~ 80% 的环境内，室内空气中不应含有腐蚀仪器的气体和有害杂质。

（5）仪器应保持清洁，并避免直接阳光暴晒和剧烈震动。

技能训练

1. 训练内容

用直流单臂电桥测量三相异步电动机的三相定子绕组阻值。

2. 设备、工具、仪表及材料

7.5 kW、1.1 kW 三相异步电动机各 1 台，万用表（500 型或自定）1 块，QJ23 型电桥 1 台，连接导线（BVR–2.5 mm^2）9 m，电工通用工具 1 套，透明胶布（自定）1 卷等。

3. 评分标准

评分标准见表 2–6–6。

表 2–6–6　评分标准

序号	项目内容	评分标准	配分	扣分	得分
1	测量准备	（1）万用表测量挡位选择不正确扣 10 分 （2）电桥测量挡位选择不正确扣 10 分 （3）三相笼型异步电动机绕组未做标记扣 10 分	30		
2	测量过程	（1）万用表测量步骤不正确或测量结果不正确扣 10 分 （2）电桥测量步骤不正确或测量结果不正确扣 10 分	20		
3	测量结果	（1）测量结果不正确扣 10 分 （2）测量结果有较大误差扣 10 分 （3）测量读数不正确扣 10 分	30		
4	维护保养	维护保养有误扣 10 分	10		
5	安全文明生产	违反安全文明生产规定扣 10 分	10		
工时	2 h	合计	100		
备注		教师签字	年　月　日		

4. 操作步骤

（1）将三相异步电动机接线盒拆开，取下所有接线柱之间的连接片，使三相绕组各自独立。

（2）选择合适的量程，用万用表估测三相异步电动机的绕组阻值，并正确读出测量值。

（3）选择合适的量程，用单臂电桥分别测量三相异步电动机各相绕组的电阻值，并正确读出测量值。

（4）按电动机铭牌的标注，恢复有关接线柱之间的连接片，并检查连接正确与否。

课题七　接地装置的安装与检修

任务一　接地装置的安装

学习目标

1. 掌握接地装置的技术要求。
2. 能根据技术要求安装接地装置。

一、接地与接零的概念

1. 接地

出于不同的目的，将电气装置中某一部位经接地线或接地体与大地进行良好的电气连接称为接地。根据接地的功能不同，接地可分为工作接地、保护接地、雷电保护接地以及防静电接地，其功能及特点见表 2–7–1。

表 2–7–1　接地的功能和特点

名称	功能和特点
工作接地	指为了运行的需要而将电力系统中的某一点接地，如变压器中性点直接接地或经过阻抗接地都是工作接地
保护接地	为了保障人身安全，将电气装置中平时不带电，但可能因绝缘损坏而带上危险对地电压的外露导电部分（设备的金属外壳或金属结构）与大地进行电气连接
防雷接地	防雷接地是给防雷保护装置（避雷针、避雷线、避雷器）向大地泄放雷电流提供通道
防静电接地	防静电接地是为了防止静电引燃易燃、易爆气液体造成火灾爆炸，而对储气、液体管道、容器等设备的接地

2. 接零

为保护人身安全，在低压电网中性点接地的系统中，将电气设备的外壳与系统设置的保护零线相接，称为保护接零。

为防止保护接零系统中的零线断裂所造成的危害，将零线的每一重要分支线路都进行一次可靠接地的方式，称为重复接地。

二、接地装置的分类和技术要求

1. 接地装置的分类

如图 2–7–1 所示，接地装置是由接地体和接地线两部分组成。

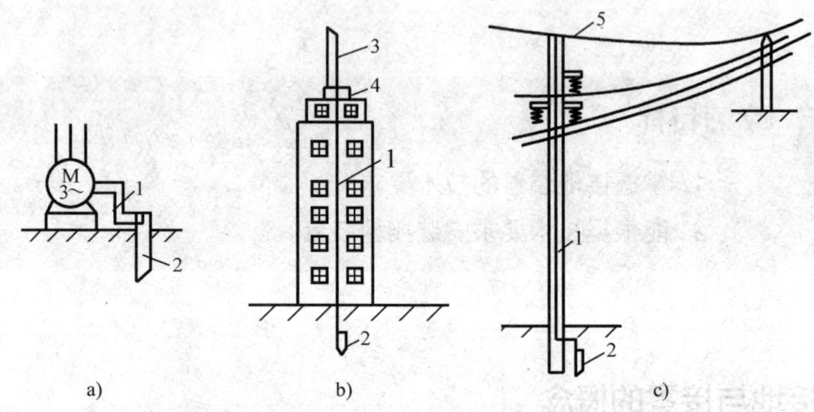

图 2–7–1 接地装置

a）电动机保护接地 b）避雷针保护接地 c）避雷线工作接地

1—接地线 2—接地体 3—引雷针 4—基座 5—避雷线

接地线是接地干线和接地支线的总称。若只有一副接地装置，不存在接地支线时，则是指接地体与设备接地点间的连接线。

接地干线是接地体之间的连接导线，或是指一端连接接地体，另一端连接各接地支线的连接线。

接地支线是接地干线与设备接地点之间的连接线。

接地装置按接地体的形式分为单极、多极、网络三种，见表 2–7–2。

表 2–7–2 接地装置的分类

种类	图示	特点及用途
单极接地装置	M 3~ 1 2 3 1—接地支线 2—接地干线 3—接地体	简称单极接地，它由一支接地体构成，接地线一端与接地体连接，另一端与设备的接地点连接。它适用于接地要求不太高和设备接地点较少的场所

续表

种类	图示	特点及用途
多极接地装置	1—接地支线 2—接地干线 3—接地体	简称多极接地，它由两支以上的接地体构成，各接地体之间用接地干线连成一体，形成并联，从而减少了接地装置的接地电阻。接地支线一端与接地干线连接，另一端与设备的接地点直接连接。多极接地装置可靠性强，适用于接地要求较高而设备接地点较多的场所
网络接地装置	1—接地体 2—接地线	简称网接地，它是由多支接地体用接地干线将其互相连接所形成的网络，图示为接地网络常见的形状。接地网络既方便群体设备的接地需要，又加强了接地装置的可靠性，也减小了接地电阻。网接地适用于配电所以及接地点多的车间、工厂或露天作业等场所

2. 接地装置的技术要求

接地装置的技术要求主要指接地电阻的要求，原则上接地电阻越小越好，考虑到经济合理，接地电阻以不超过规定的数值为准。

对接地电阻的要求：避雷针和避雷线单独使用时的接地电阻小于 10 Ω；配电变压器低压侧中性点接地电阻应在 0.5 ~ 10 Ω 之间；保护接地的接地电阻应不大于 4 Ω。多个设备采用一副接地装置时，接地电阻应以要求最高的为准。

提示

接地装置的安全要求：

◇具有可靠的电气连接。钢质接地线之间以及接地线与接地体之间的连接处应进行搭焊处理。有色金属接地线可用夹头或螺栓与接地干线或电气设备的外壳进行连接，在有震动的地方应垫以弹簧垫圈。

◇具有足够的机械强度、导电能力和热稳定性。接地铜芯导线的截面积应不小于 1.5 mm^2，铝芯导线的截面积应不小于 2.5 mm^2。

◇接地线应涂以明显的标志。其颜色一般规定为：绿黄双色线为保护线，浅蓝色为接地中性线。接地线应装设在明显处，以便于检查。

◇具有良好的防腐蚀性。为了防止腐蚀，钢制接地装置应采用镀锌材料制成，焊接处要涂沥青，明设的接地线要涂防腐漆。

思考

为什么要接地？什么是工作接地？什么是保护接地？

三、接地体的安装

1. 人工接地体的制作

人工接地体一般都用钢制成，其规格如下：角钢的厚度应不小于 4 mm；钢管管壁厚度不小于 3.5 mm；圆钢直径不小于 8 mm；扁钢厚度不小于 4 mm，其截面积不小于 48 mm^2。接地体材料不应有严重锈蚀，弯曲的材料必须矫直后方可使用。

2. 人工接地安装方法

（1）垂直安装方法

1）垂直安装接地体的制作方法　垂直安装接地体通常用角钢或钢管制成，长度一般在 2 ~ 3 m 之间，但不能小于 2 m，下端要加工成尖形。用角钢制作的，尖点应在角钢的钢脊上，并先钻好螺钉孔。为便于连接，要在接地体的上端按如图 2–7–2 所示的安装。

2）安装方法　采用打桩法将接地体打入地下，接地体应与地面垂直，不可歪斜，如图 2–7–3 所示。打入地面的有效深度不小于 2 m。多极接地或接地网的接地体与接地体之间在地下应保持 2.5 m 以上的直线距离。

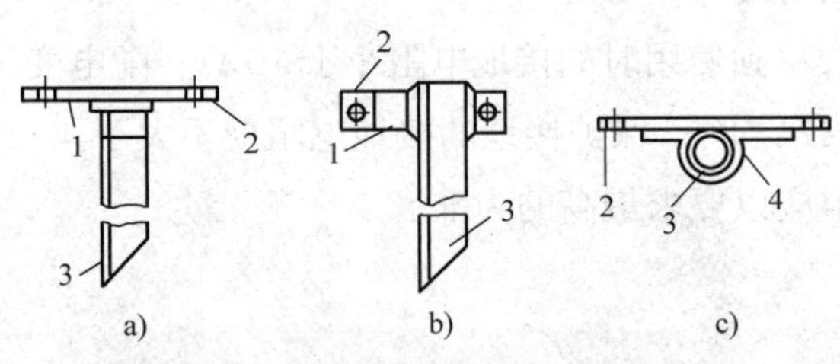

图 2–7–2　对接地体上端的安装

a）角钢顶端装连接板　b）角钢垂直面装连接板　c）钢管垂直面装连接板

1—加固镶块　2—接地干线连接板　3—接地体　4—骑马镶块

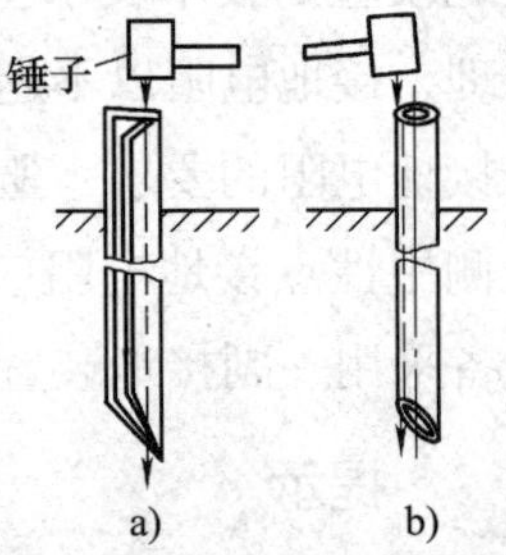

图 2–7–3　垂直安装接地体的方法

a）角钢接地体　b）钢管接地体

提示

◇用锤子敲打角钢时，应敲打角钢的角脊处。

◇若是钢管，则锤击力应集中尖端的切点位置，否则不但打入困难，不易打直，还会造成接地体与土壤产生缝隙，增加接触电阻。

◇接地体打入地面后，应在其四周填土夯实。

（2）水平安装方法　水平安装接地体的方法一般只适用于土层浅薄的地方，接地体通常用扁钢或圆钢制成，一端弯成向上直角，便于连接。如果接地线采用螺钉压接，应先钻好螺钉孔。接地体的长度随安装条件和接地装置的结构形式而定。

安装采用挖沟填埋法，接地体应埋入地面 0.6 m 以下的土壤中，如图 2-7-4 所示。如果是多极接地或接地网，接地体之间应相隔 2.5 m 以上的直线距离。

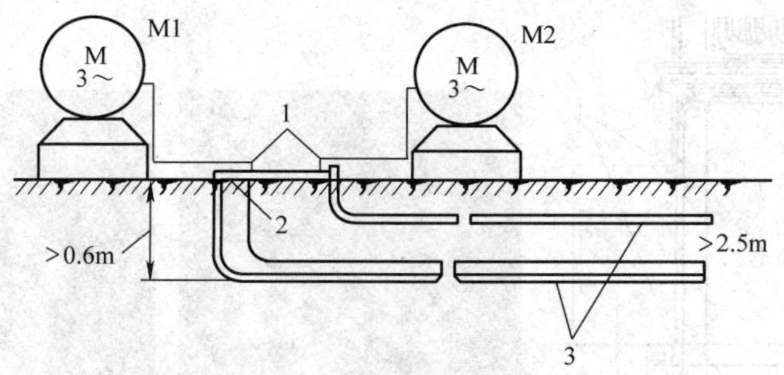

图 2-7-4　水平安装接地体的方法

1—接地支线　2—接地干线　3—接地体

提示

◇在土壤电阻率不太高的地层，要增加接地体的个数。

◇在土壤电阻率较高的地层，可在每个接地体周围 0.5 m 以下、1.2 m 以上的地层中填放化学填料。

◇在土壤电阻率很高的地层，应采用挖坑换土的方法。

四、接地线的安装

1．接地干线的安装

（1）接地干线与接地体的连接　其连接处要加镶块，如图 2-7-2a、图 2-7-2c 所示。连接处尽可能采用电焊焊接，无条件电焊焊接时，也允许用螺钉压接。连接处的接触面必须经过镀锌或镀锡的防锈处理，压接螺钉一般采用 M12 ~ M16 mm 的镀锌螺钉。安装时，接触面要保持平整、严密，不可有缝隙；螺钉要拧紧，在有震动的场所，螺钉上应加弹簧垫圈。

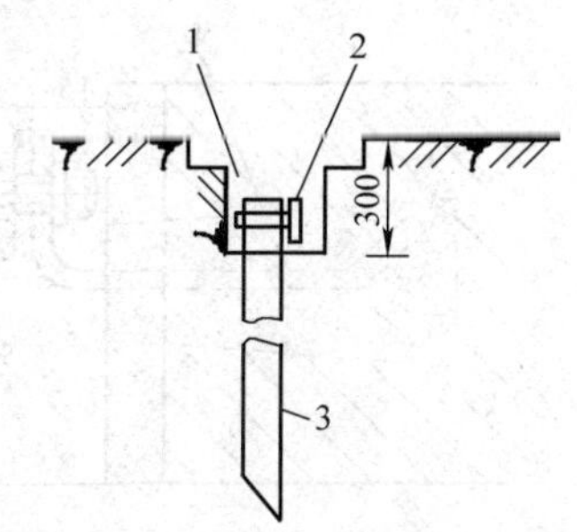

图 2-7-5　接地体连接干线沟

1—接地体连接干线沟　2—接地干线　3—接地体

（2）多极接地和接地网络接地体之间连接干线　如果需要提供接地线就应安装在如图 2-7-5 所示的地沟中，沟上应覆有沟盖，且应与地面平齐。若接地连接干线采用扁钢时，安装前应在扁钢宽面上预先钻好接线用的通孔，并在连接处镀锡。如不需要提供接地线，则应埋入地下 300 mm 左右，并在地面标出干线的走向和连接点的位置，便于检查修理。埋入地下的连接点，尽量采用电焊焊接。

（3）公用配电变压器的接地干线与接地体的连接　如图 2–7–6 所示，连接点应埋入地下 100 ~ 200 mm，在接地线引出地面 2 ~ 2.5 m 处断开，再用螺钉重新压接接牢。

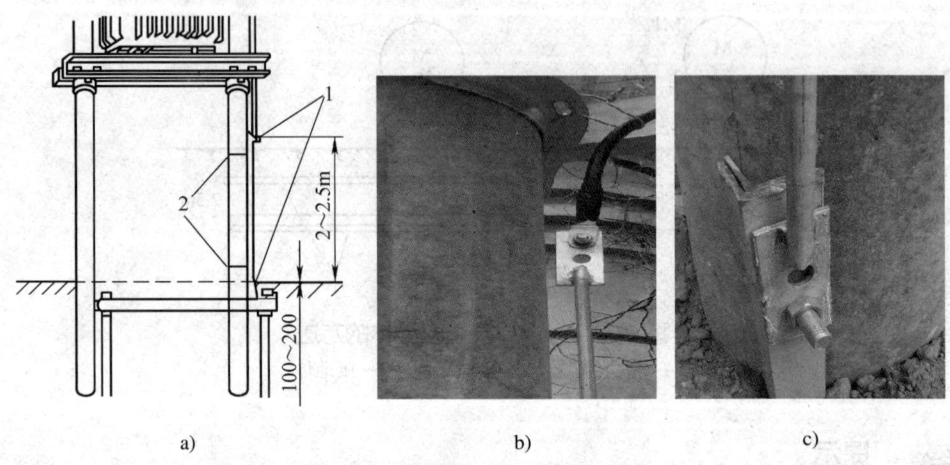

图 2–7–6　配电变压器的接地干线

a）示意图　b）上断开点　c）下断开点

1—断开点　2—绑扎铁丝

（4）接地干线明敷时，除连接处外，均应涂黑色标明。在穿越墙壁或楼板时应套空管加以保护。在可能受到机械力而使之损坏的地方，应加防护罩保护。敷设室内接地干线采用扁钢时，可按如图 2–7–7 所示用支持卡子沿墙敷设，它高出地面的距离约 200 mm，与墙的距离约 15 mm。若采用多股电线连接，应采用如图 2–7–8 所示的接线耳，不允许把接头直接弯圈压接在螺钉上。在有震动的地方，还要加弹簧垫圈。

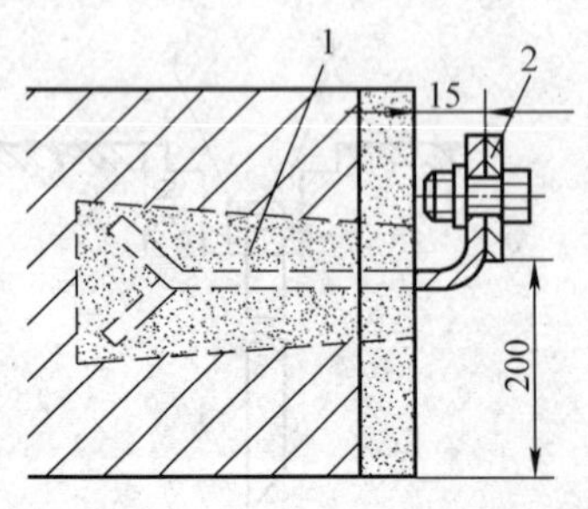

图 2–7–7　接地干线沿墙敷设

1—支持卡子　2—接地扁钢

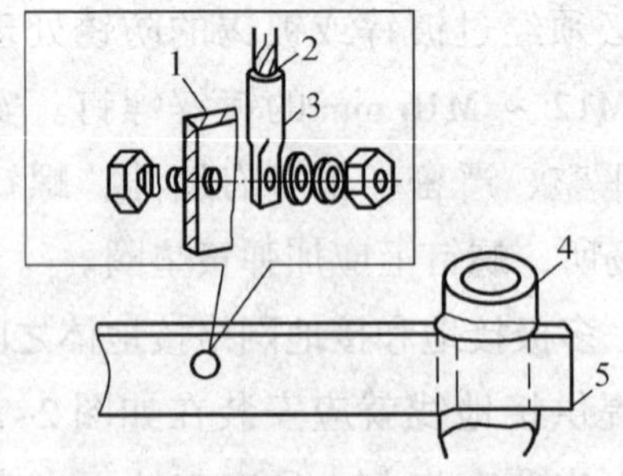

图 2–7–8　接地干线用多股电线连接方法

1—接地体连接干线　2—多股导线

3、5—接线耳　4—接地干线

（5）用扁钢或圆钢做接地干线需要接长时，必须采用电焊焊接，焊接处扁钢搭头长为其宽的 2 倍；圆钢搭头长为其直径的 6 倍。

（6）接地干线也可以借用环境中已有的金属构件和设施，如吊车、行车轨道、大型机床床身、金属屋架、电梯竖井架、电缆的金属外皮和各种无可燃、可爆物质的金属管道（不包括明线管道）等，利用这些金属体作为接地线时，应注意它们必须具有良好的导电连续性。因此，必须在管子的连接处或金属构架的连接处做过渡性的电连接，连接方法如图 2–7–9 所示。

2. 接地支线的安装

接地支线的安装应遵守如下规定：

（1）每一台设备的接地点必须用一根接地支线与接地干线单独连接。不允许用一根接地支线把几台设备的接地点串联起来，也不允许将几根接地支线并接在接地干线上的一个连接点上。

（2）在室内容易被人体触及的地方，接地支线要采用多股绝缘线。在连接处必须恢复绝缘层。在室外不易被人体触及的地方，接地支线要采用多股裸绞线。用于移动用电设备从插头至外壳处的接地支线，应采用铜芯绝缘软线，中间不得有接头，并和绝缘线一齐套入绝缘护套内。常用三芯或四芯橡胶护套电缆的黑色绝缘层导线作为接地支线。

（3）接地支线与接地干线或与设备接地点的连接，其线头要用接线耳，采用螺钉压接。在有震动的场所，螺钉上要加弹簧垫圈。

（4）固定敷设的接地支线需接长时，连接处必须正规，铜芯线连接处要锡焊加固。

（5）在电动机保护接地中，可利用电动机与控制开关之间的导线保护钢管作为控制开关外壳的接地线，其安装方法如图 2–7–10 所示。

（6）接地支线的每个连接处都应置于明显部位，便于检修。

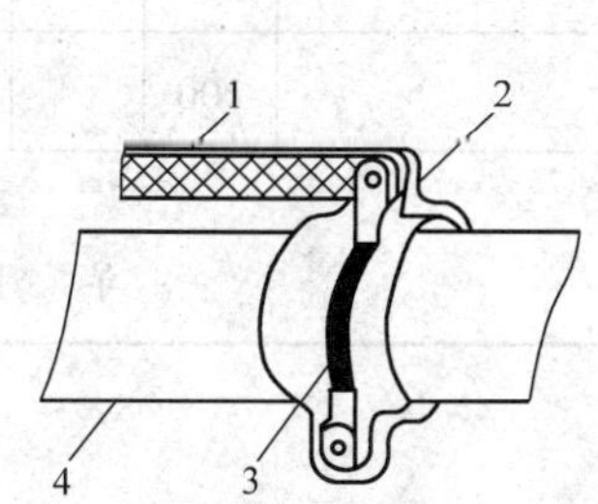

图 2–7–9　金属管道的过渡性电连接

1—接地线　2—金属包箍
3—跨接导线　4—金属管道

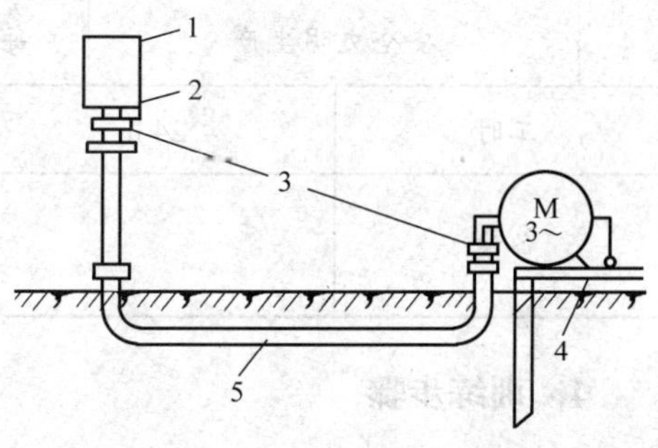

图 2–7–10　利用自然金属体做接地支线

1—开关外壳　2—接地点　3—金属夹头
4—接地干线　5—电源线保护钢管

技能训练

1. 训练内容

制作和安装如图 2–7–11 所示的接地装置。

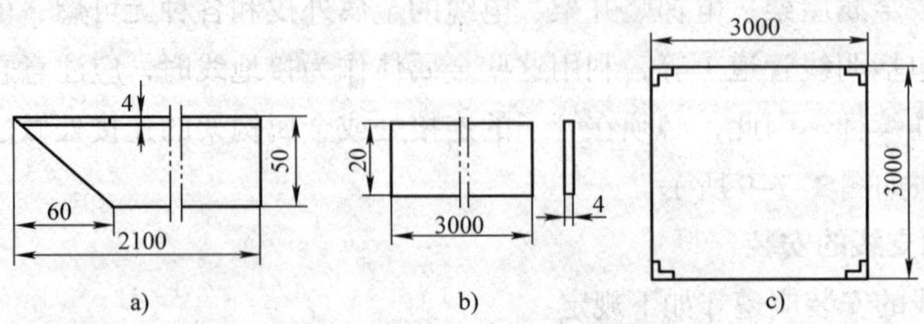

图 2–7–11　接地装置

a）垂直接地体　b）接地体连接干线　c）接地网平面图

2. 工具、仪表及材料

接地体（4 mm×50 mm×50 mm×2 100 mm 角钢）4 个、接地体连接干线（4 mm×20 mm×300 mm 扁钢）4 条、钳工工具 1 套、电工工具 1 套、接地电阻表（ZC–8 型）及附件 1 套。

3. 评分标准

评分标准见表 2–7–3。

表 2–7–3　评分标准

序号	项目内容	评分标准	配分	扣分	得分
1	接地体制作	制作不符合要求，每个扣 10 分	20		
2	接地体连接干线	连接不符合要求，每个扣 10 分	20		
3	接地电阻测量	（1）接地电阻表使用不正确扣 40 分 （2）漏填数据，每个扣 3 分	50		
4	安全文明生产	每违反一次操作规程扣 5 分	10		
工时	24 h	合计	100		
备注		教师签字	年　月　日		

4. 训练步骤

（1）加工接地体

1）先按图 2–7–11a 所示尺寸要求落料。

2）角钢如有弯曲应矫正平直。

3）按图 2–7–11a 所示尺寸加工楔尖。

（2）加工接地体连接干线，按图 2–7–11b 所示尺寸要求落料，如有弯曲应矫正平直。

（3）按图 2–7–11c 所示在地面画线，定好四支接地体的安装位置。

（4）用打桩法逐一将四个接地体垂直打入地面，顶端露出地面 150 mm，并将四周土夯实。

（5）用接地电阻表和万用表逐一测量四支接地体的接地电阻，比较结果。

（6）用接地电阻表测量接地网的接地电阻。

提示

◇制作垂直接地体的角钢，如果有弯曲，一定要矫直，否则不易打入地面，且接地体与土壤之间有缝隙，会增大接地电阻。

◇用打桩法安装接地体时，扶持接地体者双手不要紧握接地体，要把握稳，扶持平直，不要摇摆，否则打入地面的接地体会与土壤产生缝隙，增大接地电阻。

◇安装时，要注意操作安全。

任务二　接地装置的检修

学习目标

1. 能根据技术要求测试接地电阻。
2. 能根据技术要求检修接地装置。

一、接地电阻的测量

测量接地电阻常用 ZC–8 型接地电阻表，如图 2–7–12 所示。

1. 拆开接地干线与接地体的连接点，或拆开接地干线上所有接地支线的连接点，如图 2–7–13a 所示。

a)

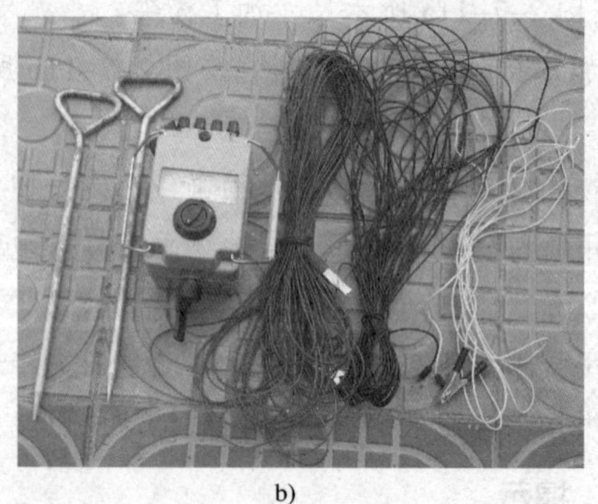
b)

图 2-7-12　ZC-8 型接地电阻表及其附件
a）外形图　b）接地电阻表及其附件

a)

b)

c)

图 2-7-13　测试方法
a）拆开接地干线与接地体的连接点　b）进行测试　c）操作接地电阻表

2. 将一支测量接地棒插在离接地体 40 m 远处；另一支测量接地棒插在离接地体 20 m 远处，两个接地棒均垂直插入地面深 400 mm。

3. 将接地电阻表放置在接地体附近平整的地方后接线。最短的一根连接线连接表上接线柱 E 和接地体；最长的一根连接线连接表上接线柱 O 和 40 m 处的接地棒；较短的一根连接线连接表上接线柱 P—P 和 20 m 远的接地棒。

4. 根据被测接地体接地电阻要求，调节好粗调旋钮（表上有三挡可调）。

5. 以 120 r/min 的转速均匀摇动手柄，当表头指针偏离中心时，边摇边调节细调拨盘，直到表针居中为止，如图 2-7-13b、图 2-7-13c 所示。

6. 以细调拨盘的位置读数乘以粗调定位的倍数，其结果就是被测接地体的接地电阻值。例如，细调拨盘的读数是 0.35，粗调定位倍数是 10，则被测接地电阻值是

3.5 Ω。

为了保证所测接地电阻值的可靠性，应在测试完毕后移动两根接地棒，换一个方向进行复测。每一次所测的电阻值不会完全一致，可取几处测试值的平均值，作为最后的数值。

二、接地装置的维修

1. 定期检查和维护保养

（1）工作接地装置每隔半年或一年复测一次，保护接地装置每隔一年或两年复测一次。接地电阻增大时，应即时修复，切不可勉强使用。

（2）接地装置的每一个连接点，尤其是采用螺钉压接的连接点，应每隔半年或一年检查一次。连接点出现松动，必须及时拧紧。采用电焊焊接的连接点，也应定期检查焊接是否完好。

（3）接地线的每个支点，应进行定期检查，发现有松动脱落的，应及时维修固定。

（4）定期检查接地体和接地连接干线是否出现严重锈蚀，若有严重锈蚀，应及时修复或更换，不可勉强使用。

2. 常见故障及检修方法

（1）连接点松散或脱落　最容易出现松脱的有：移动用电设备的接地支线与外壳（或插头）之间的连接处；铝芯接地线的连接处；有振动的设备的接地连接处。发现接地线松散有漏接或脱落时，应及时重新接妥。

（2）遗漏接地或接错位置　在设备进行维修或更换时，一般都要拆卸电源线头和接地线头；待重新安装设备时，往往会因疏忽而把接地线头漏接或接错位置。发现有漏接或接错位置时，应及时纠正。

（3）接地线局部的电阻增大　常见的原因有：连接点存在轻度松散，连接点的接触面存在氧化层或其他污垢，跨接过渡线松散等。一旦发现，应及时重新拧紧压接螺钉或清除氧化层及污垢后接妥。

（4）接地线的截面积过小　通常由于设备容量增加后而接地线没有相应更换所引起，接地线应按规定做相应的更换。

（5）接地体的散流电阻增大　通常是由于接地体被严重腐蚀所引起，也可能是接地体与接地线之间的接触不良所引起。发现后，应重新更换接地体，或重新把连接处接妥。

技能训练

1. 训练内容

检测接地装置的接地电阻。

2. 工具、仪表及材料

已安装好的接地体 2 处、接地体连接干线 2 根（BVR2.5 mm^2、BVR4 mm^2 各 10 m）、钳工工具 1 套、电工工具 1 套、接地电阻表（ZC–8 型）及附件 1 套。

3. 评分标准

评分标准见表 2–7–4。

表 2–7–4　评分标准

序号	项目内容	评分标准	配分	扣分	得分
1	万用表测试接地电阻	测量接地电阻用万用表估测不正确扣 20 分	20		
2	接地电阻表用法	测量接地电阻表使用不正确扣 40 分	50		
3	测试值	读取测试值错误每次扣 10 分	20		
4	安全文明生产	每违反一次操作规程扣 5 分	10		
工时	1 h	合计	100		
备注		教师签字	年　月　日		

4. 训练步骤

（1）准备好测试仪器和工具，并检查接地电阻表是否完好。

（2）勘察现场，选择测量接地棒的位置。

（3）安装测量接地棒，根据技术要求，将测量接地棒安装好并与接地电阻表连接好。

（4）调整好粗调旋钮，摇动手柄，以 120 r/min 的速度开始测试，边摇动，边调整细盘。

（5）当表针指向中间位置时，读取数值，并换算成实际值。

（6）拆除连接线和测量接地棒，整理现场。

第三单元
室内线路的安装与检修

课题一　室内线路配线

任务一　塑料护套线配线

学习目标

1. 掌握塑料护套线配线的工艺和步骤。
2. 能根据规范进行塑料护套线配线。

塑料护套线是一种有塑料保护层的双芯或多芯绝缘导线，采用塑料护套线进行明线安装具有防潮、耐酸、耐腐蚀、线路造价较低和安装方便等优点。塑料护套线可以直接敷设在空心板墙壁以及其他建筑物表面，用线卡等作为导线的支持物。用塑料卡钉进行塑料护套线配线较为方便，现在使用也较广泛。

一、定位

根据布置图确定导线的走向和各个电器的安装位置，并做好记号。

二、划线

根据确定的位置和线路的走向用线袋划线。方法如下：在需要走线的路径上，将线袋的线拉紧绷直，弹出线条，要做到横平竖直。垂直位置吊铅垂线，如图 3–1–1 所示，水平位置通过目测划线，如图 3–1–2 所示。

图3-1-1　划垂直线

图3-1-2　划水平线

三、敷设导线并固定卡钉

在定位及划线后，根据布线原则敷设护套线，相邻线卡（或塑料卡钉）之间的距离为 150 ~ 200 mm，弯角处线卡（或塑料卡钉）离弯角顶点的距离为 50 ~ 100 mm，护套线离开关、灯座的距离为 50 mm。具体操作步骤如图 3-1-3 所示。

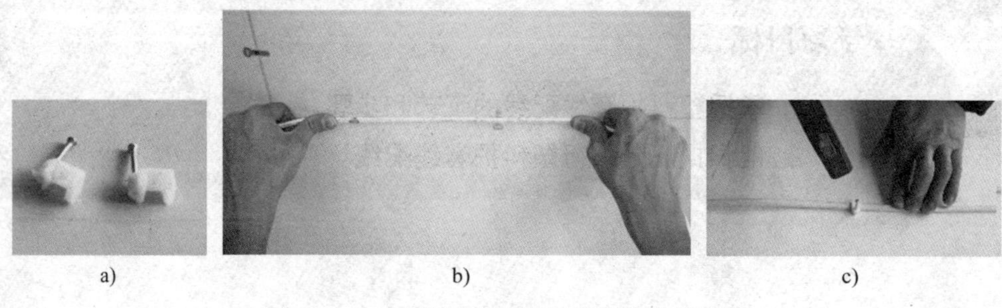

a)　　b)　　c)

图3-1-3　用塑料卡钉进行塑料护套线配线

a）准备卡钉　b）敷设导线　c）固定卡钉

如果线路较长，可一人放线，另一人敷设，如图 3-1-4 所示。注意不可使导线产生扭曲，放出的导线不得在地上拉拽，以免损伤导线护套层。护套线的敷设必须横平竖直。敷设时用一只手拉紧导线，另一只手将导线固定，在弯角处应按最小弯曲半径来处理，这样可使布线更美观。

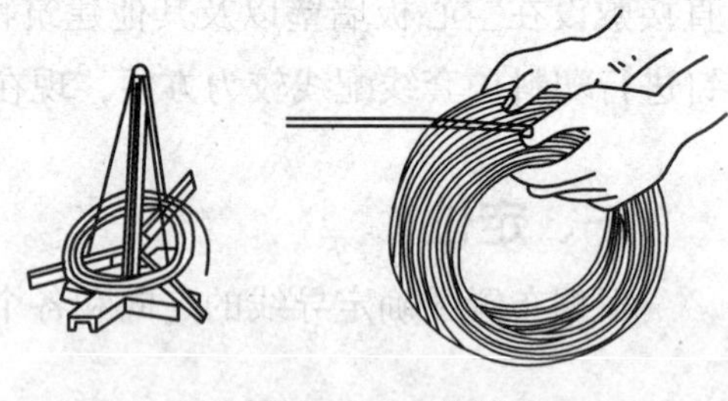

图3-1-4　放线

提示

◇室内使用塑料护套线配线时，其截面规定铜芯不得小于 0.5 mm^2，铝芯不得小于 1.5 mm^2。室外使用塑料护套线配线时，其截面规定铜芯不得小于 1.0 mm^2，铝芯不得小于 2.5 mm^2。

◇护套线不可在线路上直接连接，应通过瓷接头、接线盒或借用其他电器的接线柱连接。

◇护套线转弯时，用手将导线勒平后，弯曲成型，再嵌入线卡（或塑料卡钉），折弯半径不得小于导线直径的 3 ~ 6 倍，转弯前后应各用一个铝片线卡夹住。

◇护套线进入木台前，应安装一个线卡（或塑料卡钉），如图 3–1–5 所示。

◇两根护套线相互交叉时，交叉处要用四个线卡（或塑料卡钉）卡住，如图 3–1–6 所示。护套线应尽量避免交叉。

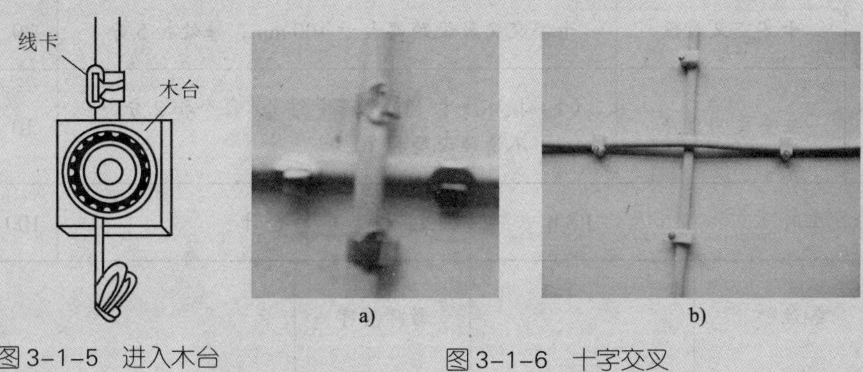

图3–1–5　进入木台

图3–1–6　十字交叉

a）线卡　b）塑料卡钉

◇护套线路的离地最小距离不得小于 0.5 m，在穿越楼板及离地低于 0.15 m 的一般护套线，应加电线管保护。

思考

护套线敷设过程中，如果导线和墙壁出现污物应怎么办？

技能训练

1．训练内容

练习塑料护套线配线。

2．设备、工具及材料

备齐所用工具、材料等。如电工工具、绝缘胶布、锤子、木螺钉、木榫、冲击钻及合金钻头、线袋、线卡（或塑料卡钉）和导线等。

3．评分标准

评分标准见表 3–1–1。

表 3-1-1　评分标准

序号	项目内容	评分标准	配分	扣分	得分
1	直线敷设	（1）不定位划线扣 5 分 （2）线卡（或塑料卡钉）不符合工艺要求扣 5 分 （3）导线敷设不直或凸起，每处扣 5 分	40		
2	拐角敷设	（1）拐角半径不符合要求，每处扣 10 分 （2）拐角线卡（或塑料卡钉）距离大于 100 mm，每处扣 5 分	30		
3	十字交叉敷设	十字交叉敷设距离大于 100 mm，每处扣 5 分	20		
4	安全文明生产	（1）损坏线卡（或塑料卡钉），每个扣 2 分 （2）不清理现场扣 10 分	10		
工时	1.5 h	合计	100		
备注		教师签字	年　月　日		

4．训练步骤

（1）定位、放线。

（2）做护套线转角敷设，将护套线做好拐角，然后敷设好线卡（或塑料卡钉）。

（3）做护套线十字交叉敷设，先敷设横线，再敷设竖线。

提示

◇直线敷设，需先调整护套线成平直。

◇拐角敷设，注意拐角半径尺寸。

◇使用锤子时，要注意安全。

任务二 塑料槽板配线

学习目标

1. 掌握塑料槽板配线的工艺和步骤。
2. 能根据规范进行塑料槽板配线。

塑料槽板（阻燃型）布线是把绝缘导线敷设在塑料槽板的线槽内，上面用盖板把导线盖住。这种布线方式适用于办公室等干燥房屋内的照明，也适用于工程改造更换线路以及弱电线路吊顶内暗敷等场所使用。塑料槽板布线通常在墙体抹灰粉刷后进行。

线槽的种类很多，如图 3–1–7 所示，应根据不同的场合合理选用。如一般室内照明等线路选用 PVC 矩形截面的线槽，用于地面布线应采用带弧形截面的线槽，用于电气控制一般采用带隔栅的线槽。

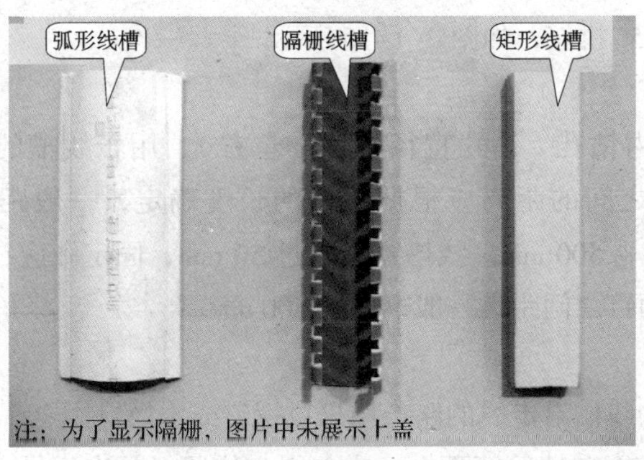

图 3–1–7 线槽的种类

一、塑料槽板配线的工艺和步骤

1. 选用线槽

根据导线直径及各段线槽中导线的数量确定线槽的规格，线槽的规格是以矩形截面的长、宽来表示，弧形一般以宽度表示。

2. 划线定位

为使线路安装得整齐、美观，塑料槽板应尽量沿房屋的线脚、横梁、墙角等处敷设，并与用电设备的进线口对正，与建筑物的线条平行或垂直。

选好线路敷设路径后，根据每节 PVC 槽板的长度，确定 PVC 槽板底槽固定点的位置（先确定每节塑料槽板两端的固定点，然后按间距 500 mm 以下均匀地确定中间固定点）。

3. 固定槽板

PVC 槽板安装前，应首先将平直的槽板挑选出来，剩下的略有弯曲的槽板应设法用在不显眼的地方。

各种线槽的敷设制作如图 3-1-8 和图 3-1-9 所示。

4. 敷设导线

敷设导线应以“一分路一条 PVC 槽板”为原则。PVC 槽板内不允许有导线接头，以减少隐患，如必须接头时要加装接线盒。

5. 固定盖板

将盖板盖好，整理现场。

二、塑料槽板配线的安装

1. 选用槽板

根据电源、开关盒、灯座的位置，量取各段线槽的长度，用锯分别截取。在线槽直角转弯处应采用 45° 拼接，如图 3-1-10 所示。

2. 钻孔

用电钻在线槽内钻孔（钻孔直径 4.2 mm 左右），用于线槽的固定，如图 3-1-11 所示。相邻固定孔之间的距离应根据线槽的长度确定，一般距线槽的两端为 5 ~ 10 mm，中间为 300 ~ 500 mm。线槽宽度超过 50 mm，固定孔应在同一位置的上下分别钻两个孔。中间两钉之间距离一般不大于 500 mm。

3. 固定槽板

（1）将钻好孔的线槽沿走线的路径用自攻螺钉或木螺钉固定。

（2）如果是固定在砖墙等墙面上，应在固定位置上画出记号，如图 3-1-12 所示。用冲击钻或电锤在相应位置上钻孔，钻孔直径一般在 ϕ8 mm，其深度应略大于塑料胀管或木榫的长度。埋好木榫，用木螺钉固定槽底；也可用塑料胀管来固定槽底。

4. 敷设导线

敷设导线到灯具、开关、插座等接头处，要留出长 100 mm 左右导线，用作接线。在配电箱和集中控制的开关板等处，按实际需要留足长度，并做好统一标记，以便接线时识别。

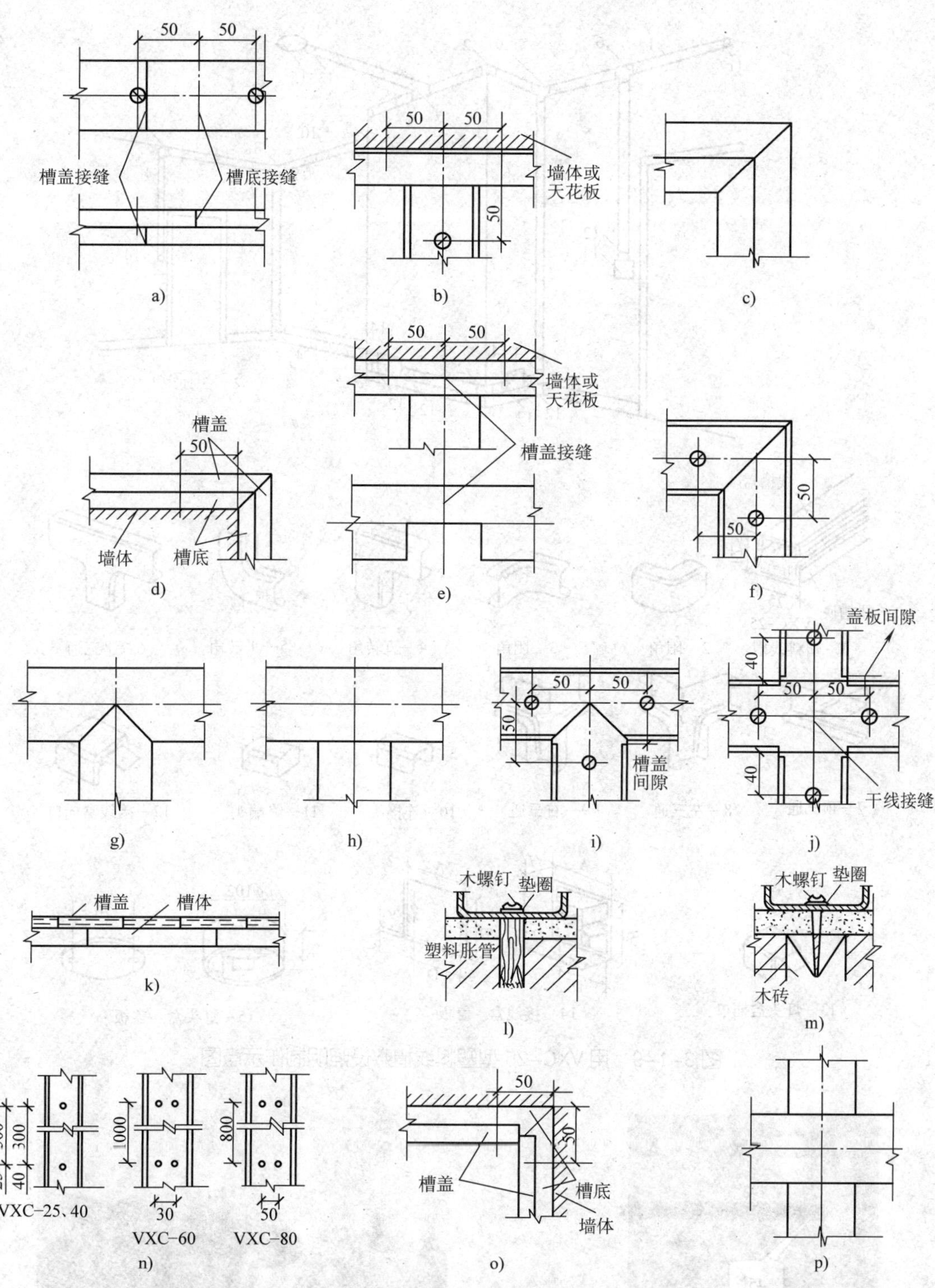

图 3-1-8 VXC40-80 型塑料线槽敷设制作

a）槽底和槽盖的对接做法 b）顶三角接头槽底做法 c）槽盖平拐角做法 d）槽底和槽盖外拐角做法 e）顶三角接头槽盖做法 f）槽底平拐弯做法 g）槽盖分支接头做法之一 h）槽盖分支接头做法之二 i）槽底分支接头做法 j）槽底十字接头做法 k）槽盖和槽底错位搭接示意图 l）用塑料膨胀管安装 m）用木砖安装 n）槽体固定点间距尺寸 o）槽底和槽盖内拐角做法 p）槽盖十字接头做法

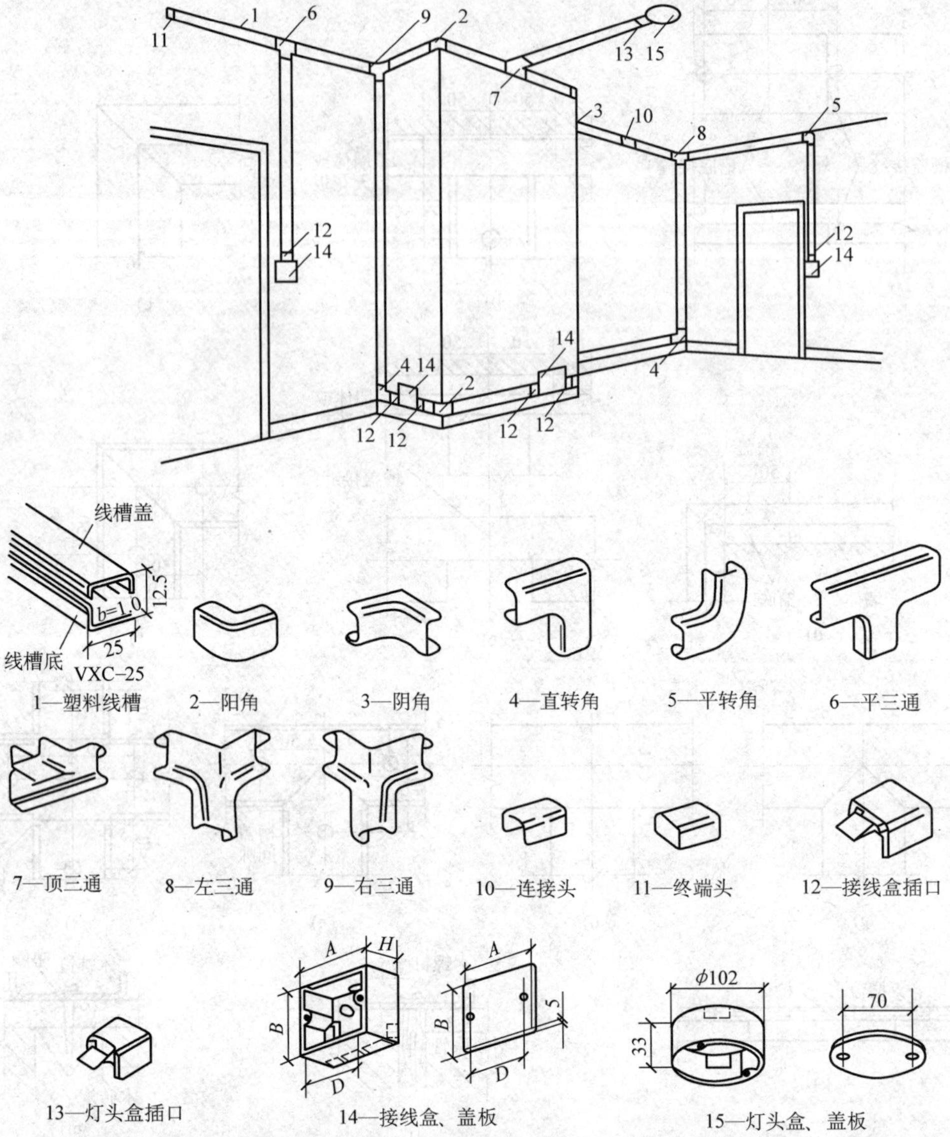

线槽盖
线槽底
12.5
b=1.0
25
VXC–25

1—塑料线槽　2—阳角　3—阴角　4—直转角　5—平转角　6—平三通

7—顶三通　8—左三通　9—右三通　10—连接头　11—终端头　12—接线盒插口

13—灯头盒插口　14—接线盒、盖板　15—灯头盒、盖板

A　H　B　D　5　ϕ102　33　70

图 3–1–9　用 VXC–25 型塑料线槽敷设照明制作示意图

图 3–1–10　45° 拼接

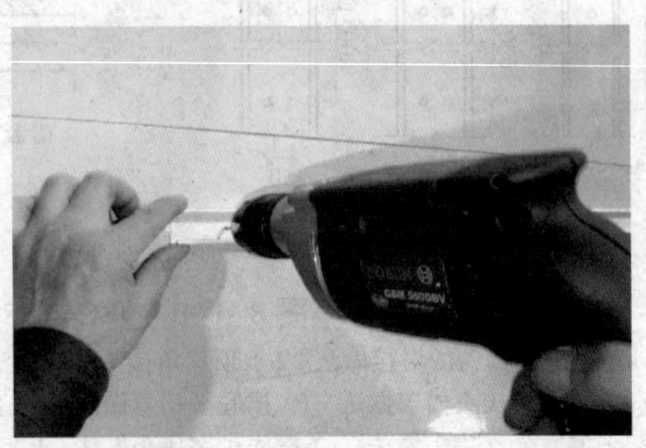

图 3–1–11　线槽内钻孔

5. 固定盖板

在敷设导线的同时，边敷线边将盖板固定在槽底板上，如图 3–1–13 所示。

图 3–1–12 做出标记

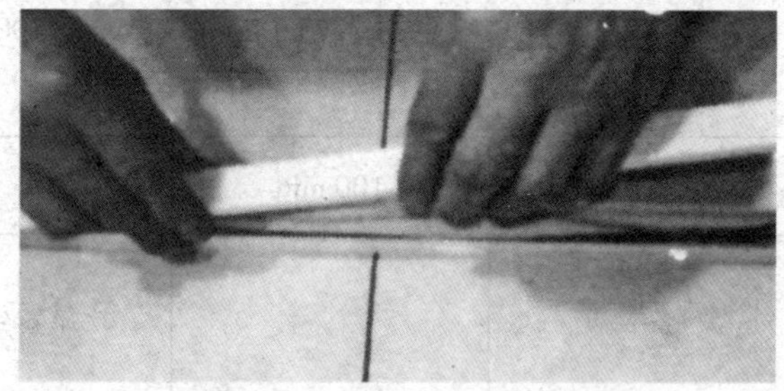

图 3–1–13 固定盖板

提示

◇锯槽底和槽盖拐角方向要相同。

◇固定槽底时，要钻孔，以免线槽裂开。

◇使用钢锯时，要小心锯条折断伤人。

◇ PVC 槽板在转角处连接时，应把两根槽板端部各锯成 45° 斜角。

技能训练

1. 训练内容

在配线板上用塑料槽板配线。

2. 工具及材料

绝缘电线（根据照明灯的功率自定）15 m，塑料槽板（自定）5 m，塑料槽板配套分接盒（自定）2 个，木螺钉（塑料槽板固定用钉）30 个，配线板［500 mm×（600 ~ 2 000 mm）×25 mm］1 块。

3. 评分标准

评分标准见表 3–1–2。

表 3–1–2 评分标准

序号	项目内容	评分标准	配分	扣分	得分
1	平拐角	（1）拐角大于或小于 90°，每处扣 10 分 （2）拐角接头不齐，每个扣 10 分	30		
2	分支接头	（1）分支接头不齐，每个扣 10 分 （2）分支角度锯削不符合要求，每个扣 10 分	30		
3	十字交叉接头	十字交叉接头不齐，每个扣 10 分	30		

续表

<table>
<tr><th>序号</th><th>项目内容</th><th colspan="3">评分标准</th><th>配分</th><th>扣分</th><th>得分</th></tr>
<tr><td>4</td><td>安全文明生产</td><td colspan="3">（1）损坏线槽，每 100 mm 扣 10 分
（2）不清理场地扣 10 分</td><td>10</td><td></td><td></td></tr>
<tr><td colspan="2">工时</td><td>100 min</td><td colspan="2">合计</td><td>100</td><td></td><td></td></tr>
<tr><td colspan="2">备注</td><td></td><td>教师签字</td><td colspan="4">年　月　日</td></tr>
</table>

4. 训练步骤

（1）绘制线路布置图。

（2）定位。

（3）划线。

（4）锯槽底和槽盖拐角 4 个。

（5）锯槽底和槽盖十字交叉接头 2 个。

（6）用木螺钉固定槽底。

（7）敷设导线，并盖上槽板。

任务三　线管配线

学习目标

1. 掌握线管配线安装工艺和要求。
2. 能按照规范进行钢管配线。
3. 能按照规范进行塑料管配线。

一、钢管配线

1. 钢管的选用

配线用的钢管有厚壁和薄壁两种，后者又称为电线管。对于干燥环境，也可以用薄壁钢管明敷和暗敷。对潮湿、易燃、易爆场所和地下埋设，则必须用厚壁钢管。

钢管不能有折扁、裂纹、沙眼，管内应无毛刺、铁屑，管内、外不应有严重的锈蚀。为了便于穿线，应保证导线截面积（含绝缘层）不超过线管内径截面积的 40%。线管的选用通常由设计而定，也可参阅表 3–1–3 选用。

表 3–1–3 单芯绝缘导线穿管管径选用表

导线截面积 / mm^2	水煤气钢管最小管径 /mm				电线管最小管径 /mm			
	2 根	3 根	4 根	5 根	2 根	3 根	4 根	5 根
1.5	15	15	15	20	20	20	20	25
2.5	15	15	20	20	20	20	20	25
4	15	20	20	20	20	20	25	25
6	20	20	20	20	20	20	25	32
10	20	25	25	32	25	32	32	48
16	25	25	32	32	32	32	40	40
25	32	32	40	40	32	40	—	—
35	32	40	50	50	40	40	—	—
50	40	50	50	70				
70	50	50	70	70				
95	50	50	70	70				
120	70	70	80	80				

2. 钢管配线步骤

（1）除锈和涂漆　敷设前，应将已选用的钢管内外的灰渣、油污与锈块等清除。为了防止除锈后重新氧化，应迅速涂漆。常用的除锈去污方法有如下两种：

1）手工除锈　在钢丝刷两端各绑一根长度适当的铁丝，将铁丝和钢丝刷穿过钢管，来回拉动，如图 3–1–14 所示，即可去除钢管内部锈块。

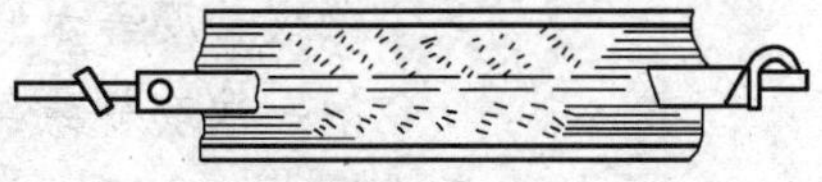

图 3–1–14　手工除锈法

提示

◇钢管外壁除锈很容易，可直接用钢丝刷或电动除锈机除锈。除锈后应立即涂防锈漆。

◇在混凝土中埋设的管子外壁不能涂漆，否则会影响钢管与混凝土之间的结构强度。

◇如果钢管内壁有污垢，也可在一根长度足够的铁丝中扎上适量的布条，在管子中来回拉动，即可擦掉，待管壁清洁后，再涂上防锈漆。

2）压缩空气吹除法　在管子的一端注入高压压缩空气，吹净管内污物。

（2）套螺纹　为了使钢管与钢管之间或钢管与接线盒之间连接起来，就需在连接处套螺纹，钢管套螺纹时，可用管子套螺纹绞板，如图 3–1–15 所示，常用的绞板规格有 0.5 ~ 2 in（12.7 ~ 50.8 mm）和 2.5 ~ 4 in（63.5 ~ 101.6 mm）两种。套螺纹时，应先将线管夹在管钳或台虎钳上，然后用套螺纹绞板绞出螺纹，如图 3–1–16 和图 3–1–17 所示。

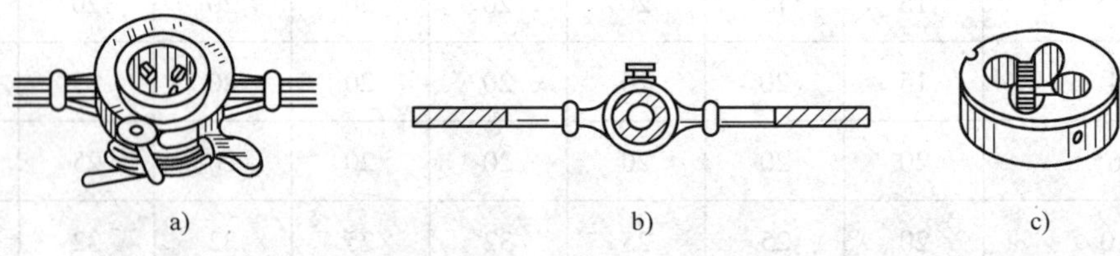

a)　b)　c)

图 3–1–15　管子套螺纹绞板

a）钢管绞板　b）板架　c）板牙

图 3–1–16　安装板牙

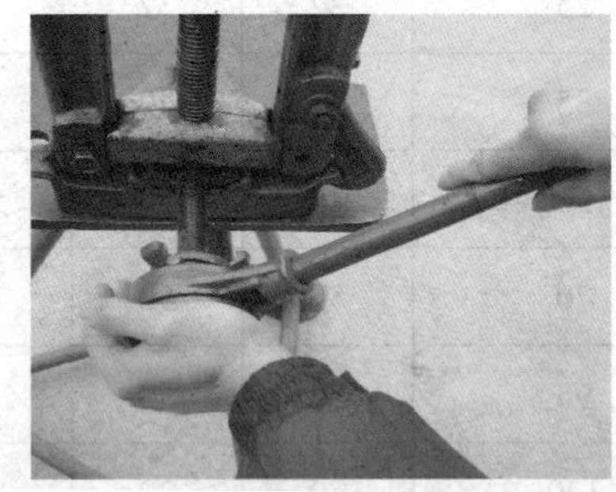

图 3–1–17　套螺纹

提示

◇操作时，用力要均匀，并加润滑油，以保证螺纹牙光滑。

◇螺纹长度等于管箍长度的 1/2 加 1 ~ 2 牙的长度。

◇第一次套螺纹结束后，松开板牙，再调整其距离，比第一次小一点尺寸再套一次。

◇在第二次套螺纹快要完成时，稍微松开板牙，边绞边松，使其形成锥形的牙。

◇套螺纹结束后，应用管箍试旋。

◇选用板牙时，必须注意管径是以内径还是以外径标称的，否则无法应用。

（3）钢管的锯削　敷设电线的钢管一般都用钢锯锯削。下锯时，锯要扶正，向前推动时适度加压力，但不能用力过猛，以防折断锯条。钢锯回拉时，应稍微抬起，减小锯条磨损。管子快要锯断时，要放慢速度，使断口平整。锯断后用半圆锉锉掉管口内侧的棱角，以免穿线时割伤导线。

（4）弯管

1）弯管器种类

①手动弯管器　手动弯管器体积小，是弯管器中最简单的一件工具，其外形和使用方法如图 3–1–18 所示。手动弯管器适用于直径 50 mm 以下的管子，更适用于现场施工弯管或没有电源供电场所的弯管。

图 3–1–18　手动弯管器弯管

②电动液压顶弯机　电动液压顶弯机由单向电动机、液压缸和弯管模具组成，适用于直径 15 ~ 100 mm 钢管的弯制，弯管时只要选择合适的弯管模具装入机器中穿入钢管，即可弯制。普通电动弯管机和数控弯管机两种类型分别如图 3–1–19a、b 所示。

2）弯管方法　为了便于线管穿线，管子的弯曲角度一般不应小于 90°。明管敷设时，管的弯曲半径 $R \geqslant 4d$；暗管敷设时，管的曲率半径 $R \geqslant 6d$，$\theta \geqslant 90°$，如图 3–1–20 所示。

a）

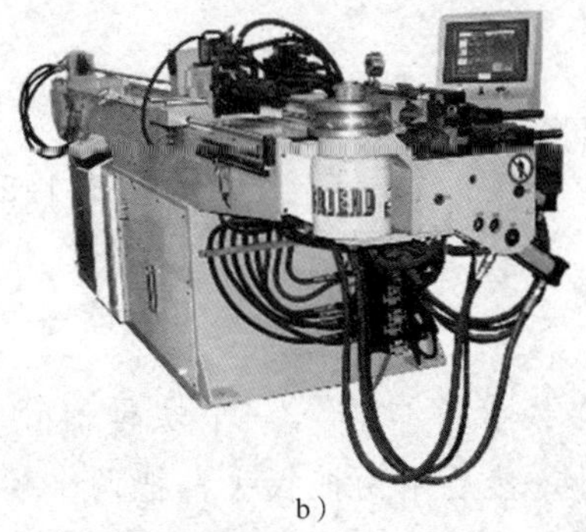

b）

图 3–1–19　电动液压弯管机

a）普通电动弯管机　b）数控弯管机

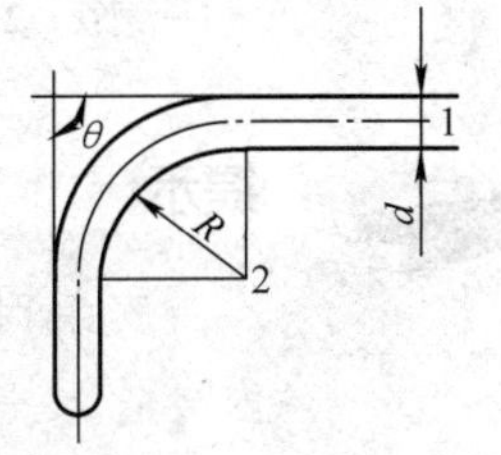

图 3–1–20　钢管的弯度

1—管子外径　2—曲率半径

提示

◇直径在 50 mm 以下的线管，可用弯管器进行弯曲，在弯曲时，要逐步移动弯管器棒，且一次弯曲的弧度不可过大，否则会弯裂或弯瘪线管。

◇凡管壁较薄而直径较大的线管，弯曲时，管内要灌砂，否则会将钢管弯瘪。如采用加热弯曲，要用干燥的砂灌满，并在管两端塞上木塞，如图 3–1–21 所示。

◇弯曲有缝管时，应将焊缝处放在弯曲的侧边，作为中间层，这样可使焊缝在弯曲时不开裂，如图 3–1–22 所示。

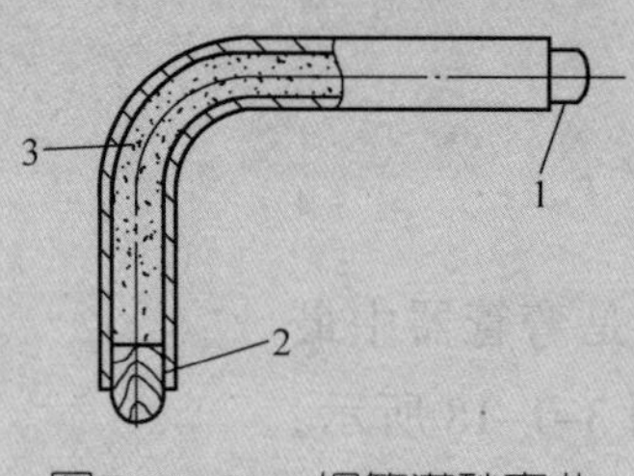

图 3–1–21　钢管灌砂弯曲

1、2—木塞　3—黄沙

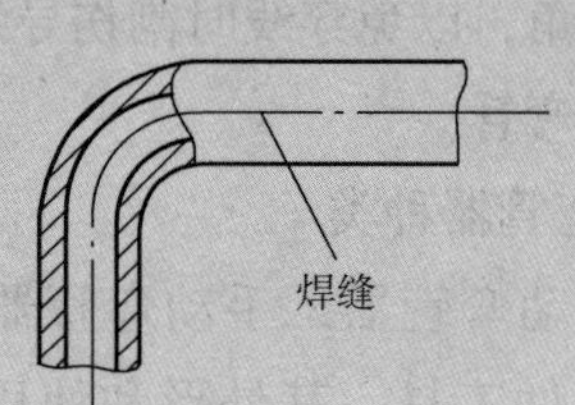

图 3–1–22　有缝管的弯曲

（5）钢管的连接

1）钢管与钢管连接如图 3–1–23 所示，其间采用管箍连接。为了保证管接口的严密性，管子螺纹部分应顺螺纹方向缠上麻丝（或薄膜塑料带），并在麻丝上涂一层白漆，然后拧紧，并使两端面吻合。

2）钢管与接线盒的连接如图 3–1–24 所示，钢管的端部与各种接线盒连接时，接线盒内外应各用一个薄形螺母或锁紧螺母夹紧线管。

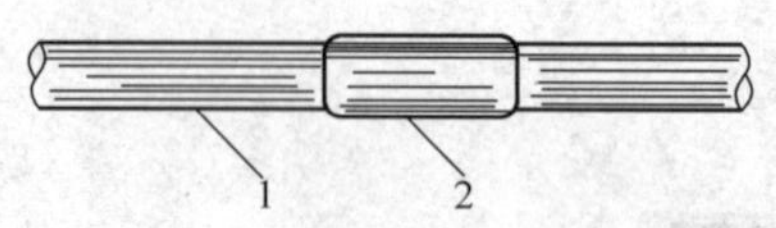

图 3–1–23　管箍连接钢管

1—钢管　2—管箍

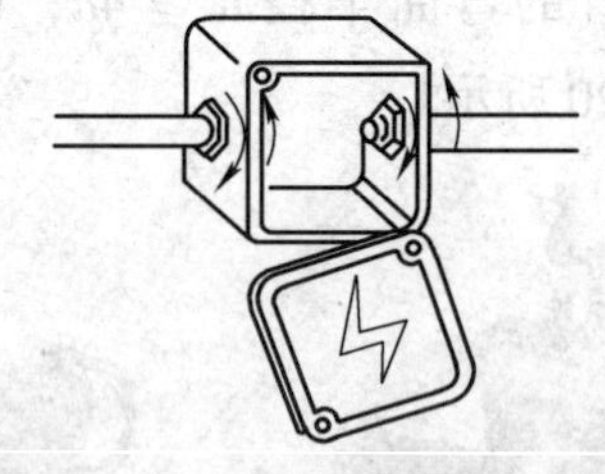

图 3–1–24　钢管与接线盒的连接

提示

安装时，先在线管管口拧入一个螺母，管口穿入接线盒后，在盒内再拧入一个螺母。然后用两把扳手，把两个螺母反向拧紧，如果需密封，则在两螺母上各垫入封口垫圈。

（6）钢管的接地　钢管配线必须可靠接地。为此，在钢管与钢管、钢管与配线盒及配电箱连接处，用 $\phi 6 \sim \phi 10$ mm 圆钢制成的跨接线连接，如图 3–1–25 所示。

（7）钢管的敷设

1）明管敷设的顺序和工艺

明管敷设的顺序为：确定用电设备安装位置→划出管道走向中心交叉位置→埋设紧固件→加工钢管→固定并连接钢管→系统妥善接地。

明管敷设要求整洁美观、安全可靠。沿建筑物敷设要横平竖直，固定点直线距离应均匀，一般为 1.0 ~ 2.5 m。管卡距始端、终端、转角中点以及与接线盒边沿的距离和跨越电气器具的距离为 150 ~ 500 mm，如图 3–1–26 所示。

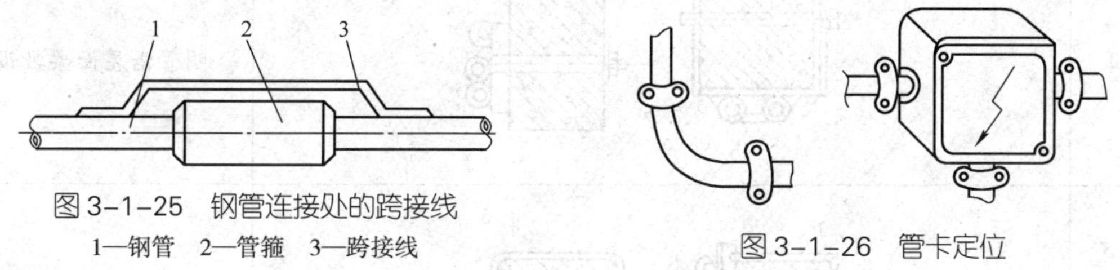

图 3–1–25　钢管连接处的跨接线

1—钢管　2—管箍　3—跨接线

图 3–1–26　管卡定位

2）明管敷设的形式　随着建筑物结构和形状的不同，钢管常用敷设形式见表 3–1–4。

表 3–1–4　明管敷设的形式

序号	图示	说明
1	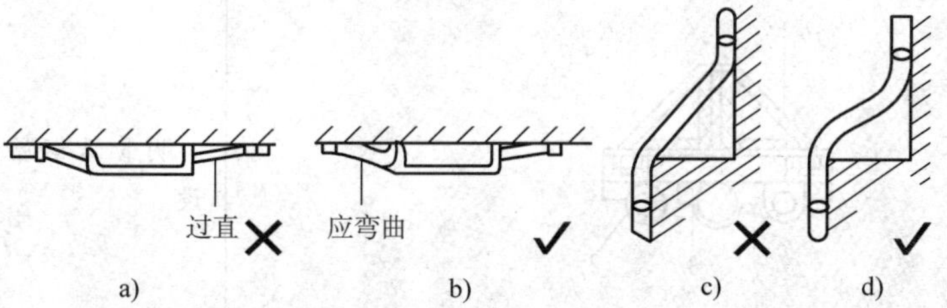 过直 ✕　应弯曲 ✓ a)　b)　c)　d) a）、c）不正确　b）、d）正确	明管进接线盒或沿墙转弯时，应在转弯处弯曲成“鸭脖子”形状
2	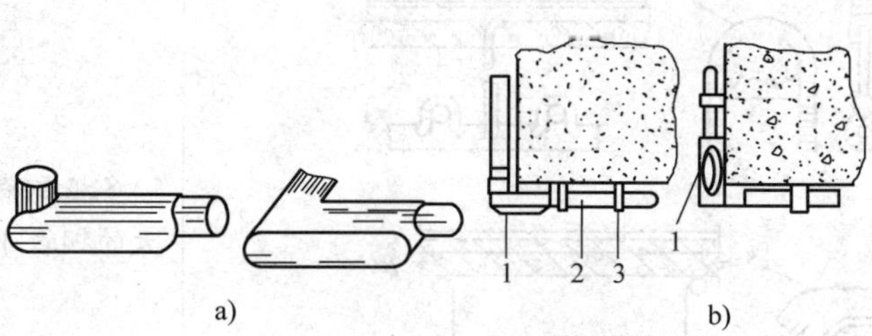 a)　b) a）拐角盒外形　b）拐角做法 1—拐角盒　2—钢管　3—管箍	明管沿墙建筑面凸面棱角拐弯时，可在拐弯处加装拐角盒，以便穿线、接线

续表

序号	图示	说明
3	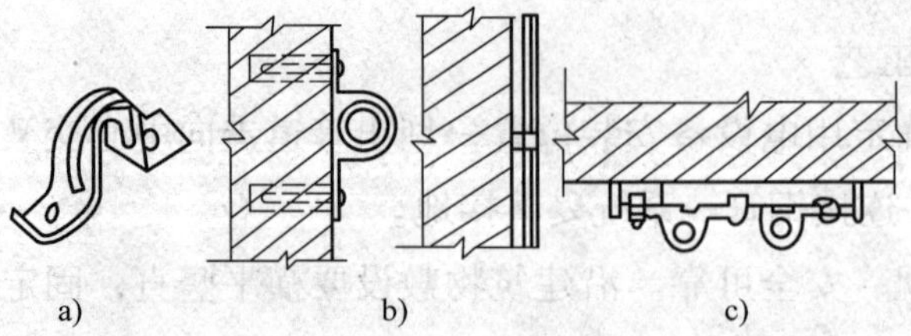 a) b) c) a）管卡　b）单管　c）双管	明管沿墙壁敷设时，可用管卡直接将线管固定在墙壁上，或用管卡固定在预埋的角钢支架上
4	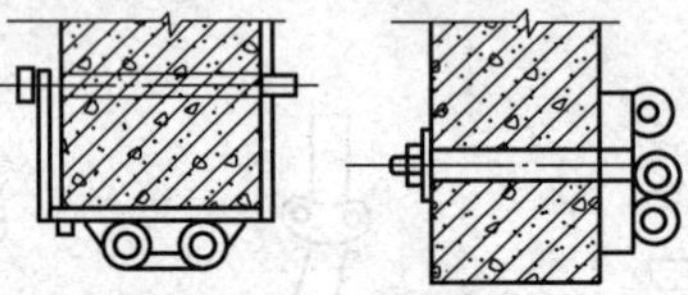	明管沿屋面梁敷设
5	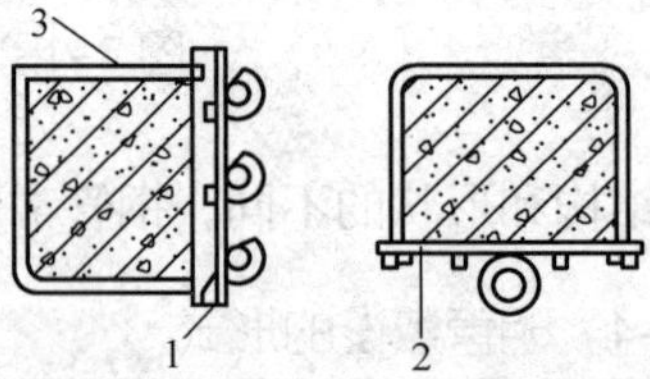 1、2—角钢支架　3—抱箍	明管沿屋架梁敷设
6	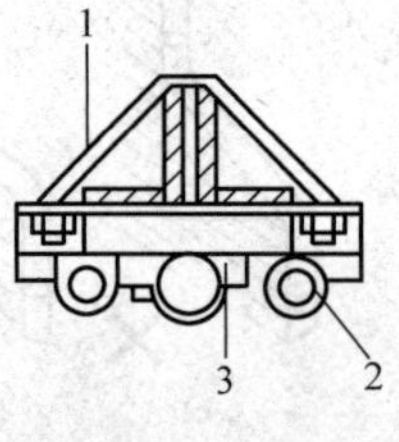 1—角钢支架抱箍　2—管箍　3—角钢支架	明管沿钢屋架梁敷设
7	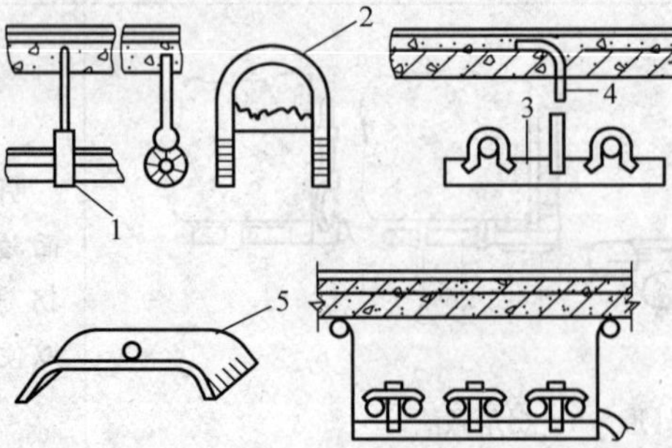 1—吊管卡　2—螺栓管卡　3—角钢支架　4—圆钢　5—卡板	多根钢管或管径较大的钢管可吊装敷设

续表

序号	图示	说明
8		在明管敷设中，根据建筑物的形状，条件许可时，还可用管卡槽和板管卡敷设钢管

3）暗管敷设的一般顺序

①按施工图样确定接线盒、灯头盒及线管在墙体、楼板或天花板中的位置，测出线路和管道敷设长度。

②对管道加工并确定好接线盒、灯头盒位置，然后在管口堵上木塞或废纸团，在盒内填废纸或木屑，以防水泥砂浆或杂物进入。

③将钢管或连接好的接线盒等固定在混凝土模板上。

④在管与管、管与盒、管与箱的接头两端焊上跨接线，使该管路系统的金属壳体连成一个可靠的接地整体。

4）暗管敷设的工艺要求

①在现浇混凝土楼板内敷设钢管，应在浇灌混凝土前进行。用石（砖）块在楼板上将钢管垫高 15 mm 以上，使钢管与混凝土模板保持一定距离，然后用铁丝将其固定在钢筋上，或用钉子将其固定在模板上，如图 3–1–27 所示。

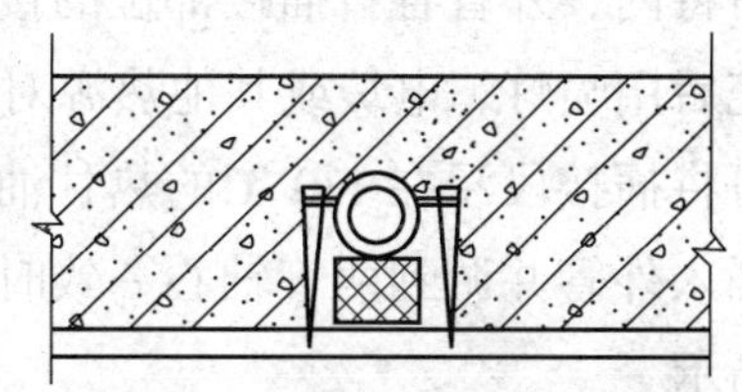

图 3–1–27 在混凝土楼板内固定暗管

②在砖墙内敷设钢管应在土建砌砖时预埋，边砌砖边预埋，并用砖屑、水泥砂浆将管子塞紧。砌砖时若不预埋钢管，应在墙体上预留管槽或凿打管槽，并在钢管的固定点预埋木榫，在木榫上钉入钉子。敷设时，将钢管用铁丝绑在钉子上，再将钉子进一步打入木榫，使管子与槽壁紧贴，最后用水泥砂浆覆盖槽口，恢复建筑物表面的平整。

③在地下敷设钢管，应在浇灌混凝土前将钢管固定。其方法是先将木桩或圆钢打入地下泥土中，用铁丝将钢管绑在这些支撑物上，下面用石块或砖块垫高，距离土面高 15 ~ 20 mm，再浇灌混凝土，使钢管位于混凝土内部，以避免潮气的腐蚀。

④在楼板内敷设钢管，由于楼板厚度的限制，对钢管外径的选择有一定要求：楼板厚 80 mm，钢管外径应小于 40 mm；楼板厚 120 mm，钢管外径不得超过 50 mm。注

意：浇混凝土前，在灯头盒或接线盒的设计位置预埋木块待混凝土固化后，再取出木块，装入接线盒或灯头盒，如图 3–1–28 所示。

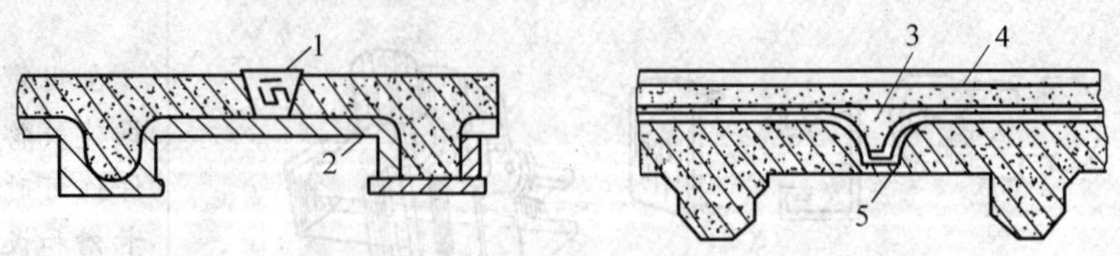

图 3–1–28 在楼板内暗敷钢管

1—木块 2—模板 3—水泥砂浆 4—焦渣垫层 5—接线盒

二、硬塑料管配线

1. 硬塑料管的选用

敷设电线的硬塑料管应选用热塑料管，优点是在常温下坚硬，有较大的机械强度，受热软化后，又便于加工。对管壁厚度的要求是：明敷时不应小于 2 mm，暗敷时不应小于 3 mm。

2. 硬塑料管的连接

（1）加热连接法

1）直接加热连接法 对直径为 50 mm 及以下的塑料管可用直接加热连接法。连接前先将管口倒角，即将连接处的外管倒内角，内管倒外角，如图 3–1–29 所示。然后将内、外管各自插接部位的接触面用汽油、苯或二氯乙烯等溶剂洗净，待溶剂挥发完后用喷灯、电炉或其他热源对插接段加热，加热长度为标称内径的 1.1 ~ 1.5 倍。也可将插接段浸在 130 ℃的热甘油或石蜡中加热至软化状态，将内管涂上黏合剂，趁热插入外管并调到两管轴心一致时，迅速用湿布包缠，使其尽快冷却硬化，如图 3–1–30 所示。

2）模具胀管法 对直径为 65 mm 及其以上的硬塑料管的连接，可用模具胀管法。先仍按照直接加热连接法对接头部分进行倒角、清除油垢并加热，等塑料管软化后，将已加热的金属模具趁热插入外管接头部，如图 3–1–31a 所示。然后用冷水冷却到 50 ℃左右，脱出模具。在接触面上涂黏合剂，再次加热，待塑料管软化后进行插接，到位后用水冷却，使外管收缩，箍紧内管，完成连接。

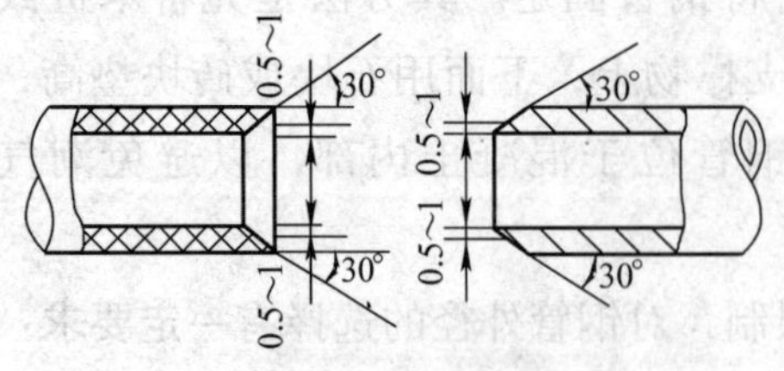

图 3–1–29 塑料管口倒角

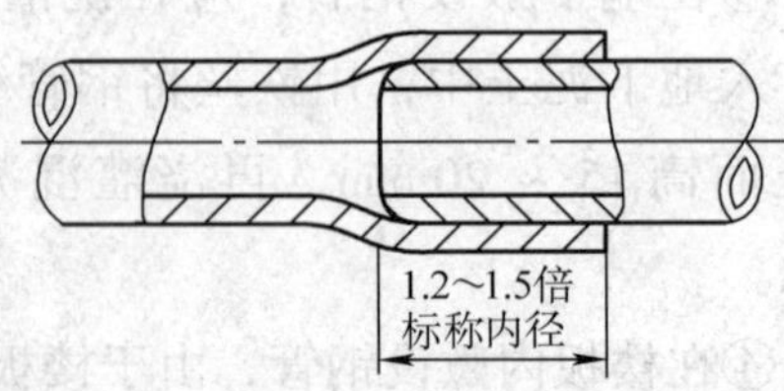

图 3–1–30 塑料管的直接插入

提示

硬塑料管在完成上述插接工序后，如果条件具备，用相应的塑料焊条在接口处圆周上焊接一圈，使接头成为一个整体，则机械强度和防潮性能更好。焊接完工的塑料管接头如图 3-1-31b 所示。

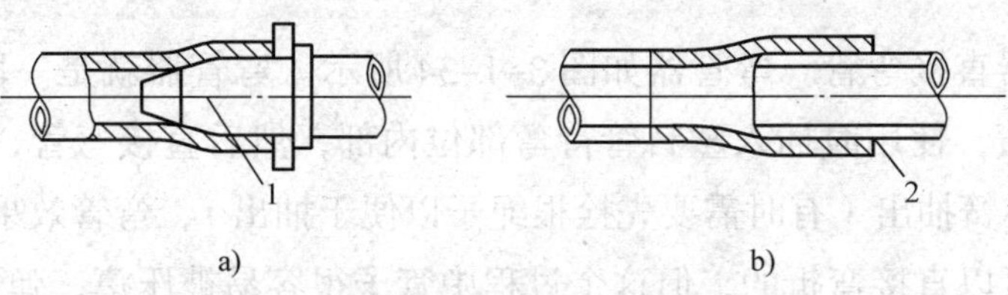

图 3-1-31 硬塑料管模具插接

a）胀管插接 b）接口焊接

1—成型模 2—焊缝

（2）套管连接法 两根硬塑料管的连接可在接头部分加套管完成。套管的长度为它自身标称内径的 2.5 ~ 3 倍，其中管径在 50 mm 以下者取较大值，在 50 mm 以上者取较小值。管内径以待插接的硬塑料管在套管加热状态刚能插进为合适。插接前，仍需先将管口在套管中部对齐，并处于同一轴线上，如图 3-1-32 所示。

3. 弯管

塑料管的弯曲通常用加热弯曲法和弯管器直接弯管。对塑料管的加热弯曲有直接加热和灌砂加热两种方法，此外，也常常采用弯管器进行弯管。

（1）加热弯曲法

1）直接加热法 直接加热法适用于管径在 20 mm 及以下的塑料管。将待加热的部分在热源上匀速转动，使其受热均匀，待管子软化时，趁热在木模上弯曲成型，如图 3-1-33 所示。

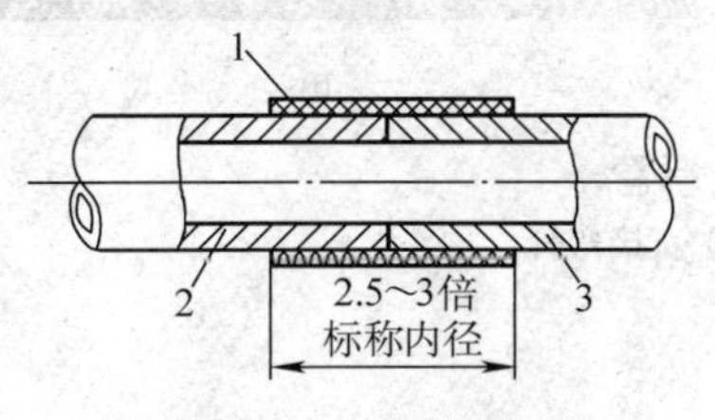

图 3-1-32 套管连接法

1—套管 2、3—接管

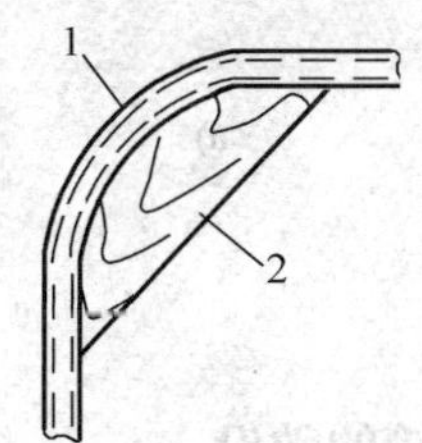

图 3-1-33 塑料管弯曲成型

1—弯管 2—木模

2）灌砂加热法 灌砂加热法适用于管径在 25 mm 及以上的硬塑料管。对于这种内径较大的管子，如果直接加热，很容易使其弯曲部分变瘪。为此，应先在管内灌入干燥砂粒并捣紧，塞住两端管口，再加热软化，在模具上弯曲成型。

提示

◇加热时要掌握好火候，首先要使管子软化，又不得烧伤、烤变色或使管壁出现凸凹状。

◇弯曲半径可做如下选择：明敷不能小于管径的6倍，暗敷不得小于管径的10倍。

（2）弯管器直接弯管　弯管器如图3–1–34所示。弯管器就是一段外径比塑料管内径稍小的弹簧，使用时插入塑料管待弯部位内部，然后直接弯管，如图3–1–35所示。弯好后将弹簧抽出（有时需要先拴根绳子以便于抽出），弯管效果如图3–1–36所示。塑料管是可以直接弯折的，但这个过程中管子很容易被压瘪，弹簧的作用就是从里面将其撑住。

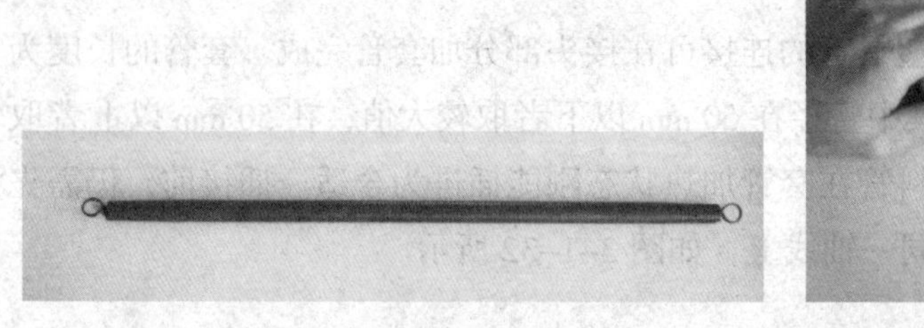

a)　　b)

图3–1–34　弯管器

a）自然状态　b）弯曲状态

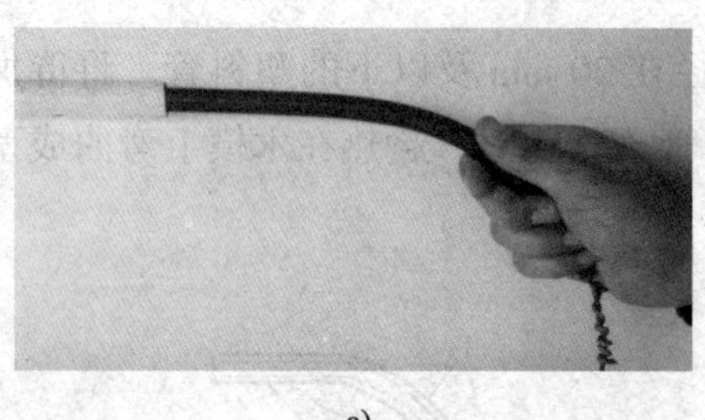

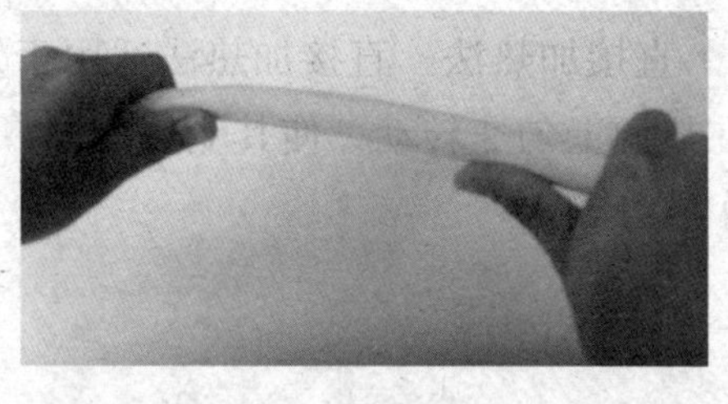

a)　　b)

图3–1–35　弯管

a）插入弯管器　b）直接弯管

4. 硬塑料管的敷设

硬塑料管的敷设与钢管在建筑物上（内）的敷设基本相同，但要注意下面几个问题：

（1）硬塑料管明敷时，固定管子的管卡距始端、终端、转角中点、接线盒或用电设备边缘150～500 mm；中间直线部分间距均匀，一般为1.0～2.0 m。

（2）明敷的硬塑料管，在易受机械损伤的部位应加钢管保护，如埋地敷设和进设备时，其伸出地面 200 mm 段、伸入地下 50 mm 段，应用钢管保护。硬塑料管与热力管间距也不应小于 50 mm。

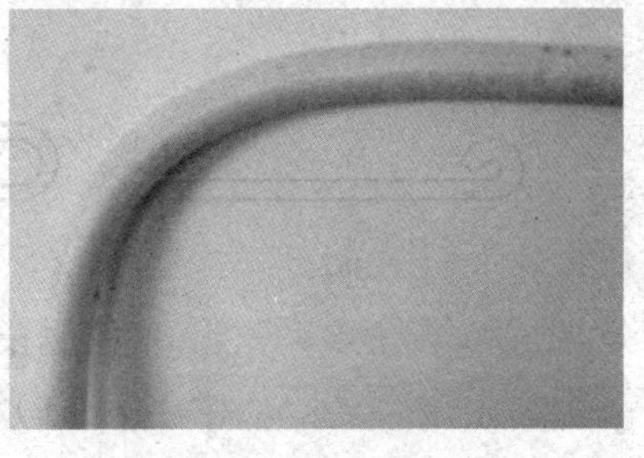

图 3–1–36 弯管效果

（3）硬塑料管热膨胀系数比钢管大 5 ~ 7 倍，敷设时应考虑加装热胀冷缩的补偿装置。在施工中，每敷设 30 m 应加装一只塑料补偿盒。将两塑料管的端头伸入补偿盒内，由补偿盒提供热胀冷缩余地。塑料补偿盒如图 3–1–37 所示。

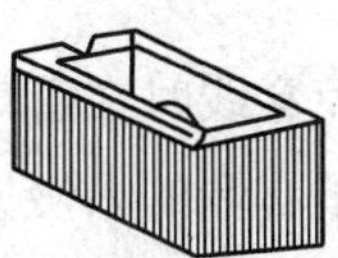

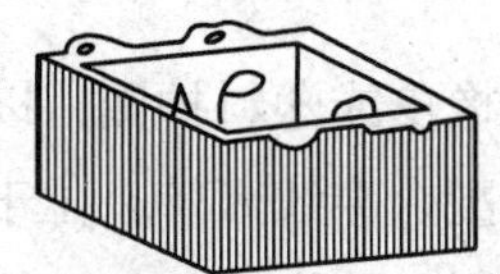

图 3–1–37 塑料补偿盒

（4）与塑料管配套的接线盒、灯头盒不能用金属制品，只能用塑料制品。而且塑料管与接线盒、灯头盒之间的固定一般也不能用锁紧螺母和管螺母，应多用胀扎管头绑扎，如图 3–1–38 所示。

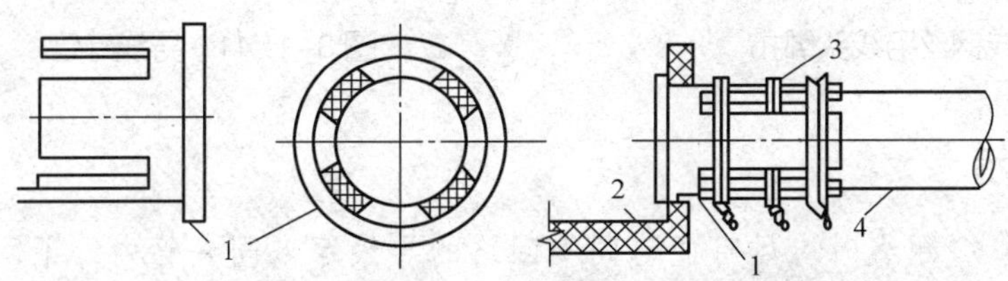

图 3–1–38 塑料管与接线盒的固定

1—胀扎管头 2—塑料接线盒 3—用铁丝绑线 4—聚氯乙烯管

5. 穿线

（1）穿线准备 必须在穿线前再一次检查管口是否倒角，是否有毛刺，以免穿线时割伤导线。然后向管内穿 ϕ1.2 ~ ϕ1.6 mm 的引线钢丝，用它将导线拉入管内。如果管径较大，转弯较小，可将引线铁丝从管口一端直接穿入，为了避免壁上凸凹部分挂住钢丝，要求将钢丝头部做成如图 3–1–39a 所示的弯钩。如果管道较长，转弯较多或管径较小，一根钢丝无法直接穿过时，可用两根钢丝分别从两端管口穿入，但应将引线钢丝端头弯成钩状，如图 3–1–39b 所示，使两根钢丝穿入管子并能互相钩住，如图 3–1–39c 所示。然后，将要留在管内的钢丝一端拉出管口，使管内保留一根完整钢丝；两头伸出管外，并绕成一个大圈，使其不能缩入管内，以备穿线之用。

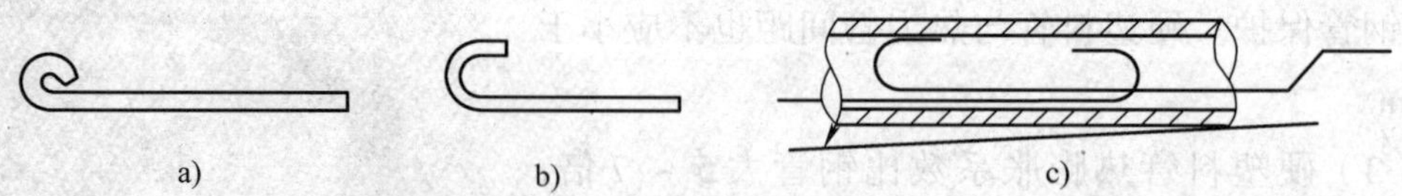

图 3-1-39　线管穿引线钢丝

a）、b）钢丝弯钩　c）两根钢丝弯钩相互钩住

（2）扎线接头　管子内需要穿入多少根导线，就应按管子的长度（加上线头及容量）放出多少根，然后将这些线头剥去绝缘层，扭绞后按图 3-1-40 所示的方法，将其紧扎在引线头部。

（3）穿线　穿线前，应在管口套上橡皮或塑料护圈，以避免穿线时在管口内侧割伤导线绝缘层。然后由两人在管子两端配合穿线入管，位于管子右端的人慢慢拉引线钢丝，管子左端的人慢慢将线束送入管内，如图 3-1-41 所示。如果管道较长、转弯太多或管径较小而造成穿线困难时，可在管内加入适量滑石粉以减小摩擦，但不能用油脂或石墨粉，以免损伤导线绝缘或将导电粉尘带入管道内。

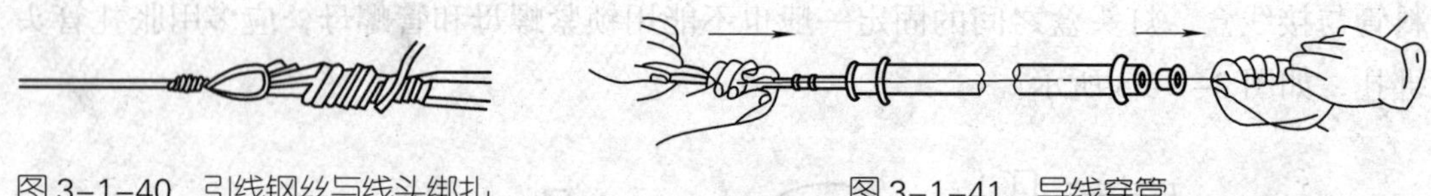

图 3-1-40　引线钢丝与线头绑扎　　图 3-1-41　导线穿管

提示

◇穿线时应尽可能将同一回路的导线穿入同一管内，不同回路或不同电压的导线不得穿入同一根线管内。

◇所穿导线绝缘耐压不得低于 500 V；铜芯导线最小截面不小于 1 mm^2，铝线不小于 2.5 mm^2；每根线管内穿线最多不超过 10 根。

技能训练

1. 训练内容

完成电线管双弯曲 90° 及套螺纹操作，如图 3-1-42 所示，并穿导线。

2. 工具及材料

电工工具一套，钢锯一套，0.5 ~ 2 in（12.7 ~ 50.8 mm）管子套螺纹绞板一套，ϕ25 mm 电线管 2 m，ϕ1.2 mm 钢丝引线 2.5 m，BVR 2.5 mm^2 铜芯导线 2.5 m（4 根）等。

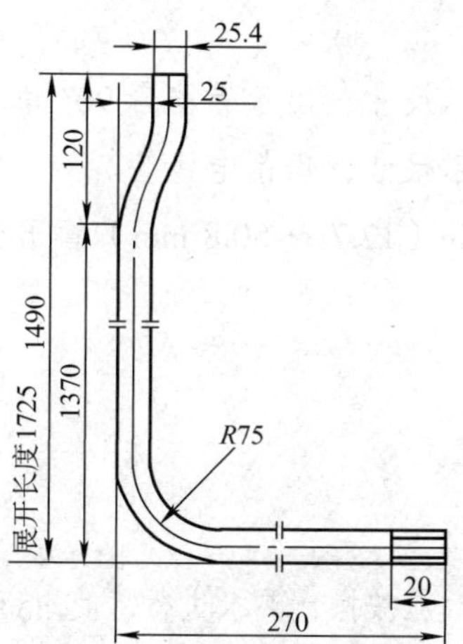

图 3-1-42 电线管双弯曲 90° 及套螺纹

3. 评分标准

评分标准见表 3-1-5。

表 3-1-5 评分标准

序号	项目内容	评分标准	配分	扣分	得分
1	弯管	（1）弯管工具使用不正确扣 5 分 （2）管子弯裂扣 10 分 （3）管子弯瘪，尚能使用扣 15 分，不能使用扣 40 分 （4）管子两端管口不平，翘度大于 5 mm 扣 5 分，大于 10 mm 扣 10 分 （5）弧度不圆整扣 10 分 （6）弯曲角度每超过 5° 扣 5 分	40		
2	锯削	（1）管口不平直扣 5 分 （2）尺寸不符扣 5 分	10		
3	套螺纹	（1）管牙绞烂扣 20 分 （2）管牙太紧扣 10 分 （3）管口有毛刺扣 5 分	20		
4	穿导线	（1）穿线方法不正确扣 10 分 （2）穿线绝缘损伤扣 10 分	20		
5	安全文明生产	（1）不清理场地扣 10 分 （2）锯条折断扣 5 分	10		
工时	2 h	合计	100		
备注		教师签字	年 月 日		

4. 训练步骤

（1）弯管按图 3-1-42 所示尺寸，用弯管器弯 90° 角。

（2）锯管按图 3-1-42 所示尺寸，锯削电线管。

（3）套螺纹。用 0.5 ~ 2 in（12.7 ~ 50.8 mm）管子套螺纹绞板将电线管两端套螺纹。

（4）穿钢丝引线。

（5）穿导线。

提示

◇锯管和套螺纹应按操作要求进行，使用钢锯时动作不得过猛，以防折断锯条。

◇锯削完后倒角，检查管口是否有毛刺。

◇穿线时，拉线的一端应用钢丝钳带动露出的引线；送线一端应防止拉线过猛伤手，两端拉送配合应默契。

任务四　桥 架 配 线

学习目标

1. 掌握桥架配线工艺和要求。
2. 能根据规范进行桥架配线。

一、电缆桥架

由支、吊、托架支撑的托盘（槽）或梯架直线段、弯通非直线段组合而成，敷设电缆具有连续性的刚性结构系统，称为电缆桥架。

1. 托盘式电缆桥架

托盘式电缆桥架具有质量小、载荷大、结构简单、安装方便等优点，广泛应用于商场、医院、办公楼、学校和各种工业场所。它既适用于动力电缆的安装，也适用于控制电缆的敷设。

2. 槽式电缆桥架

图 3-1-43 槽式电缆桥架

槽式电缆桥架是用整张钢板弯制而成的槽式部件，如图 3-1-43 所示，槽式桥架与托盘式桥架的主要区别是外观，托盘式桥架浅而宽，槽式电缆桥架具有一定的深度和封闭性。

槽式电缆桥架是一种全封闭型电缆桥架，可用于恶劣环境（强腐蚀环境）中电缆防护。它最适用于敷设计算机电缆、通信电缆、热电偶电缆及其他高敏系统的控制电缆等。

3. 网格电缆桥架

网格电缆桥架结构轻巧，简化了系统改造、维护的难度，可以灵活应用于综合布线系统中，相比传统桥架，网格电缆桥架可以大大节省安装时间，其自重仅是传统桥架的 1/5。网状结构有利于散热，有效的延长电缆的使用寿命。网格电缆桥架不易藏灰，使用环境更加清洁卫生。

4. 防火电缆桥架

防火电缆桥架主要以玻璃纤维增强塑料和阻燃剂组成，它具有良好的耐火隔热性和自熄性，同时还具有结构轻、耐老化、安全可靠等优点，可广泛应用于化工、冶金、石油、食品等强腐蚀环境。

5. 铝合金桥架

铝合金桥架相比传统钢制桥架密度低，强度高，质量小，可塑性好，荷载能力大，具有优良的导电性、导热性和抗腐蚀性等优点。经过特殊处理的铝合金桥架还可以实现抗电磁干扰，在现代工业中有着举足轻重的实用价值。

二、电缆桥架安装工艺

1. 安装步骤

（1）定位　根据施工图确定始端到终端位置，沿图样标定走向，找好水平、垂直、弯通，用线袋或画线沿桥架走向在墙壁、顶棚、地面、梁、板、柱等处弹线或画线，并以均匀挡距画出支、吊、托架位置。

（2）预埋铁件或膨胀螺栓

1）预埋铁件的自制加工尺寸不应小于 120 mm × 80 mm × 6 mm，其锚固圆钢的直径不小于 10 mm。

2）紧密配合土建结构的施工，将预埋铁件平面紧贴模板，将锚固圆钢用绑扎或焊接的方法固定在结构内的钢筋上；待混凝土模板拆除后，预埋铁件平面外露，将支架、吊架或托架焊接在上面进行固定。

3）根据支架承受的荷重，选择相应的膨胀螺栓及钻头；埋好螺栓后，可用螺母配上相应的垫圈将支架或吊架直接固定在金属膨胀螺栓上。

（3）支、吊架安装

1）支架与吊架所用钢材应平直，无显著扭曲。下料后长短偏差应在 3 mm 范围内，切口处应无卷边、毛刺。

2）钢支架与吊架应焊接牢固，无显著变形，焊接前厚度超过 4 mm 的支架、铁件应打坡口，焊缝均匀平整，焊缝长度应符合要求，不得出现裂纹、咬边、气孔、凹陷、漏焊等缺陷。

3）支架与吊架应安装牢固，保证横平竖直，在有坡度的建筑物上安装支架与吊架应与建筑物的坡度、角度一致。

4）支架与吊架的规格，扁钢不应小于 30 mm × 3 mm，角钢不应小于 25 mm × 25 mm × 3 mm。

5）严禁用电气焊切割钢结构或轻钢龙骨的任何部位。

6）万能吊具应采用定型产品，并应有各自独立的吊装卡具或支撑系统。

7）固定支点间距一般不应大于 1.5 ~ 2 m。在进出接线盒、箱、柜、转角、转弯和变形缝两端及丁字接头的三端 500 mm 以内应设固定支持点。

8）严禁用木砖固定支架与吊架。

（4）桥架安装

1）电缆桥架水平敷设时，支撑跨距一般为 1.5 ~ 3 m，电缆桥架垂直敷设时固定点间距不宜大于 2 m。桥架弯通弯曲半径不大于 300 mm 时，应在距弯曲段与直线段结合处 300 ~ 600 mm 的直线段侧设置一个支、吊架。当弯曲半径大于 300 mm 时，还应在弯通中部增设一个支、吊架。支、吊架和桥架安装必须考虑电缆敷设弯曲半径满足规范最小弯曲半径。

2）直线段钢制电缆桥架长度超过 30 m、铝合金或玻璃钢制电缆桥架长度超过 15 m 时应设有伸缩节，跨越伸缩缝处设置补偿装置，可用带伸缩节的桥架。

3）桥架与支架间螺栓、桥架连接板螺栓紧固无遗漏，螺母位于桥架外侧，当铝合金桥架与钢支架固定时，应有相互间绝缘和防电化学腐蚀措施，一般可垫石棉垫。

4）敷设在竖井内和穿越不同防火区的桥架，应在设计要求位置采取防火隔离措施，电缆桥架在电气竖井内敷设可采用角钢固定。

5）电缆桥架在穿过防火墙及防火楼板时，应采取防火隔离措施，防止火灾沿线路延燃；防火隔离墙、板，应配合土建施工预留洞口，在洞口处预埋好护边角钢，施工时根据电缆敷设的层数和根数用 50 mm × 50 mm × 5 mm 角钢做固定框，同时将固定框焊在护边角钢上；也可以先做好框在土建施工中砌体或浇灌混凝土时安装在墙、板中。

（5）桥架保护接地的安装　金属电缆桥架及其支架引入或引出的金属电缆导管必须接地（PE）或接零（PEN）可靠，且必须符合下列规范：

1）金属电缆桥架及其支架与接地（PE）或接零（PEN）干线相连接处不小于2处，使整个桥架为一个电气通路。

2）非镀锌电缆桥架间连接的两端跨接铜芯接地线，接地线最小允许截面积不小于4 mm^2。

3）镀锌电缆桥架间连接板的两端可不跨接接地线，但连接板两端应有不少于2个有防松螺母或防松垫圈的连接固定螺栓。

4）盘、梯架端部之间连接电阻不应大于330 μΩ并应用等电位联结测试仪（导通仪）或微欧表测试。测试应在连接点的两侧进行，整个桥架的两端连接电阻不应大于0.5 Ω，否则应增加接地点以满足要求。接地孔应消除涂层，与涂层接触的螺栓有一侧的平垫应使用带爪的专用接地垫圈。

5）伸缩缝或软连接处需采用编织铜线连接。沿桥架全长另敷设接地干线时，每段（包括非直线段）托盘、梯架应至少有一点与接地干线可靠连接；在接地部位的连接处应装置弹簧垫圈，以免松动。

（6）电缆敷设　电缆敷设严禁有绞拧、铠装压扁、护层断裂和表面严重划伤等缺陷。

2. 安装工艺要求

（1）电缆桥架敷设时应沿墙、沿柱或沿梁敷设，路径应尽量短。

（2）同一层电缆桥架内不宜敷设不同电压、不同用途（电力、控制、电信、照明等）的电缆。若不同用途或电压的电缆必须敷设在同一电缆桥架内，中间应增加隔板隔离。

（3）电缆桥架的工作载荷应按单位长度的主干线电缆自重计算。

（4）电缆桥架安装时，如无法避免与腐蚀性液体管道平行敷设，电缆桥架应架于腐蚀性液体管道上方。

（5）电缆桥架安装时，如无法避免与热力管道和易燃易爆气体管道平行敷设，电缆桥架应架于热力管道下方。

（6）电缆桥架布线时与附近电动机、电力变压器等电气设备保持一定距离，防止电磁干扰。电缆桥架与用电设备其间最小距离不小于0.5 m。

（7）电缆桥架的宽度、支柱间的距离、托臂的长度需要根据敷设电缆数量、自重进行计算。户内水平敷设电缆桥架时，支、吊架间距一般为1.5 ~ 3 m；垂直敷设电缆桥架时，固定点间距一般不大于2 m。

（8）电缆桥架的安装方式有悬吊式、直立式、侧壁式和混合式。根据桥架安装场所的不同进行选择。

（9）少量电缆从电缆桥架引下可采用导板或引管，大量电缆从电缆桥架引下采用垂直弯接板和垂直引上架。

（10）电缆桥架内应留有备用空间，以便今后增添电缆。控制电缆敷设不应超过桥架横截面的50%，电力电缆敷设不应超过桥架横截面的40%。

（11）电缆桥架垂直敷设时，缆线的上端和每间隔1.5 m处应固定在桥架上；电缆桥架水平敷设时，除在缆线的首、尾及转弯处进行绑扎，其余地方可以不绑扎，槽内缆线应顺直，尽量不交叉。

（12）电缆桥架的立柱、托臂等支架可与预埋件焊接固定，也可采用膨胀螺栓固定。支撑电缆桥架的支、吊架合理布局，均匀分布。安装时可以采用冲击电钻在墙面钻孔安装膨胀螺栓固定或将支、吊架焊接在预埋铁上固定。

（13）对于中短跨距电缆桥架，接缝处距托臂支撑点的距离应小于跨距长度的1/4。对于大跨距电缆桥架，接缝处应位于托臂支撑点上。在转角架、三通架和四通架处应增加托臂支撑点。

（14）安装多层桥架时，为便于后期电缆敷设和检修，应先安装上层，后安装下层，上、下层之间距离留有余量。

（15）金属桥架及其支架引入或引出的金属电缆导管必须可靠接地，接地点不少于2处。

（16）在有坡度的建筑物上安装支、吊架时，支、吊架安装应与建筑物的坡度、角度一致。严禁用木砖固定支、吊架。

提示

电缆桥架安装高度应距地面2.2 m以上，桥架盖板距房顶或其他障碍物不应小于0.3 m，电缆桥架的宽度不应小于0.1 m。

三、膨胀螺栓的安装

1. 膨胀螺栓

膨胀螺栓利用楔形斜度来促使钢管发生形变，增大摩擦力，达到固定效果。膨胀螺栓的一侧是带有螺纹的螺栓，另外一侧由若干切口的钢管包裹的锥形体，如图3–1–44所示。使用时将膨胀螺栓塞进墙面预先打好的孔洞，拧动螺栓端的螺母，螺母顺着螺纹挤压钢管，通过螺纹的轴向移动使钢管嵌入锥体。胀开的钢管卡住墙面的孔洞，起到固定作用。需要注意的是，如果使用膨胀螺栓的墙面不紧固或承载负荷超出膨胀螺栓的承载能力，膨胀螺栓可能发生松脱。膨胀螺栓凭借其结构简单、施工方便、使用安全可靠等优点，广泛应用于各种装修及施工场合。

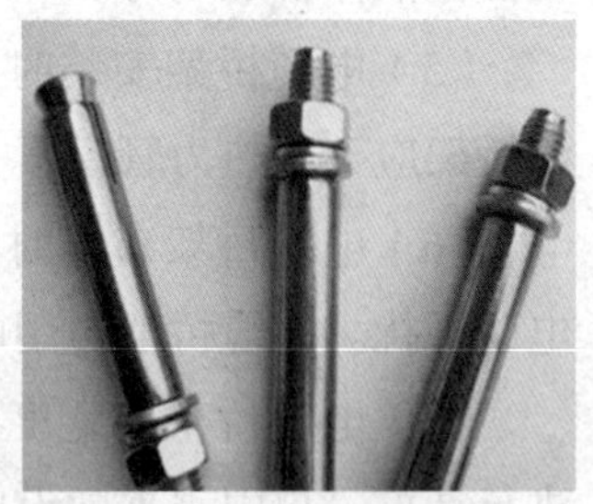

图3–1–44　膨胀螺栓

2. 膨胀螺栓的安装步骤

（1）用冲击电钻在墙体上钻出与膨胀螺栓外径大小一致的孔洞，将孔洞清理干净。

（2）将平垫、弹垫和螺母套入螺杆，再将膨胀螺栓放入预先打好的孔洞。

（3）用扳手旋紧螺母，螺母沿螺杆轴向挤压膨胀管（钢管），螺杆另一侧的锥形体外径大于膨胀管（钢管）内径，当膨胀管被螺母挤压向锥形体时，锥形体就把膨胀管胀大，从而增大摩擦力，达到固定螺栓的目的。

技能训练

1. 训练内容

敷设电缆桥架线路。

2. 工具、仪表及材料

电工工具、BVR 6 mm^2 铜芯导线 20 m（4 根），绝缘铜芯线、膨胀螺栓若干、电缆桥架（10 m）及吊杆、锤子、水平尺、卷尺、铅笔、冲击电钻、钢锯、万用表、兆欧表等。

3. 评分标准

评分标准见表 3–1–6。

表 3–1–6 评分标准

<table>
<tr><th>序号</th><th>项目内容</th><th colspan="2">评分标准</th><th>配分</th><th>扣分</th><th>得分</th></tr>
<tr><td>1</td><td>识别桥架</td><td colspan="2">（1）识别桥架不正确扣 5 分
（2）叙述桥架作用不正确扣 5 分</td><td>10</td><td></td><td></td></tr>
<tr><td>2</td><td>安装膨胀螺栓</td><td colspan="2">膨胀螺栓安装不正确扣 10 分</td><td>10</td><td></td><td></td></tr>
<tr><td>3</td><td>安装支、吊架</td><td colspan="2">支、吊架安装不正确扣 10 分</td><td>20</td><td></td><td></td></tr>
<tr><td>4</td><td>安装桥架</td><td colspan="2">桥架安装不正确扣 20 分</td><td>20</td><td></td><td></td></tr>
<tr><td>5</td><td>安装保护接地</td><td colspan="2">保护接地安装不正确扣 20 分</td><td>20</td><td></td><td></td></tr>
<tr><td>6</td><td>敷设导线</td><td colspan="2">（1）敷设方法不正确扣 5 分
（2）固定导线不正确扣 5 分</td><td>10</td><td></td><td></td></tr>
<tr><td>7</td><td>安全文明生产</td><td colspan="2">违反安全文明生产规定扣 10 分</td><td>10</td><td></td><td></td></tr>
<tr><td colspan="2">工时</td><td>3 h</td><td>合计</td><td></td><td></td><td></td></tr>
<tr><td colspan="2">备注</td><td></td><td>教师签字</td><td colspan="3">年 月 日</td></tr>
</table>

4. 训练步骤

（1）识别桥架并叙述其作用。

（2）根据现场安装要求，定位后安装膨胀螺栓。

（3）根据规范安装支、吊架。

（4）根据规范安装桥架。

（5）安装接地保护线。

（6）敷设导线并进行固定。

课题二　照明装置的安装与检修

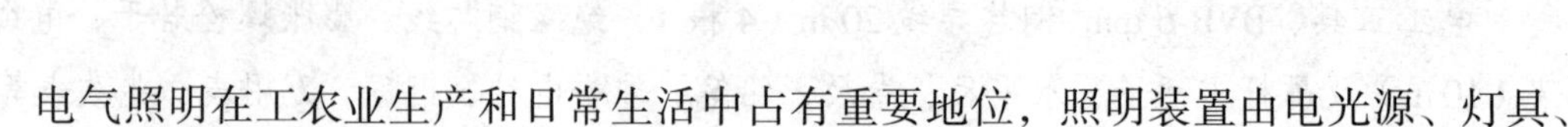

电气照明在工农业生产和日常生活中占有重要地位，照明装置由电光源、灯具、开关和控制电路等部分组成。

用于照明的电光源，按其发光原理，分为热辐射光源和气体放电光源两大类。热辐射光源是利用物体受热温度升高时辐射发光的原理制造的光源，如白炽灯、卤钨灯（碘钨灯和溴碘钨灯）等。气体放电光源是利用气体放电时发光的原理制造的光源，如日光灯、节能灯、高压汞灯、高压钠灯、金属卤化物灯和氙灯等。近年来，随着新型照明灯具的普及，常用的照明灯具主要是节能灯、LED（发光二极管）灯和日光灯等类型。

按配线方式、房屋结构、环境条件及对照明要求的不同，照明灯具有吸顶式、壁挂式、嵌入式和悬吊式等几种安装方式。

任务一　LED 灯照明线路的安装与检修

学习目标

1. 掌握常用照明灯具、开关及插座的安装工艺和要求。
2. 能根据规范进行 LED 灯、开关及插座的安装。
3. 能分析并排除 LED 灯线路的故障。

一、照明灯具、开关及插座安装的一般要求

1. 灯具安装的高度，室外一般不低于 3 m，室内一般不低于 2.5 m，如遇特殊情况不能满足要求时，可采取相应的保护措施或改用安全电压供电。

2. 灯具安装应牢固，灯具质量超过 1 kg 时，必须固定在预埋的吊钩上。

3. 灯具固定时，应保证不因灯具自重而使导线受力。

4. 灯架及管内不允许有接头。

5. 导线的分支及连接处应便于检查。

6. 导线在引入灯具处应有绝缘物保护，以免磨损导线的绝缘，也不应使其受到应力。

7. 必须接地或接零的灯具外壳应有专门的接地螺栓和标志，并和地线（零线）妥为连接。

8. 室内照明开关一般安装在门边便于操作的位置，拉线开关一般应离地 2 ~ 3 m，暗装翘板开关一般离地 1.3 m，与门框的距离一般为 150 ~ 200 mm。

9. 明装插座的安装高度一般应离地 1.4 m。暗装插座一般应离地 300 mm，同一场所暗装的插座高度应一致，其高度相差一般不应大于 5 mm；多个插座成排安装时，其高度差不应大于 2 mm。

二、LED 灯及线路安装

1. 常见的照明灯具

（1）白炽灯　白炽灯是一种利用电流的热效应将灯丝加热而发光的照明灯，以往使用较多，因其耗能较高，现已被淘汰。

（2）节能灯　节能灯又称为紧凑型荧光灯，如图 3–2–1 所示，具有结构紧凑、光效高、寿命长等优点，是白炽灯的替代产品。

（3）LED 灯　LED 灯是利用发光二极管做成的一种照明灯具，具有节能、环保、寿命长、体积小等特点，可以广泛应用于各种指示、显示、装饰、背光源、普通照明和城市夜景等领域。

LED 灯是利用注入式电致发光原理来使发光二极管发光的。当发光二极管处于正向工作状态时（即两端加正向电压），电流从阳极流向阴极，半导体晶体就发出从紫外到红外不同颜色的光线，光的颜色由发光二极管 PN 结的材料决定，光的强弱与电流有关。

常用的 LED 灯有两种：一是螺口灯泡型，如图 3–2–2 所示；二是发光二极管灯珠串联组成的灯带型，如图 3–2–3 所示。常用的 LED

图 3–2–1　节能灯

a)　　b)

图 3-2-2　螺口灯泡型 LED 灯

a）LED 灯泡　b）LED 灯具

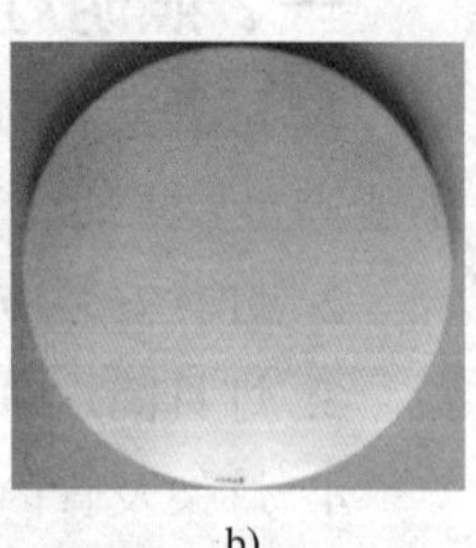

a)　　b)

图 3-2-3　灯带型 LED 灯

a）LED 灯带、电源　b）灯罩

灯具有吊灯、吸顶灯和普通灯泡形式。

LED 灯由驱动电源供电。驱动电源将 220 V 的交流电整流为 LED 所需要的直流电，灯具功率不同、灯珠数量不同，它们的直流驱动电压也不同，一般为 60 ~ 130 V。

2. LED 灯照明线路的安装

下面以螺口灯泡型 LED 灯为例说明其照明线路的安装方法。

（1）根据安装要求，确定安装方案（如护套线、槽板配线、瓷绝缘子配线，以下以护套线为例说明），准备好所需材料。

（2）检查元器件，如灯泡（灯具）、灯头、开关及插座等。

（3）按照布线工艺，定位后布线。

（4）灯座的安装。用于安装各类灯泡的灯座又称灯头，有螺口和插口两种样式，此处应采用螺口样式。根据安装形式不同又分为平灯座和吊灯座。

常用灯座的耐压为 250 V，E27 型负载功率为 300 W，E40 型负载功率为 1 000 W，可按使用要求进行选择。常见灯座见表 3-2-1。

表 3-2-1　常见灯座

外形				
名称	螺口吊灯座	带开关螺口吊灯座	防水螺口吊灯座	插口吊灯座

续表

外形	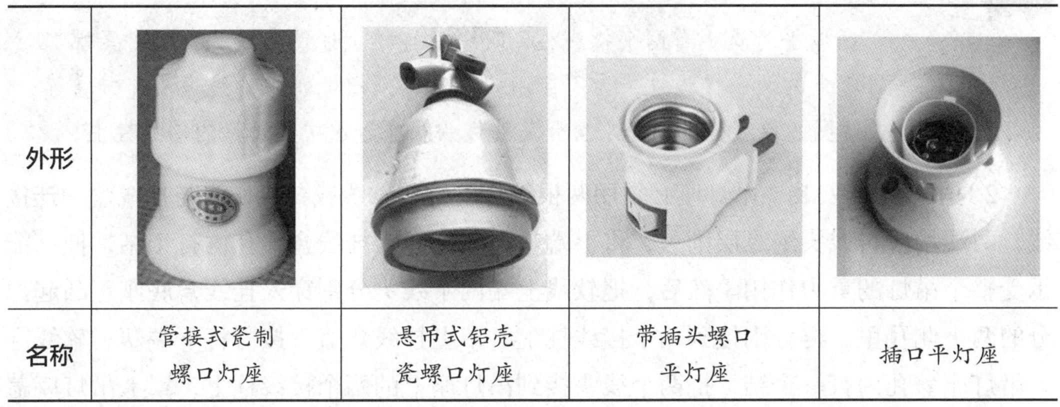			
名称	管接式瓷制螺口灯座	悬吊式铝壳瓷螺口灯座	带插头螺口平灯座	插口平灯座

1）平灯座的安装

①将圆木按灯座穿线孔的位置钻孔 ϕ5 mm，并将圆木边缘开出缺口（位置为护套线进入处，缺口大小为护套线的护套尺寸），剥去进入圆木护套线的护套层，将导线穿出圆木的穿线孔，穿出孔后的导线长度一般为 50 mm，根据圆木固定孔的位置，用木螺钉将圆木固定在原先做好记号的位置上（或预先打入的木榫上），如图 3–2–4a 所示。

②将开关线接入平灯座的中心柱头上：用剥线钳剥去导线的绝缘层（约 15 mm），用尖嘴钳将线芯扳成 90°，再钳住线芯顺时针方向绕圈，如图 3–2–4b 所示。

③零线接入螺口平灯座与螺纹连接的接线柱柱头上，如图 3–2–4c 所示。

④用木螺钉将灯座固定在圆木上，如图 3–2–4d 所示。

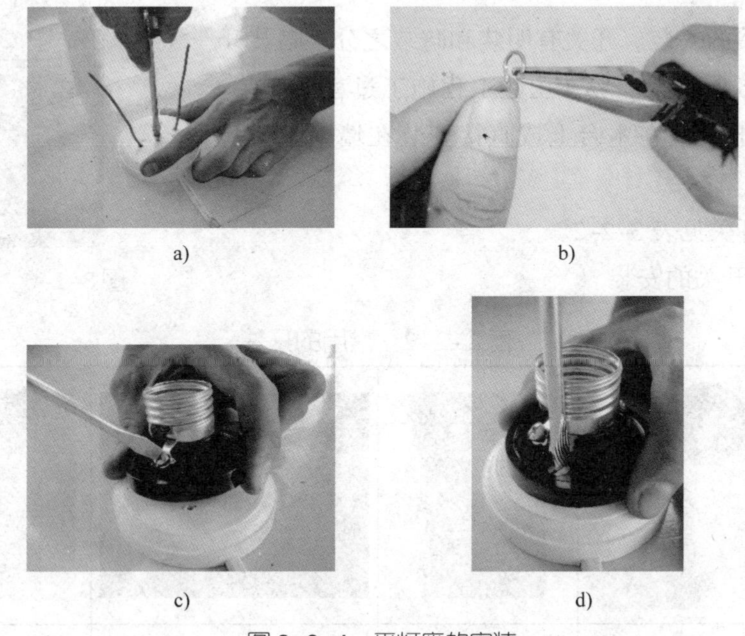

a)　　b)

c)　　d)

图 3–2–4　平灯座的安装

a）固定圆木　b）处理线芯　c）连接零线　d）固定灯座

提示

插口平灯座上有两个接线柱，可任意连接上述两个线头，而对于螺口平灯座上的两个接线柱，为了使用安全，必须把电源中性线线头连接在连通螺纹圈的接线柱上，把来自开关的线头接在连通中心簧片的接线柱上。

2）吊灯座的安装　吊灯座必须用两根绞合的塑料软线或花线作为与挂线盒的连接线，两端均应将线头绝缘层削去，将上端塑料软线穿入挂线盒盖孔内打个结，使其能承受整个吊灯的重力作用。然后，把软线上端两个线头分别穿入挂线盒底座正凸起部分的两个侧孔里，再分别接到两个接线柱上，罩上挂线盒盖。接着将下端塑料软线穿入吊灯座盖孔内打一个结，把两个线头接到吊灯座上的两个接线柱上，罩上吊灯座盖子即可。其安装示意图如图 3–2–5 所示。

a)

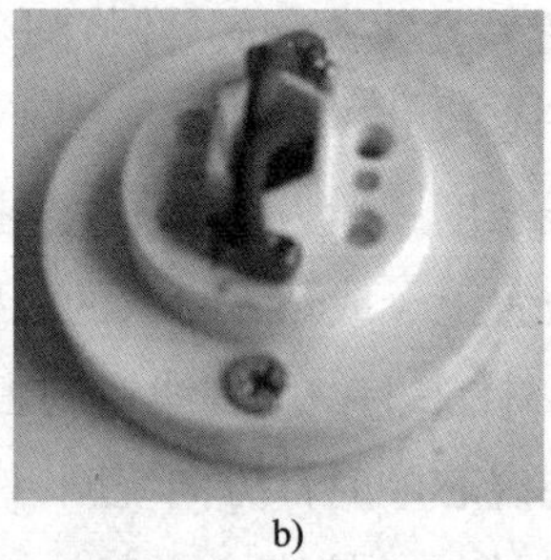
b)

c)

图 3–2–5　吊灯座的安装
a）圆木、吊线盒　b）安装吊线盒座　c）吊线盒接线

（5）开关的安装。开关有明装和暗装之分。暗装开关如图 3–2–6 所示，一般在土建工程施工过程后安装。明装开关一般安装在木台上或直接安装在墙壁上（盒装）。

图 3–2–6　暗装开关外形

常用的开关见表 3–2–2。

1）单极开关的安装

表 3–2–2　常用的开关

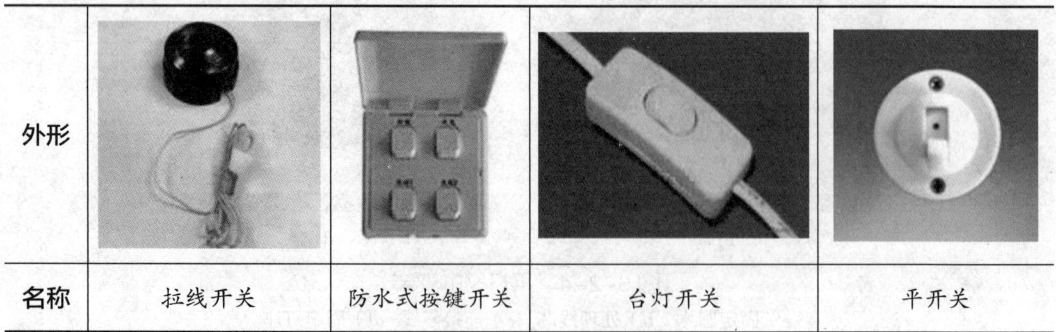

外形				
名称	拉线开关	防水式按键开关	台灯开关	平开关

续表

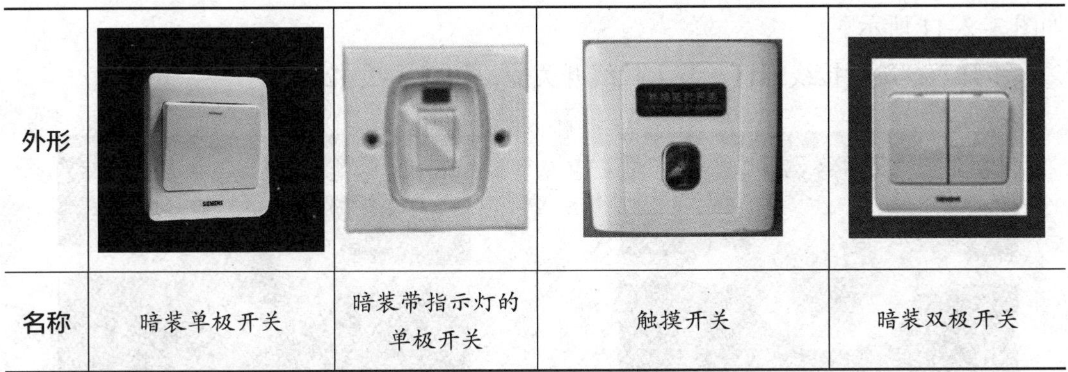

外形				
名称	暗装单极开关	暗装带指示灯的单极开关	触摸开关	暗装双极开关

①在木台上安装拉线开关的方法如下。

步骤一：固定好开关底座，安装好电源线，如图 3–2–7 所示。

步骤二：剪断电源相线，剥削好线头备用，如图 3–2–8 所示。

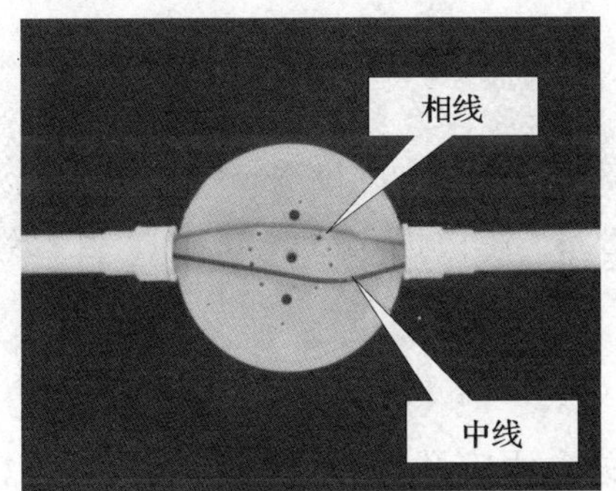

图 3–2–7　固定好开关底座和电源线

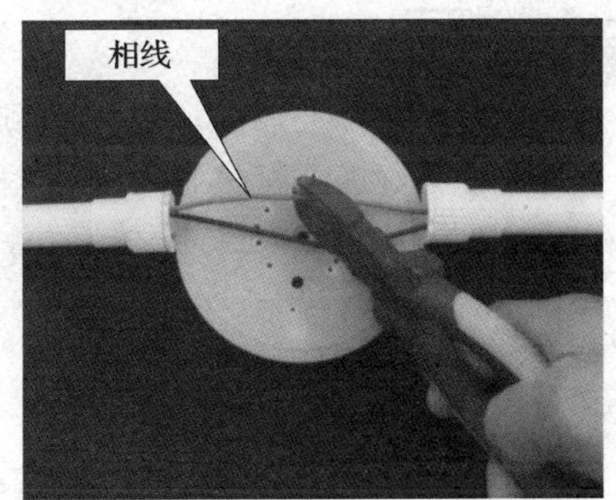

图 3–2–8　剪断电源相线

步骤三：将剪断的相线从底座中穿出，零线安装到底座的下面，如图 3–2–9 所示。

步骤四：固定好底座和拉线开关，将相线的两个线头从拉线开关留孔处穿过来，如图 3–2–10 所示。

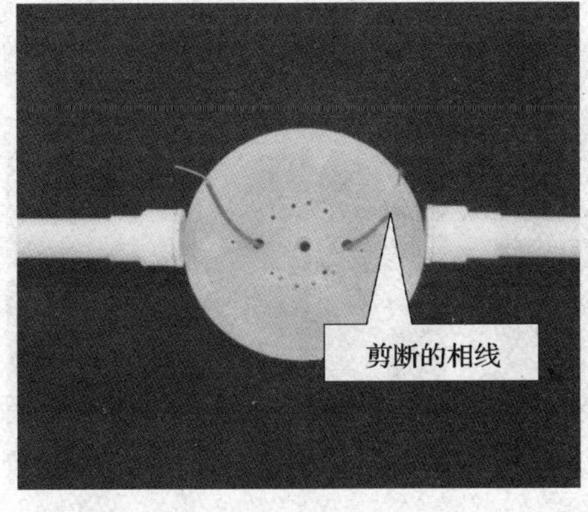

图 3–2–9　将剪断的相线从底座中穿出

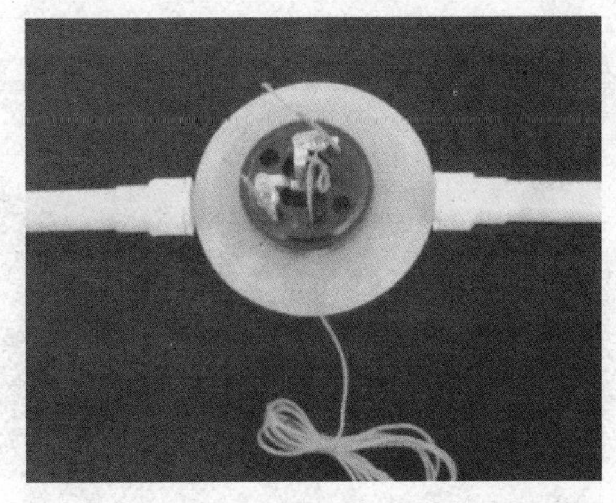

图 3–2–10　将剪断的相线穿过拉线开关留孔

步骤五：将电源相线的一端接在拉线开关的接线柱上，另一端接在另一接线柱上，如图 3–2–11 所示。

步骤六：旋紧接线螺钉，装上拉线开关盖，如图 3–2–12 所示。

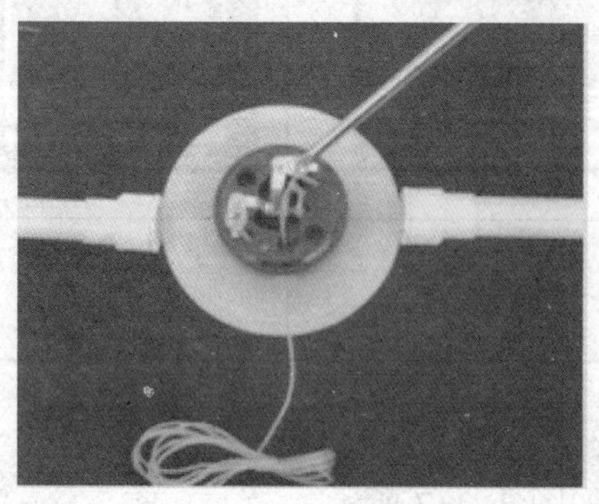
图 3–2–11　接线

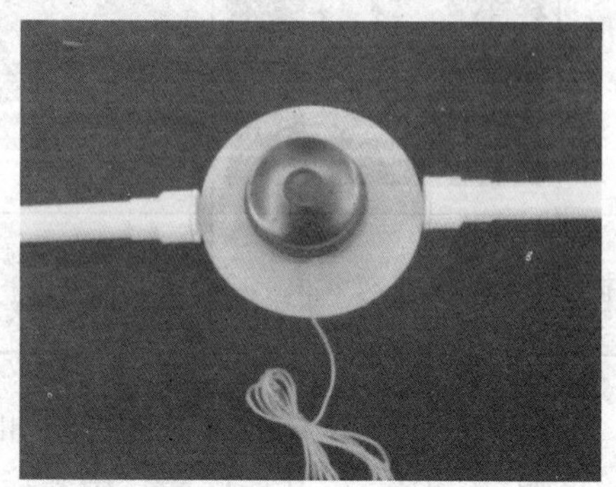
图 3–2–12　装上拉线开关盖

提示

◇开关应串联在相线回路中。

◇开关位置应与灯位相对应，同一室内开关方向应一致。

◇拉线开关距地面高度一般为 1.8 m，距门框 0.15 ~ 0.2 m，且拉线的出口应向下。

②盒装开关安装方法如下。

步骤一：做好记号，固定开关盒。根据开关盒固定孔的位置用旋具将木螺钉旋入，使开关盒固定在原先做好记号的位置上，如果是砖墙应先打好木榫，如图 3–2–13 所示。

步骤二：按电路图将相线接在开关的接线柱头上，如图 3–2–14 所示。

步骤三：零线在开关盒内对接，将两根导线的绝缘层剥去 20 mm，用钢丝钳将两铜芯线相互缠绕，如图 3–2–15 所示。

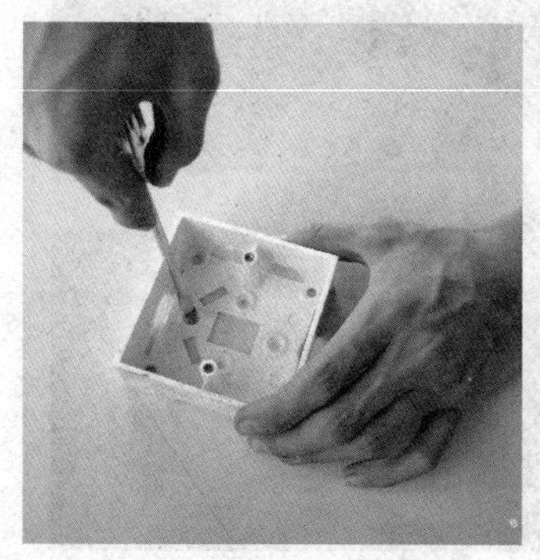
图 3–2–13　固定开关盒

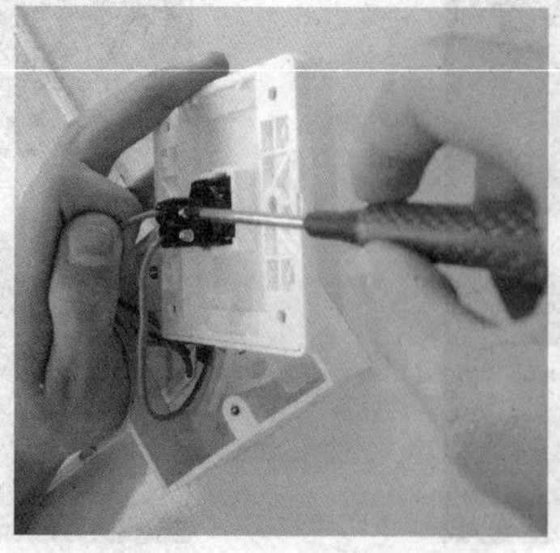
图 3–2–14　连接相线

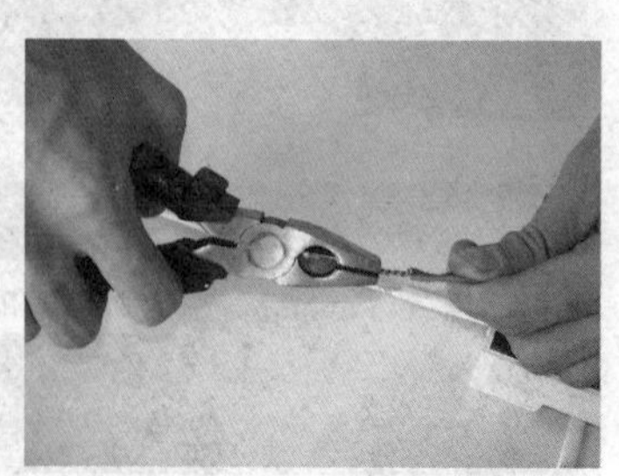
图 3–2–15　零线对接

最后要用绝缘胶布采用半叠包的形式进行绝缘的恢复处理，应包裹两层绝缘胶布。潮湿场所应先用塑料布包裹两层后，再用黑胶布包裹两层。

提示

暗装开关距地面高度一般为 1.3 m，距门框高度为 0.15 ~ 0.2 m。

2）双控开关的安装　双控开关一般用于两处控制一只灯的线路，两个双控开关控制一只灯的电路如图 3-2-16 所示。开关的安装过程与单控开关类似，但应注意按图正确接线，两个双控开关中连铜片的接线柱不能接错。

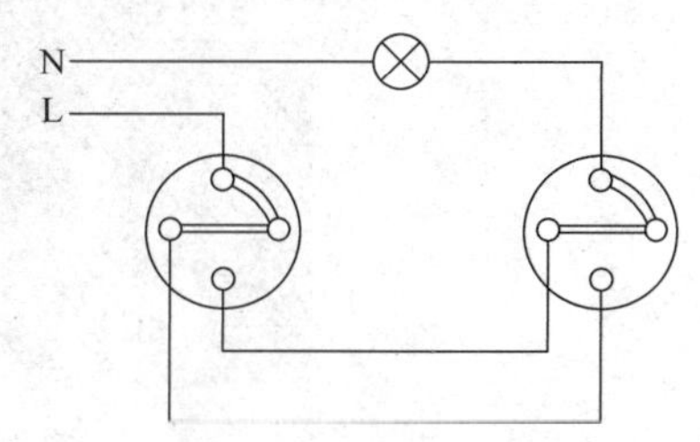

图 3-2-16　两个双控开关控制一只灯的电路

（6）插座的安装　插座根据电源电压的不同可分为三相（即四孔）插座和单相（即两孔或三孔）插座，根据安装形式的不同又可分为明装式和暗装式两种。常见的插座见表 3-2-3。单相三孔插座的接线如图 3-2-17 所示。

表 3-2-3　常见的插座

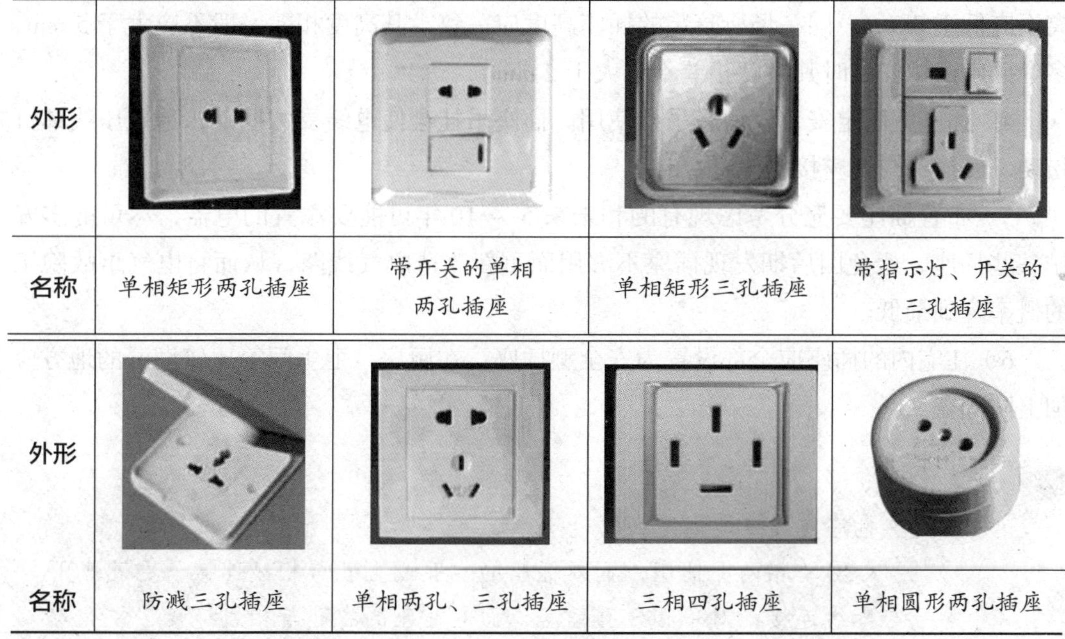

外形				
名称	单相矩形两孔插座	带开关的单相两孔插座	单相矩形三孔插座	带指示灯、开关的三孔插座
外形				
名称	防溅三孔插座	单相两孔、三孔插座	三相四孔插座	单相圆形两孔插座

根据单相插座的接线原则，即“左零右相上接地”，将导线分别接入插座的接线柱内。这里应注意接地线的颜色，根据标准规定接地线应是黄绿双色线。

室内插座安装要求主要有：

1）安装插座时，应注意插座的额定电压必须与供电电压相符，额定电流大于所控电器的额定电流。插座的型号应根据所控电器的防触电类别来选用。

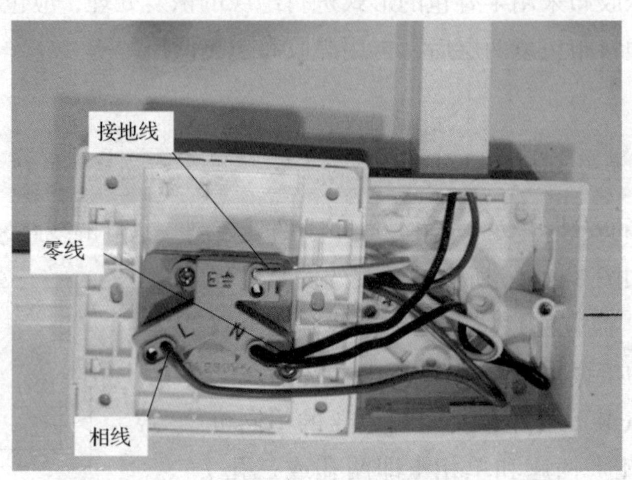

图 3–2–17　单相三孔插座的接线

2）双孔插座应水平并列安装，不可垂直安装，三孔或四孔插座的接地孔应置于顶部，不得倒装或横装。

3）对一般居室和学校，插座明装不应低于 1.8 m；对车间和实验室，插座距地距离不应低于 0.3 m。同一场所暗装的插座高度应一致，其高度相差一般不应大于 5 mm，多个插座成排安装时其高度相差不应大于 2 mm。

4）插座宜固定安装，切忌吊挂使用。插座吊挂会使电线受力摆动，造成压线螺钉松动，使插头与插座接触不良。

5）布置插座要充分考虑现有的和未来 5 ~ 10 年可能要添置的电器，尽可能多安排一些插座，避免因后期发现插座不够用而重新改造电气线路，从而将电气事故隐患的概率降到最低。

6）住宅内的插座应全部设置为安全型插座，在厨房、卫生间等比较潮湿的地方应加上防潮盖。

提示

插座接线安装规定：

◇对单相两孔插座，面对插座的右孔或上孔与相线连接，左孔或下孔与零线连接；对单相三孔插座，面对插座的右孔与相线连接，左孔与零线连接。

◇单相三孔、三相四孔及三相五孔插座的接地线接在上孔。插座的接地端子严禁与零线端子连接。同一场所的三相插座，接线的相序一致。

◇接地线在插座间不允许串联。

插座安装完成后应进行检查，如对单相三孔插座，检查时应将万用表置于交流 250 V 挡，两表棒分别插入相线与零线两孔内，如图 3–2–18 所示。万用表应显示 220 V，再将零线一端的表棒插入接地孔内，同样应显示 220 V。

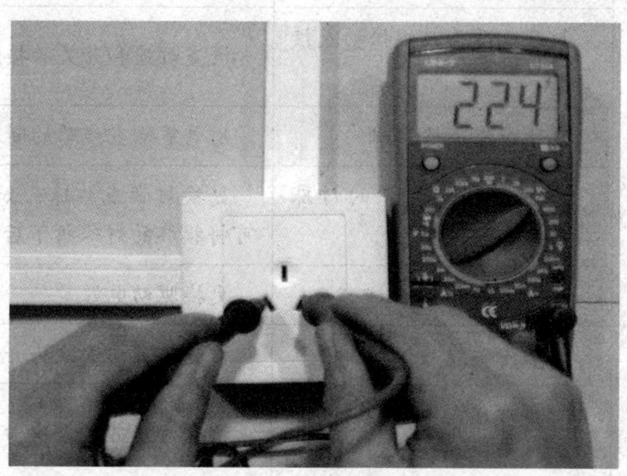

图 3–2–18 通电检验

提示

如果测试结果为零，说明接地线没有接好。接地线是保证人们在使用电气设备时的有效安全措施，它直接与设备的外壳相连，一旦设备外壳带电，可通过接地线形成短路使熔体立即熔化，切断电源，故一定要可靠正确地连接。

三、LED 灯照明线路的检修

照明线路在运行中，会因为各种原因而出现故障，如线路老化、电气元件故障（开关、灯座、灯泡、插座）等。

检修时，应首先了解故障现象，然后对故障现象进行分析，明确思路后再具体进行检修操作。

（1）了解故障现象 在维修时首先应了解故障现象，这是保证整个维修工作能否顺利进行的前提。了解故障现象可通过询问当事人、观察故障现场等手段获取。

（2）故障现象分析 根据故障现象，利用电路图及布置图进行分析，确定可能造成故障的大致范围，为检修提供方案。

（3）检修 通过检测手段，如用验电器、万用表等工具检测确定故障点，针对故障元件或线路进行维修或更换。

LED 灯照明电路的常见故障及检修方法见表 3–2–4，使用白炽灯、节能灯的照明电路的检修也可参照处理。

表 3-2-4　LED 灯照明电路的常见故障及检修方法

故障现象	产生原因	检修方法
打开开关后灯具不亮	电源熔断器的熔丝烧断	检查熔丝烧断的原因并更换熔丝
	灯座或开关接线松动或接触不良	检查灯座和开关的接线并修复
	线路中有断路故障	用电笔检查线路的断路处并修复
	灯带型 LED 灯中的灯珠损坏	更换灯带或灯珠；如果损坏的灯珠较少，可将损坏的灯珠拆下后将该部分电路短接
	驱动电源损坏	更换驱动电源
开关合上后断路器跳闸	灯座内两线头短路	检查灯座内两线头并修复
	螺口灯座内中心铜片与螺旋铜圈相碰短路	检查灯座并调整中心铜片
	线路中发生短路	检查导线绝缘是否老化或损坏并修复
	用电量超过断路器容量	减小负载或更换断路器
关闭开关后还会有微亮	相线与中性线接反	重新接线
	自感电流导致	如果将相线与中性线重新调整后仍然有微亮，需要串接 220 V 的继电器
LED 灯具比刚投入使用时亮度要暗一些，开灯出现闪烁	LED 灯具工作时间过长，寿命已到	更换 LED 灯具
LED 灯具开灯后偶尔出现闪烁	线路接触不良	检测线路的接口是否接触良好
	驱动电源滤波电容出现问题	更换滤波电容或者更换驱动电源

技能训练

1. 训练内容

在配线板上用塑料槽板装接两地控制一只 LED 灯并有一个插座的线路，然后试灯。

2. 工具、仪表及材料

绝缘电线（根据灯的功率自定）15 m，塑料槽板（自定）5 m，塑料槽板配套分接盒（自定）2 个，铁钉（塑料槽板固定用钉）30 个，拉线开关（两地控制用）2 只，LED 灯及灯座（～220 V，40 W，螺口）1 套，单相三极插座（～250 V，15 A）1 套，配线板［500 mm×（600～2 000 mm）×25 mm］1 块，万用表 1 只，电工工具 1 套。

3. 评分标准

评分标准见表 3-2-5。

表 3-2-5 评分标准

序号	项目内容	评分标准	配分	扣分	得分
1	线路的安装	（1）元件布置不合理扣 10 分 （2）木台、灯座、开关、插座和吊线盒等安装松动，每处扣 5 分 （3）电气元件损坏，每只扣 10 分 （4）相线未进开关扣 5 分 （5）塑料槽板不平直，每根扣 5 分 （6）线芯剖削有损伤，每处扣 5 分 （7）塑料槽板转角不符合要求，每处扣 5 分 （8）管卡安装不符合要求，每处扣 1 分	70		
2	通电试验	安装线路错误，造成短路、断路故障，每多通电 1 次扣 10 分，扣完为止	20		
3	安全文明生产	违反安全文明生产规定扣 10 分	10		
工时	100 min	合计	100		
备注		教师签字	年 月 日		

4. 训练步骤

（1）根据实际安装位置条件，设计并绘制安装电路图，可参考图 3-2-19。

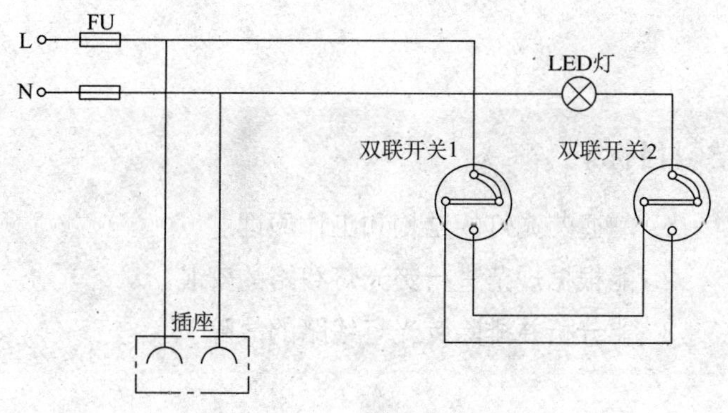

图 3-2-19 槽板配线电路图

（2）依照实际的安装位置，确定两地开关、插座及 LED 灯的安装位置并做好标记。

（3）定位划线。按照已确定好的开关及插座等的位置，进行定位划线，操作时要遵守横平竖直的原则。

（4）截取塑料槽板。根据实际划线的位置及尺寸，量取并切割塑料槽板，切记要做好每段槽板的相对位置标记，以免混乱。

（5）打孔并固定。可先在每段槽板上间隔 50 cm 左右的距离钻 4 mm 的排孔（两头处均应钻孔），按每段相对放置位置，把槽板置于划线位置，用划针穿过排孔，在定位划线处和原划线垂直划一十字作为木榫的底孔圆心，然后在每一圆心处均打孔，并镶嵌木榫。

（6）固定槽板。把相对应的每段槽板用木螺钉固定在墙和天花板上，在拐弯处应选用合适的接头或弯角。

（7）装接开关和插座。把开关和插座分别接线固定在事先准备好的圆木上。把灯座接线并固定在灯头盒上。

（8）连接 LED 灯并通电试灯。用万用表或兆欧表检测线路绝缘和通断状况，确保无误后，接入电源，合闸试灯。

提示

◇通电试验前，要认真核对电路图，检查安装接线的正确性。

◇通电试验时，应有人进行监护。

任务二　荧光灯照明线路的安装与检修

学习目标

1. 掌握荧光灯的结构和工作原理。
2. 能根据规范进行荧光灯线路的安装。
3. 能分析并排除荧光灯线路的故障。

一、荧光灯的结构和原理

荧光灯又称为日光灯，是应用较普遍的一种照明灯具，荧光灯照明线路主要由灯管、启辉器、镇流器、灯架和灯座（灯脚）等组成，如图 3-2-20 所示。随着更为高效节能的长条形、平板形 LED 灯具的发展普及，荧光灯正在逐渐被取代。

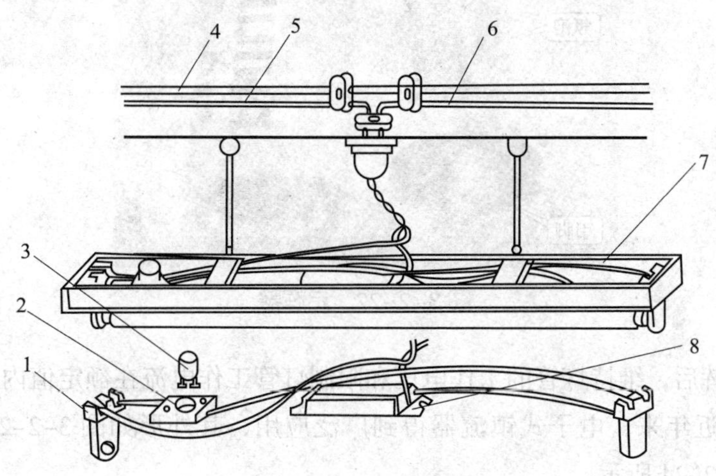

图 3-2-20 荧光灯的结构

1—灯座 2—启辉器座 3—启辉器 4—相线 5—中性线 6—与开关的连接线 7—灯架 8—镇流器

1. 荧光灯的结构

（1）灯管由玻璃管、灯丝和灯丝引出脚等组成，玻璃管内抽成真空后充入少量汞（水银）和氩等惰性气体，管壁涂有荧光粉，在灯丝上涂有电子粉，如图 3-2-21 所示。灯管常用的有 6 W、8 W、12 W、20 W、30 W 和 40 W 等规格。

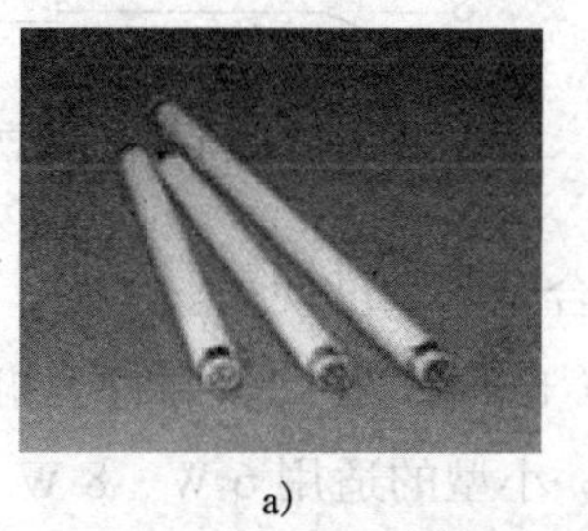

a）

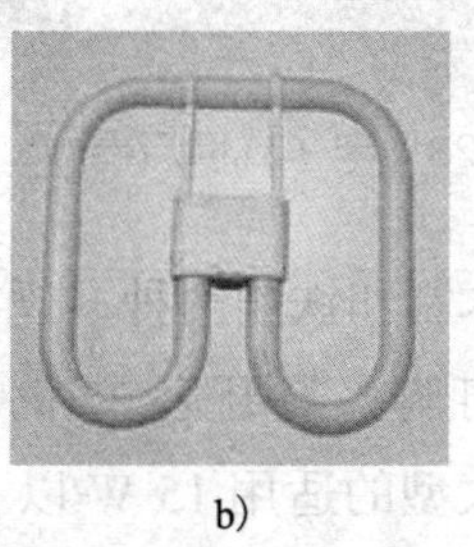

b）

图 3-2-21 荧光灯管

a）直型灯管 b）环型灯管

（2）启辉器如图 3-2-22 所示，由氖泡（也称跳泡）、电容、引脚和外壳等组成。氖泡内装有∩型双金属片（动触片和静触片）。启辉器的规格有 4 ~ 8 W、15 ~ 20 W 和 30 ~ 40 W，以及通用型 4 ~ 40 W 等。并联在氖泡上的电容有两个作用：一是与镇流器线圈形成 LC 振荡电路，能延长灯丝的预热时间和维持感应电动势；二是能吸收干扰收音机和电视机的交流杂声，当电容击穿时，剪除后，启辉器仍能使用。

（3）镇流器主要由铁芯和线圈等组成。镇流器另外还有两个作用：一是在灯丝预热时，限制灯丝所需的预热电流值，防止预热过高而烧断，并保证灯丝电子的发射能力；

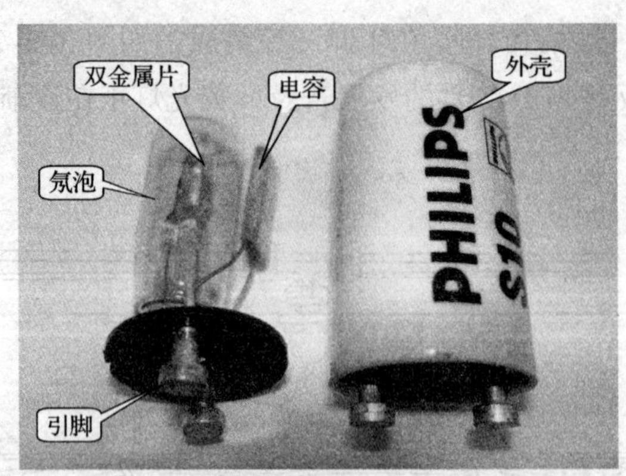

图 3–2–22　启辉器

二是在灯管启辉后，维持灯管的工作电压和限制灯管工作电流在额定值内，以保证灯管能稳定工作。近年来，电子式镇流器得到广泛应用，其外形如图 3–2–23 所示，接线示意图如图 3–2–24 所示。

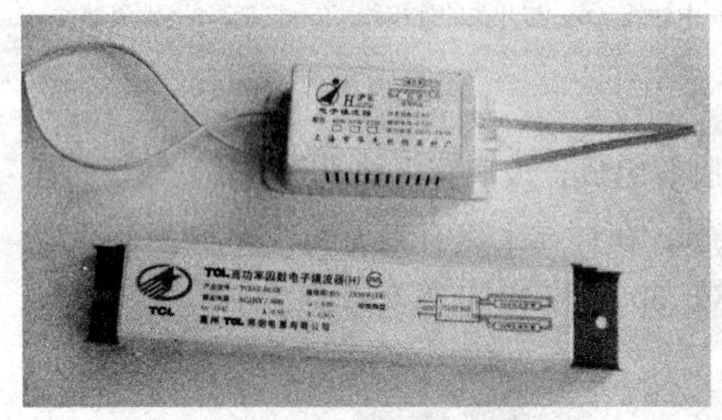

图 3–2–23　电子式镇流器

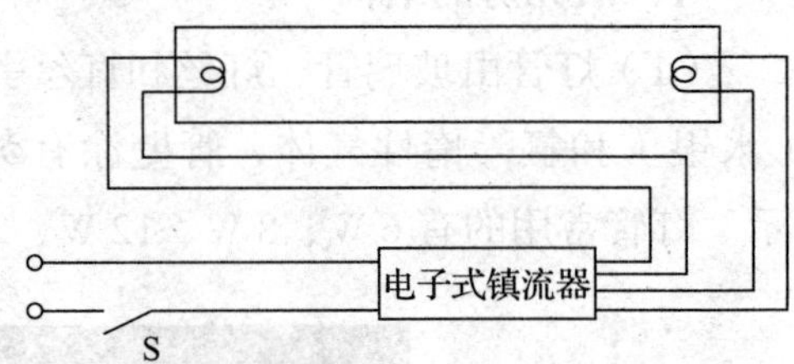

图 3–2–24　电子式镇流器接线示意图

（4）灯架有木制和铁制两种，规格应配合灯管长度使用。

（5）灯座（灯脚）有开启式和弹簧式（也称插入式）两种。灯座规格有大型的和小型的两种，大型的适用 15 W 以上灯管，小型的适用 6 W、8 W 和 12 W 灯管，如图 3–2–25 所示。

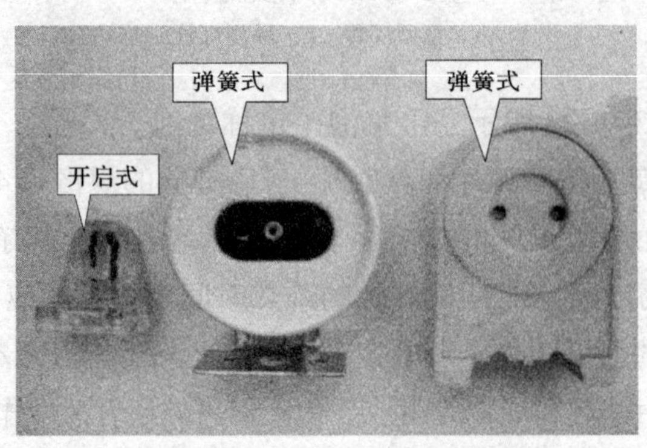

图 3–2–25　灯座

2. 荧光灯的工作原理

荧光灯的电路图如图 3-2-26 所示。

荧光灯属于气体放电光源。它利用汞蒸气在外加电压作用下产生弧光放电，发出少许可见光和大量紫外线，紫外线又激励管内壁涂覆的荧光粉，使之再发出大量的可见光。

当两管脚有电压时，氖管发光，双金属片短时受热而弯曲，闭合触点，使荧光管的钨丝电极加热，触点闭合时氖灯熄灭，双金属片经过短时冷却，触点断开，在这瞬间，镇流器将产生高电压脉冲使荧光灯管点燃。荧光灯点燃后启辉器立即停止工作。镇流器与荧光灯串联，在荧光灯点燃后限制流过灯管的电流。

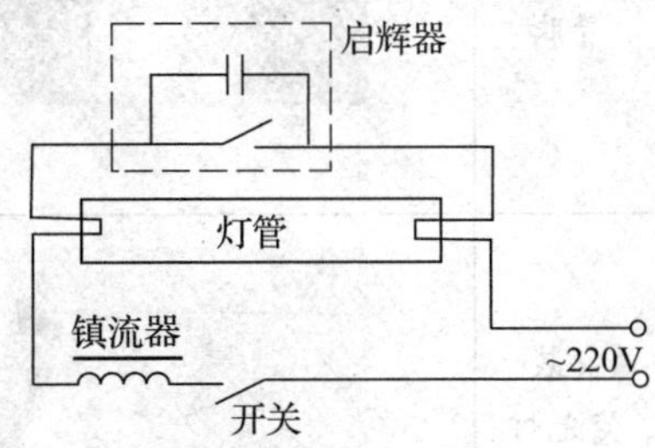

图 3-2-26 荧光灯电路图

二、荧光灯照明线路的安装

1. 荧光灯照明线路的安装步骤和方法

下面以模拟形式进行荧光灯线路的安装操作，见表 3-2-6。

表 3-2-6 荧光灯线路的安装操作

步骤	图示	说明
安装管脚		荧光灯灯脚是用于固定荧光灯灯管的，目前整套荧光灯架中的灯脚都采用开启式，因为它固定方便，不需使用任何工具直接插入槽内即可，接线采用焊接方式
		灯脚的安装步骤如下： （1）根据荧光灯管的长度画出两灯脚的固定位置 （2）旋下灯脚支架与灯脚间的紧固螺钉，使其分离 （3）用木螺钉分别固定两灯脚支架
		（1）按灯管 2/3 的长度截取四根导线 （2）旋下灯脚接线端上的螺钉。将导线线端的绝缘层去除，绞紧线芯，沿螺钉边缘绕圈 （3）将螺钉旋入灯脚的接线端

续表

步骤	图示	说明
安装管脚	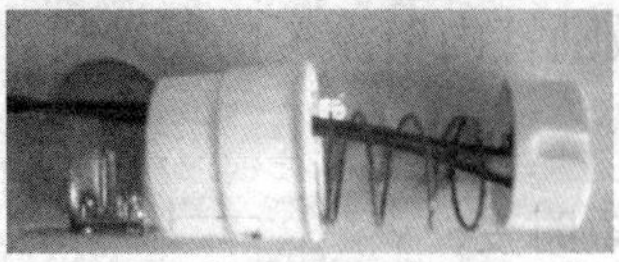	注意两灯脚中的一个内有弹簧，接线时应先旋松灯脚上方的螺钉，使灯脚与外壳分离，接线完毕后恢复原状，导线应串在弹簧内。恢复灯脚支架与灯脚的连接方法是：将灯脚引线沿灯脚下端缺口引出，旋紧灯脚支架与灯脚的紧固螺钉
安装荧光灯镇流器	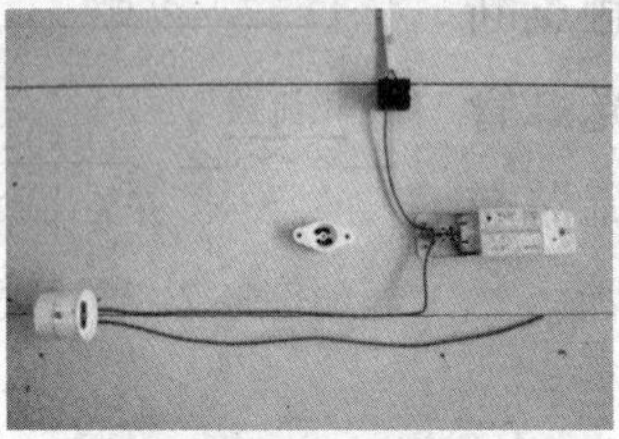	将一端灯脚中的一根引线接入镇流器的接线端，另一接线端与电源接线相连
	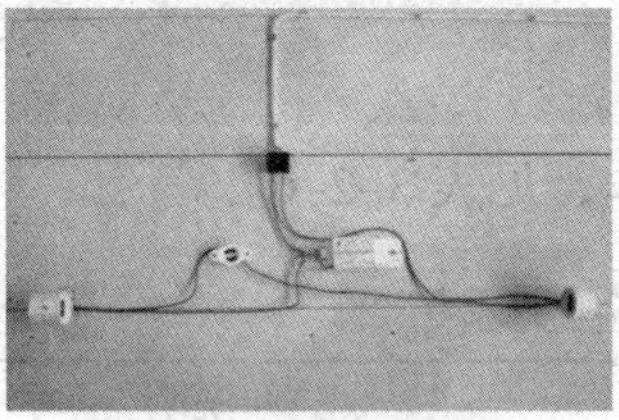	分别从两个灯脚中取出一根导线与启辉器连接
安装启辉器	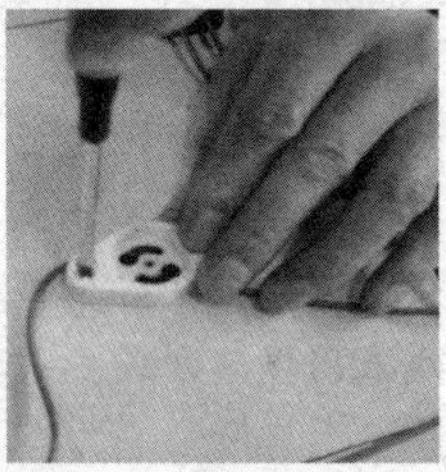	用木螺钉沿启辉器座的固定孔旋入，将其固定
	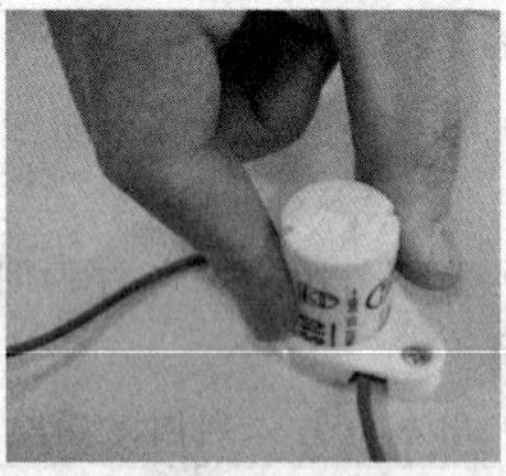	将启辉器插入启辉器座内，顺时针方向旋转约 60° 左右
先将灯管引脚插入有弹簧一端的灯脚内推入，然后将另一端的灯管引脚对准灯脚，利用弹簧力的作用使其插入灯脚内，最后将电源线接入荧光灯线路中，通电检验		

2. 荧光灯灯具的安装

荧光灯线路一般安装在灯具内。荧光灯灯具的安装形式应根据荧光灯灯具的用途来选择，一般有吊装式、吸顶式和嵌入式三种形式，见表 3-2-7。

表 3-2-7 荧光灯灯具的安装

安装形式	图示	安装方法
吊装式		根据荧光灯灯架吊装钩的宽度，在安装位置处安装吊钩，在荧光灯灯架上放出一定长度的吊线或吊杆（注意灯具离地高度不应低于 2.5 m），将吊线或吊杆与灯具连接即可
吸顶式		将吸顶式荧光灯灯具中的灯架与灯罩分离，在安装灯具位置处将灯架吸顶，在灯架固定孔内画出记号，经钻孔、预设木榫后，用螺钉将灯架吸顶固定，接上电源后固定上灯罩
嵌入式		嵌入式荧光灯灯具应安装在采用吊顶装饰的房屋内。吊顶时应根据嵌入式荧光灯灯具的安装尺寸预留出嵌入位置，待吊顶基本完工后将灯具嵌入并固定

三、荧光灯照明线路常见故障的维修

荧光灯照明线路常见故障及检修方法见表 3-2-8。

表 3-2-8 荧光灯照明线路的常见故障及检修方法

故障现象	产生原因	检修方法
荧光灯不能发光	灯座或启辉器底座接触不良	转动灯管，使灯管四极和灯座接触，转动启辉器使启辉器两极与底座两个铜片接触，找出原因并修复
	灯管漏气或灯丝断	用万用表检查或观察荧光粉是否变色，如确认灯管坏，可换新灯管
	镇流器线圈断路	修理或更换镇流器
	电源电压过低	不必修理灯具，检查电源故障
	新装荧光灯接线错误	检查线路
荧光灯光线抖动或两头发光	接线错误或灯座灯脚松动	检查线路或修理灯座
	启辉器氖泡内动，静触片不能分开或电容器击穿	将启辉器取下，用两把旋具的金属头分别触及启辉器底座两个铜片，然后将两根金属杆相碰并立即分开，如灯管能跳亮，则启辉器损坏，应更换启辉器
	镇流器配用规格不合格或接头松动	更换镇流器或加固接头

续表

故障现象	产生原因	检修方法
荧光灯光线抖动或两头发光	灯管陈旧，灯丝上的电子发射将尽，放电作用降低	更换灯管
	电源电压过低或线路电压降过大	如有条件，升高电压或加粗导线
	气温过低	用热毛巾对灯管加热
灯管两端发黑或生黑斑	灯管陈旧，寿命将终	更换灯管
	如果灯管是新的，可能因启辉器损坏，使灯丝发射物质加速挥发	更换启辉器
	灯管内水银凝结	灯管工作后即能蒸发或将灯管旋转180°
	电源电压太高或镇流器配用不当	调整电源电压或更换镇流器
灯光闪烁或灯光在管内滚动	新灯管暂时现象	开用几次或对调灯管两端
	灯管质量不好	换一根灯管，试一试有无闪烁
	镇流器配用规格不符或接线松动	更换镇流器或加固接线
	启辉器损坏或接触不好	更换启辉器或固紧启辉器
灯管光度减低或异常	灯管陈旧	更换灯管
	灯管上积垢太多	清除灯管积垢
	电源电压太低或线路电压降得太大	调整电压或加粗导线
	气温过低或有冷风直吹灯管	加防护罩或避开冷风
灯管寿命短或发光后立即熄灭	镇流器配用规格不当，或质量较差或镇流器内部线圈短路，致使灯管电压过高	更换或修理镇流器
	受到剧烈震动，使灯丝震断	更换安装位置或更换灯管
	新装灯管因接线错误将灯管烧坏	检修线路
镇流器有杂音或电磁声	镇流器质量较差或其铁芯的硅钢片未夹紧	更换镇流器
	镇流器过载或其内部短路	更换镇流器
	镇流器受热过度	检查受热原因
	电源电压过高引起镇流器发出声音	如有条件设法降压
	启辉器质量差，开启时有辉光杂音	更换启辉器
	镇流器有微弱声，但影响不大	可用橡胶垫衬垫，以减少振动

技能训练

1. 训练内容

安装一只双管荧光灯和插座，选用线材并接线。

2. 设备、工具、仪表及材料

双管荧光灯（～220 V，40 W，散件配套）1 套，单相三孔插座（～220 V，10 A）1 个，胶质线（RVS–2×16/0.15，截面 0.3 mm²）1 m，铜塑线（BVR–0.75，导线结构 7/0.37）1 m，护套线（每根截面 1.5 mm²，双芯）10 m，塑料卡钉若干，试灯用开关装置（自定）1 套，单相交流电源（～220 V，5 A）1 处，电工通用工具 1 套，万用表 1 块，黑胶布（自定）1 卷，透明胶布（自定）1 卷，绝缘鞋、工作服 1 套。

3. 评分标准

评分标准见表 3–2–9。

表 3–2–9　评分标准

<table>
<tr><th>序号</th><th>项目内容</th><th>评分标准</th><th>配分</th><th>扣分</th><th>得分</th></tr>
<tr><td>1</td><td>正确绘制电路图</td><td>绘制电路图不正确扣 2 分</td><td>20</td><td></td><td></td></tr>
<tr><td>2</td><td>元件布置正确合理，接线正确、美观</td><td>（1）元件布置不合理扣 1 分
（2）木台、灯座、开关、插座和吊线盒等安装松动，每处扣 2 分
（3）电气元件损坏，每只扣 1 分
（4）相线未进开关扣 1 分
（5）护套线不平直，每根扣 1 分
（6）线芯剖削有损伤，每处扣 1 分
（7）护套线转角不符合要求，每处扣 1 分
（8）卡、钉安装不符合要求，每处扣 1 分</td><td>60</td><td></td><td></td></tr>
<tr><td>3</td><td>安装正确无误</td><td>安装线路错误，造成短路、断路故障，每通电 1 次扣 5 分，扣完为止</td><td>10</td><td></td><td></td></tr>
<tr><td>4</td><td>安全文明生产</td><td>违反安全文明生产规定扣 10 分</td><td>10</td><td></td><td></td></tr>
<tr><td colspan="2">工时</td><td>2 h　　　合计</td><td>100</td><td></td><td></td></tr>
<tr><td colspan="2">备注</td><td>教师签字</td><td colspan="3">年　月　日</td></tr>
</table>

4. 训练步骤

（1）首先要根据训练要求和实际情况画出双管荧光灯电路图，可参考图 3–2–27。

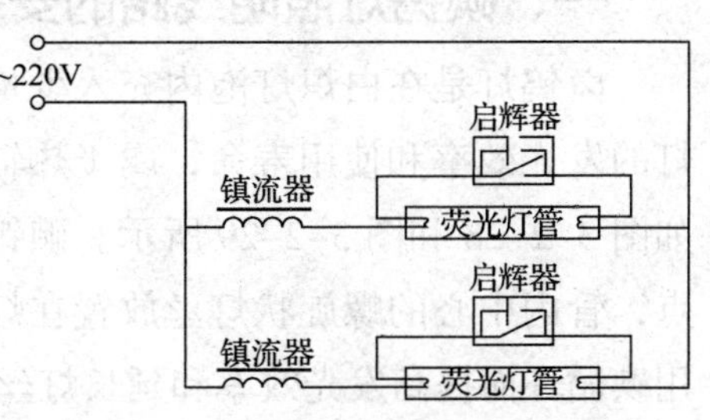

图 3–2–27　双管荧光灯电路图

（2）检查灯具。应先清点工具和灯具的配件是否齐全、配套，用万用表电阻挡逐一测量灯管镇流器、启辉器的通断和绝缘电阻情况，以确保配件无明显损坏。

（3）正确选用导线组装灯具。由于是照明线路，灯头线可选用胶质线（RVS-2×16/0.15，截面 0.3 mm^2）。将双管荧光灯灯具的各配件固定妥当，按电路图把各线头连接完整，并把各连接处进行绝缘恢复。

（4）安装灯罩及灯管。

（5）安装三孔插座。

（6）接电前检查。把事先准备的试灯用开关装置和灯具妥善连接，并做绝缘处理，通电前一定要先检查线路两端之间的直流电阻，且在开关通断的情况下测量，保证线路无断路和短路。

（7）通电试灯。

任务三　碘钨灯、高压钠灯及高压汞灯线路的安装

学习目标

1. 掌握碘钨灯、高压钠灯及高压汞灯的结构和工作原理。
2. 能根据规范进行碘钨灯、高压钠灯及高压汞灯线路的安装。

和生活、办公场所的照明有所不同，在工厂、车站、道路等大面积照明的场所，广泛使用的是碘钨灯、高压钠灯、高压汞灯、金属卤化物灯等电光源。

一、碘钨灯照明线路的安装

卤钨灯是在白炽灯泡内充入少量卤素或卤化物的气体，利用卤钨循环原理来提高灯的发光效率和使用寿命，属于热辐射光源。碘钨灯是卤钨灯的一种，其灯管和灯具如图 3–2–28 和图 3–2–29 所示。碘钨灯一般制成圆柱形状玻璃管，两端灯脚为电源触点，管内中心的螺旋状灯丝放置在灯丝支持架上，管内充有微量的碘，在高温下，利用碘循环而提高发光效率和延长灯丝使用寿命。

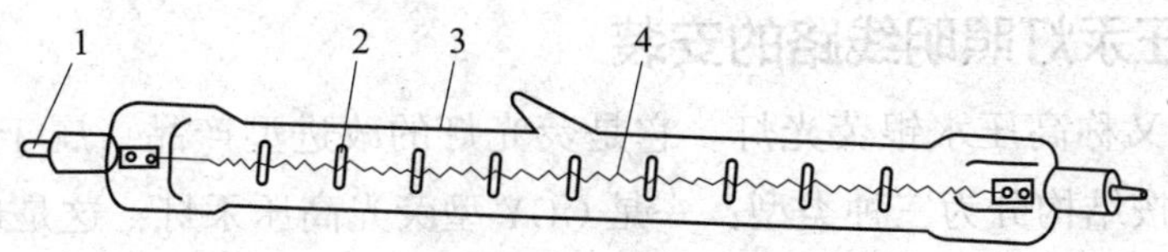

图 3-2-28 碘钨灯

1—灯脚 2—灯丝支持架 3—石英管 4—灯丝

当卤钨灯的灯管工作时，灯丝温度很高，蒸发出钨分子，使之移向石英管内壁。由于管内充有卤素（碘或溴），因此钨分子在管壁与卤素发生作用。等卤化钨进入灯丝的高温（1 600 ℃以上）区域后，就分解为钨分子和卤素，钨分子沉积在灯丝上。当钨分子沉积的数量等于灯丝蒸发出去的钨分子的数量时，就形成相对平衡状态。这一过程称为卤钨循环。由于卤钨循环的存在，所以卤钨灯的玻璃壳不发黑，而且发光效率比白炽灯高。卤钨灯的灯丝损耗极小，使其使用寿命较之白炽灯大大延长。

碘钨灯的电路图如图 3-2-30 所示。

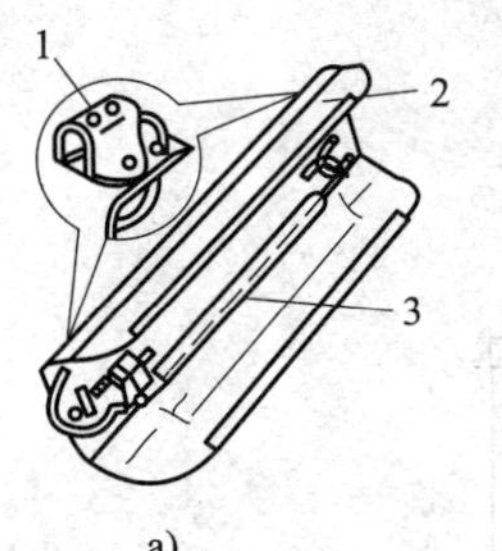

图 3-2-29 碘钨灯具

a）示意图 b）外形图

1—接线柱 2—配套灯架 3—灯管

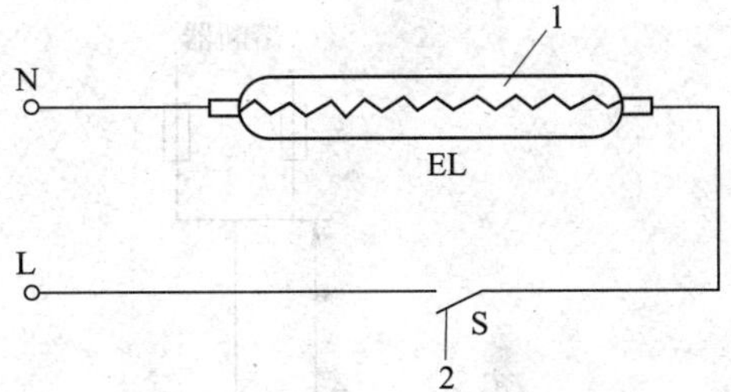

图 3-2-30 碘钨灯的电路图

1—碘钨灯 2—开关

碘钨灯照明线路的安装方法与 LED 灯照明线路基本类似，需要注意以下几点：

1. 碘钨灯安装时，必须保持水平位置。水平线偏角应小于 4°，否则会破坏碘钨循环，缩短灯管寿命。

2. 碘钨灯发光时，灯管周围的温度很高，因此，灯管必须装在专用的有隔热装置的金属灯架上，切不可安装在易燃的木质灯架上，同时，不可在灯管周围放置易燃物品，以免发生火灾。

3. 碘钨灯不可装在墙上，以免散热不畅而影响灯管的寿命，碘钨灯装在室外，应有防雨措施。

4. 功率在 1 000 W 以上的碘钨灯，不应安装一般电灯开关，而应安装胶盖瓷底刀开关。

二、高压汞灯照明线路的安装

高压汞灯又称高压水银荧光灯。它是荧光灯的改进型产品，属于高气压的汞蒸气放电光源，按结构分为三种类型：一是 GGY 型荧光高压汞灯，这是最常用的一种，如图 3–2–31 所示；二是 GYZ 型自镇流高压汞灯，利用自身的灯丝兼作镇流器；三是 GYF 型反射高压汞灯，采用部分玻璃壳内壁镀反射层的结构，使光线集中均匀地定向反射。高压汞灯的外玻璃内壁均涂有荧光粉，它能将管壳内的石英放电管辐射的紫外线转变为可见光，以改善光色，提高光效。高压汞灯不需要启辉器来预热灯丝，但它必须与相应功率的镇流器串联使用，高压汞灯的光效高，寿命长，但启动的时间较长，显色性较差。高压汞灯的安装示意图和原理图如图 3–2–32 和图 3–2–33 所示。

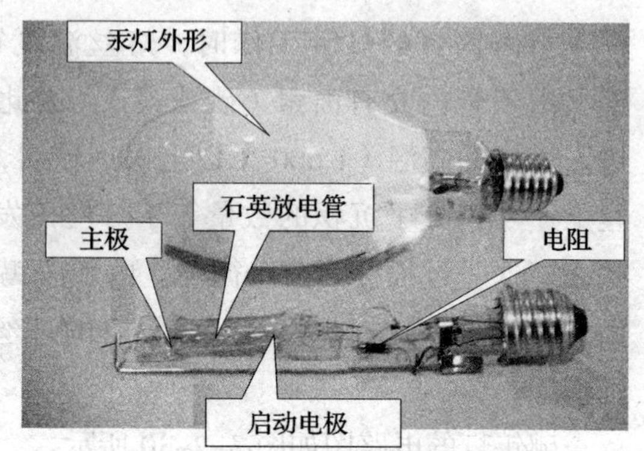

图 3–2–31　高压汞灯

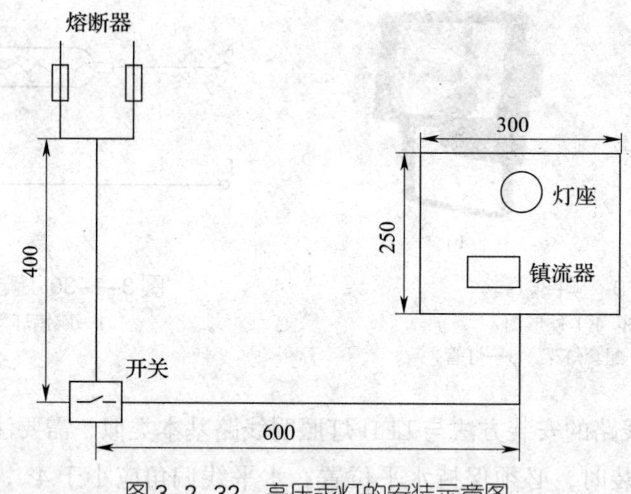

图 3–2–32　高压汞灯的安装示意图

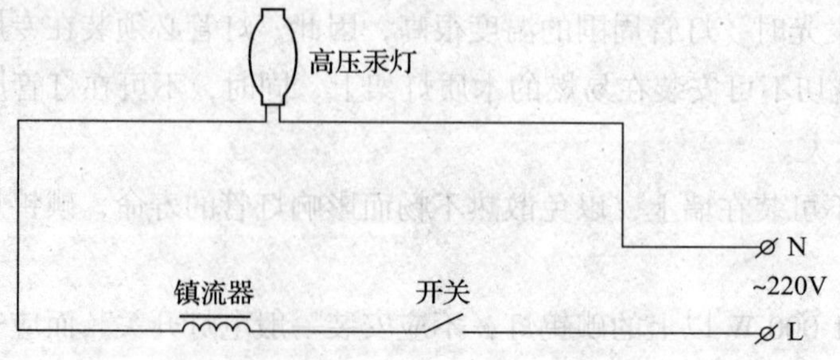

图 3–2–33　高压汞灯的安装原理图

高压汞灯的安装高度最低不小于 4 m，一般采用金属膨胀螺钉固定，如图 3–2–34 所示。

高压汞灯线路的安装步骤如下：

1. 确定施工方案。

2. 根据布置图完成 PVC 管线的安装。由于高压汞灯的功率一般较大，因此开关采用断路器（自动空气开关），接线一般采用压接，将导线的端部绝缘层剥去 10 mm，旋松螺钉，将芯线插入开关接线柱，旋紧螺钉即可，如图 3–2–35 所示。

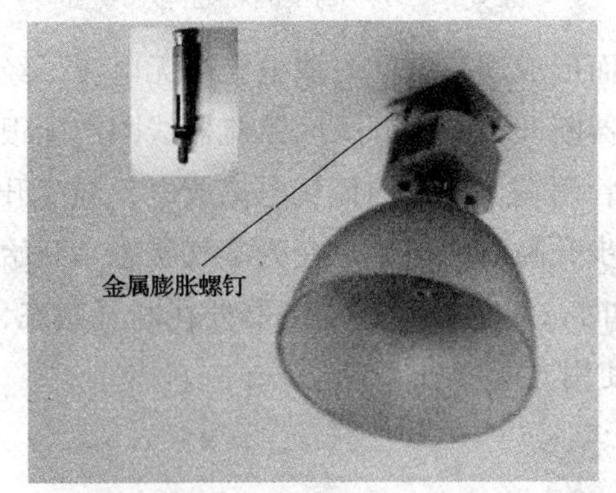

图 3–2–34 高压汞灯的安装

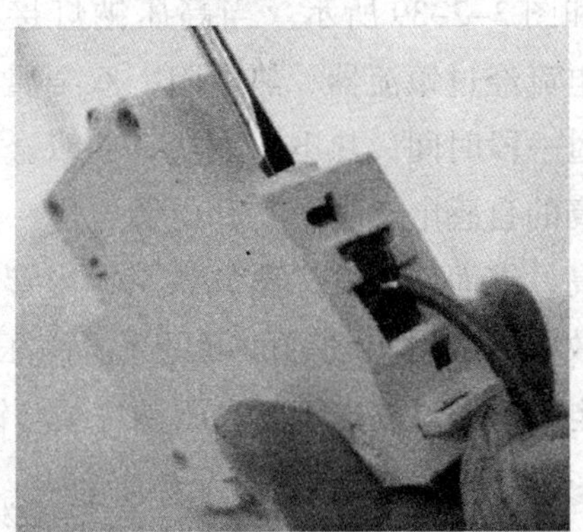

图 3–2–35 断路器接线

3. 安装瓷质螺口灯座。由于高压汞灯在工作时的温度较高，故采用瓷质灯座。

4. 安装镇流器。用木螺钉将镇流器固定在图 3–2–32 所示位置。

5. 根据高压汞灯原理图连接高压汞灯的内部线路。将灯座内的一根导线接入电源，另一根导线接入镇流器；镇流器的另一端接入电源，如图 3–2–36 所示。

6. 安装高压汞灯灯泡。

7. 通电检验

（1）检查线路有无短路。

（2）合上断路器，高压汞灯应发红色光，大约几分钟后，汞灯被点亮，发出近似荧光灯一样的光色。

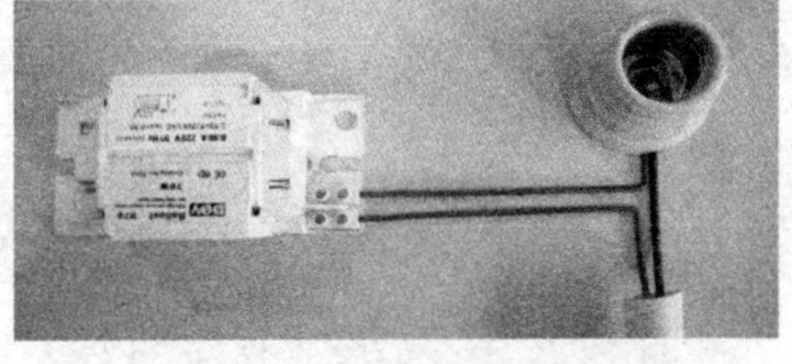

图 3–2–36 镇流器接线

三、高压钠灯照明线路的安装

1. 高压钠灯的结构和原理

高压钠灯是一种发光效率高、用电省、透雾能力强的电光源，适用于街道、机场、车站、码头、港口、体育馆等场所照明。高压钠灯的结构如图 3–2–37 所示，主要由灯丝、双金属热继电器、放电管、玻璃外壳等组成。高压钠灯的放电管与玻璃外壳之间抽成了真空，以减少环境气候的影响，灯丝是将钨丝绕成螺旋形或编织成能储存一定数量

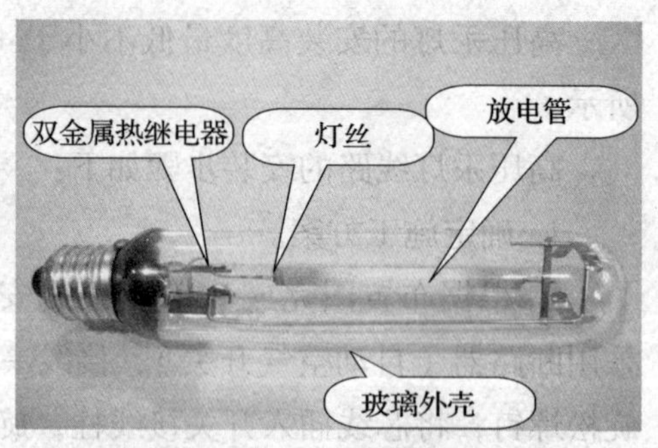

图 3–2–37　高压钠灯结构示意图

的碱土金属氧化物的形状，当灯丝发热时碱土金属氧化物就成为电子发射材料。放电管用与钠不发生化学反应的耐高温半透明氧化铝陶瓷或全透明刚玉制成。放电管内充有氙气、汞滴和钠。双金属片热继电器是用两种不同的热膨胀系数的金属压接在一起做成的。

高压钠灯的电路图和接线图如图 3–2–38 和图 3–2–39 所示。当高压钠灯接入电源后，电流经过镇流器、热电阻、双金属片常闭触头而形成通路。此时放电管内无电流，经过一段时间，热电阻发热，使双金属片热继电器断开，在断开瞬间镇流器线圈产生很高的自感电动势，它和电源电压一起加在放电管两端，使管内氙气电离放电，温度升高，继而使汞变为蒸气状态，当管内温度进一步升高时，使钠也变为蒸气状态，开始放电而放射出较强的可见光。高压钠灯在工作时，双金属片热继电器处在断开状态，电流只通过放电管。高压钠灯须与镇流器配合使用。

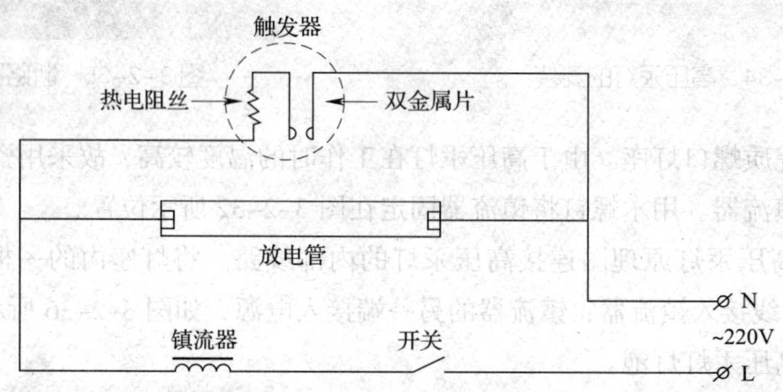

图 3–2–38　高压钠灯电路图

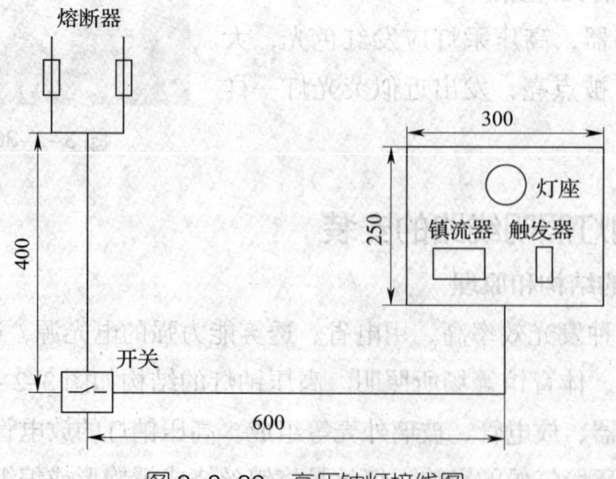

图 3–2–39　高压钠灯接线图

2. 高压钠灯照明线路的安装步骤

（1）确定施工方案。高压钠灯照明线路的安装方式应根据灯具安装场合而定，一般室外（如道路）可采用埋设电缆或瓷绝缘子配线的方式，室内（如工厂车间）一般可采用管线、线槽等方式。

（2）根据布置图备料。

（3）根据布置图完成高压钠灯电源部分的安装。

（4）触发器的安装。将触发器用木螺钉固定在图示位置。

（5）根据高压钠灯原理图连接高压钠灯内部线路。将灯座内的一根导线与电源及触发器相连，另一根导线与触发器的另一端及镇流器相连，镇流器的另一端接入电源，如图 3-2-40 所示。

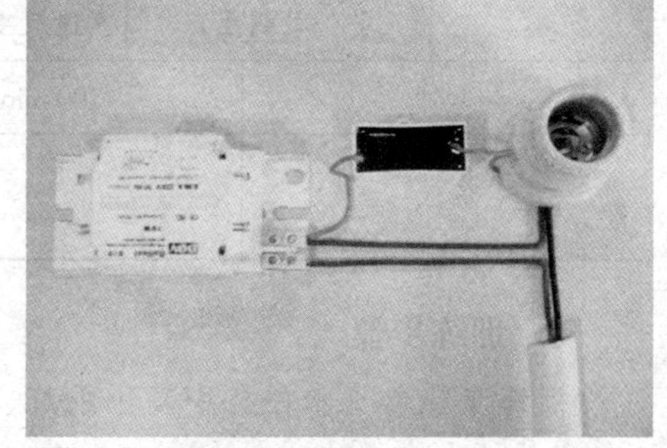
图 3-2-40 高压钠灯线路接线

（6）安装高压钠灯灯泡。将高压钠灯灯泡旋入螺口灯座内。

（7）通电检验

1）检验线路。

2）合上开关，高压钠灯灯泡启辉发出暗红色的光，随着热电阻温度上升使双金属片断开，在断开瞬间镇流器线圈产生的自感电动势与电源电压一起叠加在放电管的两端，使放电管内气体电离放电，温度升高，使汞变为蒸气而放电，继而使放电管内温度进一步升高，使钠也变为蒸气状态开始放电而发出较强红色光。

技能训练

1. 训练内容

安装高压汞灯（或高压钠灯）照明线路。

2. 工具、仪表及材料。

木板 1 200 mm×600 mm 1 块；PVC 管（ϕ20 mm）3 m；熔断器（RCA1，10 A）2 只；断路器 1 只；开关箱 1 只；螺口平灯座瓷质 2 只；80 W 高压汞灯 1 套；150 W 高压钠灯 1 套；PVC 管卡（ϕ20 mm）若干；1×1.13 mm 塑铜线若干；木螺钉（4×30 mm、4×25 mm、4×18 mm）若干；常用电工工具 1 套；万用表 1 块。

3. 评分标准

评分标准见表 3-2-10。

表 3-2-10　评分标准

序号	项目内容	评分标准	配分	扣分	得分
1	元件布置	（1）元件定位尺寸一处不正确，扣 5 分 （2）元件安装位置一处不正确，扣 5 分	20		
2	接线	（1）管线安装不美观，扣 10 分 （2）开关接线不规范，扣 5 分 （3）接头不合理规范，每处扣 2 分	30		
3	通电试验	（1）第一次通电成功，该项目得 40 分 （2）第二次通电成功，该项目得 20 分 （3）两次通电均不成功，该项目不得分	40		
4	安全文明生产	违反安全文明生产规定扣 10 分	10		
工时	100 min	合计	100		
备注		教师签字	年　月　日		

4. 训练步骤

训练步骤参见本任务中高压汞灯、高压钠灯照明线路安装的相关内容。

课题三　进户装置及量配电装置的安装

任务一　进户装置及量电装置的安装

学习目标

1. 能根据规范安装进户装置和进户线。
2. 能根据规范安装电流互感器。
3. 能根据规范安装电能表。

一、进户装置的安装

进户装置是户内建筑内部线路的电源引接点。进户装置由进户线杆或角钢支架上装的绝缘子、进户线（从用户户外第一支持点到户内第一支持点之间的连接绝缘导线）和进户管三部分组成。

1. 进户杆的安装

进户点低于 2.7 m 或接户线从架空配电线的电杆至用户户外的第一支持点间的导线因安全需要而升高等情况，都需加装进户杆来支持接户线和进户线。进户杆一般采用混凝土电杆或木杆，可分为长杆和短杆两种，如图 3-3-1 所示。

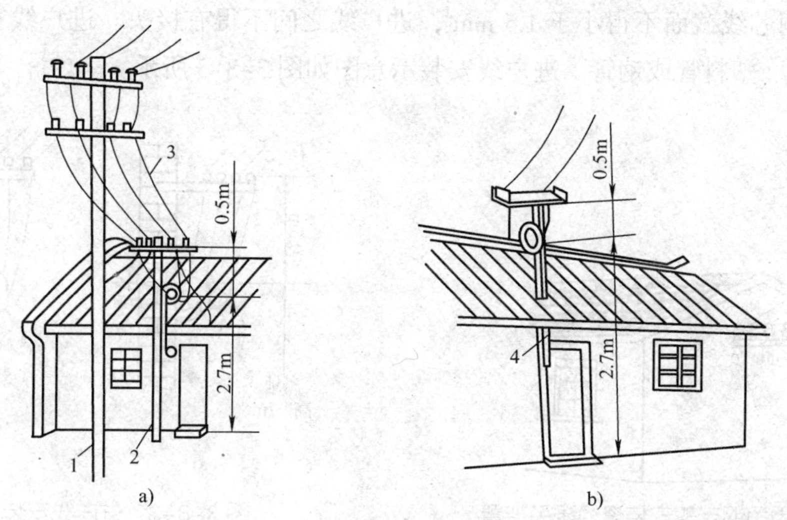

图 3-3-1 进户杆

a）长进户杆 b）短进户杆

1—接户杆 2—进户杆 3—接户线 4—进户线

（1）混凝土进户杆安装前，应检查有无弯曲、裂缝或疏松等情况。混凝土进户杆埋入地下的深度见表 3-3-1。

表 3-3-1 电杆的埋设深度 单位：m

类别	杆长										
	4	5	6	7	8	9	10	11	12	13	15
混凝土杆	—	—	—	1.4	1.5	1.6	1.7	1.8	1.9	2.0	2.5
木杆	1.0	1.0	1.1	1.2	1.4	1.5	1.7	1.8	1.9	2.0	—

（2）木杆进户杆埋入地面深度按表 3-3-1 的规定。埋入地面前，应在地面以上 300 mm 和地下 500 mm 的一段，采用烧根或涂柏油等方法进行防腐处理。如用短木杆与建筑物

连接时，应用两道通墙螺栓或抱箍等紧固，两道紧固点的中心距离不应小于 500 mm。

（3）进户杆顶端应安装横担，横担上安装低压瓷绝缘子。常用的横担由镀锌角钢制成，若用来支持单相两线，一般规定角钢的规格不应小于 40 mm × 40 mm × 5 mm；若用来支持三相四线，一般规定角钢的规格不应小于 50 mm × 50 mm × 6 mm。两瓷绝缘子在角钢上的距离不应小于 150 mm。

（4）用角钢支架安装瓷绝缘子来支持接户线和进户线的安装形式，如图 3–3–2 所示。

2. 进户线的安装

（1）进户线必须选用绝缘良好的铝芯或铜芯绝缘导线，铝芯线截面不得小于 2.5 mm^2，铜芯线截面不得小于 1.5 mm^2，进户线之间不得有接头。进户线穿墙时，应套上绝缘子、塑料管或钢管。进户线安装示意图如图 3–3–3 所示。

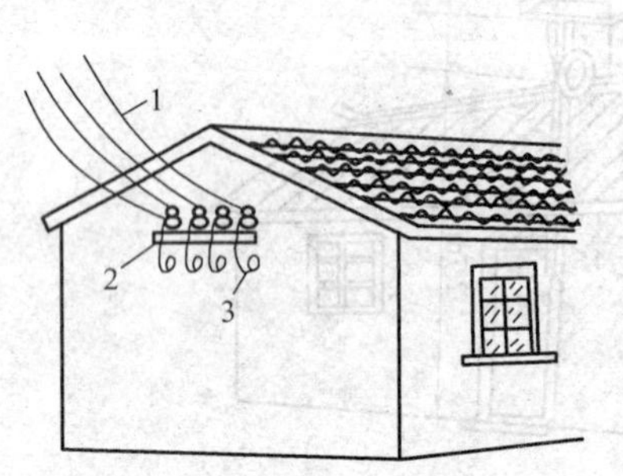

图 3–3–2　用角钢支架安装瓷绝缘子装置

1—接户线　2—角钢支架　3—进户线

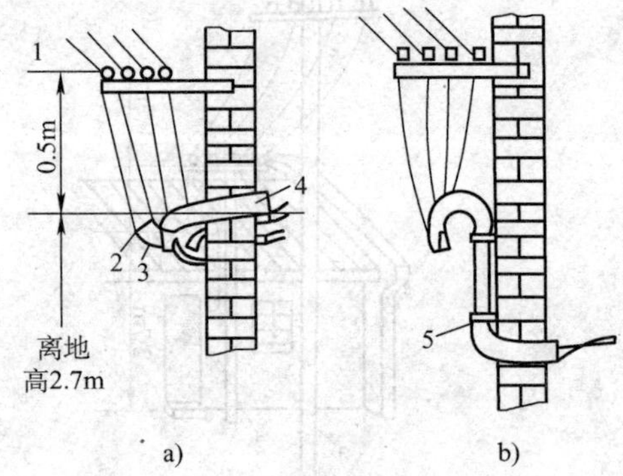

图 3–3–3　进户线安装示意图

a）进户线穿瓷管　b）进户线穿钢管

1—接户点　2—进户点　3—进户线　4—进户管　5—固定敷设

（2）进户线安装时应有足够的长度，户内一端一般接于总开关盒或熔丝盒内，户外一端与接户线连接后应保持 200 mm 的弛度。

3. 瓷绝缘子配线

进户线的安装绝大部分采用的是瓷绝缘子配线，可适用于负荷较大而又比较潮湿的场合。瓷绝缘子有鼓形瓷绝缘子、蝶形瓷绝缘子、针式瓷绝缘子、悬式瓷绝缘子等类型，其外形如图 3–3–4 所示。导线截面较细的，一般采用鼓形瓷绝缘子配线；导线截面较粗的，一般采用其他几种瓷绝缘子配线方式。

瓷绝缘子配线的方法和步骤如下：

（1）定位　定位工作应在土建抹灰前进行。首先按施工图确定电气设备的安装地点，然后再确定导线的敷设位置，穿过墙壁和楼板的位置，以及起始、转角和终端瓷绝缘子的固定位置，最后再确定中间瓷绝缘子的安装位置。

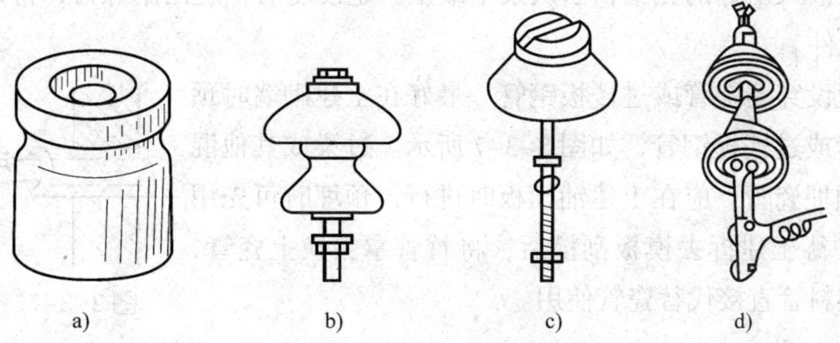

图 3–3–4　瓷绝缘子的种类

a）鼓形瓷绝缘子　b）蝶形瓷绝缘子　c）针式瓷绝缘子　d）悬式瓷绝缘子

（2）划线　划线可采用线袋或边缘刻有尺寸的木板条。划线时，尽可能沿房屋线脚、墙角等处敷设，用铅笔或线袋划出安装线路，并在每个电气设备固定点中心处划一个“×”号。如果室内已粉刷，划线时，注意不要弄脏建筑物表面。

（3）凿眼　按划线定位进行凿眼。在砖墙上凿眼，可采用小扁凿或电钻；在混凝土结构上凿眼，可用麻线凿或冲击电钻；在墙上凿穿通孔，可用长凿，快要打通时要减小锤击力，以免损坏另一侧墙壁。

（4）安装木榫或埋设缠有铁丝的大螺钉　所有的孔眼凿好后，可在孔眼中埋设缠有铁丝的木螺钉或安装木榫，如图 3–3–5 和图 3–3–6 所示。埋设缠有铁丝的木螺钉时，先在孔眼内洒水淋湿，然后将缠有铁丝的木螺钉

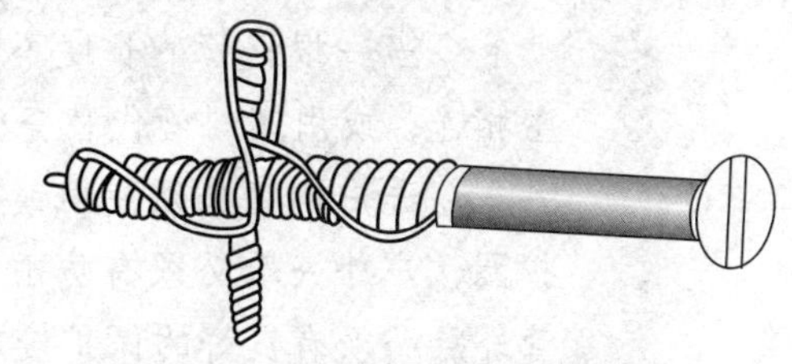
图 3–3–5　埋设缠有铁丝的木螺钉

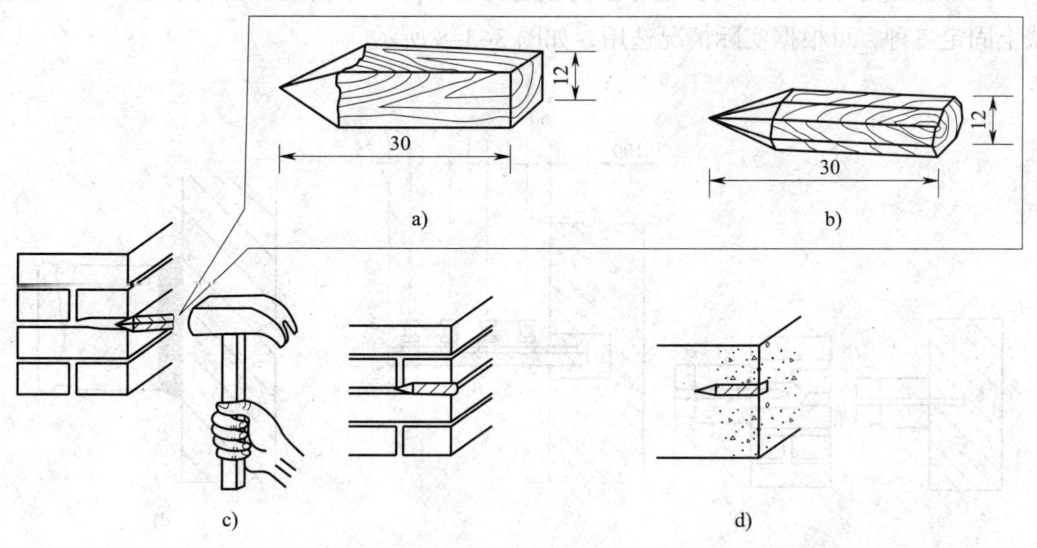

图 3–3–6　安装木榫

a）矩形木榫　b）八角形木榫　c）在砖墙上装矩形木榫　d）在水泥墙上装八角形木榫

用水泥灰浆嵌入凿好的孔中，当灰浆干燥至一定硬度后，旋出木螺钉，待以后安装瓷绝缘子等元件。

（5）埋设穿墙瓷管或过楼板钢管　最好在土建砌墙时预埋穿墙瓷管或过楼板钢管，如图 3–3–7 所示。过梁或其他混凝土结构预埋瓷管，应在土建铺模板时进行，预埋时可先用竹管代替，待土建拆去模板刮糙后，将竹管拿去换上瓷管，也可采用塑料管直接代替瓷管使用。

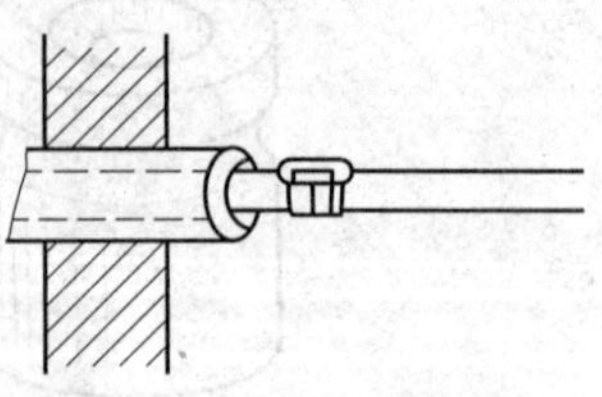

图 3–3–7　预埋穿墙管

提示

常用的进户管有瓷管、塑料管和钢管三种，瓷管又分为弯口和反口两种。

◇进户管的管径应根据进户线的根数和截面积来决定，管内导线（包括绝缘层）的总面积不得大于管子有效截面积的 40%，最小管径不应小于 15 mm。

◇进户瓷管必须每线一根，进户瓷管应采用弯头瓷管，户外一头弯头朝下。当进户线截面积在 50 mm^2 以上时，宜用反口瓷管。

◇当一根瓷管的长度不能大于进户墙壁的厚度时，可用两根瓷管紧密相连，或用塑料管代替瓷管。

◇进户钢管必须使用镀锌钢管或经过涂漆的黑铁管。钢管两端应装护圈，户外一端必须有防雨弯头，进户线必须全部穿入一根钢管内，钢管外层必须有良好的保护接零。

（6）瓷绝缘子的固定　瓷绝缘子的固定方法有在木结构上、在砖墙上和在混凝土墙上固定三种，可根据实际情况选用，如图 3–3–8 所示。

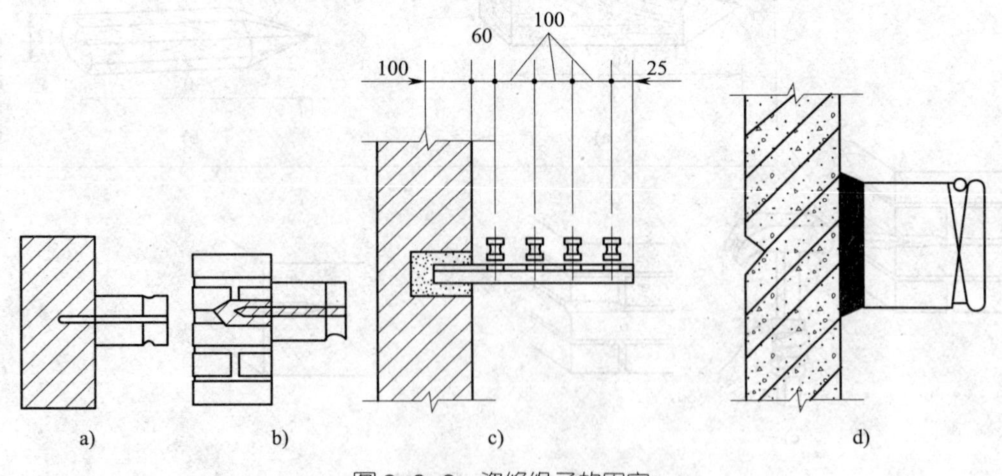

图 3–3–8　瓷绝缘子的固定

a）木结构上　b）砖墙上　c）支架上　d）环氧树脂

提示

◇在木结构上只能固定鼓形瓷绝缘子，可用木螺钉直接拧入。

◇砖墙上固定瓷绝缘子，可利用预埋的木榫和木螺钉来固定鼓形瓷绝缘子，或用预埋的支架和螺钉来固定鼓形瓷绝缘子、蝶形瓷绝缘子和针式瓷绝缘子等。

◇在混凝土墙上，也可用缠有铁丝的木螺钉和膨胀螺栓来固定鼓形瓷绝缘子，或用预埋的支架和螺栓来固定鼓形瓷绝缘子、蝶形瓷绝缘子或针式瓷绝缘子，也可用环氧树脂粘接剂来固定。

（7）导线的敷设及绑扎　在瓷绝缘子上敷设导线，应从一端开始，只将一端的导线绑扎在瓷绝缘子的颈部，如果导线弯曲，应事先矫直，然后将导线的另一端收紧绑扎固定，最后把中间导线也绑扎固定。导线在瓷绝缘子上绑扎固定的操作要点方法如下：

1）终端导线的绑扎　终端导线的绑扎如图 3–3–9 所示。导线的终端可用回头线绑扎，绑扎线宜用绝缘线，绑扎线径和绑扎圈数见表 3–3–2。

图 3–3–9　终端导线的绑扎

表 3–3–2　绑扎线的线径和绑扎圈数

导线截面 /mm²	绑线直径 /mm			绑线圈数	
	纱包铁芯线	铜芯线	铝芯线	公圈数	单圈数
1.5 ~ 10	0.8	1.0	2.0	10	5
10 ~ 35	0.89	1.4	2.0	12	5
50 ~ 70	1.2	2.0	2.6	16	5
95 ~ 120	24	2.6	3.0	20	5

2）直线导线的绑扎　鼓形和蝶形瓷绝缘子直线段导线一般采用单绑法或双绑法两种，截面在 6 mm² 及以下的导线可采用单绑法，截面为 10 mm² 及以上的导线须采用双绑法。其绑扎方法如图 3–3–10 和图 3–3–11 所示。

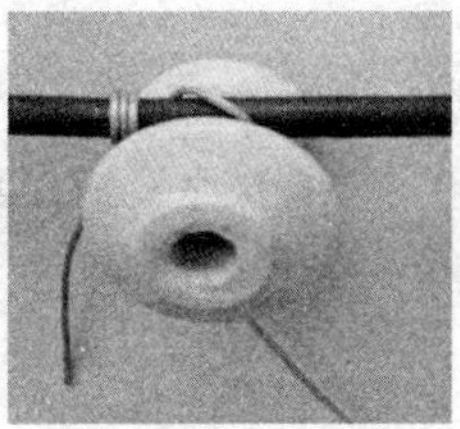
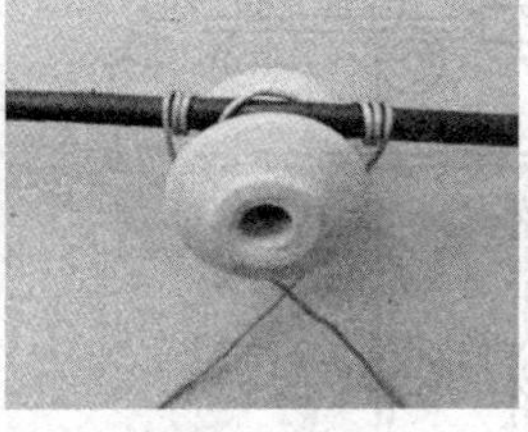

图 3–3–10　直线导线的单绑法

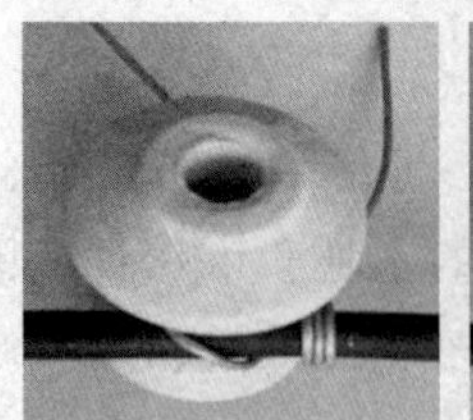  

图 3–3–11　直线导线的双绑法

瓷绝缘子配线的注意事项见表 3–3–3。

表 3–3–3　瓷绝缘子配线注意事项

图示	说明
1—绝缘子　2—导线	在建筑物的侧面或斜面配线时，必须将导线绑扎在瓷绝缘子的上方
	导线在同一平面内，如有曲折，瓷绝缘子必须装设在导线曲折角的内侧
	导线在不同的平面上曲折时，在凸角的两面上应装设两个瓷绝缘子
	导线分支时，必须在分支点处设置瓷绝缘子，用以支持导线；导线互相交叉时，应在距建筑物近的导线上套瓷管保护

提示

◇平行的两根导线，应在两瓷绝缘子的同一侧或在两瓷绝缘子的外侧，不能放在两瓷绝缘子的内侧。

◇瓷绝缘子沿墙壁垂直排列敷设时，导线弛度不得大于 5 mm，沿层架或水平支架敷时，导线弛度不得大于 10 mm。

二、量电装置的安装

量电装置通常由进户总熔丝盒、电能表和电流互感器等部分组成，配电装置一般由控制开关、过载及短路保护电器等组成，容量较大的还装有隔离开关。

一般将总熔丝盒装在进户管的墙上，而将电流互感器、电能表、控制开关、短路和过载保护电器均安装在同一块配电板上，如图 3–3–12 所示。

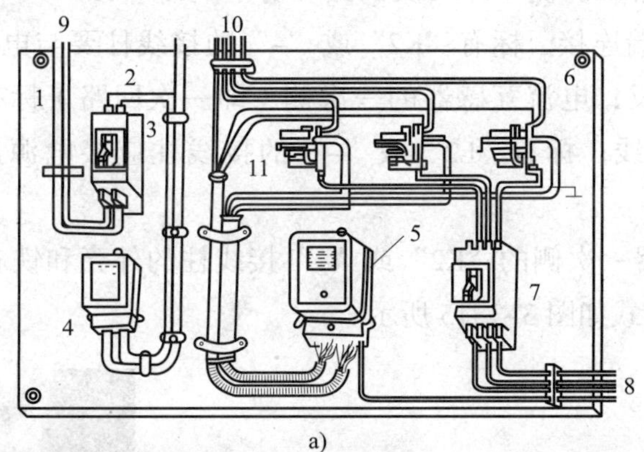

a)

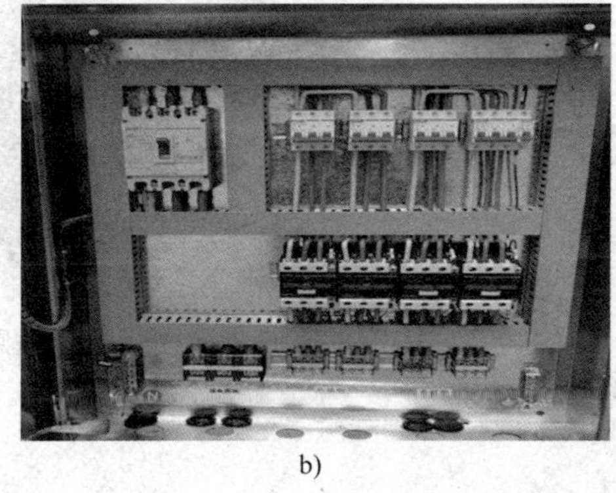

b)

c)

图 3–3–12 配电板的安装

a）配电板 b）配电板实物 c）电气箱外形

1—照明部分 2—总开关 3—用户熔断器 4—单相电能表 5—三相电能表 6—动力部分 7—动力总开关 8—接分路开关 9—接用户 10—接总熔丝盒 11—电流互感器

1. 总熔丝盒的安装

总熔丝盒的作用是防止下级电力线路的故障蔓延到上级配电干线上而造成更大区

域的停电。

（1）总熔丝盒应安装在进户管的户内侧，安装方法如图 3–3–13 所示。

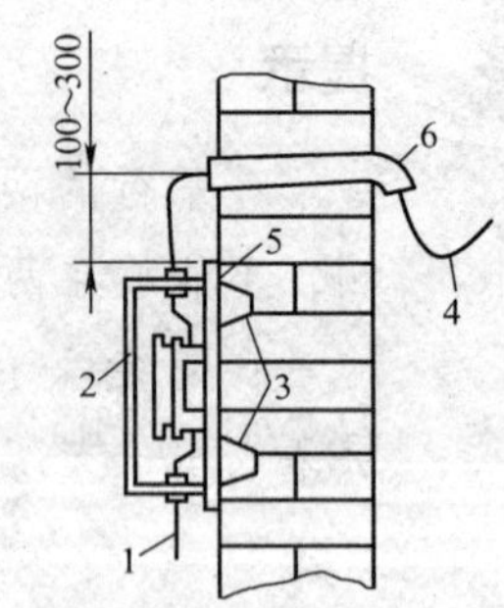

图 3–3–13 总熔丝盒的安装

1—电能表总线 2—总熔丝盒 3—木榫 4—进户线 5—实心木板 6—进户管

（2）总熔丝盒必须安装在实心木板上，木板表面及四沿必须涂上防火漆。

（3）总熔丝盒内熔断器的上接线柱，应分别与进户线的电源相线连接，接线桥的上接线柱应与进户线的电源中性线连接。

（4）如安装多个电能表，则在每个电能表的前面应分别安装总熔丝盒。

2. 电流互感器的安装

（1）电流互感器二次侧（即二次回路）标有“K1”或“+”的接线柱要与电能表电流线圈的进线端连接，标有“K2”或“–”的接线柱要与电能表电流线圈的出线端连接，不可接反；电流互感器的一次侧（即一次回路）标有“L1”或“+”的接线柱应接电源进线，标有“L2”或“–”的接线柱应接电源出线，如图 3–3–14 所示。

（2）电流互感器一次侧的“K2”或“–”接线柱的外壳和铁芯都必须可靠接地。电流互感器的接线方式如图 3–3–15 所示。

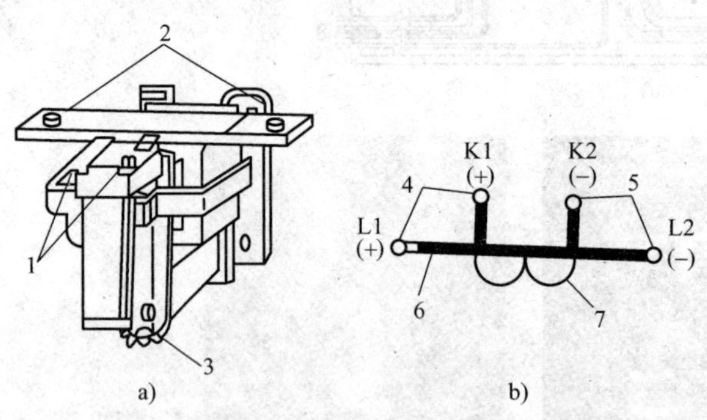

图 3–3–14 电流互感器

1—二次回路接线柱 2— 一次回路接线柱 3—接地接线柱 4—进线柱 5—出线柱 6— 一次绕组 7—二次绕组

图 3–3–15 电流互感器接线方式

思考

总熔丝盒应装在电能表的前面还是后面？

3. 电能表的安装

电能表有单相电能表和三相电能表两种，它们的接线方法各不相同。

（1）单相电能表的接线　单相电能表共有四个接线柱，从左到右按 1、2、3、4 编号，一般 1、3 接电源进线，2、4 接电源出线，如图 3-3-16 所示。

a)

b)

图 3-3-16　单相电能表

a）电子式单相电能表　b）感应式单相电能表接线

也有些单相电能表的接线方法是 1、2 接电源进线，3、4 接电源出线，所以具体的接线方法应参照电能表接线柱盖子上的接线图。单相电能表的配电板安装如图 3-3-17 所示。

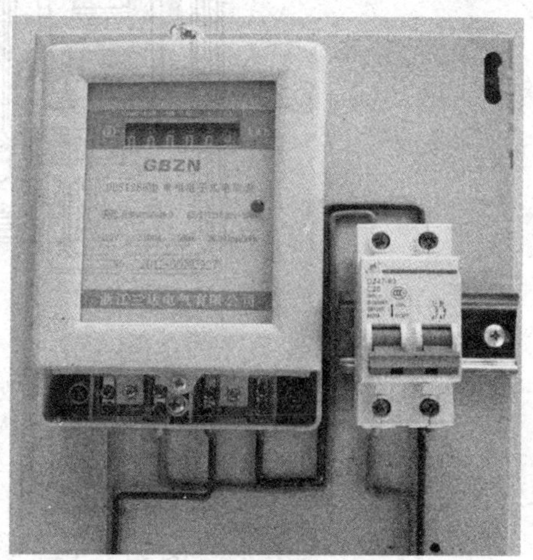

图 3-3-17　单相电能表的配电板安装

（2）三相电能表的接线　三相电能表有三相三线制和三相四线制两种；按接线方法可分为直接式和间接式。常用直接式三相电能表的规格有 10 A、20 A、30 A、50 A、75 A 和 100 A 等多种，一般用于电流较小的电路上；间接式三相电能表常用的规格是 5 A，与电流互感器连接后，用于电流较大的电路。

1）直接式三相四线制电能表的接线　这种电能表共有 11 个接线柱，从左到右按 1、2、3、4、5、6、7、8、9、10、11 编号，其中 1、4、7 是电源相线的进线柱，用来连接从总熔丝盒下出线柱引出来的三根相线；3、6、9 是相线的出线柱，分别去接总开关的三个进线柱；10、11 是电源中性线的进线柱和出线柱，2、5、8 三个接线柱可空着，如图 3-3-18 所示，其连接片不可拆卸。

2）直接式三相三线制电能表的接线　这种电能表共有 8 个接线柱，其中 1、4、6 是电源相线进线柱，3、5、8 是相线出线柱；2、7 两个接线柱可空着，如图 3-3-19 所示。

3）间接式三相四线制电能表的接线　这种三相电能表需配用三只相同规格的电流

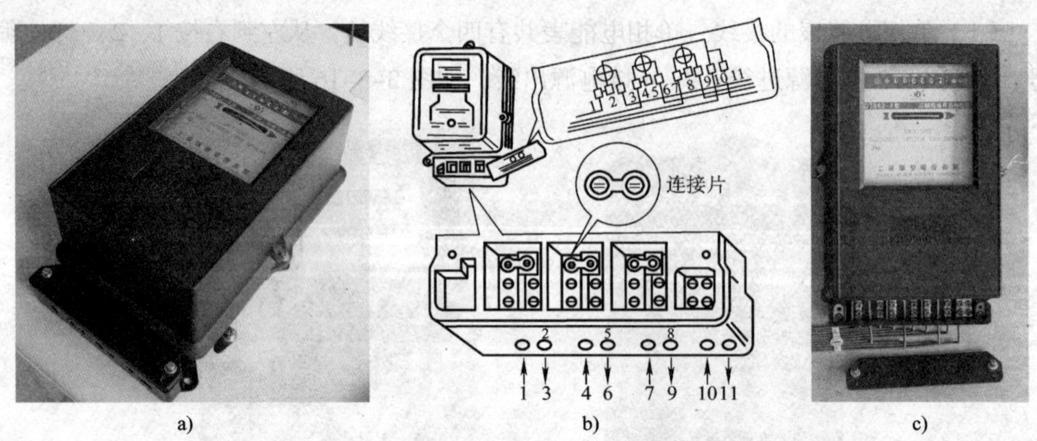

图 3-3-18　直接式三相四线制电能表的接线

a）外形图　b）接线示意图　c）实际接线

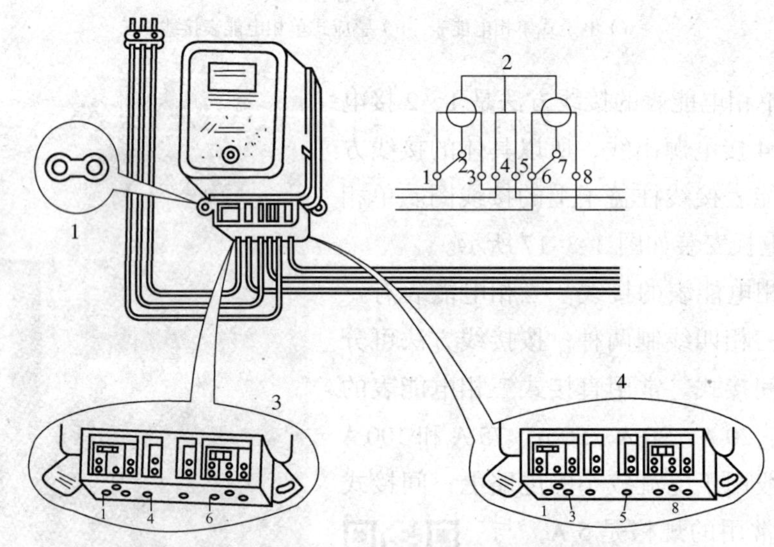

图 3-3-19　直接式三相三线制电能表的接线

1—连接片　2—接线图　3—进户的连接　4—出线的连接

互感器，接线时把从总熔丝盒下接线柱引来的三根相线分别与三只电流互感器一次侧的“+”接线柱连接，同时用三根绝缘导线从这三个“+”接线柱引出，穿过钢管后分别与电能表 2、5、8 三个接线柱连接，接着用三根绝缘导线，从三只电流互感器二次侧的“+”接线柱引出，与电能表 1、4、7 三个进线柱连接，然后将一根绝缘导线的一端连接三只电流互感器二次侧的“-”接线柱，另一端连接电能表的 3、6、9 三个出线柱，并把这根导线接地。最后用三根绝缘导线，把三只电流互感器一次侧的“-”接线柱分别与总开关三个进线柱连接起来，并把电源中性线与电能表 10 进线柱连接，接线柱 11 用来连接中性线的出线。其接线如图 3-3-20 所示。接线时，应先将电能表接线盒内的三块连片都拆下。

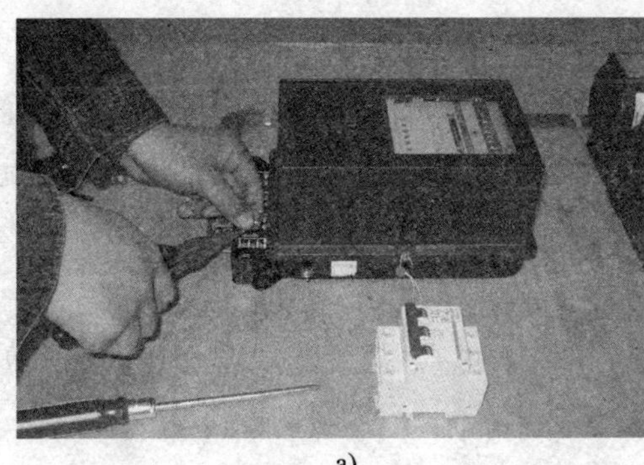

a)

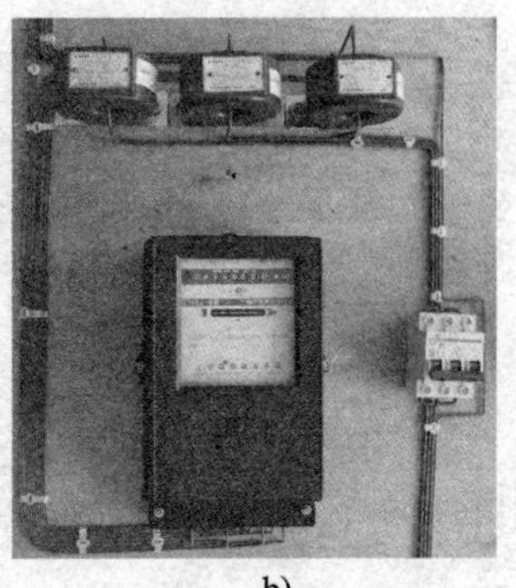

b)

图 3–3–20　间接式三相四线制电能表的接线

a）连接导线　b）接线安装

4）间接式三相三线制电能表的接线　这种三相电能表需配用两只相同规格的电流互感器。接线时，把从总熔丝盒下接线柱引出来的三根相线中的两根相线分别与两只电流互感器一次侧的“+”接线柱连接，同时从这两个“+”接线柱用铜芯塑料硬线引出，并穿过钢管分别接到电能表 2、7 接线柱上，接着从两只电流互感器二次侧的“+”接线柱用两根铜芯塑料硬线引出，并穿过另一根钢管分别接到电能表 1、6 接线柱上，然后用一根导线从两只电流互感器二次侧的“–”接线柱引出，穿过后一根钢管接到电能表的 3、8 接线柱上，并把这根导线接地。最后将总熔丝盒下接线柱余下的一根相线和从两只电流互感器一次侧的“–”接线柱引出的两根绝缘导线接到总开关的三个进线柱上，同时从总开关的一个进线柱（总熔丝盒引入的相线柱）引出一根绝缘导线，穿过前一根钢管，接到电能表接线柱上，如图 3–3–21 所示。同时注意应将三相电能表接线盒内的两块连接片都拆下。

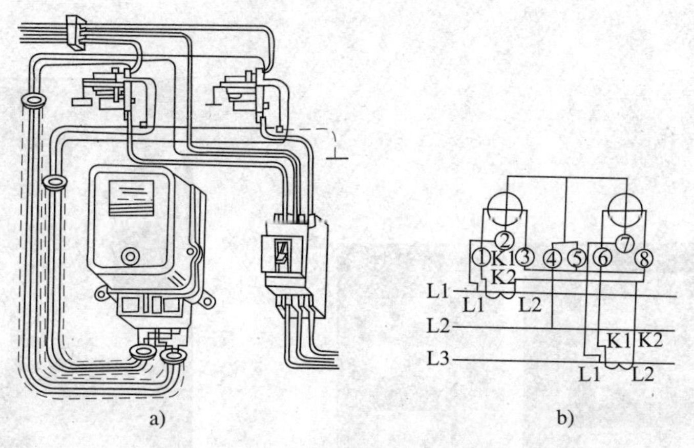

图 3–3–21　间接式三相三线制电能表的接线

a）接线外形图　b）接线电路图

提示

◇电流互感器应装在电能表的上方。

◇电能表总线必须采用铜芯塑料硬线，其最小截面不得小于 1.5 mm^2，中间不准有接头，自总熔丝盒至电能表之间沿线敷设长度不宜超过 10 m。

◇电能表总线必须明线敷设，采用线管安装时，线管也必须明装。导线在进入电能表时，一般以“左进右出”原则接线。

◇电能表必须垂直于地面安装，表的数字显示部分离地面高度应在 1.4 ~ 1.5 m 之间。

4. 断路器的安装

低压断路器又称为自动空气开关或自动空气断路器，简称断路器，如图 3–3–22 所示。它是低压配电网络和电力拖动系统中常用的一种配电电器，集控制和多种保护功能于一体，在正常情况下可用于不频繁接通和断开电路，以及替代总熔丝盒和动力电源总开关。当电路发生短路、过载和失压等故障时，它能自动切断故障电路、保护电路和电气设备。

低压断路器应垂直于配电板安装，电源引线应接到上端，负载引线接到下端；低压断路器用作电源总开关或电动机控制开关时，在电源进线侧必须加装刀开关或熔断器等，以形成一个明显的断开点。

5. 漏电保护器的安装

漏电保护器是带有漏电保护的断路器，如图 3–3–23 所示。安装漏电保护器的技术要求如下：

（1）漏电保护器的保护范围应是独立回路，不能与其他线路有电气上的连接。一台漏电保护器容量不够时，不能两台并联使用，应选用容量符合要求的漏电保护器。

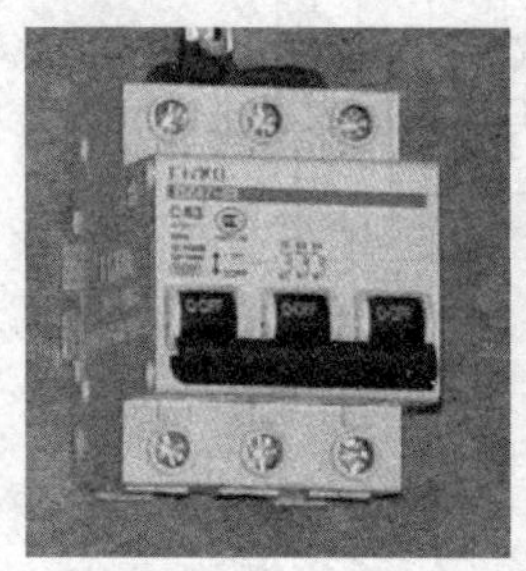

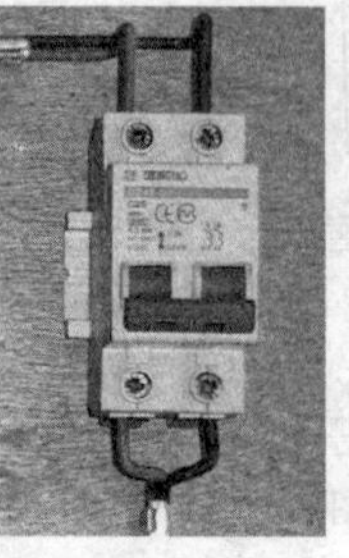

图 3–3–22　低压断路器

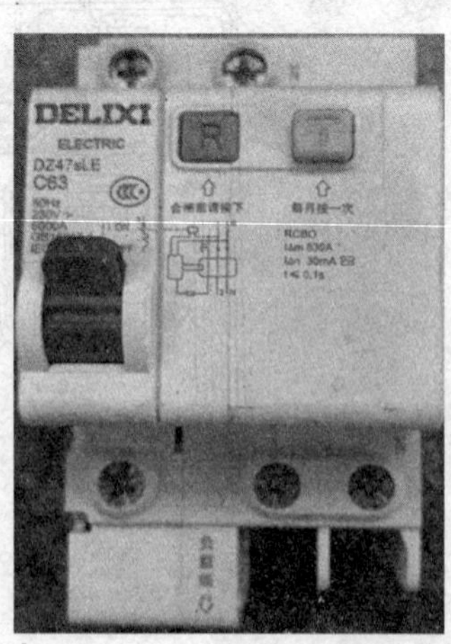

图 3–3–23　漏电保护器

（2）安装漏电保护器后，不能撤掉或降低对线路、设备的接地或接零保护要求及措施，安装时应注意区分线路的工作零线和保护零线。工作零线应接入漏电保护器，并应穿过漏电保护器的零序电流互感器。经过漏电保护器的工作零线不得作为保护零线，不得重复接地或接设备的外壳。线路的保护零线不得接入漏电保护器。

（3）在潮湿、高温、金属占有系数大的场所及其他导电良好的场所，必须设置独立的漏电保护器，不得用一台漏电保护器同时保护两台以上的设备（或工具）。

（4）安装不带过电流保护的漏电保护器时，应另外安装过电流保护装置。

（5）漏电保护器经安装检查无误，并操作试验按钮检查动作情况正常，方可投入使用。

6. 接线端子排的安装

接线端子排的安装技术要求有：

（1）接线端子排无损坏，固定牢固，绝缘良好；

（2）接线端子应有序号，端子排应便于更换且接线方便。

（3）回路电压超过 400 V 时，端子板应有足够的绝缘。

（4）强弱电端子宜分开布置，应有明显的标志并设置空端子隔开或设加强绝缘的隔板。

（5）正负电源之间以及经常带电的正电源与合闸或跳闸回路之间，宜以一个空端子隔开。

（6）潮湿环境宜采用绝缘端子。

（7）接线端子应与导线截面相配，不应使用小端子配大截面导线。

（8）连接件均应采用铜质端子。

（9）接线端子应有明显的编号和名称，其标明的字迹应清晰、工整，且不易褪色。

7. 安装低压配电箱

（1）低压配电箱　低压配电箱主要用于对动力设备配电，也可兼用于对照明设备配电，按安装方式可分为靠墙式、悬挂式和嵌入式等。低压配电箱的结构主要包括箱体、箱芯和箱门三个部分，其外形如图 3-3-24 所示。

低压配电箱的箱体由厚度大于 1.5 mm 的优质冷轧钢板折弯焊接而成，四周可根据用户要求开进出线敲落孔，箱体内设有接地专用螺栓。

低压配电箱的箱芯由安装板、道轨、电气元件、零线端子排、接地线端子排等组成，其中电气元件的宽均为 18 mm 的倍数，安装于标准轨道上，可满足组合成各种电路方案的需要。

低压配电箱的箱门由面框、面板和门组成，面板上可露出断路器操作手柄，方便操作。箱门由厚度大于 1.5 mm 的优质冷轧钢板制成，并经防锈磷化处理后，进行静电喷塑，使其表面达到美观、经久耐用的目的。

a)

b)

图 3-3-24　低压配电箱外形

a）低压配电箱外形　b）照明配电箱

低压配电箱的安装要求有：

1）配电箱配线排列整齐，绑扎成束，在活动部位的两端固定，盘面引进新出的导线应留有足够余量，检修方便；

2）配电箱的开门方向可根据用户要求灵活改变；

3）有多股导线时应加装压线端子；

4）配电箱进出线端应留有足够的电缆进出线空间；

5）控制箱控制电路应按图样要求制作，线号清晰、牢固，不易脱落；

6）端子排选用螺栓固定式端子排，接线时牢固、不松动。

（2）配电箱的安装

1）地下室照明箱明装时底边距地 1.5 m，地上楼层在走廊安装的照明及配电箱底边距地 1.7 m，控制箱的安装高度为中心距地 1.5 m，挂墙明装的配电箱中心距地 1.3 m（箱体高度大于 0.8 m）或 1.5 m（箱体高度小于 0.8 m），墙内暗装配电箱要先用比配电箱稍大木盒预留孔洞扣。

安装配电箱时必须拆除木盒，电气配管时，应将配电箱的电源、负载管由左至右顺序排列整齐，安装配电箱箱体时，应按需要打掉箱体敲落孔的压片，当箱体敲落孔数量不足或孔径与配合孔径不配合时，可使用开孔机开孔，明装配电箱采用金属膨胀螺栓进行安装。配电箱安装应横平竖直，在箱内放置后要用尺板确认箱体垂直度，使其符合规定，箱体垂直度的允许偏差是，当箱体高度为 500 mm 以下时，不应大于 1.5 mm，当箱体高度为 500 mm 以上时，不应大于 3 mm，配管入箱应顺直，露出长度小于 5 mm。

2）配电箱内接线应整齐美观，安全可靠，管内导线引入盘面时应理顺整齐，并沿箱体的周边成把成束布置。导线与器具的连接应接线位置正确、连接牢固紧密、不伤芯线。压接连接时，压紧无松动；螺栓连接时，在同一端子上导线不超过 2 根，防松垫圈等配件齐全、零线经汇流排（零线端子）连接，无绞接现象。配电箱面板四周边沿紧贴墙面，不能缩进抹灰层，也不能突出抹灰层。配电箱安装完毕后，应清理干净内杂物。

技能训练

1. 训练内容

安装直接式单相电能表组成的量电装置。

2. 设备、工具、仪表及材料

单相电能表[DT863-1.5(6)A，220 V]1只，绝缘铝芯线（BLV-10 mm^2，300/500 V）4 m，绝缘铜塑线（BV-2.5 mm^2，300/500 V）4 m，单相瓷底胶盖刀开关（HK3-60/2，60 A/250 V）1只，单相电阻性负载（白炽灯，220 V/200 W）5只、单相电炉（220 V/1 500 W）1只，木制配线板（25 mm×450 mm×500 mm）1块，木螺钉[ϕ3.5 mm×(25～30 mm)]15个，铝片线卡及铁钉或塑料卡钉（自定）30个，单相交流电源（～220 V，5 A）1处，电工通用工具1套，万用表1块，黑胶布（自定）1卷，透明胶布（自定）1卷，圆珠笔1支，草稿纸（自定）2张，绝缘鞋、工作服1套。

3. 评分标准

评分标准见表3-3-4。

表3-3-4 评分标准

序号	项目内容	评分标准	配分	扣分	得分
1	安装设计	绘制电路图不正确，每处扣2分	20		
2	线路的安装	（1）元件安装不正确，每处扣2分 （2）操作不规范、不熟练，扣2分 （3）接线不美观，每处扣2分 （4）接线不牢固或线头绕向不对，每处扣1分	50		
3	通电试验	安装线路错误，造成短路、断路故障，每通电1次扣5分，扣完为止	20		
4	安全文明生产	违反安全文明生产规定每次扣5分	10		
工时	100 min	合计	100		
备注		教师签字	年 月 日		

4. 训练步骤

（1）绘制电路图。

（2）元件安装。先把总熔丝盒、电能表、刀开关安装固定在配电板上。单相负载灯泡配套的灯座安装于另一块配电板上。

（3）连线。分别把电源配电板和负载配线电板上的各电气元件按电路图进行连接。由于配线板上布线一般要求暗装，所以，要预先把过线孔钻好，然后把闸刀和5只并联灯泡之间的电源线连接好。

（4）通电试验。引入总电源线，相线接总熔丝盒，零线可直接接入电能表进线柱3，检查确认无误后，通电。观察电能表，如无异常，可合上刀开关，接通电源。

提示

◇通电试验前要认真核对电路图，检查安装接线的正确性。

◇通电试验时，应有人进行监护。

任务二　低压开关柜的安装

学习目标

1. 掌握常用低压开关柜的类型、特点和结构。
2. 能根据规范安装低压开关柜。

低压开关柜适用于660 V及以下、50 Hz交流三相五线系统，作为变电所、工矿企业和民用建筑中的动力及照明配电之用，是具有对供电线路及电力用户进行配电、控制保护、测量和监视等功能的一种配电装置。

一、常用的低压开关柜

常用的低压开关柜有固定式GGD、GLK、GLL和PGL等系列；抽屉式GCK、GCL、BFC等系列；组合式MGD、DOMINO、HONOR等系列。以下以三种常见系列为例进行介绍。

1. PGL型低压开关柜

PGL型低压开关柜是固定式开关柜，柜架为焊接式结构，电气元件固定安装，该设备造价低，生产历史长，适合用户对开关设备要求不高的场合使用。

（1）型号含义　PGL型低压开关柜的型号含义如下：

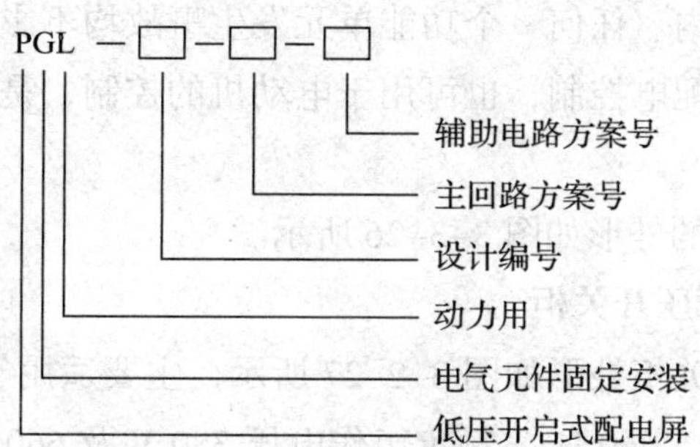

（2）特点

1）该产品是户内安装的开启式双面维护的低压配电装置，其基本结构采用薄钢板及角钢焊接组合而成，结构简单，维护方便。

2）屏与屏之间加装由钢板弯制而成的隔板，减少由于一个单屏内故障引起事故扩大的可能。

3）屏架上与主母线安装于绝缘框上，并装有母线防护罩，防止上方坠落金属件造成主母线短路事故。

PGL 型低压开关柜的外形如图 3–3–25 所示。

图 3–3–25 PGL 型低压开关柜

2. GCK 型低压开关柜

GCK 型低压开关柜由动力配电中心（PC）柜和电动机控制中心（MCC）柜两部分组成，适用于发电厂、变电站、工矿企业等电力用户作为交流 50 Hz、最大工作电压至 660 V、最大工作电流至 3 150 A 的配电系统中，作为动力配电、电动机控制及照明等配电设备的电能转换分配控制之用。该产品具有分断能力高，动热稳定性能好，结构先进、合理，电气方案切合实际、通用性强，各种方案单元可以任意组合，一台柜体所容纳的回路较多，节省占地面积，外形美观，防护等级高、安全可靠，维护方便等优点。

（1）型号 GCK 型低压开关柜的型号含义如下：

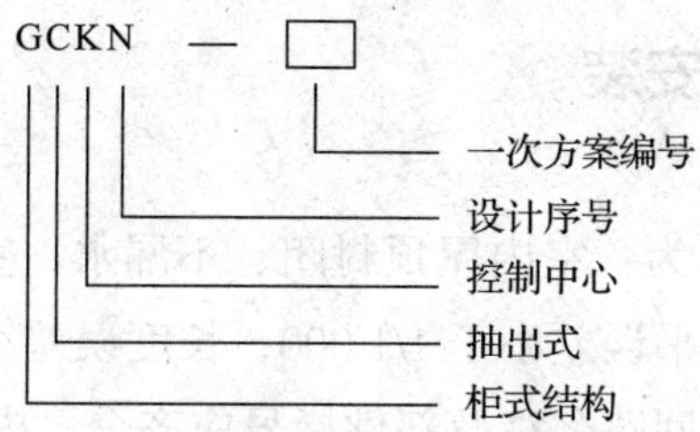

（2）特点 GCK 型低压开关柜的结构特点为单元抽出式，每一个抽屉作为一个功能单元，按一、二次线路方案将有关功能单元的抽屉叠状安装在封闭的柜体内。柜体共分水平母线区、垂直母线区、电缆区和设备安装区四个相互隔离的区域。功能单元分别安装在各自的区域内。任何一个功能单元发生事故均不影响其他单元，可以防止事故扩大。它既可用于配电控制，也可用于电动机的控制，是目前低压开关柜的主流产品。

GCK 型低压开关柜的外形如图 3-3-26 所示。

3. DOMINO 型低压开关柜

DOMINO 型低压开关柜外形如图 3-2-27 所示，主要适用于发电厂、电站、厂矿、企业、宾馆中作交流 50 ~ 60 Hz、额定工作电压 380 V 及 660 V 以下的供配电系统中作动力供配电、电动机控制及照明配电之用。同时，DOMINO 型低压开关柜除一般固定场所使用外，还可在舰船、移动车辆及海上石油钻采平台和核电站内使用。

其额定工作电流为：水平母线 225 ~ 7 800 A，垂直母线 225 ~ 1 600 A。

图 3-3-26　GCK 型低压开关柜外形

图 3-3-27　DOMINO 型低压开关柜外形

二、低压开关柜的结构

低压开关柜主要由柜体、电流表、电压表、三极单投刀开关、低压断路器、交流接触器和电流互感器等组成。某低压开关柜的内部结构示例如图 3-3-28 所示。

三、低压开关柜的安装

1. 安装要求

（1）对安装地点的要求为：室内屋顶封闭、不漏水，室内装修已结束，地面及基础型钢已安装好，其型钢水平误差小于 1/1 000，长度误差小于 5 mm。

（2）安装的低压开关柜回路名称及部件标号应齐全，内外清洁，盘面油漆完好。

（3）安装牢固、紧密，无明显缝隙，低压开关柜与地面垂直误差不得大于柜高的 1.5/1 000。

（4）如在有震动的场所安装低压开关柜，柜内的继电器仪表、开关应装有防震设施。

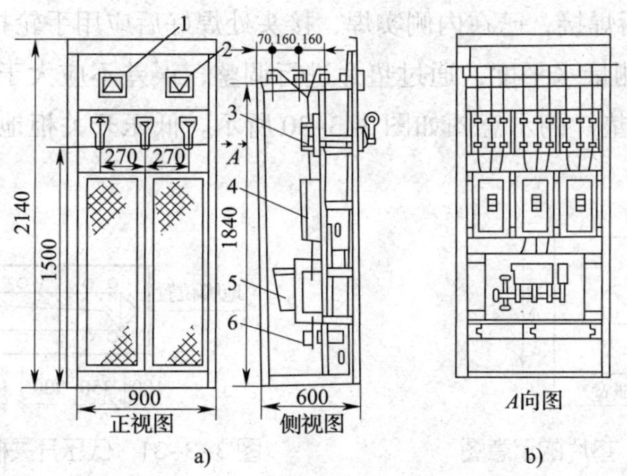

图 3-3-28 低压开关柜

a）外形图 b）结构图

1—电流表 2—电压表 3—三极单投刀开关 4—低压断路器 5—交流接触器 6—电流互感器

（5）低压开关柜两侧及顶部的隔板应齐全、完好无损、安装牢固，柜门开启灵活。

（6）相对排列的低压开关柜，其母线的联结和相位应正确，并对称一致。

2. 安装步骤及工艺

（1）安装前的检查

1）低压开关柜运输到现场以后由项目负责人会同送货人员对设备进行开箱检查，收集装箱单，取出技术文件，技术文件应存档，以备检查、维修时使用。

2）开箱后核对型号规格是否与设备相符合，柜外表是否完整，柜内电气元件有无破损、遗失或锈蚀。检查低压开关柜外观有无损坏，附件有无缺损，对不符合项进行记录。开箱时不应损坏箱内设备。

3）低压开关柜应直立运输，防止翻倒，不能受冲击或震动。

（2）安装工具、器材的准备。

（3）低压开关柜基础的安装

1）项目负责人根据配电房基建完工情况及设备到位后，组织安装人员开始安装低压开关柜基础，按设计图样施工，一般采用 100 槽钢、50 角铁和 60 扁铁等材料。基础型钢 般是现场制作，也有预制的，基础型钢制作示意图如图 3-3-29 所示。

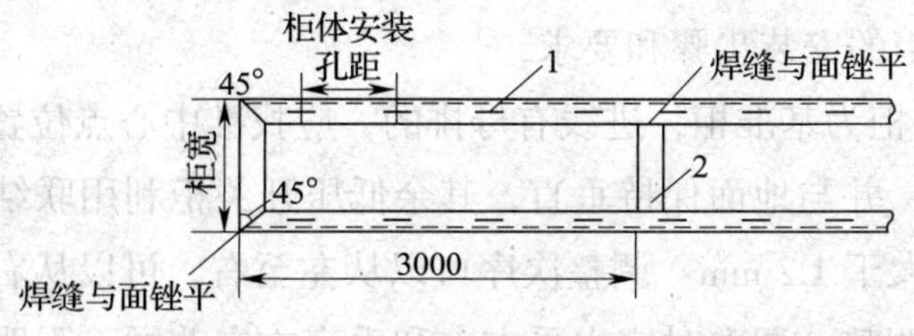

图 3-3-29 基础型钢制作示意图

1—长孔（$\phi 12 \sim \phi 14$ mm）× 25 mm 2—加强连接管

2）槽钢矫直后焊接，已在内侧实焊，接头处焊好后应用手轮打磨，保证平整。

3）用水平仪测量水平度，通过垫片进行调整，误差不应大于 1/1 000。垫片的厚度为 1 ~ 10 mm，垫片的示意图如图 3–3–30 所示。低压开关柜地脚尺寸如图 3–3–31 所示。

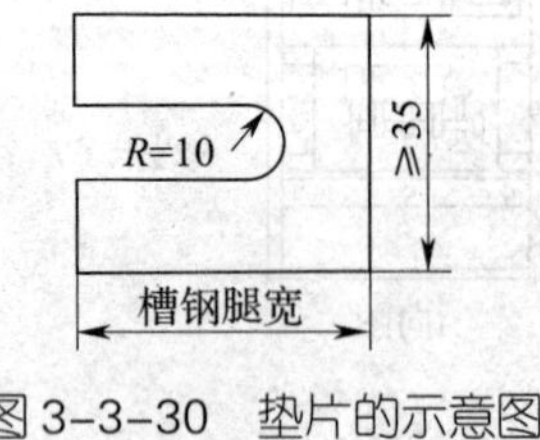

图 3–3–30　垫片的示意图

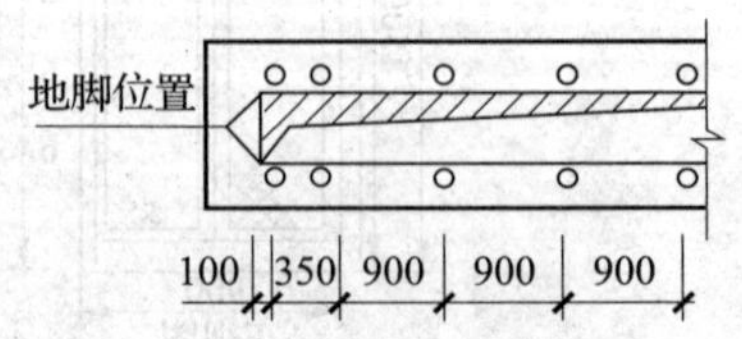

图 3–3–31　低压开关柜地脚尺寸图

4）水平调整合格后，紧固螺钉。低压开关柜底脚安装示意图如图 3–3–32 所示。

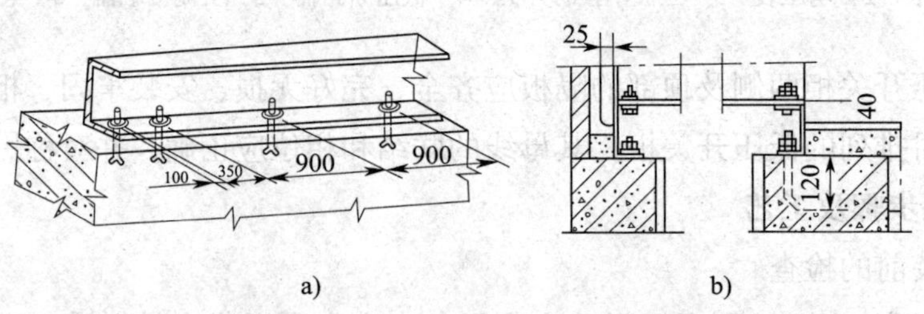

图 3–3–32　低压开关柜底脚安装示意图

a）槽钢与地基的固定　b）地基槽钢与箱体的另外一种固定方法

5）槽钢基础底部用镀锌扁铁与室外接地网贴面焊接，槽钢或角钢及接地扁铁做防锈处理。

（4）移动开关柜到基础

1）项目负责人联系吊车就位，观察周围环境，确定吊装地点。

2）安排人员拆卸包装，拴挂吊绳，指定专人负责对吊车进行联络指挥。

3）吊装过程中应小心轻放，防止将面板上的元器件损坏、擦伤等。

4）立柜前，先按照图样规定的顺序将低压开关柜做标记，室内人员利用钢管、撬杠等工具，按图样顺序将柜移动、搬放在槽钢或角钢的基础上。GGD 型低压开关柜的地盘安装示意图如图 3–3–33 所示。

（5）低压开关柜的安装步骤和要求

1）首先以进线柜为基准柜，进线有母排的，应找准中心点位置，利用薄垫片将低压开关柜调至水平，并与地面保持垂直，其余低压开关柜利用联结螺栓与进线柜逐个连接，柜间接缝不大于 1.2 mm。调整次序可以从左至右，可以从右至左，也可以先调中间柜再左右分开调整，调整时应水平方向和垂直方向兼顾，无明显缝隙，其水平误差不应大于 1/1 000，垂直误差不应大于 1.5/1 000。

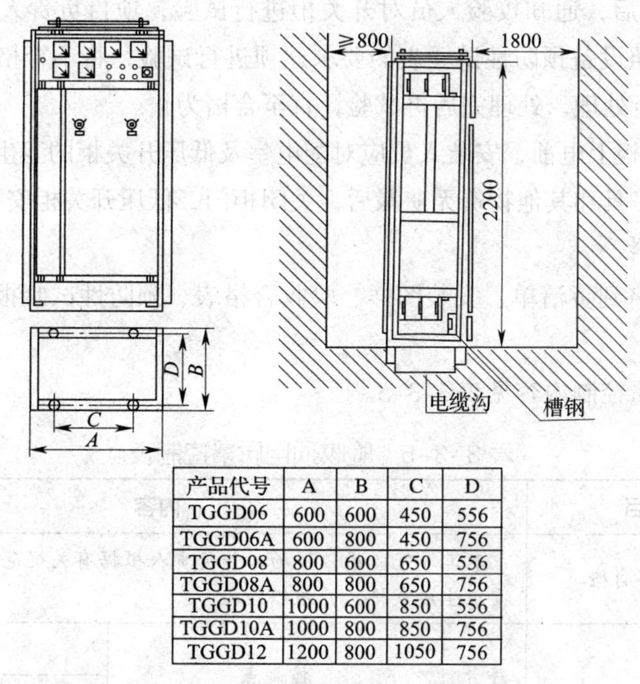

产品代号	A	B	C	D
TGGD06	600	600	450	556
TGGD06A	600	800	450	756
TGGD08	800	600	650	556
TGGD08A	800	800	650	756
TGGD10	1000	600	850	556
TGGD10A	1000	800	850	756
TGGD12	1200	800	1050	756

图 3-3-33　GGD 型低压开关柜的地盘安装示意图

2）确保质量符合要求，用电焊（或联结螺栓）方式将柜的底座固定在槽钢或角钢的基础上。如用电焊，每柜焊点不少于 4 处，每处焊缝长约 100 mm，焊缝应在柜体内侧。在槽钢和角钢两端用扁铁与接地网焊接，对槽钢或角钢及接地扁铁做防锈处理。

3）项目负责人组织人员安装主母线铜排、铝排，同一配电室内母线相色排列一致，主母线、分支母线与设备间的连接应可靠，连接表面涂上导电膏，坚固螺栓采用镀锌产品，均带有两个平垫及一个弹簧垫，拧紧后至少露出 2 ~ 3 扣，联结螺栓不超出 30 mm。

4）安装母线夹。考虑到涡流的影响，凡能形成涡流的连接部分均应进行绝缘处理，对于穿墙套管及其安装固定板应进行非铁磁材料或开缝防涡流处理。

5）低压开关柜零母线用 80 mm × 8 mm 铜母线与变压器地排可靠连接，低压开关柜安装完成后，母线、零线应进行相色标识，刷相色漆或套热缩管。

（6）低压开关柜的调试检查

1）清除柜内所有灰尘，操作机构摩擦部分应擦洗干净，涂上润滑油。

2）检查断路器、隔离开关的机械联锁装置是否灵活、可行，如果是电磁联锁装置，应通电试验其灵活性及开关功能是否正常。

3）检查母线连接处是否接触良好，支架是否稳定坚固。

4）校验各种显示及计量仪表是否准确。

5）用 1 000 V 兆欧表测量相间及每相对地绝缘电阻，不得低于 1 MΩ。

6）检查完成后，通知校验人员对开关柜进行试验，项目负责人提供开关保护定值，校验人员按照设备预防性试验表的要求逐项进行试验，将不合格项通知项目负责人，安排人员进行处理，处理完后再试验，直至合格为止。

7）低压开关柜上电前，安装人员应对配电室及低压开关柜的卫生进行清扫，直至合格，检查确认工具和其他物资无遗漏后，关闭柜门，低压开关柜安装完毕。

（7）整理资料

项目负责人将到货清单、安装图样、验收合格表、预防性试验报告，收集齐后一并上交主管部门。

验收项目质量控制内容见表 3–3–5。

表 3–3–5　验收项目质量控制表

<table>
<tr><th>序号</th><th>项目</th><th colspan="5">内容</th></tr>
<tr><td>1</td><td>本工序自检</td><td colspan="5">本工序完成后，现场工作负责人根据有关规范，并根据质量控制要求生成表格，并组织检验</td></tr>
<tr><td rowspan="10">2</td><td rowspan="10">质量控制点</td><td rowspan="2">序号</td><td rowspan="2">控制点</td><td colspan="3">控制方式</td></tr>
<tr><td>W</td><td>H</td><td>S</td></tr>
<tr><td>1</td><td>柜体固定</td><td>●</td><td></td><td></td></tr>
<tr><td>2</td><td>柜体接地</td><td>●</td><td></td><td></td></tr>
<tr><td>3</td><td>手车推位试验</td><td>●</td><td></td><td></td></tr>
<tr><td>4</td><td>电气和机械连锁试验</td><td>●</td><td></td><td></td></tr>
<tr><td>5</td><td>动静触头接触（插入深度）检查</td><td>●</td><td></td><td></td></tr>
<tr><td>6</td><td>螺栓紧固检查</td><td>●</td><td></td><td></td></tr>
<tr><td>7</td><td>通电检测</td><td>●</td><td></td><td></td></tr>
<tr><td>8</td><td>工序验收检查</td><td></td><td>●</td><td></td></tr>
<tr><td>3</td><td>完成本工序提交给下一工序，单项竣工材料</td><td colspan="5">收集、整理、移交本工序相关资料</td></tr>
</table>

注：质量控制点中，H 为停工待测点，W 为见证点，S 为旁站点

技能训练

1. 训练内容

安装低压开关柜。在安装好基础槽钢的安装位置上做低压开关柜的安装与调整，并做好接地连接。安装方式为单列式。

2. 设备、工具及材料

电工常用工具1套，水平仪（图3-3-34）1支，直角尺1把，撬杠（图3-3-35，ϕ30 mm×1 200 mm钢管）若干；低压开关柜1台及配套安装底座；紧固用标准件若干，调整垫片若干。

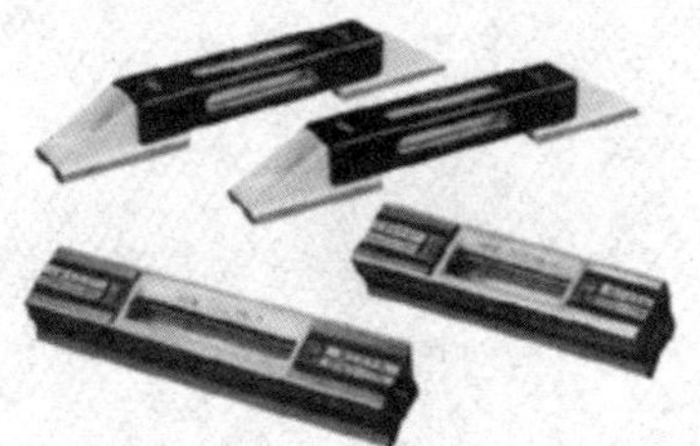

图3-3-34 水平仪

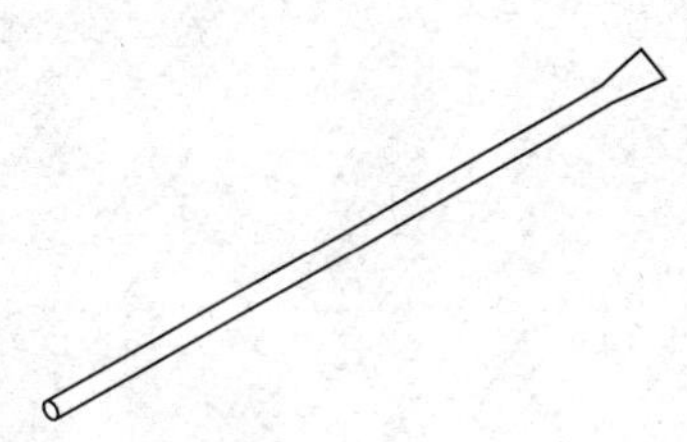

图3-3-35 撬杠

3. 评分标准

评分标准见表3-3-6。

表3-3-6 评分标准

序号	项目内容	评分标准	配分	扣分	得分
1	安装设计	绘制电路图不正确扣2分	20		
2	线路的安装	（1）元件安装不正确扣2分 （2）操作不规范、不熟练，扣2分 （3）接线不美观，每处扣2分 （4）接线不牢固或线头绕向不对，每处扣1分	50		
3	通电试验	安装线路错误，造成短路、断路故障，每通电1次扣5分，扣完为止	20		
4	安全文明生产	违反安全文明生产规定扣10分	10		
工时	2 h	合计	100		
备注		教师签字	年 月 日		

4. 训练步骤

（1）安装底盘，并与接地装置进行焊接。

（2）检查并清扫低压开关柜。

（3）立柜。

1）立柜前，先按图样规定的顺序做好标记，然后用人力将其搬放到安装位置。

2）立柜后，要进行柜体水平度和垂直度调整，并做好固定。

（4）调试　可在无载的情况下进行通电试验，观察信号灯、电压表是否正常，断路器合闸分闸控制回路是否正常。

第四单元
电机的维护与检修

课题一　三相异步电动机的安装与维护 

任务一　三相异步电动机的安装

学习目标

1. 能熟练安装三相异步电动机及控制保护装置。
2. 能进行三相异步电动机安装后的调试。

三相异步电动机具有结构简单、价格低廉、坚固耐用、检修与维修方便等优点，在工农业生产中获得了广泛的应用。

一、安装前的准备

1. 选择好电动机的安装地点，一般选择在干燥、通风好、无腐蚀气体侵害的地方。

2. 制作电动机的底座和座墩。电动机的座墩有两种形式：一种是直接安装座墩，另一种是槽轨安装座墩。座墩高度一般应高出地面 150 mm，具体高度要按电动机的规格、传动方式和安装条件等决定。座墩的长与宽约等于电动机机座底尺寸加 150 mm 左右的裕度，如图 4–1–1 所示。

3. 制作地脚螺栓。地脚螺栓为六角螺栓，首先用钢锯在六角螺栓上锯一条宽 25 ~ 40 mm 的缝，再用錾子把它分成人字形，依据电动机机座尺寸，埋入水泥座墩里面，如图 4–1–1 所示。

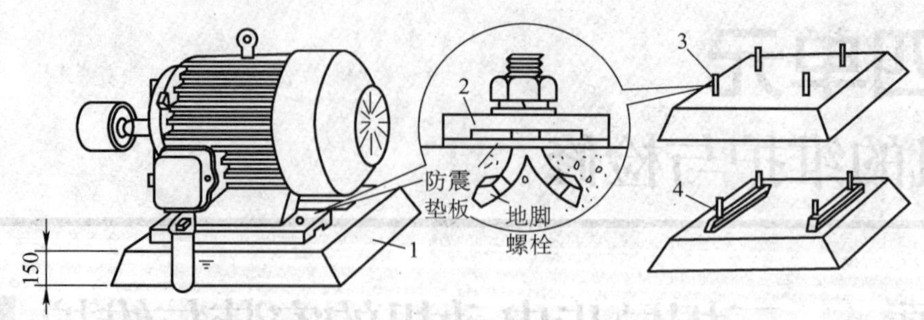

图 4-1-1　底座和座墩

1—水泥座墩　2—底座　3—固定的地脚螺钉　4—活动的地脚螺栓

二、安装电动机

1. 将电动机搬运至现场，小型电动机用人力搬运，大中型电动机用起重机械搬运。

2. 在电动机与座墩之间衬垫一层质地坚韧的木板或硬橡胶垫作为防震物。

3. 小型电动机可以用人力抬到座墩上；大型电动机需用起重设备将其吊到座墩上，如图 4-1-2 所示。

图 4-1-2　吊电动机到底座

4. 在四个紧固螺栓上套上弹簧垫圈，按对角线交错依次逐步拧紧螺母。

如果电动机在使用过程中需要调整位置，电动机功率较小时，可先在基座上预埋槽轨，槽轨的支脚深埋在基座下固定，电动机安装在槽轨上，如图 4-1-3 所示。这种安装方式便于在安装时进行必要的校正或调整。

三、校正电动机

电动机的水平校正一般用水平仪，将其放在转轴上，对电动机进行纵向、横向检查，并用 0.5 ~ 5 mm 厚的钢片垫在机座下来调整电动机至水平，如图 4-1-4 所示。

图 4-1-3　小型电动机的槽轨安装法

图 4-1-4　电动机的水平校正

提示

水平仪中的水珠往某方向偏，则表明该方向偏高，需在偏低方向的机座下垫0.5 ~ 5 mm的钢片，直至水平正好为止。水平尺中的水珠处于正中位置说明水平正好。

四、安装电动机的传动装置

1．带传动装置的安装与调整

（1）安装

1）电动机机座与底座之间垫衬的防振物不可太厚，否则会影响两个带轮的间距，特别是三角带轮更是如此。

2）两个带轮的直径大小必须配套。

3）两个带轮要装在一条直线上，两轴要装得平行。

4）塔形三角带轮必须装为一正一反，否则不能调速。

5）平带的接头必须正确。平带扣的正反面不应接错；平带装上带轮时，应按照图 4–1–5 所示的要求安装。

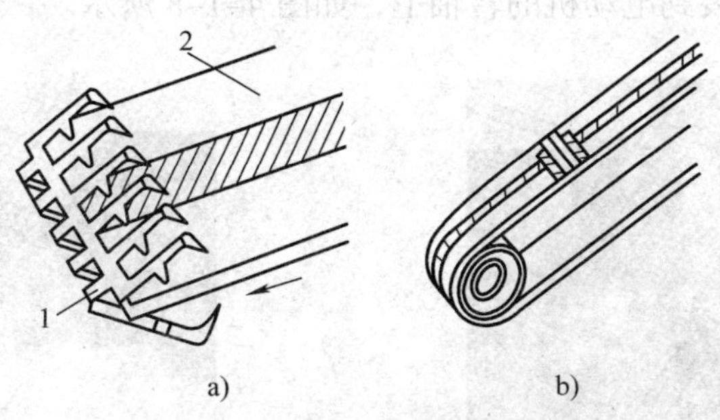

图 4–1–5 平带的安装

a）带扣正面安装 b）带的正面朝外

1—带扣的正面 2—带的正面

（2）宽度中心线的调整。宽度中心线的调整方法如图 4–1–6 所示。

如两个带轮宽度相等，可按图 4–1–6a 所示的方法，用一根拉紧的弦线紧靠两个带轮的端面，弦线如均匀接触 *A*、*B*、*C*、*D* 四点，则表明已将带轮调整好。

如两个带轮宽度不相等，可先用划针划出它们的中心线，然后拉直一根弦线，一端紧靠带轮 *A*、*B* 两点轮缘上，如图 4–1–6b 中虚线所示，再在 *C* 和 *D* 点用钢尺测量出 L_C 和 L_D，应使 $L_C+b_1=L_D+b_1$。

2．联轴器传动装置的安装与中心线校正

联轴器在安装时，先把两片联轴器分别装在电动机和传动机械轴上，不同的联轴器可以采用不同的装配方法。对于低速和小型联轴器的装配，可采用动力压入法，这

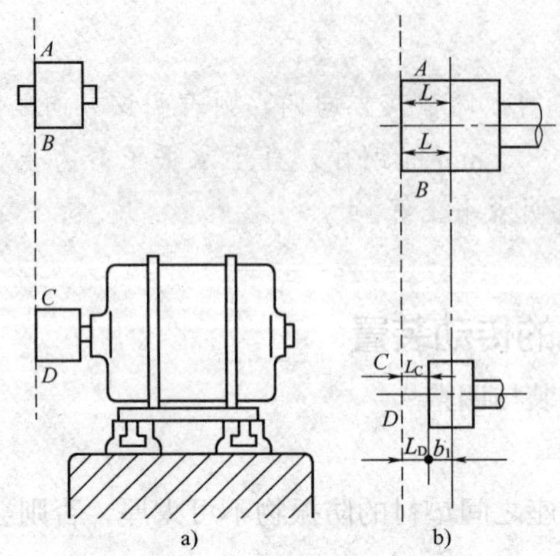

图 4-1-6　带轮宽度中心线的调整
a）未校正　b）已校正

种方法通常是用木锤敲打的方式敲入，通过垫放的木块或其他软材料作缓冲件，依靠木锤的冲击力，把联轴器敲入。具体步骤如下：

（1）将弹性联轴器安装在转动机械的轴上，如图 4-1-7 所示。

（2）将联轴器安装到电动机的转轴上，如图 4-1-8 所示。

图 4-1-7　将弹性联轴器安装在转动机械的轴上

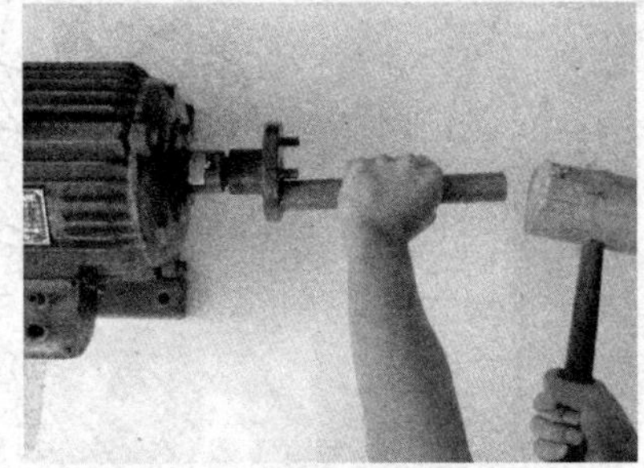
图 4-1-8　将联轴器安装到电动机的转轴上

（3）安装防振圈，减小运行时的振动，如图 4-1-9 所示。

（4）联轴。把电动机移近连接处，如图 4-1-10 所示。

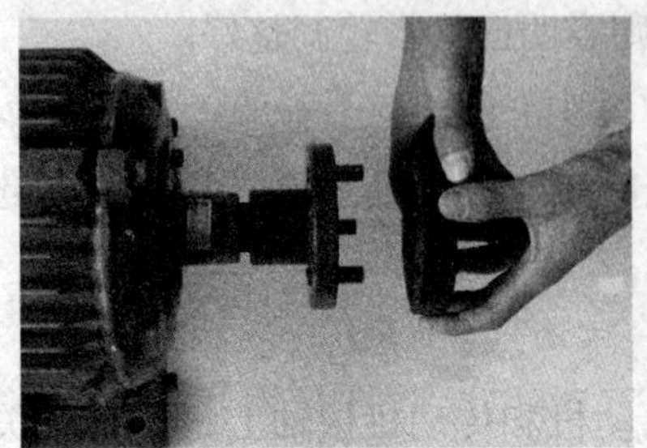
图 4-1-9　安装防振圈

图 4-1-10　把电动机移近连接处

（5）电动机预固定，如图 4–1–11 所示。当两轴相对处于一条直线上时，先初步拧紧电动机的机座地脚螺栓，但不要拧得太紧，待传动中心线校正后正式拧紧。

（6）联轴器传动的中心线校正。校正时，首先把将钢板尺靠在两个半片联轴器的上侧面，查看联轴器转动时是否有高低不一致的现象，如图 4–1–12 所示。钢板尺在两个联轴器上要靠得很紧密，观察不到尺与联轴器的外圆有缝隙。然后用手转动电动机侧的半联轴器，每转动 90° 用尺测一次，若测四次结果均相同，说明二侧轴线已经重合，中心线已经校准。校正后锁紧螺栓。

图 4–1–11　电动机预固定

图 4–1–12　联轴器传动的中心线校正

思考

两个带轮为何要装在一条直线上？两轴为何要装得平行？平带扣的正反面为什么不能相接？

五、安装电动机的控制保护装置

1. 电动机对控制保护装置的要求

（1）每台电动机必须配备一套能单独操作控制的控制开关和单独短路及过载保护的保护电器。

（2）使用的开关设备应结构完整、功能齐全，有可靠的接通和分断电动机工作电流及切断故障电流的能力。

（3）开关及保护装置的标牌参数应清晰，分断标志明显，安全可靠。

（4）开关设备的选用应符合要求。

2. 电动机的操作开关及熔断器的安装

（1）电动机的操作开关必须安装在操作时能监视到电动机的启动和被拖动机械的运转情况的位置上，通常是安装在电动机的右侧。

（2）依据电动机容量的大小，选择适当的操作开关（低压断路器、刀开关等）垂直安装在配电板上。低压断路器倾斜度不大于 5° 。

（3）小型电动机在不频繁操作、不换向、不变速时，只用一个开关。

（4）开关需频繁操作或需进行换向和变速操作时，需装两个开关，前一级开关作控制电源用，称为控制开关，常用的有低压断路器和转换开关。

（5）凡无明显分断点的开关，必须在前一级装一个有明显分断点的开关，如以刀开关、转换开关等作为控制开关。凡容易产生误动作的开关，如手柄倒顺开关、按钮等，也必须在前一级加装控制开关，以防开关误动作而造成事故。

（6）安装熔断器时，熔断器必须与开关装在同一控制板上或同一控制箱内。凡作为保护用的熔断器，必须装在控制开关的后级和操作开关（包括启动开关）的前级。三相回路分别串联安装的熔丝规格、型号应相同，并应在三根相线上。

（7）用低压断路器作为控制开关时，应在低压断路器的前一级加装一道熔断器作双重保护。当热脱扣器失灵时，由熔断器起保护作用，同时兼做隔离开关之用，以便维修时切断电源。

（8）采用倒顺开关和电磁启动器操作时，前级用分断点明显的组合开关作控制开关（一般机床的电气控制常用这种形式），必须在两级开关之间安装熔断器。

3．电压表和电流表的安装

对于大中型和要求较高的电动机，为了便于监视其运行情况，一般均安装电压表和电流表，其接线如图 4-1-13 所示。电压表通常只安装一个，通过换相开关进行换相测量，量程为 400 V。如要求较高，则应在各相都串接一个电流表；一般可在 V 相串接一个电流表，其量程应大于电动机额定电流的 2 ~ 3 倍，以保证启动电流通过。

电动机额定电流较大时，通常采用电流互感器测量，电流互感器的规格也应大于电动机额定电流的 2 ~ 3 倍。其接线如图 4-1-14 所示。

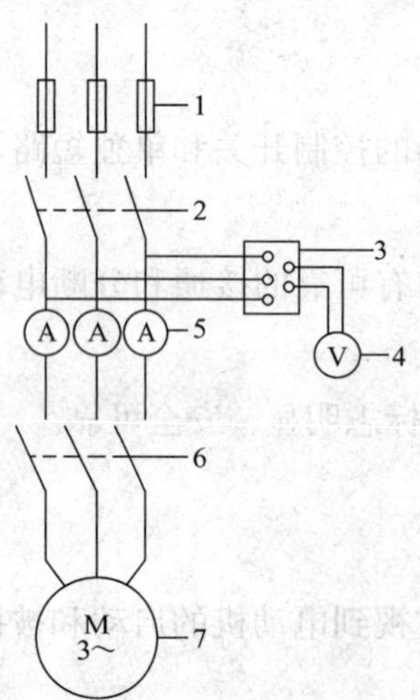

图 4-1-13　电压表和电流表的接线图

1—隔离熔断器　2—控制开关　3—电压表换向开关
4—电压表　5—电流表　6—操作开关　7—电动机

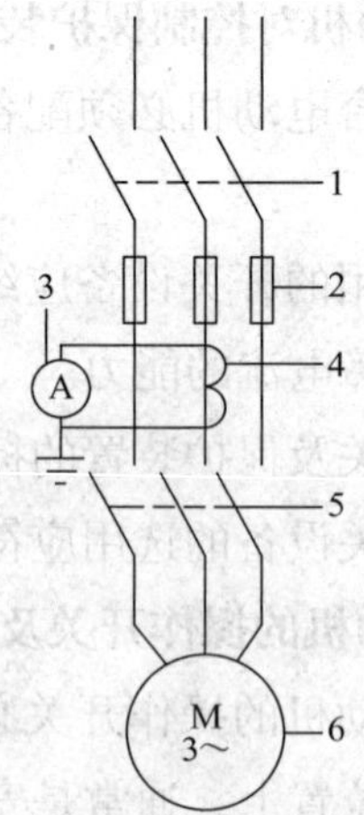

图 4-1-14　电流互感器和电流表接线

1—控制开关　2—熔断器　3—电流表
4—电流互感器　5—操作开关　6—电动机

六、导线的敷设

1. 导线的选择

电动机的连接线的线芯截面应满足载流量的需求，铜芯线最小截面积不得小于 1 mm^2；铝芯线最小截面积不得小于 2.5 mm^2。

2. 导线的敷设形式及要求

从电动机至低压断路器之间导线的敷设常采用以下两种形式：一种是地下管敷设，另一种是明管敷设，目前一般用地下管敷设。采用地下管敷设时，应使连接电动机一端的管口离地不小于 100 mm，并使它尽量接近电动机的接线盒，另一端尽量接近电动机的操作开关，最好用软管伸入接线盒。

七、检查接线

1. 检查电动机的装配质量

检查各部分螺栓是否拧紧，转子转动是否灵活，转轴伸出端径向有无偏摆的情况等。

2. 测绝缘电阻

用兆欧表测量电动机绕组之间及绕组与地之间的绝缘电阻，如图 4–1–15 所示。

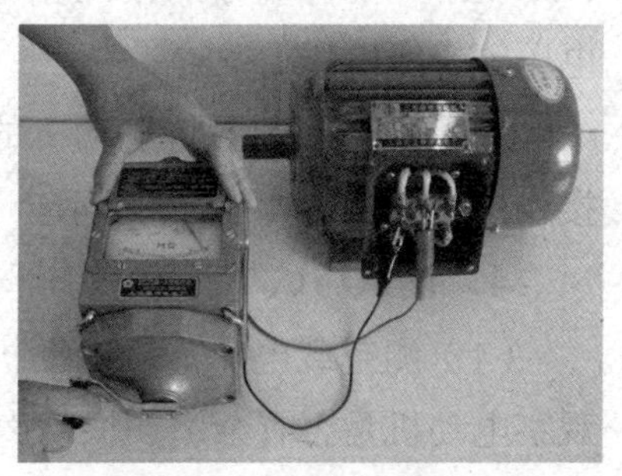

图 4–1–15 测绝缘电阻

3. 根据电动机的铭牌进行接线

（1）根据电动机的铭牌进行接线，Y形连接的电动机接线盒上的出线如图 4–1–16 所示，将接线盒中三相绕组尾端 U2、V2、W2 接线端短接，再将首端 U1、V1、W1 分别接三相电源的 L1、L2、L3 即构成Y形接法。

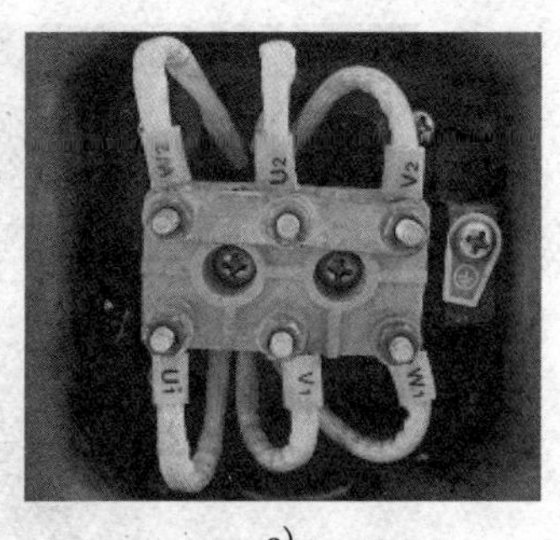

a）

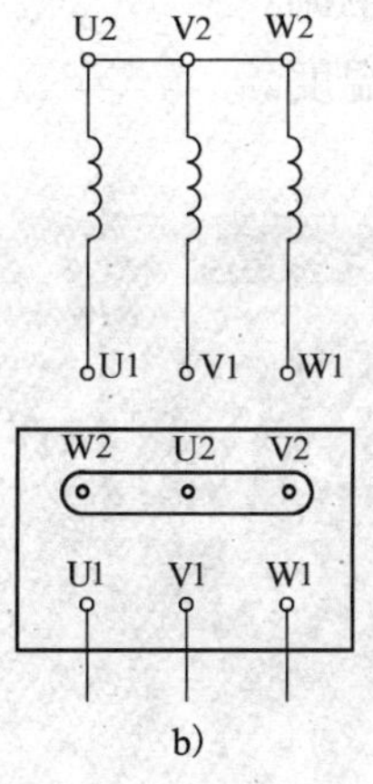

b）

图 4–1–16 Y形连接的电动机接线盒上的出线

a）实物图 b）接线图

定子绕组的△形接法如图 4–1–17 所示。

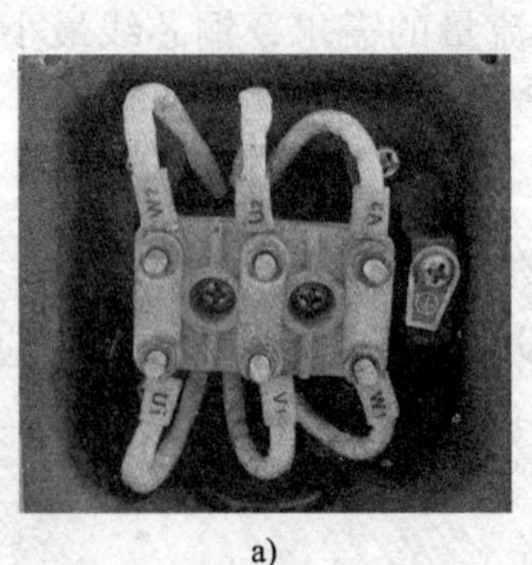

a)

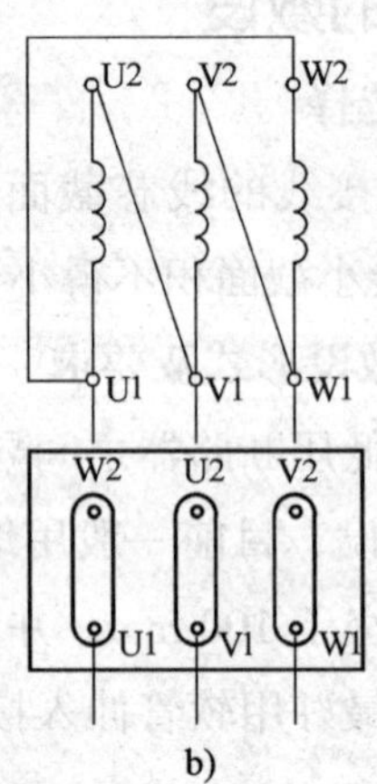

b)

图 4–1–17　定子绕组的△形接法

a）实物图　b）接线图

（2）将接线盒中三相绕组的 U1 与 W2、V1 与 U2、W1 与 V2 接线端短接，再将 U1、V1、W1 首端分别接三相电源的 L1、L2、L3 即构成△形接法。这时每相绕组的电压等于线电压。

为了安全一定要将电动机的接地线接好、接牢。将电源线的接地线接电动机外壳接线柱上，如图 4–1–18 所示。

4. 测量与试车

（1）测空载电流　当电动机空载时，用电流表测量三相空载电流是否平衡，同时观察电动机是否有杂声、振动声及其他较大的噪声，如果有，应立即停车检查。

（2）测电动机转速　用转速表测量电动机的转速并与电动机的额定转速比较，如图 4–1–19 所示。

（3）测工作电流。

（4）测工作温度。

图 4–1–18　接地线连接

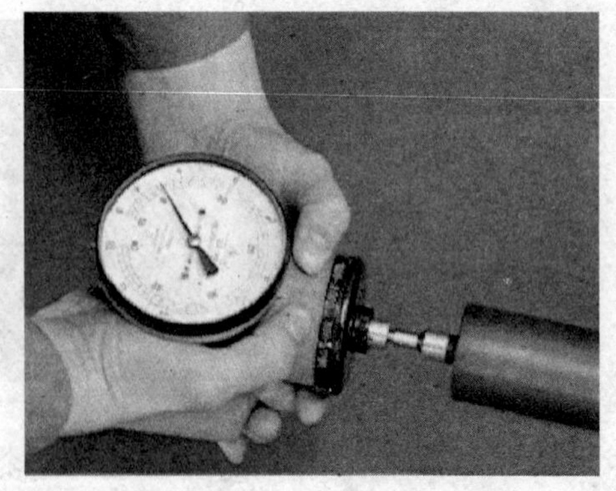

图 4–1–19　测量电动机转速

提示

◇人力搬运小型电动机时，不允许用绳子套在电动机的带盘或转轴上来抬电动机。

◇校正电动机的水平度时，不能用木板或竹片来垫，以免拧紧地脚螺栓或电动机运行时将其压裂变形，影响安装的准确性。

◇对齿轮传动装置进行安装和调整时，所装齿轮要与电动机配套，齿轮安装后，电动机的轴应与被动轮的轴平行；两齿轮的啮合可用塞尺测量两齿轮的间隙，如间隙均匀，说明两轴平行。

◇用转速表测量电动机的转速时，一定要注意安全。

◇抽出转子或安装转子时，要小心谨慎，不可碰伤绕组。

技能训练

1. 训练内容

完成 7.5 kW 三相异步电动机的安装、接线与试验。

2. 设备、工具、仪表及材料

（1）电工工具　验电笔、一字和十字旋具、钢丝钳、尖嘴钳、斜口钳、剥线钳、电工刀等。

（2）仪表　MF30 型万用表或 MF47 型万用表、T301–A 型钳形电流表、兆欧表（500 V，0 ~ 2 000 MΩ）、转速表。

（3）三相异步电动机　电动机铭牌上的技术数据：型号 Y132M–4，功率 7.5 kW，额定电压 380 V，额定电流 15.4 A，定子绕组△形接法，额定转速 1 460 r/min。

（4）安装、接线及试验用的专用工具。

（5）器材

1）配电板 1 块（100 mm×200 mm×20 mm）。

2）依据电动机容量，动力线采用 BVR 16 mm^2（红色）多股铜芯软塑料线，接地线采用 BVR 10 mm^2（黄绿色）多股铜芯软塑料线，数量按需要而定。

3）DZ10–250/330 型低压断路器 1 只。

4）无缝钢管，规格和长度自定，安装前根据现场情况已弯曲好。

5）绝缘黑色胶布、草稿纸、圆珠笔、螺钉、垫圈、劳保用品等，按需而定。

3. 评分标准

评分标准见表 4–1–1。

表 4-1-1　评分标准

序号	项目内容	评分标准	配分	扣分	得分
1	安装前的准备	（1）设备有灰尘、污垢，扣 5 分 （2）工具及仪器准备不齐全，扣 5 分	10		
2	安装	（1）安装不牢固，有松动现象，每处扣 10 分 （2）不符合机械传动的有关要求，每处扣 10 分	20		
3	接线	（1）接线不正确、不熟练，扣 10 分 （2）电缆头金属保护层及电动机外壳接地不良，扣 5 分	15		
4	电气测量	（1）电动机绝缘电阻不合格，扣 5 分 （2）不会测量电动机的电流、转速及温度等，扣 10 分	15		
5	试车	（1）空载试验方法不正确，扣 15 分 （2）根据试验结果不会判定电动机是否合格，扣 15 分	30		
6	安全文明生产	违反安全文明生产规定扣 10 分	10		
工时	2 h	合计	100		
备注		教师签字	年　月　日		

4．训练步骤

（1）准备好安装场地及摆放好各种所需工具。

（2）安装电动机

1）将电动机与座墩之间衬垫一层质地坚韧的木板或硬橡胶垫的防振物。

2）用起重设备将电动机吊到座墩上。

3）在四个紧固螺栓上套上弹簧垫圈，按对角线交错依次逐步拧紧螺母。

（3）水平调整电动机

1）转子转动是否灵活，转轴伸出端径向有无偏摆的情况等。

2）将电动机定子绕组的六个线头拆开，用兆欧表测量电动机定子绕组各相及相对地的绝缘电阻应大于 0.5 MΩ。

3）测量电动机空载时的三相平衡电流，三相电流应为额定电流的 20% ~ 30%。

4）测量电动机的空载转速，转速应为 1 460 r/min。

任务二 三相异步电动机的运行、维护与保养

学习目标

1. 能进行三相异步电动机的运行与维护。
2. 能进行三相异步电动机的保养。

一、电动机的运行与维护

1. 运行前检查

电动机启动前，应检查：电源电压是否正常；各启动装置有无损坏，触头是否良好；各传动装置的连接是否牢固；电动机转子和负载转轴的转动是否灵活。此外，还应搬开电动机周围的杂物，并清除电动机表面的灰尘、油污。

对新安装或久未运行的电动机，在通电使用之前必须先进行下列检查工作，以验证电动机能否通电运行。

（1）检查电动机是否清洁，内部有无灰尘或污物等。一般可用不大于 0.2 MPa（约 2 个大气压）的干燥压缩空气吹净各部分的污物。如无压缩空气，也可用手风器（也称皮老虎）吹，或用干抹布擦拭，不可用湿布或沾有汽油、煤油、机油的布擦拭。

（2）测量绝缘电阻。拆除电动机出线端上的所有外部接线，用兆欧表测量电动机各相绕组之间及每相绕组与地（机壳）之间的绝缘电阻，看是否符合要求。按要求，电动机每千伏工作电压绝缘电阻不得低于 1 MΩ，一般额定电压为 380 V 的三相异步电动机，绝缘电阻应大于 0.5 MΩ 以上才可使用。如绝缘电阻较低，则应先将电动机进行烘干处理，然后再测绝缘电阻，合格后才可通电使用。

（3）对于绕线转子异步电动机，除检查定子绕组的绝缘电阻外，还要：

1）检查转子绕组及滑环对地及滑环之间的绝缘电阻。

2）检查滑环与电刷的表面是否光滑，接触是否良好（接触面积不应少于电刷全面积的 3/4），电刷压力是否正常（一般压力应为 14.7 ~ 24.5 kPa）。

（4）对照电动机铭牌标明的数据，检查电动机定子绕组的连接是否正确（Y形接法或△形接法），电源电压、频率是否合适。

（5）检查电动机轴承的润滑脂（油）是否正常，观察是否有泄漏的印痕，转动电动机转轴，看转动是否灵活，有无摩擦声或其他异声。

（6）检查电动机接地装置是否良好。

（7）检查电动机的启动设备是否完好，操作是否正常；电动机所带的负载是否良好。

2．启动电动机

同一线路上的电动机不能同时启动，应从大到小逐一启动，避免因启动电流过大电压降低而造成开关关断。接通开关时应先合控制开关，后合操作开关；断闸时，应先断操作开关，后断控制开关；绝对不允许只断操作开关而不断控制开关。

操作中应注意：

（1）电动机在通电试运行时必须提醒在场人员注意，不应站在电动机及被拖动设备的两侧，以免旋转物切向飞出造成伤害事故。

（2）接通电源之前就应做好切断电源的准备，以防万一接通电源后电动机出现不正常的情况（如电动机不能启动、启动缓慢、出现异常声音等）时能立即切断电源。

（3）笼型电动机采用全压启动时，启动不宜过于频繁，尤其是电动机功率较大时要随时注意电动机的温升情况。

（4）绕线转子电动机在接通电源前，应检查启动器的操作手柄是不是已经在“零”位，若不是则应先置于“零”位。接通电源后再逐渐转动手柄，随着电动机转速的提高而逐渐切除启动电阻。

3．监视运行情况

电动机在运行时，要通过听、看、闻、摸等手段及时监视电动机的运行状况，以期当电动机出现不正常现象时能及时切断电源，排除故障。具体项目如下：

（1）听——听电动机在运行时发出的声音是否正常。电动机正常运行时，发出的声音应该是平稳、轻快、均匀、有节奏的。如果声音刺耳或沉闷，或发出摩擦、撞击、振动等异常声音时，应立即停机检查。

看——观察电动机的振动情况，传动装置传动应流畅。

闻——注意电动机在运行中是否发出焦臭味，如有，说明电动机温度过高，应立即停机检查原因。

摸——电动机停机以后，可小心地触摸电动机。如烫手，说明电动机过热。

（2）通过多种渠道经常检查、监视电动机的温度，检查电动机的通风是否良好。

（3）要保持电动机的清洁，特别是接线端和绕组表面的清洁。不允许水滴、油污及杂物落到电动机上，更不能让杂物和水滴进入电动机内部。要定期检修电动机，清扫内部，更换润滑油等。

（4）要定期测量电动机的绝缘电阻，特别是电动机受潮时，如发现绝缘电阻过低，要及时进行干燥处理。

（5）对绕线转子电动机，要经常注意电刷与滑环间火花是否过大，如火花过大，要及时做好清洁工作，并进行检修。

提示

若接通电源后电动机不转，应立即切断电源，不能带电检查电动机故障，否则将会烧毁电动机和发生危险。若电动机运行时出现异常声响、异味，或出现过热、颤动、熔体经常熔断、导线连接处有火花等异常现象时，应立即拉闸，停电查找原因。

4．检测电动机的有关运行参数

主要检测电动机的三相空载电流和工作电流、温度和转速等，操作中应注意：

（1）经常查看电动机的温度、电流、电压是否正常，随时了解电动机是否有过热、过载等现象。

（2）经常查看电动机的传动装置运转是否正常，带和传动齿轮、联轴器是否跳动；轴承有无磨损。润滑状况是否良好。采用油环润滑时，轴承中的油环是否旋转，油环是否沾油。

二、三相异步电动机的保养

1．电动机的保养及日常检查

（1）保持电动机的清洁，不允许水滴、污垢及杂物落到电动机上，更不能使其进入电动机内部。要防止灰尘、污垢、潮湿空气及其他有害气体进入电动机，以免破坏绕组绝缘。要定期将电动机拆开，彻底清扫检修。

（2）注意电动机转动是否正常，有无异常的声响和振动，启动时间、电流是否正常。

（3）监视电动机绕组、铁芯、轴承、集电环或换向器等部分的温度。检查电动机的通风情况，保持散热风道、风扇罩通风孔不堵塞，进出风口通畅。

（4）检查电动机的三相电压、电流是否正常。监视电动机负载情况，使负载在额定的允许范围内。

（5）定期检查电动机的绝缘情况。对于低压电动机，如果测得绝缘电阻小于 0.5 MΩ，应及时进行干燥处理。

（6）检查电动机的保护接地线是否完好、无松动。

（7）注意电动机的配合状态，轴颈、轴承等的磨损情况，检查传送带张力是否合适。

（8）定期检查电动机的保护电路，如热继电器、电流继电器、低压断路器等，检查保护动作设定值是否正确，保护动作是否准确可靠。

提示

对于绕线转子电动机，要经常检查电刷的磨损情况，及电刷与集电环处的火花是否过大。如果火花过大，则应及时进一步检查，进行清洁或维修。

2. 电动机的保修周期及内容

（1）日常保养　主要是检查电动机的润滑系统、外观、温度、噪声、振动等是否有异常情况。检查通风冷却系统、滑动摩擦状况和紧固情况，认真做好记录。

（2）月保养及定期巡回检查　检查开关、配线、接地装置等有无松动、破损现象；检查引线和配件有无损伤和老化；检查电刷、集电环的磨损情况，电刷在刷握内是否活动自如等。如果有问题，则应及时修理或更换。如果有粉尘堆积，则应及时清扫。

（3）年保养及检查　除了上述项目外，还要检查和更换润滑剂。必要时要把电动机进行抽芯检查，清扫或清洗污垢；检查绝缘电阻，进行干燥处理；检查零部件生锈和腐蚀情况；检查轴承磨损情况，判断是否需要更换。

技能训练

1. 训练内容

完成 5.5 kW 三相笼型异步电动机的月保养。

2. 设备、工具、仪表及材料

（1）电工工具　验电笔、一字和十字旋具、钢丝钳、尖嘴钳、斜口钳、剥线钳、电工刀等。

（2）仪表　MF30 万用表或 MF47 万用表、T301–A 型钳形电流表、兆欧表（500 V，0 ~ 2 000 MΩ）、转速表、接地电阻表及附件。

（3）三相异步电动机　电动机的铭牌技术数据：型号 Y132S–4，功率 5.5 kW，额定电压 380 V，额定电流 11.6 A，定子绕组△形接法，额定转速 1 440 r/min。

（4）安装、接线及试验用的专用工具。

（5）器材

1）配电板 1 块（100 mm×200 mm×20 mm）。

2）依据电动机容量，动力线采用 BVR 16 mm^2（红色）多股软塑料铜线，接地线采用 BVR 10 mm^2（黄绿色）多股软塑料铜线，其数量按需要而定。

3）自动空气开关 1 个，型号和规格为 DZ5–20/330。

4）绝缘黑色胶布、草稿纸、圆珠笔、螺钉、垫圈、劳保用品等，按需而定。

3. 评分标准

评分标准见表 4–1–2。

表 4–1–2 评分标准

序号	项目内容	评分标准	配分	扣分	得分
1	清洁电动机	(1) 设备有灰尘、有污垢扣 10 分 (2) 设备清理不整洁扣 5 分	15		
2	测量绝缘电阻	电动机绝缘电阻测试错误，每处扣 5 分	15		
3	检查接地电阻	不会检查接地电阻扣 10 分	10		
4	检查线电压、线电流	(1) 不能正确测试线电压扣 10 分 (2) 不能正确测试线电流扣 10 分	20		
5	测量转速	不能正确测量转速扣 10 分	10		
6	检查振动及噪声	(1) 不会测试判断有无振动扣 5 分 (2) 不会判断有无噪声扣 5 分	10		
7	试车	接线错误扣 10 分	10		
8	安全文明生产	违反安全文明生产规定扣 10 分	10		
工时	1 h	合计	100		
备注		教师签字	年 月 日		

4. 训练步骤

(1) 切断电源，清除电动机上的污垢。

(2) 拆除电源线，并做好保护措施。

(3) 拆开电动机的连接片，测试相对地、相对相绝缘电阻。

(4) 检查接地线和接地电阻。

(5) 检查电动机是否自由转动灵活，轴伸端径向有无偏摆的情况等。

(6) 重新接线，通电试车：

1) 测量电动机空载下的三相平衡电流。

2) 测量电动机的三相电压。

3) 测量电动机的空载转速。

4) 判断是否有噪声和异常振动情况。

(7) 清理现场。

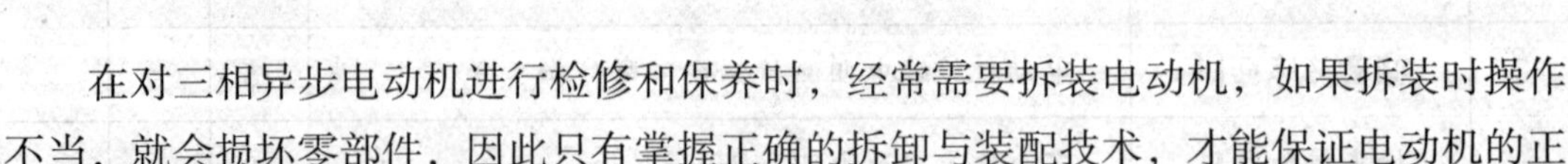

课题二　三相异步电动机的拆装

在对三相异步电动机进行检修和保养时，经常需要拆装电动机，如果拆装时操作不当，就会损坏零部件，因此只有掌握正确的拆卸与装配技术，才能保证电动机的正常运行和检修质量。

任务一　三相异步电动机的拆卸

学习目标

1. 掌握三相异步电动机的基本结构。
2. 能熟练进行三相异步电动机拆卸。

一、三相异步电动机的基本结构

三相异步电动机主要由定子和转子两大部分组成，其具体结构如图 4-2-1 所示。定子和转子之间的气隙一般为 0.25 ~ 2 mm。

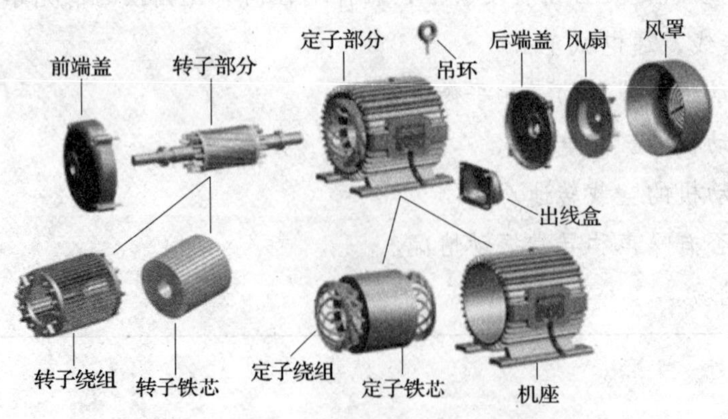

图 4-2-1　三相笼型异步电动机的结构

1. 定子

电动机的静止部分称为定子，主要有定子铁芯、定子绕组和机座等部件。

（1）定子铁芯　定子铁芯是电动机磁路的一部分，定子绕组嵌放在定子铁芯中。为了减小能量损耗，铁芯一般用厚 0.35 ~ 0.5 mm、表面有绝缘层的硅钢片冲制叠装而成。在铁芯片的内圆冲有均匀分布的槽，以嵌放定子绕组。

（2）定子绕组　定子绕组的作用是通入三相对称交流电，产生旋转磁场。定子绕组在槽内嵌放完毕后，按规律接好线，把三相绕组的六个出线端引到电动机机座的接线盒内，可按需要将三相绕组接成丫形或△形。

（3）机座　机座的作用是固定定子铁芯，并以两个端盖支撑转子，同时保护整台电动机的电磁部分，并散发电动机运行中产生的热量。

2. 转子

转子是电动机的旋转部分，由转子铁芯、转子绕组、转轴和风叶等组成。

（1）转子铁芯　转子铁芯也是电动机磁路的一部分，一般用 0.5 mm 厚、表面绝缘的硅钢片冲制叠压而成。在硅钢片外圆冲有均匀分布的槽，用来嵌放转子绕组。转子铁芯固定在转轴或转子支架上。为了改善电动机的启动及运行性能，三相异步电动机转子铁芯一般采用斜槽结构。

（2）转子绕组　转子绕组的作用是产生感应电动势和电流，并在旋转磁场的作用下产生电磁力矩而使转子转动。转子绕组根据结构不同分为笼型和绕线型两种。

3. 其他附件

其他附件包括端盖、轴承和轴承盖、风扇和风罩等。

二、三相异步电动机的拆卸

1. 拆卸前准备

（1）准备好拆卸场地，并摆放好各种拆卸、安装、接线与调试使用的仪器、仪表、拆装工具（图 4–2–2），断开电源，拆卸电动机与电源线的连接线，并对电源线头做好绝缘处理。

（2）做好记录或标记。

1）在带轮或联轴器的轴伸端做好定位标记，测量并记录联轴器或带轮与轴台间的距离，如图 4–2–3 所示。

2）在电动机机座与端盖的接缝处做好标记，如图 4–2–4 所示。

3）在电动机的轴伸方向及引出线在机座上的出口方向做好标记。

图 4-2-2　仪器、仪表及拆装工具

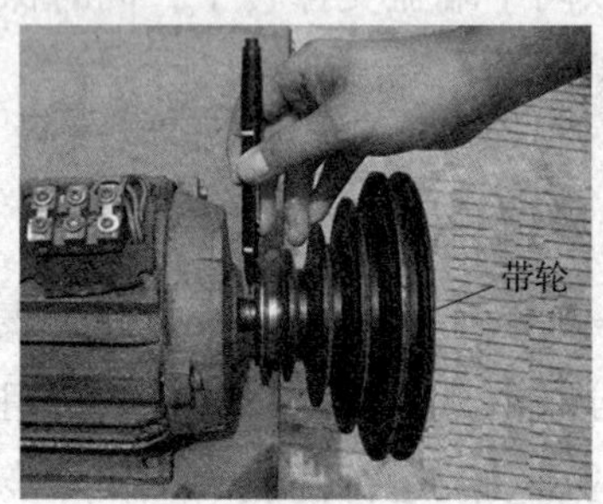

图 4-2-3　使好定位标记

图 4-2-4　给电动机做标记

2. 拆卸带轮或联轴器

装上拉具的丝杠顶端要对准电动机轴端的中心，使其受力均匀，转动丝杠，把带轮或联轴器慢慢拉出，如图 4-2-5 所示。如拉不出，不要硬卸，可在定位螺栓内注入煤油，过一段时间再拉。

提示

注意此过程中不能用手锤直接敲出带轮或联轴器，否则会使带轮或联轴器碎裂、转轴变形或端盖受损等。

3. 拆卸键楔

用合适的工具将固定带轮（或联轴器）的键楔拆下，如图 4-2-6 所示。

图 4-2-5　拆卸带轮

图 4-2-6　拆卸键楔

4. **拆卸风罩和风叶**

首先，把外风罩螺钉松脱，取下风罩，如图 4–2–7 所示，然后把转轴尾部风叶上的定位螺栓或卡簧松脱、取下，用金属棒或手锤在风叶四周均匀地轻敲，风叶就可松脱下来。拆卸风扇的定位卡簧要用专用的卡簧钳，如图 4–2–8 所示。小型异步电动机的风叶一般不用卸下，可随转子一起抽出，但如果后端盖内的轴承需要加油或更换时，就必须拆卸。对于采用塑料风叶的电动机，可用热水使塑料风叶膨胀后再拆卸。

图 4–2–7　拆卸风罩

图 4–2–8　拆卸风叶

5. **拆卸端盖螺钉**

（1）选择适当扳手，逐步松开前端盖紧固对角螺栓，用紫铜棒均匀敲打端盖有脐的部分，如图 4–2–9 所示。

（2）在后端盖与机座之间做好标记后，拆卸后端盖螺钉，如图 4–2–10 所示。

图 4–2–9　拆卸前端盖螺钉

图 4–2–10　拆卸后端盖螺钉

提示

拆卸时要防止端盖跌碎或碰伤绕组。

6. **拆卸后端盖**

用木锤敲打轴伸端，使后端盖脱离机座，如图 4–2–11 所示。当后端盖稍与机座脱开，即可把后端盖连同转子一起抬出机座，如图 4–2–12 所示。对于较重的电动机，抽出转子时要用钢丝绳套住转子两端轴颈，在钢丝绳与轴颈间衬一层纸板或棉纱头；当转子的重心已移出定子时，在定子与转子间隙塞入纸板垫衬，并在转子移出的轴端垫以支架或木块；然后将钢丝绳改吊住转子，慢慢将转子抽出。注意不要将钢丝绳吊在铁芯风道里，并应在钢丝绳和转子间垫衬纸板。

图 4-2-11 木锤敲打轴伸端

图 4-2-12 抽出端子

提示

◇不能用手锤直接敲打电动机的任何部位，只能用紫铜棒在垫好木块后再敲击或直接用木锤敲打。

◇抽出转子或安装转子时动作要小心，一边送一边接，不可擦伤定子绕组。

提示

绕线转子电动机的拆卸：

◇对于绕线转子电动机，通常是先拆前端盖，后拆后端盖。这是因为前端盖装有电刷装置和短路装置。

◇在拆除之前，先把电刷提起并绑扎，标记好刷架位置，以防拆卸端盖时碰坏电刷和电刷装置。

◇对于负载端是滚柱轴承的电动机，应先拆卸非负载端。

7. 拆卸前端盖

用硬杂木条从后端伸入，顶住前端盖的内部敲打，松动后，用双手轻轻地将前端盖取下，如图 4-2-13 所示。

8. 取下后端盖

用木锤均匀敲打后端盖四周，即可取下后端盖，如图 4-2-14 所示。

9. 拆卸轴承

根据轴承的规格和型号，选择适当的拉具。拉具的脚爪应紧扣轴承内圈，拉具的丝杆顶点要对准转子的中心，缓慢匀速的扳动丝杠，将轴承慢慢拉出，如图 4-2-15 所示。

a)

b)

图 4-2-13 拆卸前端盖

a）松动前端盖 b）取下前端盖

10. 清洗和装配轴承

（1）清洗轴承。检查轴承质量，如果质量不好，按规格型号更换。不需要更换轴承的，可将轴承用汽油洗干净，用清洁的布擦干。需要更换轴承的，应将新轴承放置在 70 ～ 80 ℃的变压器油中加热 5 min 左右，油融化后，再用汽油洗干净，用清洁的布擦干。

对于 2 极电动机，所加入的新润滑脂应为轴承空腔容积的 1/3 ～ 1/2，对于 4 极或 4 极以上电动机，所加入的新润滑脂应为轴承空腔容积的 2/3，轴承内外盖所加入的新润滑脂应为盖内容积的 1/3 ～ 1/2。新的润滑脂要求洁净、无杂质、无水分。加入时，要求填入均匀，同时防止外界的灰尘、水和铁屑等异物落入。

（2）将轴承孔腔内按标注加入润滑脂用敲打法将轴承再装入轴上，如图 4-2-16 所示。

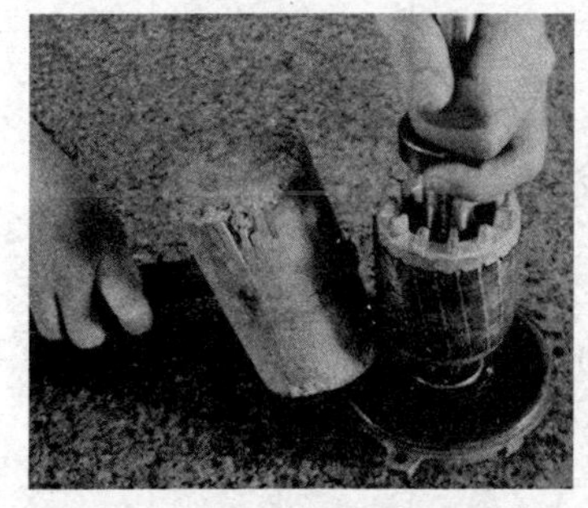
图 4-2-14 取下后端盖

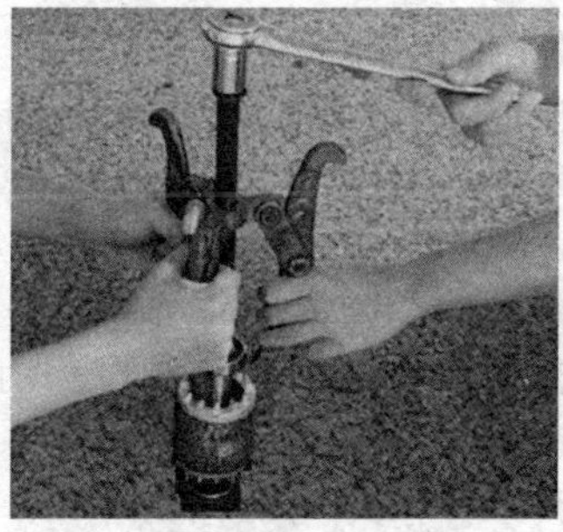
图 4-2-15 拆卸轴承

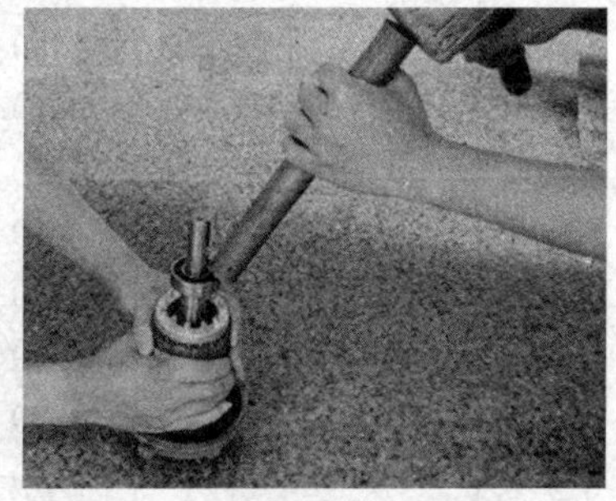
图 4-2-16 安装轴承

提示

用紫铜棒将轴承压入轴颈时，要注意的是要使轴承内圈受力均匀，切勿总是敲击一边，或敲轴承外圈。

技能训练

1. 训练内容

拆卸 5.5 kW 三相异步电动机（训练中配助手一名）。

2．设备、工具、仪表及材料

（1）电工工具　验电笔、一字和十字旋具、钢丝钳、尖嘴钳、斜口钳、剥线钳、电工刀等。

（2）三相异步电动机

1）按实际的情况将电动机安装在现场，电动机轴带联轴器。

2）三相异步电动机的铭牌技术数据：型号 Y112M–4，功率 4 kW，额定电压 380 V，额定电流 8.8 A，定子绕组△形接法，额定转速 1 440 r/min。

（3）拆装、接线、调试的专用工具。

（4）其他　汽油、刷子、干布、绝缘黑色胶布、草稿纸、圆珠笔、劳保用品等，按需而定。

3．评分标准

评分标准见表 4–2–1。

表 4–2–1　评分标准

序号	项目内容	评分标准	配分	扣分	得分
1	拆装前的准备	（1）操作前将所需工具、仪器及材料准备好，每缺一项扣 5 分 （2）拆除电动机电源电缆头及电动机外壳保护接地工艺不正确扣 10 分 （3）电缆头没有采取安全措施扣 10 分	30		
2	拆卸	（1）拆卸前未做标记每处扣 5 分 （2）拉联轴器（带轮）方法不正确扣 10 分 （3）拆卸风扇及风扇罩不正确扣 10 分 （4）前端盖方法不正确扣 10 分 （5）拆卸后端盖方法不正确扣 10 分 （6）抽出转子不正确、碰伤绕组扣 10 分 （7）拆卸轴承方法不正确扣 10 分 （8）损坏零部件，每次扣 10 分	60		
3	安全文明生产	违反安全文明生产规定扣 10 分	10		
工时	1.5 h	合计	100		
备注		教师签字	年　月　日		

4．训练步骤

（1）拆卸前准备

1）准备好工作所需的各种工具，断开电源，拆卸电动机与电源线的连接线，并对电源线头做好绝缘处理。

2）卸下联轴器、地脚螺栓，将各种零部件放入小盒中，以免丢失。

3）做好记录或标记，记录联轴器与端盖之间的距离，以便选择合适的拉具。

（2）拆卸

1）逐步松开紧固的对角螺栓，拆卸下风罩、风叶。

2）在前端盖与机座之间做好标记，以便装配时复位。

3）选择适当扳手，逐步松开紧固的对角螺栓，用紫铜棒均匀敲打端盖有脐的部分。

4）在后端盖与机座之间做好标记后，拆卸后端盖。

5）抽出转子。

6）拆卸轴承。根据轴承的规格和型号，选择适当的拉具。拉具的脚爪应紧扣轴承内圈，拉具的丝杠顶点要对准转子的中心，缓慢匀速地扳动丝杠，将轴承慢慢拉出。

（3）清洗和装配轴承

1）清洗轴承。检查轴承质量，如果质量不好，按规格型号更换；反之继续使用。

2）将轴承孔腔内按标注加入润滑脂，用敲打法将轴承再装到轴上。

提示

◇拆卸带轮或轴承时，要正确使用拉具。

◇电动机解体前，要做好标记，以便组装。

◇端盖螺栓的松动与紧固必须按对角线上、下、左、右依次旋动。

◇不能用手锤直接敲打电动机的任何部位，只能用铜棒在垫好木块后再敲击。

◇抽出转子要或安装转子时，要小心谨慎，不可碰伤绕组。

任务二　三相异步电动机的装配

学习目标

1. 能熟练进行三相异步电动机的装配。
2. 能熟练进行三相异步电动机的调试。

一、安装转子及端盖

1. 在转子上安装后端盖

用木锤均匀敲打后端盖四周即可装上，如图 4-2-17 所示。

2. 安装转子

安装转子时要用手托住转子慢慢移入，如图 4-2-18 所示。

图 4-2-17　在转子上安装后端盖

图 4-2-18　安装转子

提示

抽出转子或安装转子时动作要小心，一边送一边接，不可擦伤定子绕组。

3. 安装后端盖

用木锤小心敲打后端盖三个耳朵，使螺栓孔对准标记，并用螺栓固定后端盖，如图 4-2-19 所示。

4. 安装前端盖

用木锤均匀敲打前端盖四周，并调整至对准标记。调整的方法同安装后端盖，并用螺栓固定前端盖，如图 4-2-20 所示。

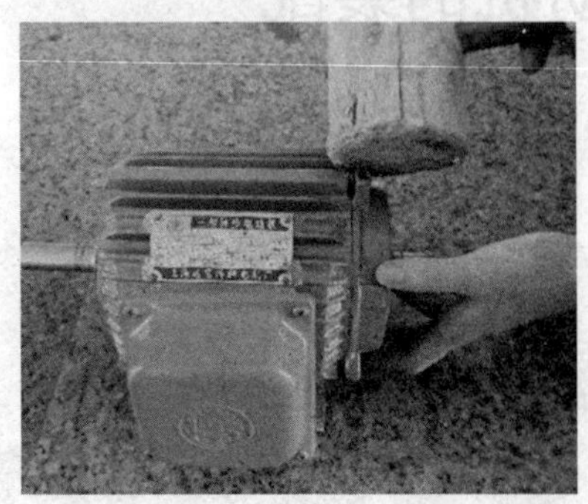

图 4-2-19　安装后端盖

图 4-2-20　安装前端盖

提示

◇固定后端盖时，旋上后端盖螺栓，但不要拧紧，以便固定前端盖后调整。

◇装配完成后，要检查转子转动是否灵活，有无卡阻现象，然后紧固好前后端盖螺栓。

二、安装风扇及风扇罩

1. 安装风扇

用木锤敲打风扇，用弹簧卡钳安装卡簧，如图 4-2-21 所示。

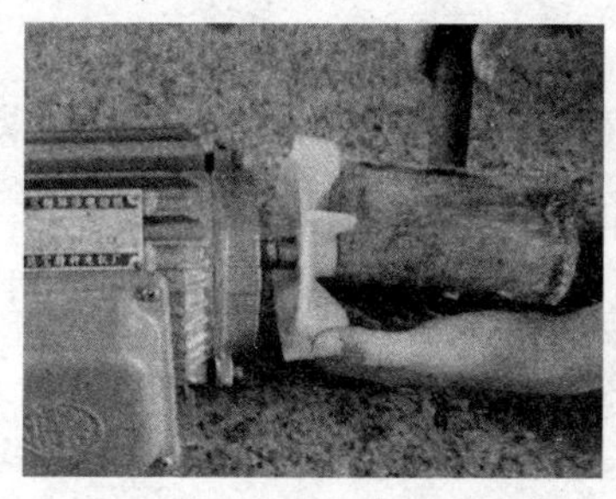

a)

b)

图 4-2-21 安装风扇

a）安装风扇叶 b）安装风扇卡簧

2. 安装风扇罩

风扇罩的安装如图 4-2-22 所示。将风罩上的螺栓孔与机座上的螺母对准并将螺栓拧紧即可。

图 4-2-22 风扇罩的安装

三、安装键楔和联轴器（带轮）

1. 安装键楔

键楔的安装如图 4-2-23 所示，轻轻地用木锤敲打键楔使其进入键槽即可。

2. 安装联轴器（带轮）

将联轴器（带轮）的键楔对准键槽并用木锤敲击进行安装，如图 4-2-24 所示。

四、测量绝缘电阻

将电动机定子绕组的六个线头拆开，用兆欧表测量电动机定子绕组各相之间及相与地之间的电阻。

图 4–2–23　键楔的安装

图 4–2–24　安装联轴器（带轮）

五、检查接线

1. 调试前应进一步检查电动机的装配质量，如各部分螺栓是否拧紧，引出线的标记是否正确，转子转动是否灵活，轴伸端径向有无偏摆的情况等。

2. 根据电动机的铭牌技术数据（如电压、电流和接线方式等）进行接线，应注意，为了安全，一定要将电动机的接地线接好、接牢。

六、通电试车

1. 测量交流电动机的空载电流

空载时，测量三相空载电流是否平衡，同时观察电动机是否有杂声、振动声及其他较大噪声，如果有应立即停车，进行检修。

2. 测量电动机转速

用转速表测量电动机转速，并与电动机的额定转速进行比较。

技能训练

1. 训练内容

完成 5.5 kW 三相异步电动机的装配、接线与调试（训练时配助手一名）。

2. 设备、工具、仪表及材料

（1）电工工具　验电笔、一字和十字旋具、钢丝钳、尖嘴钳、斜口钳、剥线钳、电工刀等电工工具。

（2）仪表　MF30 型万用表或 MF47 型万用表、T301–A 型钳形电流表、兆欧表（500 V，0 ~ 2 000 MΩ）、转速表。

（3）三相异步电动机

1）按实际的情况将电动机安装在现场，电动机轴带联轴器。

2）三相异步电动机铭牌上的技术数据：型号 Y112M–4，功率 4 kW，额定电压

380 V，额定电流 8.8 A，定子绕组△形接法，额定转速 1 440 r/min。

（4）拆装、接线、调试的专用工具。

（5）其他 汽油、刷子、干布、绝缘黑色胶布、草稿纸、圆珠笔、劳保用品等，按需而定。

3．评分标准

评分标准见表 4–2–2。

表 4–2–2 评分标准

序号	项目内容	评分标准	配分	扣分	得分
1	装配前的准备	操作前未将所需工具、仪器及材料准备好，每缺一项扣 5 分	10		
2	装配	（1）装配步骤方法错误，每次扣 5 分 （2）碰伤绕组扣 10 分 （3）损伤零部件，每次扣 10 分 （4）紧固螺钉未拧紧，每只扣 5 分 （5）装配后转动不灵活扣 10 分	40		
3	接线	（1）接线不正确扣 5 分 （2）电动机外壳接地不好扣 5 分	10		
4	电气测量	（1）测量电动机绝缘电阻不正确扣 5 分 （2）测量电动机的电流不正确扣 5 分 （3）测量转速不正确扣 5 分 （4）用手判断温度的方法不正确扣 5 分	20		
5	试车	空载试验方法不正确扣 10 分	10		
6	安全文明生产	违反安全文明生产规定扣 10 分	10		
工时		2 h	合计	100	
备注			教师签字	年 月 日	

4．训练步骤

（1）装配前准备 装配前准备好场地及摆放好装配、接线与调试使用的各种工具。

（2）装配

1）按“在转子上安装后端盖→安装转子→安装后端盖→安装前端盖→安装风扇→安装风扇及风扇罩→安装键楔→安装联轴器”的顺序装配三相异步电动机。

2）装入转子时注意转子一定不要碰伤定子绕组。

3）检查电动机机械部分的灵活性，不合格要重装。

（3）测量绝缘电阻 将电动机定子绕组的六个线头拆开，用兆欧表测量电动机定子绕组各相及相与地之间的电阻。

（4）检查接线，通电试车

1）测量电动机空载下三相平衡电流。

2）测量电动机空载下的转速。

3）用手小心地靠近或触摸电动机，判断其温度是否正常。

课题三　三相异步电动机的检修

任务一　三相异步电动机定子故障的检修

学习目标

1. 能对三相异步电动机的常见故障进行分析与检查。
2. 能检修三相异步电动机的定子常见故障。

一、三相异步电动机的故障分析与检查

检查电动机时，一般按先外后里、先机后电、先听后检的顺序。先检查电动机的外部是否有故障，后检查电动机内部；先检查机械方面，再检查电气方面；先听使用者介绍使用情况和故障情况，再动手检查。这样才能正确迅速地找出故障原因。

（1）电动机的外部检查　在对电动机的外观、绝缘电阻、外部接线等项目进行详细检查之后，如未发现异常情况，可对电动机做进一步的通电试验：将三相低电压（$30\%U_N$）通入电动机三相绕组并逐步升高电压，当发现声音不正常、有异味或转不动时，立即断电检查。如未发现问题，可测量三相电流是否平衡，电流大的一相可能是绕组短路，电流小的一相可能是多路并联绕组中的支路断路。若三相电流平衡，可使电动机继续运行 1 ~ 2 h，随时用手检查铁芯部位及轴承端盖温度，若烫手，立即停车检查。如线圈过热则是绕组短路，如铁芯过热，则是绕组匝数不够，或铁芯硅钢片间的绝缘损坏。以上检查均在电动机空载下进行。

（2）电动机的内部检查　通过上述外部检查，如可以确认电动机内部有问

题，就可按照异步电动机的拆卸步骤拆开电动机进行进一步检查。内部检查方法见表 4–3–1。

表 4–3–1 异步电动机内部故障的检查方法

检查项目	检查内容
检查绕组部分	先查看绕组端部有无积尘和油垢，查看绕组绝缘、接线及引出线有无损伤或烧伤，若有烧伤，烧伤处的颜色会变成暗黑色或烧焦，有焦臭味，然后查看导线是否烧断和绕组的焊接处有无脱焊、虚焊现象
检查铁芯部分	查看转子、定子表面有无擦伤的痕迹。若转子表面只有一处擦伤，大多是由于转子弯曲或转子不平衡造成的；若转子表面一周全有擦伤的痕迹，定子表面只有一处伤痕，则是由于定子、转子不同心造成的，造成不同心的原因是机座或端盖止口变形或轴承严重磨损使转子下落；若定子、转子表面均有局部擦伤痕迹，则是由上述两种原因共同引起的
检查轴承部分	查看轴承的内、外套与轴颈和轴承室配合是否合适，同时要检查轴承的磨损情况
检查其他部分	查看风扇叶是否损坏或变形，转子端环有无裂痕或断裂，再用短路测试器检查导条有无断裂

二、三相异步电动机的常见故障及处理

三相异步电动机的故障多种多样，产生的原因也比较复杂，常见故障见表 4–3–2。

表 4–3–2 三相异步电动机常见故障及检修方法

故障现象	可能原因	检修方法
接通电源后，电动机不能启动或有异常的声音	熔丝熔断	更换熔丝
	电源线或绕组断线	查出断路处，重新接好
	开关或启动设备接触不良	修复开关或启动设备
	定子和转子相擦	找出相擦的原因，校正转轴
	轴承损坏或有其他异物卡住	清洗、检查或更换轴承
	定子铁芯或其他零件松动	将定子铁芯或其他零件复位，重新焊牢或紧固
	负载过大或负载机械卡死	减轻拖动负载，检查负载机械和传动装置
	电源电压过低	调整电源电压
	机壳破裂	修补机壳或更换电动机

续表

故障现象	可能原因	检修方法
接通电源后，电动机不能启动或有异常的声音	绕组连线错误	检查首尾端，正确连线
	定子绕组断路或短路	检查绕组断路和短路处，重新接好
电动机的转速低，转矩小	将△形错接为丫形	重新接线
	笼型转子的端环、笼条断裂或脱焊	焊补修接断处或重新更换绕组
	定子绕组局部短路或断路	找出短路或断路处
电动机过热或冒烟	电源电压过低或三相电压相差过大	查出电源电压不稳定的原因
	负载过大	减小负载或更换功率较大的电动机
	电动机断相运行	检查线路或绕组中断路或接触不良处，重新接好
	定子铁芯硅钢片间绝缘损坏，使定子涡流增加	对铁芯进行绝缘处理或适当增加每槽的匝数
	转子和定子发生摩擦	校正转子铁芯或轴，或更换轴承
	绕组受潮	将绕组烘干
	绕组短路或接地	修理或更换有故障的绕组
电动机轴承过热	装配不当使轴承受外力	重新装配
	轴承内有异物或缺油	清洗轴承并注入新的润滑油
	轴承弯曲，使轴承受外应力或轴承损坏	校正轴承或更换轴承
	传动带过紧或联轴器装配不良	适当松传动带，修理联轴器或更换轴承
	轴承标准不合格	选配标准合适的新轴承

三、定子绕组的故障排除

1. 绕组接地故障的检查与修理

电动机定子与铁芯或机壳间因绝缘损坏而相碰，称为接地故障。造成这种故障的原因有受潮、雷击、过热、机械损伤、腐蚀、绝缘老化、铁芯松动或有尖刺、绕组制造工艺不良等。

（1）检查方法

1）用兆欧表检查　将兆欧表的两个出线端分别与电动机的绕组和机壳相连，以 120 r/min 的速度摇动兆欧表手柄，若所测得绝缘电阻值在 0.5 MΩ 以上，说明被测电动机绝缘良好，在 0.5 MΩ 以下或接近“0”，说明电动机绕组已受潮，或绕组绝缘很差。如果被测绝缘电阻值为“0”，同时有的接地点还发出放电声或可观察到微弱的放电现象，则表明绕组已接地；如有时指针摇摆不定，说明绝缘已被击穿。

2）用校验灯检查 拆开各绕组间的连接线，用 36 V 灯泡与 36 V 电压串联，逐一检查各相绕组与机座的绝缘情况，若灯泡发亮，说明该绕组接地；否则，说明绕组绝缘良好；若灯泡微亮，说明绕组已被击穿，如图 4–3–1 所示。

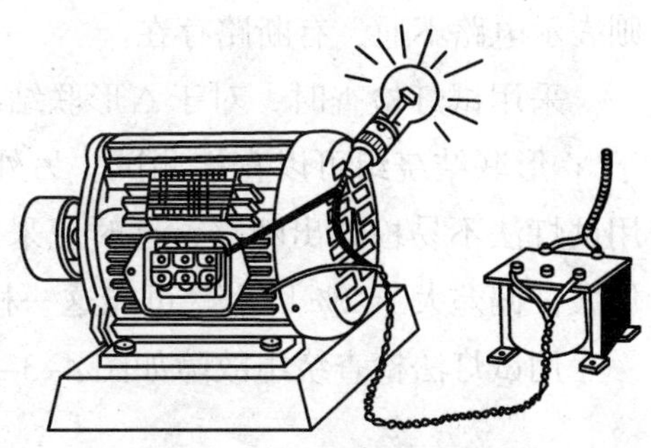

图 4–3–1 用校验灯检查

（2）修理 如果接地点在槽口或槽底接口处，可用绝缘材料垫入线圈的接地处，再检查故障是否已经排除，如已排除，则可在该处涂上绝缘漆，再烘干处理。如果故障在槽内，则需更换绕组或用穿绕修补法修复。

2. 绕组绝缘电阻很低故障的检查与修理

可将故障绕组的表面擦抹及吹刷干净，然后放在烘箱内慢慢烘干，当烘到绝缘电阻值上升到 0.5 MΩ 以上时，再给绕组浇一层绝缘漆，并重新烘干，以防回潮。

3. 绕组断路故障的检查与修理

电动机定子绕组内部连接线、引出线等断开或接头处松脱所造成的故障称为绕组断路故障。这类故障多发生在绕组端部的槽口处，检查时可先检查各绕组的连接线处和引出头处有无烧损、焊点松脱和熔化现象。

（1）检查方法

1）用万用表检查 将万用表置于 R×1 或 R×10 挡上，分别测量三相绕组的直流电阻值。对于单线绕制的定子绕组而言，电阻值为无穷大或接近该值时，说明该相绕组断路。如无法判定断路点时，可将该绕组中间连接点处剖开绝缘，进行分段测试，如此逐段缩小故障范围，最后找出故障点，如图 4–3–2 所示。

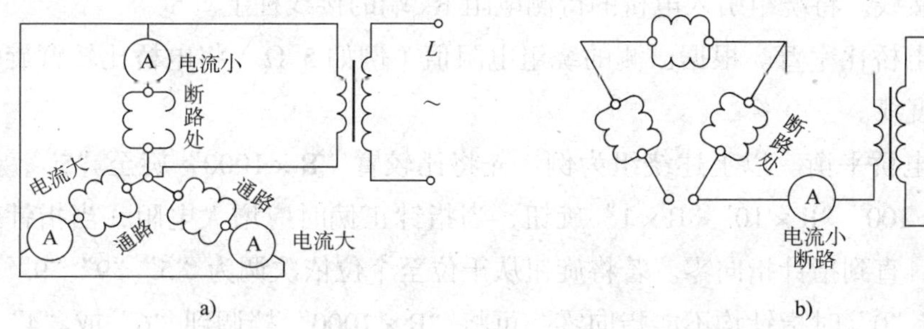

图 4–3–2 采用电流平衡法检查并联绕组断路故障

a）并联 Y 形联结 b）并联 △ 形联结

2）用校验灯检查　使用时将指示灯与干电池串联在一起，将试灯一端与某相绕组的首端接上，另一端与此绕组的尾端接上。如果灯亮，表示此相绕组无断路；灯灭，则表示电路不通，有断路存在。

采用试灯检查时，对于△形联结绕组，拆开一个端口后才能测出各相的断路，对于Y形联结绕组可以直接测试。另外，两根以上并绕的绕组，如果只断开一根导线，用试灯法不易检查出断路，这时应采用电桥法测量每相绕组的直流电阻，如果有一相偏大，偏差大于2%以上，可能这一相绕组的并联导线有断路。

用试灯法检查绕组故障如图4–3–3所示。

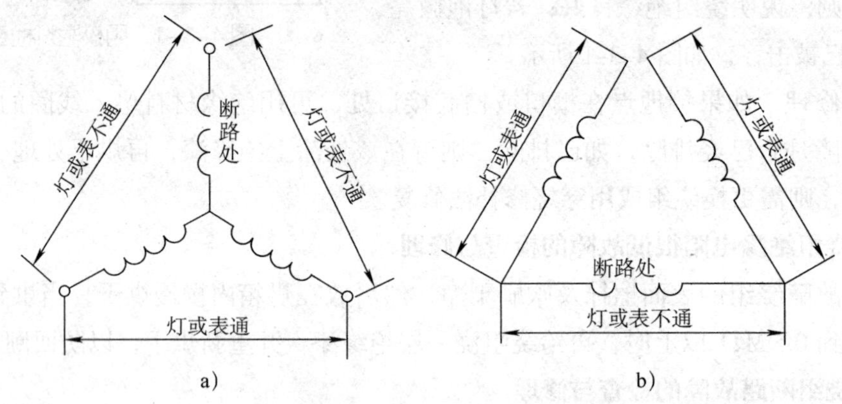

图4–3–3　用试灯法检查绕组故障
a）Y形联结　b）△形联结

3）用电桥检查　如电动机功率稍大，其定子绕组由多路并绕而成，当其中一相发生故障时，用万用表和校验灯则难以判断，此时需用电桥分别测量各相绕组的直流电阻。断路相绕组的直流电阻值明显大于其他相，再参照上述的办法逐步缩小故障范围，最后找出故障点。其测量步骤如下：

①调零。校准电桥检流计的指针的零位，将电桥表面上的“外”接线柱用联片短接，按下检流计的按钮G。若指针不在零位，调整调零旋钮使指针指向零。

②正确接线。将绕组引入电桥的待测电阻Rx端的接线柱上。

③调整电桥比率臂。根据已测的绕组电阻值（例如5 Ω）将电桥比较臂旋钮的指示线对准刻度线。

④调节电桥平衡。以上述绕组为例，先将比较臂“R×1000”旋至“5”，然后依次调节“R×100”“R×10”“R×1”旋钮，当指针正偏时应增大电阻，当指针反偏时应减小电阻，直到指针指向零。若将旋钮从千位至个位依次调为“5”“9”“9”“9”和“5”“0”“0”“0”时指针均不能指向零，可将“R×1000”挡调到“6”或“4”，重新调整直到指针指向零。

⑤读数。读“零”时正视指针，当电桥平衡后读出四个旋钮盘的读数，并计算出

电阻值。如旋钮的读数从千位至个位分别为“2”“2”“5”“8”，则被测绕组值为读数（2 258）与比例臂倍率（10^{-3}）的乘积，即 2.258 Ω。

⑥松开按钮。测量完毕后应先松开 G，后松开 B，否则检流计会受到绕组突然断开时所产生的自感电动势的冲击而被损坏。

⑦用相同方法测量其他绕组阻值。

⑧判断绕组对称度。

计算各相绕组的平均值 $R_a=(R_{x1}+R_{x2}+R_{x3})/3$ 和三相对称绕组的误差 $R_{max}-R_{min}$，然后进行三相绕组对称度的判断：若 $(R_{max}-R_{min})/R_a \leqslant 50\%$，则说明三相绕组对称；若 $(R_{max}-R_{min})/R_a \geqslant 50\%$，则说明三相绕组不对称；若三相绕组不对称则说明三相绕组中已出现故障。

（2）修理

1）局部补修　断路点在端部、接头处，可将其重新接好、焊好，包好绝缘并刷漆即可。如果原导线不够长，可加一小段同线径导线绞接再焊。

2）更换绕组或穿绕修补　定子绕组发生故障后，若经检查发现仅个别线圈损坏需要更换，为了避免将其他的线圈从槽内翻起而受损，可以用穿绕法修补。穿绕时先将绕组加热到 80 ~ 100 ℃，使绕组的绝缘软化，然后把损坏线圈的槽楔敲出，并把损坏线圈的两端剪断，将导线从槽内逐根抽出。原来的槽绝缘可以不动，另外用一层 6520 聚酯薄绝缘纸卷成圆筒，塞进槽内；然后用与原来的导线规格、型号相同的导线，一根一根地在槽内来回穿绕到尽量接近原来的匝数；最后按原来的接线方式接好、焊好之后，进行浸漆干燥处理，如图 4-3-4 所示。

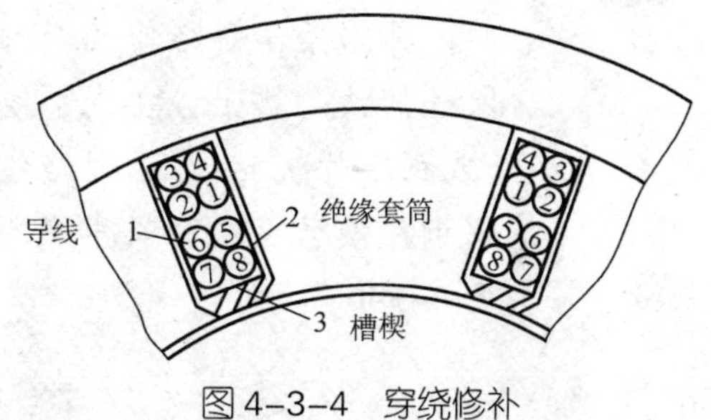

图 4-3-4　穿绕修补

思考

定子绕组出现故障后是否都需要更换或者是重绕？什么情况下需要局部修补？

4．绕组短路故障的检查与修理

绕组短路的原因主要是由于电源电压过高、电动机拖动的负载过大、电动机使用过久或受潮受污等造成定子绕组绝缘老化与损坏，从而产生绕组短路故障。定子绕组的短路故障按发生地点分为绕组对地短路、绕组匝间短路和绕组相与相间短路三种。

（1）绕组短路的检查　检查的内容见表 4-3-3。

表 4-3-3　绕组短路的检查

检查项目	检查内容
直观检查	使电动机空载运行一段时间，然后拆开电动机端盖，抽出转子，用手触摸定子绕组。如果有一个或几个线圈过热，则这部分线圈可能有匝间或相间短路故障，也可用眼观察线圈外部绝缘有无变色和烧焦，或用鼻闻有无焦臭气味，如果有，该线圈可能短路
用兆欧表检查相间短路	拆开三相定子绕组接线盒中的连接片，分别测量任意两相绕组之间的绝缘电阻，若绝缘电阻阻值为零或极小，说明该两相绕组相间短路
检查匝间短路	用钳形电流表测三相绕组的空载电流，空载电流明显偏大的一相有匝间短路故障
	用直流电阻法测量匝间短路。用电桥分别测量各个绕组的直流电阻，电阻值较小的一相可能有匝间短路
	用短路测试器（短路侦察器）检查匝间短路。可用测空载电流或直流电阻的方法来判断绕组是否有匝间短路，但此方法有时准确度不高，可能会出现误判，而且也不容易判断具体是哪个线圈存在匝间短路

提示

具体操作短路侦察器时，将开口变压器放在有短路线圈外的铁芯槽上，在这个线圈的另一个槽口上放置薄钢片（或锯条片）。钢片因短路线圈中电流过大而产生振动，根据钢片振动大小和噪声来判断出短路线圈，如图 4-3-5 和图 4-3-6 所示。

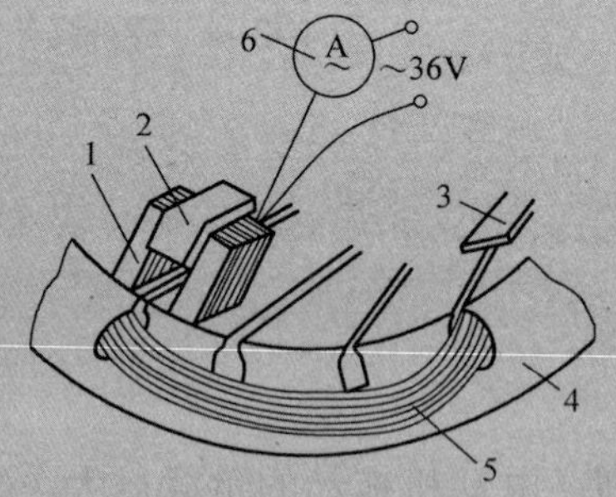

图 4-3-5　短路侦察器检查单层绕组匝间短路

1—开口铁芯　2—励磁线圈　3—钢片
4—定子铁芯　5—定子绕组端部　6—电流表

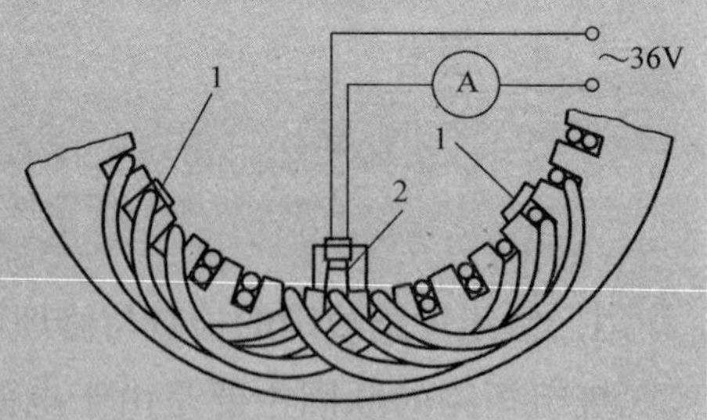

图 4-3-6　短路侦察器检查双层绕组匝间短路

1—钢片　2—短路侦察器

（2）绕组短路的修理　绕组匝间短路故障一般事先不易发现，往往是在绕组烧损后才得知，因此，遇到这类故障往往需视故障情况，全部或部分更换绕组。

绕组相间短路故障如发现得早，未造成定子绕组烧损事故时，可以找出故障点，用竹楔插入两线圈的故障处（如插入有困难时可先将线圈加热），把短路部分分开，再垫上绝缘材料，并加绝缘漆使绝缘恢复。如已造成绕组烧损时，则应更换部分或全部绕组。

5. 绕组接线错误或嵌反故障的检查与处理

绕组接线错误或某一线圈嵌反时会引起电动机振动，发出较大的噪声，电动机转速降低甚至不转，同时会造成电动机三相电流严重不平衡，使电动机过热，从而导致熔丝熔断或绕组烧损。

绕组接线错误或嵌反故障通常分两种情况，一种是外部接线错误，另一种是某一极相组接错或某几个线圈嵌反。

（1）绕组接线错误或嵌反的检查

1）指南针检查法　先拆开电动机，取下端盖并取出转子。将低压直流电源（一般在 10 V 以下，注意输出电流不要超过绕组的额定电流）逐步加在三相定子绕组的每一相上（如电动机定子绕组采用 Y 形接法，则将直流电源两端分别接到中性点和某相绕组的出线端；如系△形接法则必须拆开三相绕组的连接点），用指南针沿定子内圆周移动，如绕组接线正确，则指南针顺次经过每一极相组时，就南北向交替变化，如图 4-3-7 所示。如指南针在某一极相组的指向与图示方向相反，则表示该极相组接反。如果指南针经过同一极相组不同位置时，南北向交替变化，则说明该极相组中有个别线圈嵌反。

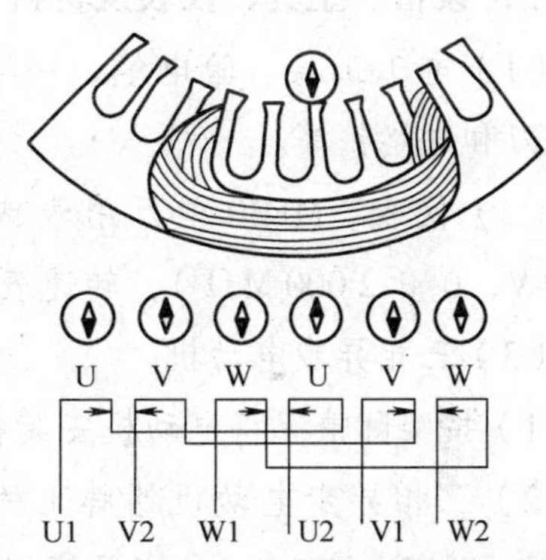

图 4-3-7　用指南针检查绕组接错或接反

找出错误后，将错误部位的连接线纠正后再重做上述试验。

2）低压交流电源法　首先用万用表查明每相绕组的两个出线端，然后把其中任意两相绕组串联后与电压表（或万用表的交流电压挡）连接，第三相绕组与 36 V 交流电源接通，如图 4-3-8 所示。若电压表读数不为零，则是首尾相连；若电压表读数为零，则是尾尾相连。

3）万用表法　如图 4-3-9 所示，用毫安表（或万用表的毫安挡）测试。用手转动电动机的转子，如万用表的指针不动，说明首尾端接线正确；如万用表的指针摆动，说明首尾端接线错误。

（2）修理方法　对内部接线错误，应对照绕组展开图和接线图逐相检查，找出错误后，纠正接线；如绕组首尾接反，找出接错相绕组后，纠正接线。

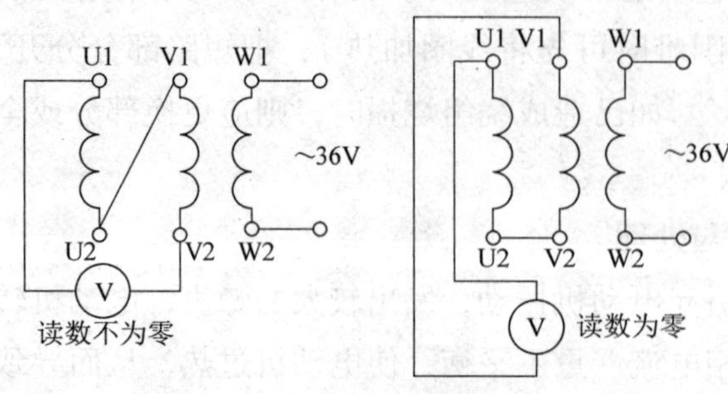

图 4-3-8　低压交流电源法检查绕组首尾端

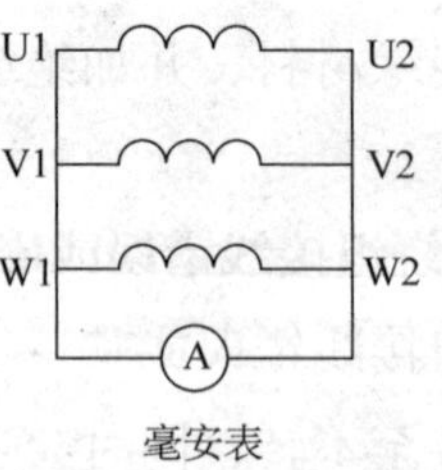

图 4-3-9　万用表法检查绕组首尾端

技能训练

1. 训练内容

检修定子绕组接地故障、端部断路故障、匝间短路故障（训练时配助手一名）。

2. 设备、工具、仪表及材料

（1）电工工具　验电笔、一字和十字旋具、钢丝钳、尖嘴钳、斜口钳、剥线钳、电工刀和电烙铁等。

（2）仪表　MF30 型万用表或 MF47 型万用表、T301-A 型钳形电流表、兆欧表（500 V，0 ~ 2 000 MΩ），转速表。

（3）三相异步电动机

1）按实际情况将电动机安装在现场，电动机轴带联轴器。

2）三相异步电动机铭牌上的技术数据：型号 Y160M-4，功率 4 kW，额定电压 380 V，额定电流 8.8 A，定子绕组△形接法，额定转速 1 440 r/min。

（4）拆装、接线、调试的专用工具。

（5）其他　汽油、刷子、干布、绝缘黑色胶布、草稿纸、圆珠笔、劳保用品等，按需而定。

3. 评分标准

评分标准见表 4-3-4。

表 4-3-4　评分标准

序号	项目内容	评分标准	配分	扣分	得分
1	调查研究	排除故障前不进行调查研究，扣 2 分	2		
2	故障分析	（1）故障分析思路不够清晰，扣 8 分 （2）确定最小的故障范围，出现错误每个故障点扣 5 分	13		

续表

序号	项目内容	评分标准	配分	扣分	得分
3	故障排除	（1）不能找出故障点，每个扣5分 （2）不能排除故障，每个扣5分 （3）排除故障方法不正确，每个扣5分 （4）不会根据故障情况进行电气试验，每个扣5分	25		
4	其他	（1）排除故障时，产生新的故障后不能自行修复，每个故障从本项总分中扣10分；已经修复，每个故障从本项总分中扣5分 （2）损坏电动机，从本项总分中扣10～40分	50		
5	安全文明生产	违反安全文明生产规定扣10分	10		
工时	3 h	合计	100		
备注		教师签字	年 月 日		

4．训练步骤

（1）定子绕组接地故障的检修

1）拆开接线盒内的绕组引出线连接片。

2）将三相异步电动机解体，取出端盖及转子。

3）用兆欧表分别测量各相绕组与机壳之间的绝缘电阻，若测出某相对地绝缘电阻为零，则说明该相为故障相。

4）将接地相绕组分成两组，用校验灯找出接地部分。以此类推，逐步缩小故障范围，直至找到故障点。

5）将校验灯接在故障线圈上，此时校验灯亮。由于接地故障一般均发生在槽口边上，因此，可用绝缘板撬动故障线圈，或用小木棒敲击该线圈铁芯两端面的齿片，当校验灯闪动或熄灭时，说明该处是接地点。

6）将定子绕组加热，使绝缘软化。

7）打出该槽口的槽楔，用划线板在接地处撬动线圈，待灯不亮后，即在该处垫上绝缘材料，并涂上少量绝缘漆。

8）用兆欧表测量绝缘电阻，如合格后即可恢复接线及打上槽楔。

9）如时间允许，可对定子绕组进行浸漆、烘干处理。

提示

◇用绝缘板或划线板撬动绕组端部时，注意不能损坏绕组绝缘，且要沿铁芯齿部撬动。

◇用木锤和木棒敲击槽口端面齿片时，要轻轻敲击，不能使齿片划损绝缘。

◇要仔细操作和观察，正确找出故障点。

（2）定子绕组端部断路故障的检修

1）拆开电动机，将出线盒内的接线片拆下（△形接法）。

2）用万用表或校验灯查出断路的一相绕组。

3）逐步缩小断路故障范围，最后找出故障所在的线圈。

4）将定子绕组放在烘箱内加热，使线圈的绝缘软化，再设法找出故障点，断路故障一般均发生在线圈之间的连接线处或铁芯槽口处。

5）视故障实际情况进行处理。如断路点发生在端部，则可将断路处恢复加焊后再进行绝缘处理；如断路点发生在槽口处或槽内，则一般可拆除故障线圈，用穿绕修补法修理或者重新绕制。

6）将绕组及电动机复原。

提示

◇在找到故障点后，应仔细观察故障现象，通过分析明确故障原因后再进行修复。

◇进行锡焊时，应注意锡焊点处不得有毛刺等尖突部位，焊锡不能掉入绕组内。

（3）定子绕组匝间短路故障的检修

1）故障现象为电动机启动后过热，则故障原因可能是：电源电压过大或三相电压相差过大，以致电流增大；电动机过载；电源一相断路或定子绕组一相断路，造成电动机缺相运行；定子绕组局部短路，相间短路，绕组接地；转子与定子相擦。

2）确定故障范围。对上述分析原因逐一排查。经检查，电源电压正常，负载正常；在停电情况下，用手转动转子，运转灵活；则可确定故障是定子绕组局部断路或短路。

3）确定故障点

①按电动机拆卸步骤拆开电动机，在助手的帮助下，用起重设备取出转子和端盖，拆开接线盒内的连接片和电源连接线。

②用兆欧表测量相间绝缘电阻，若某两相绝缘电阻值为零，则该两相间短路。

③将定子绕组烘焙加热至绝缘软化，拆开一相绕组各线圈的连接处，找出与另一相绕组短路的线圈。

④将 36 V 电源与灯泡串联后，一端接故障线圈的一个端点，另一端接另一相绕组的一个端点，若灯亮则故障就在该处。

⑤用划线板轻轻拨动故障线圈的前、后端部，当拨到某一点时，灯光闪动，该点就是相间短路点。

4）修复故障点

①用复合青壳纸做相间绝缘材料垫在故障点处，恢复相间绝缘。

②用校验灯和兆欧表复检，校验灯完全熄灭，故障部位的绝缘电阻值应大于0.5 MΩ。

③将各接线点恢复并包扎整形。

④在故障处刷涂或浇铸绝缘漆后烘干。

5）重新装配电动机。

6）完成电动机修复后的有关试验。如直流电阻的测量、绝缘电阻的测量、转速试验、用钳形电流表检查三相电流和空载试验等，合格后校验。

提示

◇定子绕组是多路并联的，要拆开各并联支路。

◇用短路侦察器时，应先将其铁芯放在定子铁芯上，然后接通电源再进行操作。

◇用划线板拨动故障线圈的动作要轻，不要碰伤绕组，以防故障扩大。

任务二　三相异步电动机转子故障的检修及试验

学习目标

1. 能检修三相异步电动机转子的常见故障。
2. 能进行三相异步电动机检修后的电气试验。

一、转子绕组故障的检修

1. 笼型转子故障的检查与排除

笼型转子的常见故障是断条，断条后的电动机一般能空载运行，但当加上负载后，电动机转速将降低，甚至停转。此时若用钳形电流表测量三相定子绕组电流，电流表指针会往返摆动。

断条的检查方法通常有短路测试器检查法和导条通电法两种。其中，用短路测试器检查如图 4–3–10 所示。

转子导条断裂故障一般较难修理，通常需要更换转子。

2．绕线转子故障的检修

（1）绕线转子绕组断路、短路、接地等故障的检修与定子绕组故障检修相同。

（2）集电环、电刷、举刷和短路装置故障的检修

1）集电环的检修　如图 4–3–11 所示，铜环表面车光，铜环紧固，使接线杆与铜环接触良好。若铜环短路，可更换破损的套管或更换新的集电环。

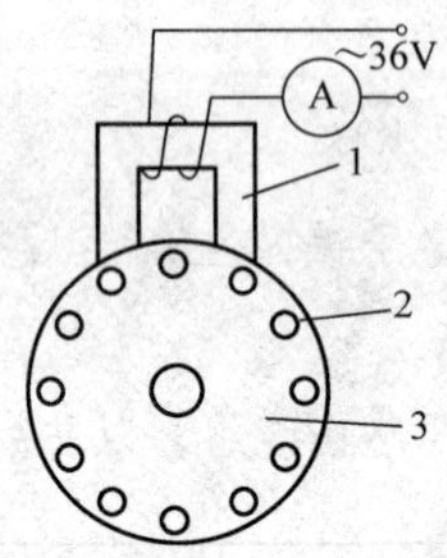

图 4–3–10　短路测试器检查测试断条

1—短路测试器　2—导条　3—转子

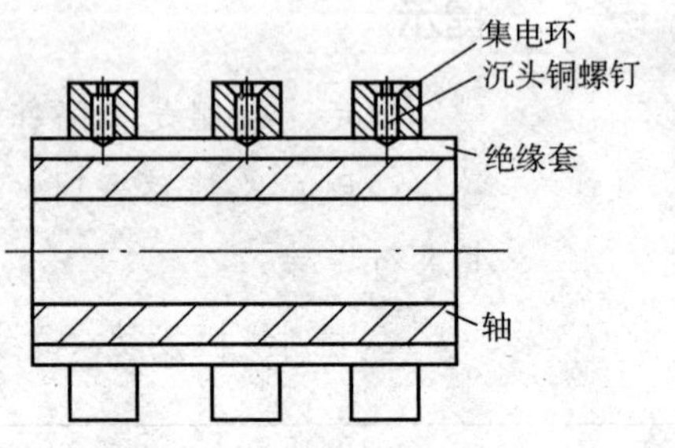

图 4–3–11　检查集电环

2）电刷的检修　调节电刷的压力，研磨电刷使之与集电环接触良好或更换同型号的电刷，如图 4–3–12 所示。

如电刷的引线断了，可采用锡焊、铆接或螺钉连接、铜粉塞填法接好，如图 4–3–13 所示。

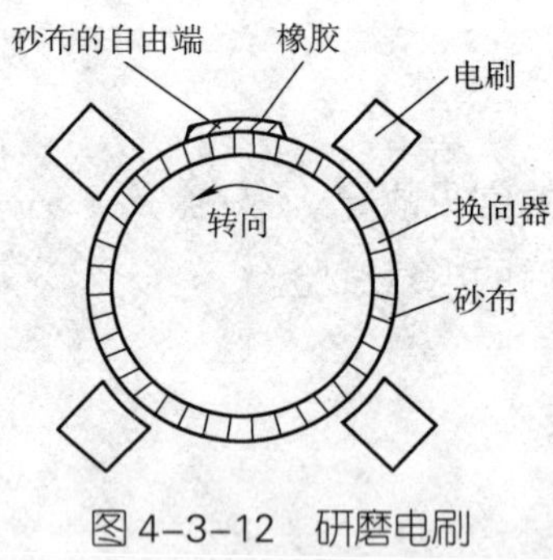

图 4–3–12　研磨电刷

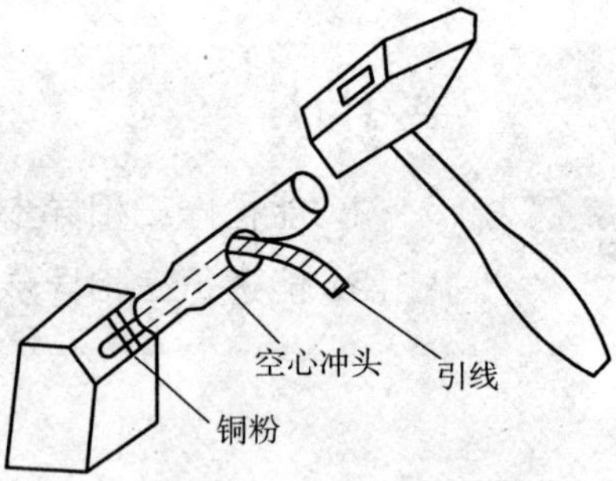

图 4–3–13　铜粉塞填法

3）举刷和短路装置的检修　手柄未扳到位时，排除卡阻和更换新的键滑或触头；电刷举、落不到位时，排除机械卡阻故障。

思考

研磨电刷时应注意什么问题？

二、异步电动机检修后的试验

1. 一般检查

一般检查主要是检查电动机的装配质量，包括：外观是否完好；各紧固件是否紧密可靠；出线端的标记和连接是否正确；转子转动是否灵活；轴转动时若有径向偏摆，是否在允许范围内等。如系绕线转子电动机，还应检查电刷、刷架及集电环的装配质量，包括电刷与集电环接触是否良好等。

2. 绝缘电阻的测定

此项主要测定各绕组间、各绕组与地间冷态绝缘电阻。对于 500 V 以下的电动机，绝缘电阻值不应低于 1 MΩ。

3. 直流电阻的测定

直流电阻的测定一般在常温下进行。绕组电阻可采用单臂电桥测量。所测各相电阻值偏差与其平均值之比不得超过 5%。

4. 耐压试验

电动机定子绕组相与相之间及每相与机壳之间经过绝缘处理后，能承受一定的电压而不击穿称为耐压。对绕线转子电动机而言，试验还包含测试转子绕组相与相之间及相与地之间的耐压。耐压试验的目的是考核各相绕组之间及各相绕组与机壳之间的绝缘性能的好坏，以确保电动机的安全运行及操作人员的人身安全。

（1）耐压试验一般在单相工频耐压试验机上进行，试验电压种类为工频交流。对额定功率在 1 kW 以下电动机，试验电压有效值为 $500+2U_N$；对额定电压为 380 V、额定功率在 1 ~ 3 kW 的电动机，试验电压有效值为 1 500 V；对额定功率在 3 kW 以上的电动机，试验电压有效值为 1 760 V。试验时电动机处于静止状态。定子做耐压试验时，绕线转子电动机的转子绕组应接地。试验电压一般从零逐步升高到规定值，并保持 1 min，再逐步减小到零，以不发生击穿或闪弧为合格。试验时必须注意人身安全，试验结束，被试件必须放电后才能触及。

（2）试验中常见的击穿原因有：长期停用的电动机受潮；电动机线圈组间接线时接错；长期过载运行或过压运行；未经烘干处理；绝缘老化损坏。

5. 空载试验

经上述检查合格的电动机，方可进行空载试验，空载运行时间为 30 min，试验的主要目的是确定空载电流和空载损耗。此外，还应测量三相电流是否平衡，其偏差不应超过 10%。如空载电流过大，则可能是定、转子之间的气隙超出允许值或装配质量差所致；如空载电流过小，则可能是绕组匝数过多、绕组连接有误等造成的。空载试验时，应仔细观察电动机运行情况，监听有无异常声音，电动机是否过热，轴承的运转是否正常等。绕线转子电动机还应检查电刷有无出现火花及过热现象。

技能训练

1．训练内容

完成三相异步电动机检修后的试验。

2．设备、工具、仪表及材料

（1）电工工具　验电笔、一字和十字旋具、钢丝钳、尖嘴钳、斜口钳、剥线钳、电工刀等。

（2）仪表　万用表、钳形电流表、兆欧表、单臂电桥、钳形电流表、温度计、转速表等。

（3）Y160M-4 型三相异步电动机 1 台。

（4）拆装、接线、调试的专用工具。

（5）其他　汽油、刷子、干布、绝缘黑色胶布、草稿纸、圆珠笔、劳保用品等，按需而定。

3．评分标准

评分标准见表 4-3-5。

表 4-3-5　评分标准

序号	项目内容	评分标准	配分	扣分	得分
1	一般检查	（1）排除故障前不进行一般检查扣 10 分 （2）未进行电动机的装配质量检查扣 5 分 （3）未进行出线端的标记检查扣 5 分 （4）未进行转子转动是否灵活的检查扣 5 分 （5）导线连接不正确扣 5 分	10		
2	测试直流电阻	（1）不会使用电桥测试电阻扣 15 分 （2）用电桥测试电阻测试错误每处扣 5 分	15		
3	测试绝缘电阻	测试绝缘电阻错误，每处扣 5 分	15		
4	接线	（1）电动机接线错误扣 10 分 （2）电源线接线错误扣 5 分	15		
5	测试转速	（1）测试转速方法不正确扣 5 分 （2）测试转速读数错误扣 5 分	10		
6	测试三相空载电流	（1）使用钳形电流表错误扣 10 分 （2）测试三相空载不平衡电流每错 1 处扣 5 分	15		
7	测试温度	测试温度方法错误扣 10 分	10		
8	安全文明生产	违反安全文明生产规定扣 10 分	10		
工时	2 h	合计	100		
备注		教师签字	年　月　日		

4. 训练步骤

（1）将检修后的三相异步电动机搬运到检测位置。

（2）对电动机进行一般检查。检查三相异步电动机的装配质量和接线是否正确。

（3）测试绝缘电阻。拆开接线盒，用兆欧表分别测量各相绕组之间、各相绕组与机壳之间的绝缘电阻。

（4）测试直流电阻。用单臂电桥测试三相异步电动机的各相定子绕组直流电阻，并进行比较，判断是否合格。

（5）重新接线。按照三相异步电动机的铭牌，将电动机重新接线，并接上电源线。

（6）检查接地保护措施等是否完好，通电试车，进行空载试验。

（7）测试三相电流。用钳形电流表测试三相异步电动机的三相不平衡电流。

（8）测试转速。用转速表测试三相异步电动机的转速。

（9）测试温度。

课题四 三相异步电动机定子绕组的拆除与重绕

任务一 三相异步电动机定子绕组的拆除

学习目标

1. 熟练拆除三相异步电动机的定子绕组。
2. 熟练清理中小型三相异步电动机的定子铁芯槽并制作槽楔。

小型三相异步电动机的定子绕组可分为单层绕组和双层绕组两大类，一般而言，功率在十几千瓦以下者采用单层绕组，超过十几千瓦的采用双层绕组。单层绕组按绕组构成方式又可分为链式绕组、同心式绕组和交叉式绕组三类，通常，$2P$=2 的电动机采用同心式绕组，$2P$=4 的电动机采用单相交叉式绕组，$2P$=6 及 $2P$=8 的电动机采用单层链式绕组。

当电动机定子绕组损坏严重、无法局部修复时，就要把原绕组全部拆去，重新嵌放新绕组。

一、记录原始数据、填写电动机修理单

先把被修电动机铭牌数据填入修理单，技术数据在定子绕组拆除后填写，试验值则最后填写，修理单见表 4–4–1。

表 4–4–1　三相异步电动机修理单

铭牌数据	型号		功率	kW	电压	V	电流	A
	接法		转速	r/min	绝缘		编号	
	制造厂				生产日期			
技术数据	铁芯槽数		绕组形式		节距		导线规格	
	并联根数		线圈匝数		线圈数			
试验值	直流电阻值		U 相	Ω	V 相	Ω	W 相	Ω
	对地绝缘电阻值		U 相	MΩ	V 相	MΩ	W 相	MΩ
	相间绝缘电阻值		U、V 相	MΩ	V、W 相	MΩ	W、U 相	MΩ
	耐压试验电压		V	持续时间	s	转速		r/min
	空载电压		U、V 相	V	V、W 相	V	W、U 相	V
	空载电流		U 线	A	V 线	A	W 线	A
修理单位			修理者			日期		

二、拆除待修电动机定子绕组

1. 通电加热法

在三相定子绕组没有断路的情况下，可将三相绕组连接成闭合回路，然后给定子绕组加上适当的交流电压，使定子绕组发热，将绝缘漆软化。该交流电压可由单相调压器及降压变压器输出，如图 4–4–1 所示。调节单相调压器 T 的输出电压，即可改变加在三相定子绕组上的电压。使用本方法时，必须注意正确选择调压器及降压变压器的容量，通过的电流不应超过其额定电流，以免损坏调压器及降压变压器。待绕组受

热绝缘软化后，即切断电源，打出槽楔，将绕组一端剪断，再用钳子、旋具等工具将绕组拆除。

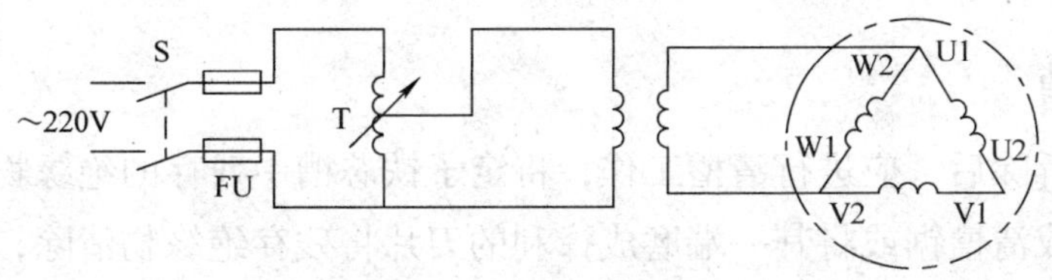

图 4–4–1　通电加热电路图

2. 烘箱加热法

将待拆定子铁芯及绕组一起放在烘箱中加热数小时，使绝缘软化，然后再用上面提到的方法拆除定子绕组。

3. 冷拆法

先打出槽楔，再将绕组的一个端部切断，然后用旋具、钳子等工具将绕组从铁芯槽中逐步取出。对于功率小的三相异步电动机，在浸漆后定子绕组端部的导体已粘连很牢固时，可用特制的扁铲及冲子拆除。其步骤如下：首先将定子垂直放置，使定子绕组端部朝上，然后用一把锋利的扁铲沿铁芯边缘把定子绕组一端铲开，如图 4–4–2a 所示。在操作时应注意扁铲的刃要放平，不能碰伤定子铁芯，铲除后的绕组截面要与定子铁芯成平面。最后把定子垫高，垫物应高于定子铁芯的高度，用一把特制的与铁芯槽截面相似但稍小的冲子，转圈从槽中慢慢往下冲出槽内的定子绕组，如图 4–4–2b 所示。

由于定子绕组下面的端部粘连很牢固，因此，必须从某一槽开始转圈往下冲，每个槽中的定子绕组每次不宜冲下太多，最后使全部绕组成一个整体从铁芯槽中取出。

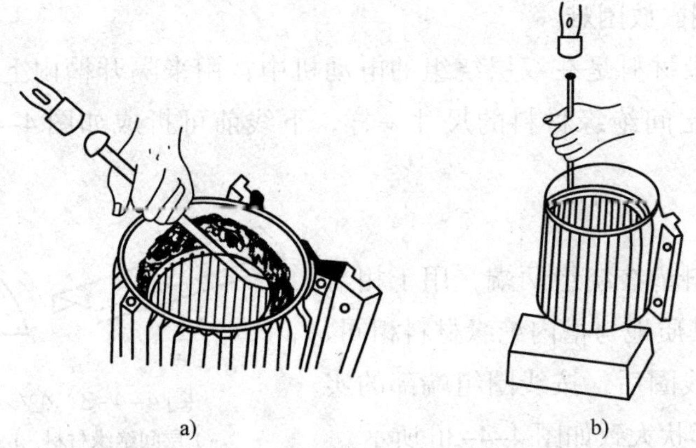

图 4–4–2　用扁铲和冲子拆除定子绕组

a）用扁铲铲掉一端绕组端部　b）用冲子冲出槽中定子绕组

思考

三种拆除待修电动机定子绕组的方法各有什么特点？

三、清槽

定子绕组拆除后，应进行清槽工作，将定子铁芯槽中残存的绝缘物清理干净。可用铁锯片制作成清槽锯或将其一端磨成锋利的刀片将残存绝缘物清除，并用压缩空气或手风器将槽吹干净。

四、绝缘材料的裁剪与制作

拆除工作完成后，进行绝缘材料的裁剪与制作，为后面进行重绕做好准备。

1. 槽内绝缘

（1）槽绝缘纸伸出定子铁芯之外的长度要根据电动机容量大小而定，太短会使定子绕组与铁芯之间的绝缘距离（漏电距离）不够，容易造成定子绕组与铁芯之间的短路；太长则在绕组端部整形时槽绝缘容易裂开。该长度通常可按原电动机的槽绝缘纸长度裁剪，也可参考表 4–4–2 选取。

表 4–4–2　三相异步电动机槽绝缘材料伸出铁芯的长度

机座号	3 ~ 4	5	6 ~ 7	8	9
一端伸出铁芯的长度 /mm	7.5	8	10	12	15

（2）槽绝缘纸宽度的确定可按实际铁芯槽的形状而定，其高出铁芯槽的部分一般约在 10 mm，过宽会造成浪费（该部分在嵌好线圈后需剪掉），过窄则包不住线圈两边，并会造成线圈嵌放困难。

（3）层间绝缘材料是在双层绕组的电动机中，用来隔开槽内上、下两个线圈的绝缘材料。所有层间绝缘材料的尺寸一样，下线前可折成如图 4–4–3a 所示的形状备用。

2. 端部绝缘

端部绝缘材料垫在绕组两端，用于相与相之间的绝缘，其质地与槽内绝缘材料相同。可在嵌好若干个线圈后，按线圈组端部的实际尺寸裁剪，其形状大致如图 4–4–3b 所示。

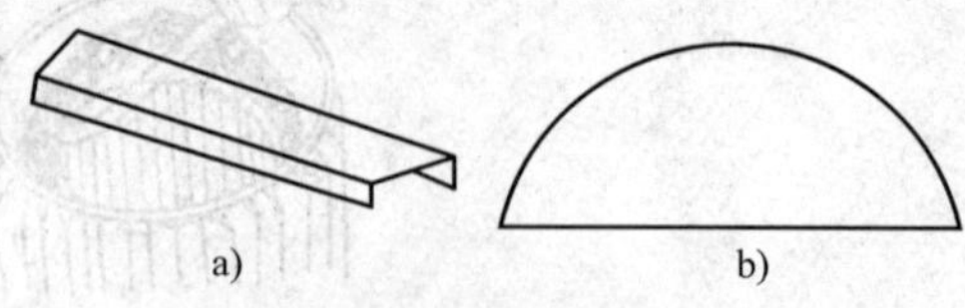

图 4–4–3　绝缘材料的裁剪
a）层间绝缘材料　b）端部绝缘材料

3. 引出线绝缘

引出线与绕组端部相连接的部位，用 0.15 mm × 15 mm 醇酸玻璃漆布带半叠绕一层，外面再套上醇酸玻璃丝套管。

4．槽楔的制作

槽楔安插在铁芯槽中作为封槽口之用，功率小的三相异步电动机槽楔一般用竹片制作。槽楔截面为等腰梯形，长度与槽绝缘材料大体相等。槽楔制作较简单，一般是在下好料后用电工刀削成与原槽楔相仿的等腰梯形。

提示

重绕电动机所用的绝缘材料一般不应低于原电动机所用绝缘材料的级别，如果遇到原电动机被他人修复后改变了绝缘材料或系空壳无原始材料的情况，对于Y系列电动机应选用F级的绝缘材料，即厚为0.24 mm胶合在一起的聚酯薄膜玻璃漆布。

技能训练

1．训练内容

拆除三相异步电动机定子绕组。

2．设备、工具、仪表及材料

待修电动机1台，直尺、千分尺、电工工具、手锤、扁钢条、电工工具、铲刀（可用废锯条磨成）、三相调压器、压缩空气机或手动鼓风机等。

3．评分标准

评分标准见表4–4–3。

表4–4–3　评分标准

序号	项目内容	评分标准	配分	扣分	得分
1	数据记录	记录不全每缺一项扣5分	10		
2	测绘	（1）绕组接线图绘制，每错一处扣5～10分 （2）线模尺寸不对扣10～20分 （3）导线直径误差较大扣5～10分	40		
3	拆除绕组的质量	质量不合格，每处扣5分	20		
4	铁芯齿槽整形	整形不符合要求，每处扣5分	20		
5	安全文明生产	违反安全文明生产规定扣10分	10		
工时	6 h	合计	100		
备注		教师签字	年　月　日		

4. 训练步骤

（1）拆卸异步电动机　按本单元课题二所述方法拆卸异步电动机。

（2）记录与绘图

1）记录下铭牌、定子铁芯和定子绕组数据。

2）绘制三相定子绕组接线图。可对照实物进行绘制，绘制后交教师审阅，无误后作为修复三相定子绕组的依据。

（3）拆除绕组

1）将定子铁芯及绕组置于烘箱内加热数小时，也可利用三相调压器通入 100 V 左右的电压（注意：三相调压器中的电流不能超过其额定电流，以免损坏三相调压器），以使定子绕组发热，绝缘软化。

2）用手锤及扁钢条或起子等打出槽楔。

3）拆线圈。如果比较容易翻起铁芯槽内线圈的上层边，则可先翻起一个节距内的上层边，翻起高度应不妨碍下层边的拆出，然后逐个拆出线圈。若上层边的翻起比较困难，则可用断线钳将线圈两端剪断，再用钢丝钳将导线从槽中取出。无论用哪种方法拆除定子绕组，均应保留一组完整的线圈，并记录有关的数据，作为制作绕线模及重绕线圈的依据。

4）将线圈匝数、并联根数、导线直径、线圈的周长等测量数据填入表中，注意线圈的周长应取原线圈中三个最短单元线圈的平均值；导线直径应为去掉绝缘漆后的三根导线的平均值。

（4）修整

1）用铲刀、锯片或电工刀等清除定子铁芯槽内残留的绝缘物，并用压缩空气吹净。

2）用白纸印下定子铁芯的裁减槽绝缘宽度的依据。

3）修整被碰伤的定子铁芯齿槽。

提示

◇拆除线圈时要戴手套，以免碰伤手。

◇用加热法加热拆除线圈时，要注意不能烧损三相调压器，此时定子铁芯及线圈温度较高，应注意安全。

◇绕线模芯尺寸的选取应取线圈直线部分，烧去绝缘层，用棉纱擦净后进行测量，要多量几根，并对照漆包线规格确定导线直径。

任务二　三相异步电动机定子绕组的重绕

学习目标

1. 能重新绕制三相异步电动机的定子绕组并进行嵌线。

2. 能对嵌线后的三相异步电动机定子绕组进行浸漆与烘干处理。

3. 能对重绕后的三相异步电动机进行电气试验。

一、线圈的绕制

1．绕线模的制作

（1）绕线模的分类　目前常用的绕线模有固定绕线模和可调绕线模两种。

1）固定绕线模一般用木材制成，由模芯和隔板组成，导线绕放在模芯上，隔板起挡住导线使其不脱离模芯的作用。若一个线圈组由几个线圈组成，就需做多个模芯，隔板数比模芯数多一个。固定式绕线模主要分圆弧形和菱形两种，如图 4-4-4 所示。其中，模芯与隔板两侧的缺口是扎线槽，待线圈绕好后，可从扎线槽中穿进绑扎线，将线圈两边绑扎好，以免松散。隔板一端的缺口是跨线槽，在一个线圈绕好后导线从跨线槽中过渡到另一个模芯上，继续绕下一个线圈。模芯做好后要放在融化的蜡中浸煮，或者在侧边打上蜡，以利于线圈绕好后从绕线模模芯上卸下。

2）可调绕线模也称为万用绕线模，如图 4-4-5 所示，适用于较大的电动机修理部门。它的四个线轮架安装在滑块上，转动左右螺纹杆时，可使其移动，以调节线圈的宽度。转动

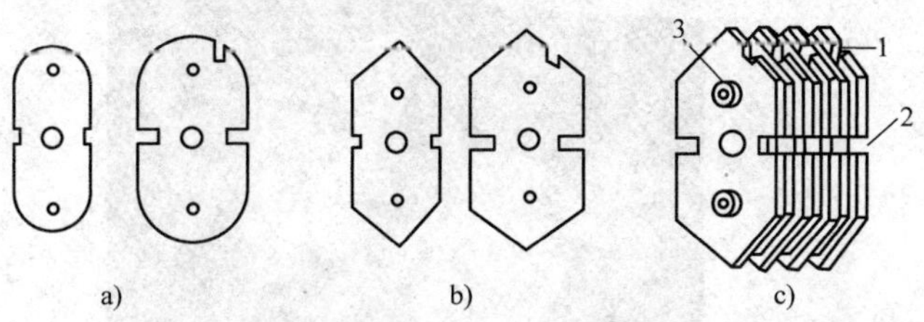

图 4-4-4　固定绕线模

a）圆弧形　b）菱形　c）组装图

1—跨线槽　2—扎线槽　3—螺栓

前后螺纹杆时，可使滑轨在底盘上移动，以调节线圈的直线部分长度。调节线轮在线轮架上的位置，即可调节线圈的直线部分长度和端部长度，改变线轮的高度可调节线圈的宽度。绕线时，将底盘安装在绕线机上，即可进行绕线。

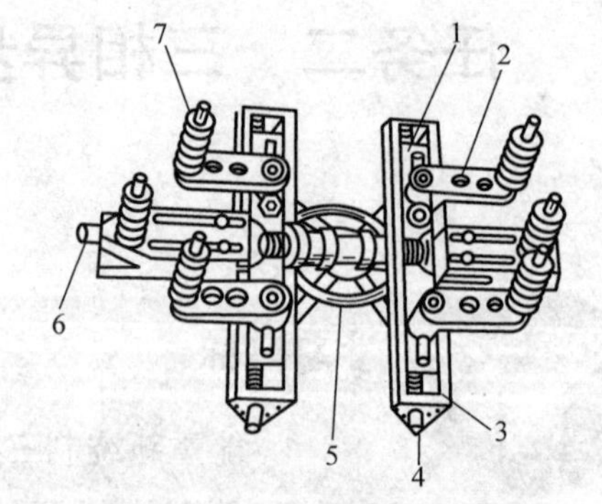

图 4–4–5　可调绕线模

1—滑块　2—线轮架　3—滑轨　4—左右螺纹杆　5—底盘　6—前后螺纹杆　7—线轮

（2）确定模芯尺寸　制作绕线模的关键是模芯尺寸的确定，模芯尺寸选择偏小可能造成嵌线困难，如选择偏大则会造成铜导线的浪费及线圈端部过长而与铁芯或端盖相碰。因此，必须正确确定模芯尺寸，在拆卸旧电动机定子绕组时，必须留下一个完整的线圈作为制作模芯的依据。

2．线圈的绕制

小型三相异步电动机定子绕组的各线圈均在绕线机上用绕线模绕制，最后再连接。对于功率小的三相异步电动机，由于其定子绕组的尺寸较小，线径也较细，故可在手摇绕线机上绕制，如图 4–4–6a 所示。

（1）电磁线可根据旧绕组的电磁线规格选取，或根据电动机技术要求，通过查看电磁线的数据规格表来选取。

（2）将绕线模安装在绕线机上，用螺母将其固紧，如图 4–4–6b、c 所示。

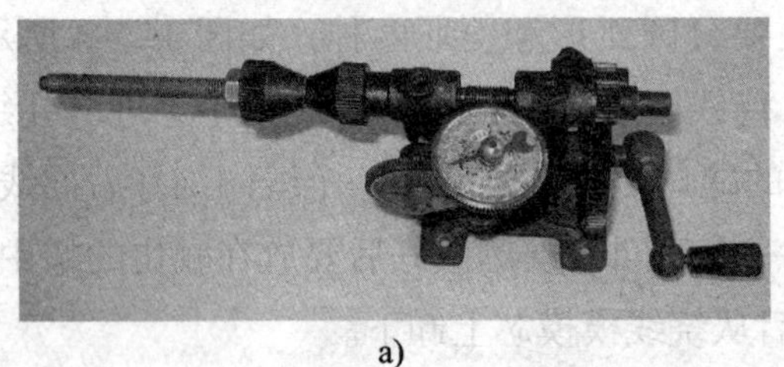
a)

b)

c)

图 4–4–6　手摇绕线机

a）手摇绕线机　b）安装线模　c）组装

（3）将绕线机指针调零后，用绕线机绕制线圈，如图 4–4–7 所示。绕线时，右手顺时针转动绕线机手柄，左手从右边第一个线模开始放线，将线头留在跨线槽端，边绕边看计圈器的指针，当达到所需匝数时，停止绕线。把导线从端部跨线槽过渡到第二个模芯上，继续绕第二个线圈，直至全部绕制完毕。

（4）当第一个线圈绕制完毕后，应用扎线将各线圈绑扎好，以防其散开。

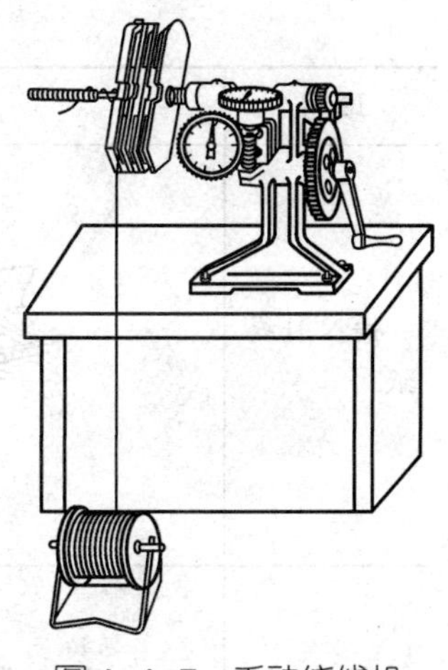

图 4–4–7 手动绕线机

二、嵌线

三相异步电动机定子绕组的嵌线的基本工艺见表 4–4–4。

表 4–4–4 三相异步电动机定子绕组的嵌线的基本工艺

项目	图示	操作步骤及要点
绝缘的安放		当所用的绝缘材料为 DMD+M 薄膜时，先将 M 薄膜两端折包在 DMD 薄膜上，然后沿纵向折起，用手捏住上口插入槽中。注意要使两端露出槽口的长度相等
		安放层间绝缘的方法是：用手将层间绝缘捏成向下弯曲的瓦片状并慢慢地逐次推入，使其插入槽中并置于下层线上，绝缘要盖住下层线
		安放盖条的操作方法与安放层间绝缘完全相同，还要求将其插入槽绝缘内并将导线包住
理线		解开线圈的一个绑扎线，两手配合，先用右手将线圈边理直边捏扁，再用左手捏住线圈的一端向一个方向旋拧导线，使直线边呈扁平状

续表

项目	图示	操作步骤及要点
插入引线纸	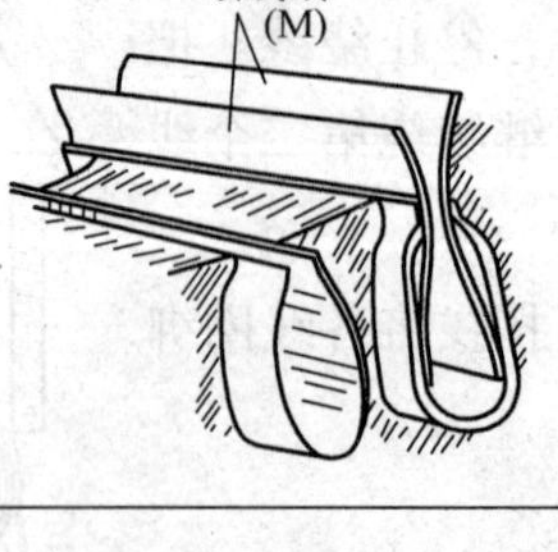 引线纸 (M)	将两片M薄膜插放在槽内，该纸高出槽口40～60 mm，称为引线纸，用于引导导线顺利嵌入槽内
嵌线入槽	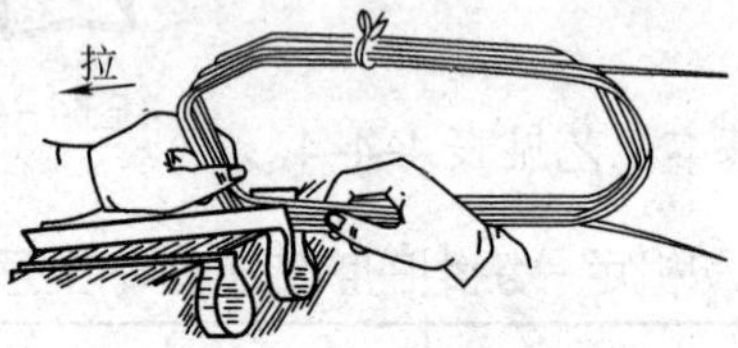 拉	右手捏平线圈直线边，左手捏住线圈前端（非出线端），使直线边和槽线成一定角度，将线圈前端下角插入引线纸开口并下压至槽内，左手拉、右手推并下压，将线圈直线边嵌入槽内
划线入槽	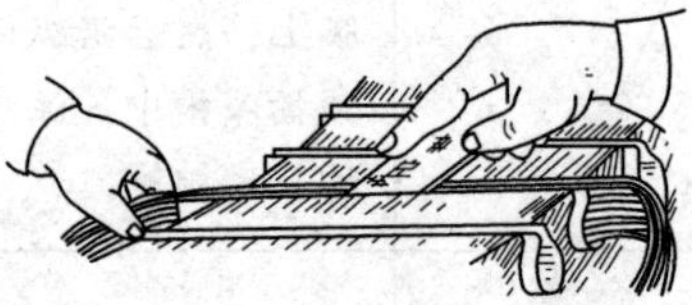	当按上述方法导线未能全部嵌入槽内时，可将划线板插入槽中，插入位置应靠槽的两侧，并左右交叉换位，适当用力划压导线进入槽内。为防止导线被划走，在划线时，左手应捏住线圈另一端并用一定的压力下压。操作时要耐心，防止强行划交叉线造成导线绝缘损伤，划线板的尖端不要划到槽底，避免划破槽底绝缘
安放起把线圈垫纸	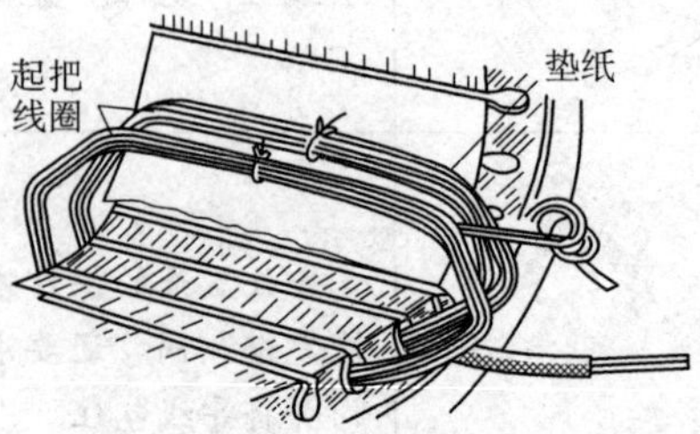 起把线圈 垫纸	起把线圈是为了让最后几个线圈嵌入而有一个边暂不嵌入槽内的线圈（“把”是对线圈直线边的称呼）。根据槽数的多少和绕组形式的不同，起把线圈的个数也不同 由于起把线圈的一个边要在最后嵌入槽内，为防止它被划伤或磕伤，特别是被下面的槽口划伤，要在它们的下面垫绝缘纸或牛皮纸
连绕线圈的放置	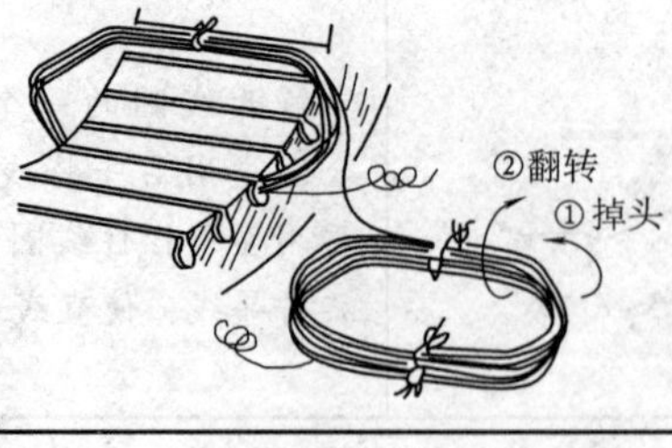 ②翻转 ①掉头	对于连绕的几个线圈，可平摆在铁芯旁，嵌入一个线圈后，将下一个线圈先沿轴向翻转180°，再将外端翻转180°，即达到预定位置

续表

项目	图示	操作步骤及要点
连绕线圈	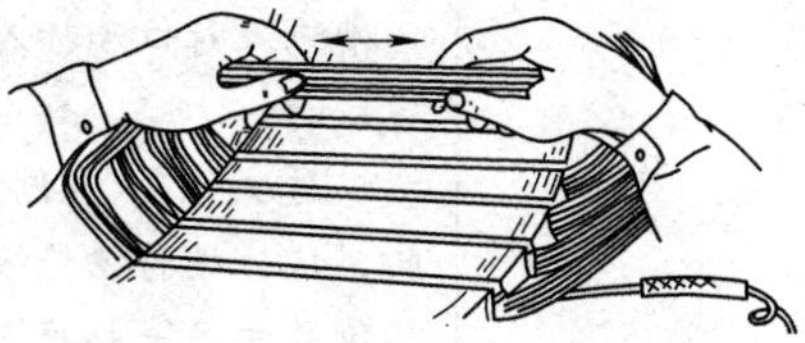	连绕的线圈都是采用先依次嵌入第一条边，再依次嵌入第二条边，最后逐个进行封槽或插入层间绝缘、盖纸的操作方法。在嵌一个线圈的第二条边前，应用两手理顺第二条边，然后再嵌入
插入层间绝缘	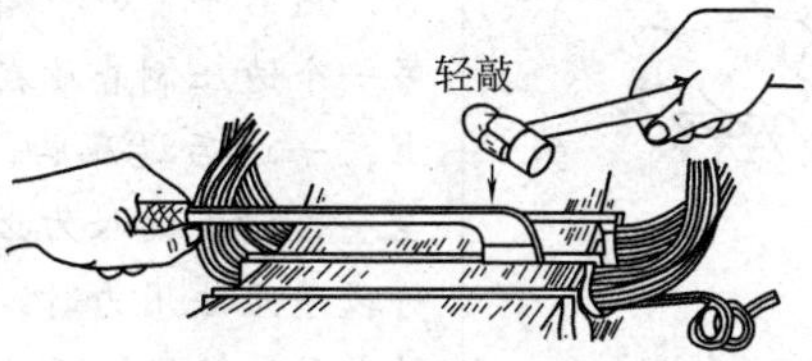 轻敲	在层间绝缘插入后，将压脚插入槽中，用锤子轻轻敲击压脚，从一端到另一端，使下层线略压紧
嵌线过程中的端部整形	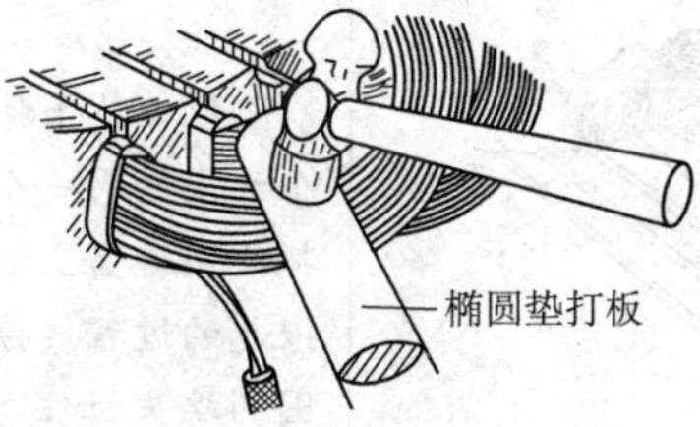 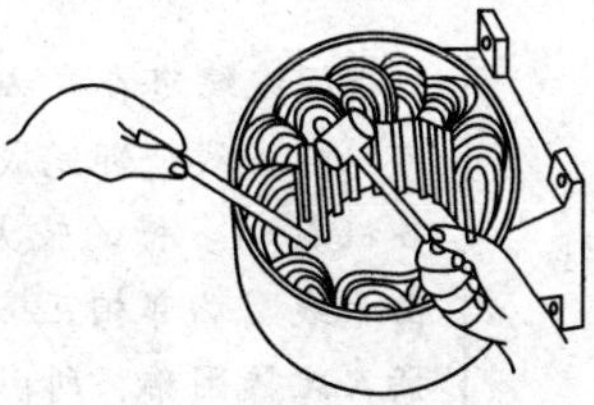 椭圆垫打板	在嵌线过程中，应随时对其端部进行整形，这一方面便于导线在槽内固定（未插入槽楔时），同时也便于以后线圈的嵌入，更为最后的端部整形打下一个好的基础。如端部较小或导线较软，可用两手同时按压一端；对于端部较大或较硬的导线，则要用锤子通过截面为椭圆的垫打板敲打，使绕组两端形成喇叭口。整形的目的是使端部排列整齐，有利于通风散热，并使端部与机壳之间保持一定的距离，避免相碰 注意用力不要过大或过猛，以防止压破槽口绝缘或打破导线绝缘，造成对地短路或匝间短路
端部包扎	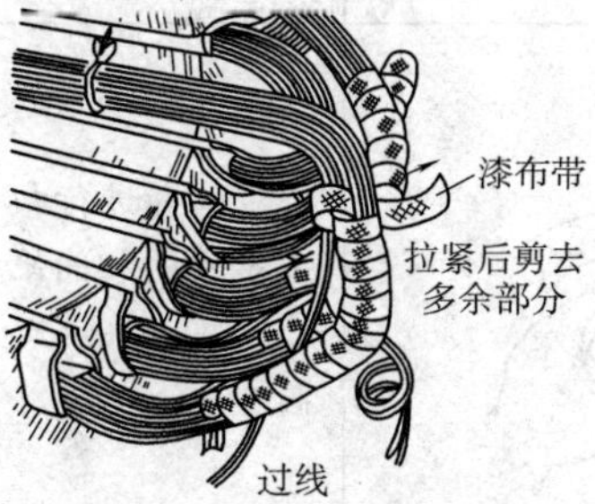 漆布带 拉紧后剪去多余部分 过线	对于较大容量（机座号200以上）的电动机，为了加强线圈端部之间特别是相间绝缘，应为每个线圈端部包一段绝缘漆布带或白布带

续表

项目	图示	操作步骤及要点
槽绝缘封口和插入槽楔	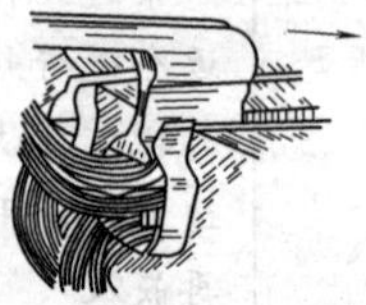 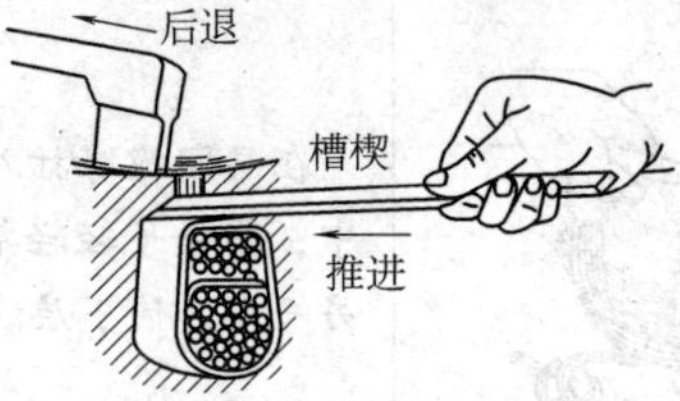 后退 槽楔 推进	槽绝缘封口和插入槽楔一般是同时完成的 以迭式封口为例。先用左手拿压脚，从一端将槽绝缘剩余部分的一边压倒并向另一端推进，使该边在整个槽内都被压倒。当压脚退回一段距离后，用右手拿一根槽楔，将槽绝缘的另一个边压倒叠放在用压脚压倒的边上，一边后退压脚，一边推进槽楔，至整条槽楔插入为止。当槽楔在最后一段手无法用力时，可用划线板的根端或另一只槽楔顶进
翻把	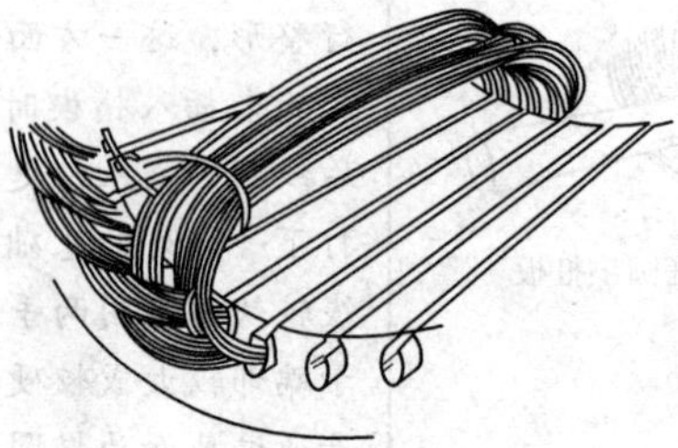	翻把又称吊把，是为了嵌入最后几个线圈的第一个边，而将起初几个起把线圈遮盖上述线圈所用槽的线圈边撩起的过程。撩起的线圈可用其他线圈的端头拉住
插入相间绝缘	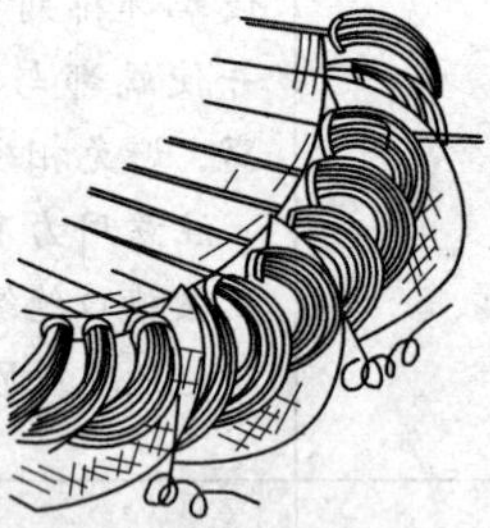	相间绝缘可在嵌线过程中插入，也可以在嵌线全部完成后插入。但对于多极数和多槽的较大容量的电动机，由于线圈端部相互挤压得较紧，最后插入比较困难，所以，应采用边嵌线边插入相间绝缘的办法，图中每极相占 3 个槽。相间绝缘应插到铁芯端面
剪刀剪去露出的相间绝缘	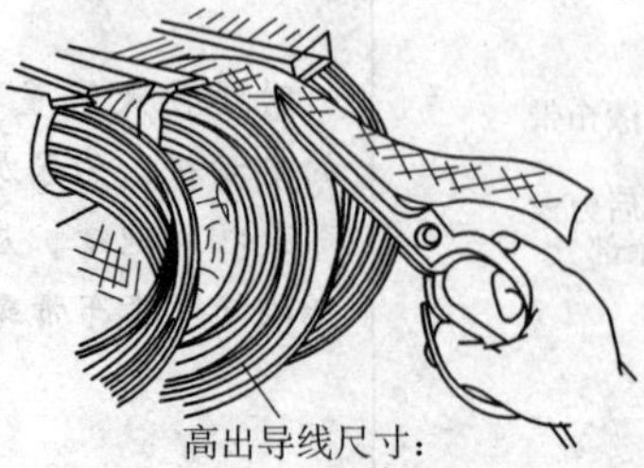 高出导线尺寸： 内圆 3mm, 外圆 5mm	对端部进行初步整形后，用剪刀剪去露出的相间绝缘，但应留下一定尺寸，高出导线尺寸为：内圆 3 mm，外圆 5 mm

续表

项目	图示	操作步骤及要点
端部整形		端部整形的目的是使端部导线相互贴紧、外形圆整、内圆直径大于铁芯内径、外圆直径小于铁芯外径 可采用橡胶锤敲打整形或用铁锤通过垫打板敲击整形
	手柄 专用整形胎	在专业修理厂，可准备部分铝质专用整形胎，将其插入端部内圆，然后拍打外圆进行整形

下面以型号为 Y90L–4 电动机为例来说明嵌线的具体步骤。其主要参数为：定子槽数 Z_1=24，极数 2P=4，相数 m=3，线圈节距 y=5，支路数 a=1（串联），采用单层链式绕组（三相展开图如图 4–4–8 所示，按顺时针方向编号）。

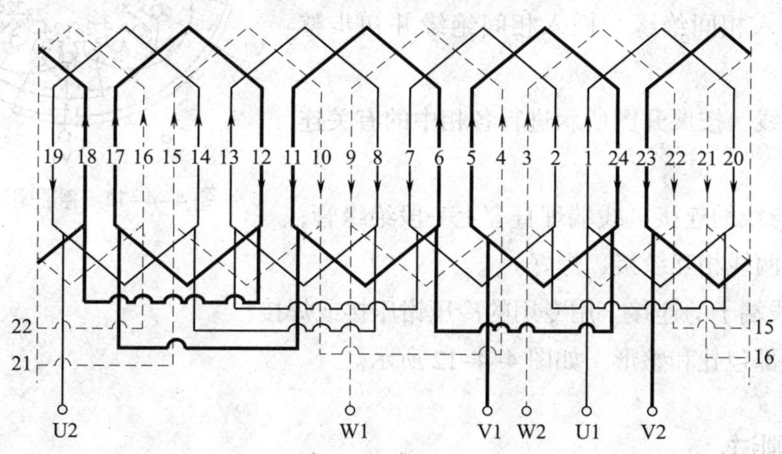

图 4–4–8 定子槽数 Z_1=24，极数 2P=4，单层链式绕组展开图

其嵌线步骤如下：

（1）起把过程 在 1 号槽内嵌入 1 个线圈（U 相）；隔 1 个槽，即在 3 号内再嵌入 1 个线圈（W 相）；再隔 1 个槽，即在 5 号内嵌入 1 个线圈（V 相）。这 3 个线圈的另一条边均暂不嵌入，即作为起把线圈，如图 4–4–9 所示。

（2）中间嵌线过程 将第 4 个线圈（U 相的第 2 个线圈）的一条边嵌入第 7 号槽（与第 3 个线圈又隔 1 个槽），另一条边嵌入第 2 号槽（按节距为 5 向前数）。以后均是向后退着（顺时针方向）每隔 1 个槽嵌 1 个线圈，直到嵌到第 19 号槽，如图 4–4–10 所示。

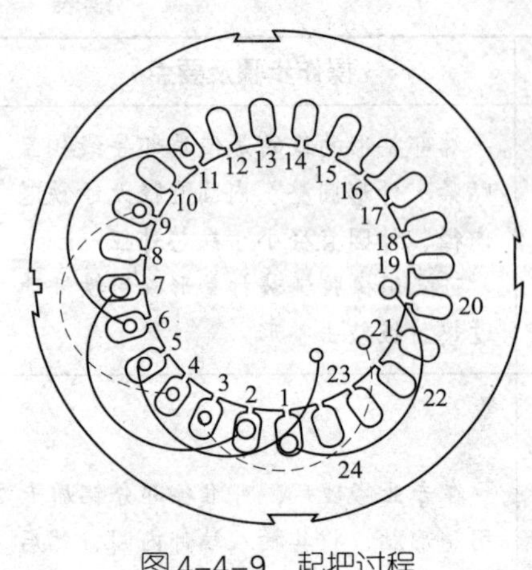

图 4-4-9 起把过程

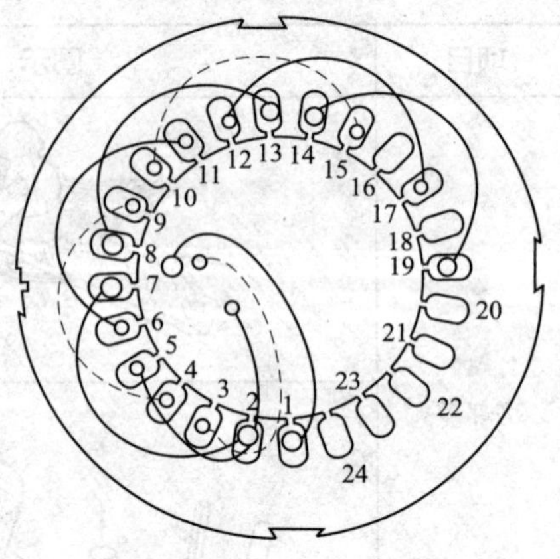

图 4-4-10 中间嵌线过程

（3）翻把和落把过程　当嵌到第 19 号槽后，将前面的 3 个起把线圈翻把，如图 4-4-11 所示。

再嵌入两个线圈后，依次将前 3 个线圈的剩余边分别嵌入 20、22 和 24 号槽内，完成落把工作，如图 4-4-11 所示。

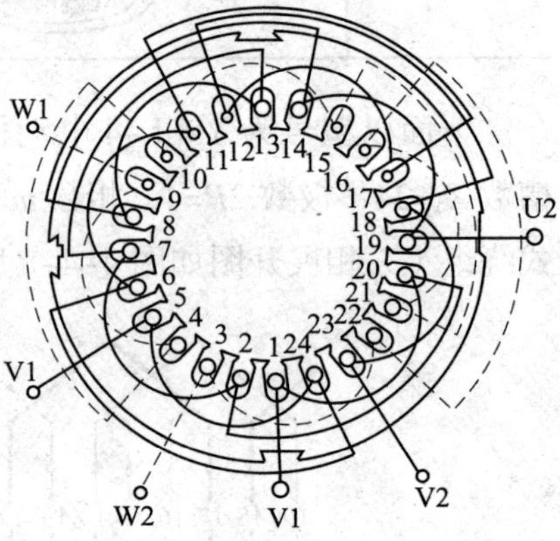

图 4-4-11 翻把和落把过程

（4）插入相间绝缘　插入相间绝缘并初步整形。

（5）接线　按展开图所示进行各相中的有关连线。

1）线与线的连接　线端理直套上一段绝缘管，排好位置，两线相互绞接、焊好。

2）接线端子的连接　用专用的冷压钳压接或焊接。

（6）端部包扎和整形　如图 4-4-12 所示。

三、测试

1. 三相绕组接线的测试

检测三相绕组的连接是否正确，磁极数是否无误，可参照前面课题所学用指南针法检验，也可用三相调压器给三相定子绕组通入 60 ~ 80 V 的三相交流电压，在定子铁芯内圆面上放一钢珠进行检验，如钢珠能沿内圆旋转，则表明绕组接线正确，如钢珠被吸住不动，则表明绕组接线错误，或有短路、断路等故障。

2. 首尾端的判别

首尾端的判别方法有低压交流电源法、万用表法和干电池法。前两种方法在课题三中已有叙述，在此介绍干电池法。

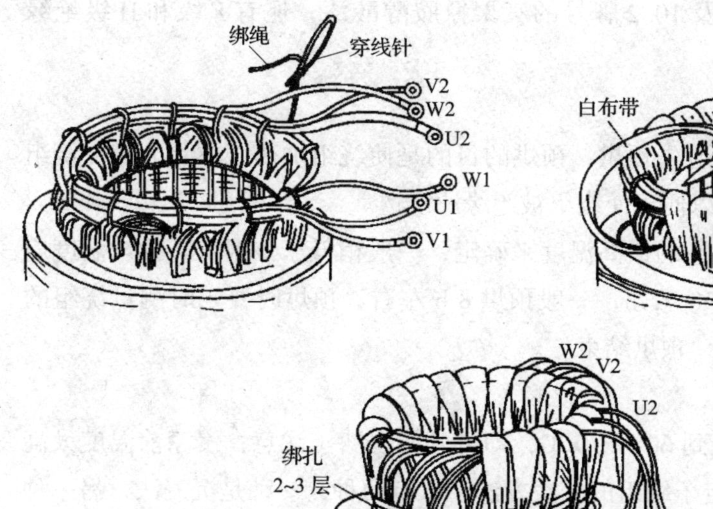

图 4–4–12 端部包扎和整形

（1）首先用万用表的欧姆挡将三相绕组分开。给分开后的三相绕组做假设编号，分别为 U1、U2、V1、V2、W1、W2。

（2）按如图 4–4–13 所示接线，闭合电池开关的瞬间，若微安表指针摆向大于零的一侧，则连接电池正极的接线端与微安表负极所连接的连线端同为首端（或同为末端）。

（3）再将微安表连接另一相绕组的两接线端，用上述方法判定首末端即可。

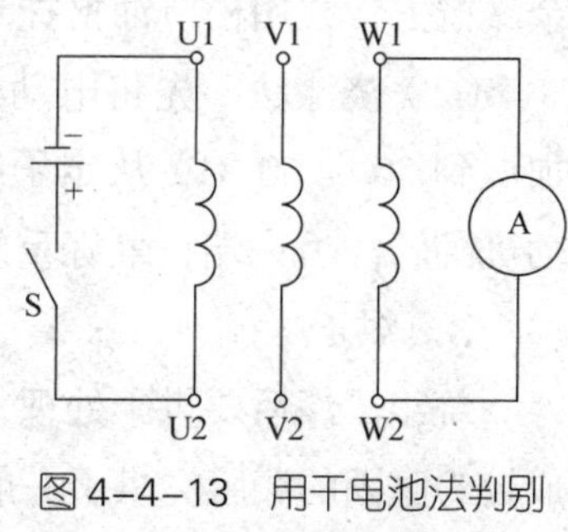

图 4–4–13 用干电池法判别绕组首尾端

3. 直流电阻的测定

用单臂电桥分别测量三相直流电阻值，要求其平衡度不超过 4%。

4. 绝缘电阻的测量

用兆欧表分别测量每相绕组对地的绝缘电阻及相与相之间的绝缘电阻，其阻值均不应大于 0.5 MΩ。

四、浸漆与烘干

三相异步电动机定子绕组浸漆处理的目的是提高绕组的绝缘强度、耐热性、耐潮性及散热能力，同时也可增加绕组的机械强度和耐腐蚀能力。常用的漆有 E 级和 B 级绝缘 1031 牌号的酚醛醇酸漆及 1032 牌号的三聚氰胺醇酸漆，还有 F 级和 H 级绝缘 1053 牌号的有机硅浸渍漆。

1. 预烘

电动机定子绕组在浸漆前应先预烘，预烘的目的是使绕组加热以驱除分布在绕组内的潮气和低温分子挥发物，以便于使绕组被绝缘漆浸透。

预烘温度可按绝缘材料允许的最高温度来确定，一般稍低于该温度。预烘温度应逐步上升，升温速度为 20 ~ 30 ℃/h，一般预烘 8 h 左右。预烘时要定时测量绕组的绝缘电阻，当绝缘电阻稳定时，预烘结束。

2. 浸漆

电动机预烘后，待温度降到 60 ~ 70 ℃，即可开始浸漆（注意：浸漆前温度太高或太低都会影响浸漆质量）。定子绕组的浸漆方法通常有两种，一种是沉浸法，另一种是浇漆法。选用哪种方法应视修理单位的现有条件、电动机体积的大小及质量要求而定。

（1）沉浸法　将电动机定子绕组全部浸于绝缘漆内，使绝缘漆浸透到所有绝缘孔隙内，填满绕组各匝间间隙及槽内所有空隙，浸漆时间为 10 ~ 15 min，到不冒气泡为止，然后把电动机垂直搁置，滴干余漆。待余漆滴干后，再用抹布将铁芯、机座上的余漆揩去，并用松节油揩抹干净，特别是机座与端盖接合的止口处更应揩净。

（2）浇漆法　先将电动机垂直放在滴漆盘上，用储漆壶将绝缘漆（绝缘漆事先应加温到 50 ~ 60 ℃）从定子绕组上端往下慢慢浇，要浇得均匀且应全部浇到，再将电动机翻转浇另一端，最好重复几次使其浇透。待余漆滴干后，将铁芯、机座抹擦干净。

3. 烘干

绕组浸漆后要烘干处理，烘干的目的是使漆中的溶剂和水分挥发掉，使绕组表面形成较为坚固的漆膜。烘干一般分两个阶段：第一个阶段是低温阶段，主要是使漆中的溶剂挥发，此阶段温度应控制在略高于漆内溶剂的挥发温度为宜，一般为 70 ~ 80 ℃，时间为 2 ~ 4 h。此阶段温度不能过高，否则绕组表面很快形成漆膜，将使内部气体无法排出。第二阶段是高温阶段，其目的是使漆固化，在绕组表面形成坚固的漆膜，温度可控制在稍低于绝缘材料与绝缘漆的最高温度（取最小的一个），时间为 8 ~ 16 h。

在烘干过程中要定时用兆欧表测量定子绕组对地的绝缘电阻，开始时绝缘电阻将下降，后逐步上升，最后稳定在某数值，一般应在 5 MΩ 以上。

常用的烘干方法有以下四种。

（1）循环热风烘干法　它主要用于批量生产的单位，如图 4-4-14 所示。用电热丝加热，用鼓风

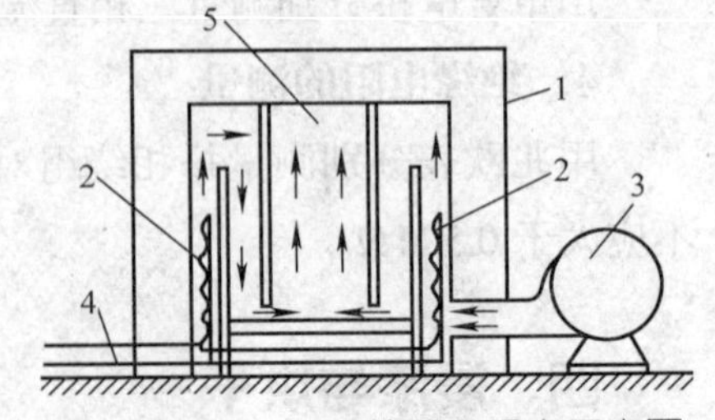

图 4-4-14　循环热风干燥室示意图

1—外端　2—电热丝　3—鼓风机

4—电源线　5—烘干室

机吹风，将热量均匀地吹入烘干室内，以保证均匀加热。烘干室内设有排气孔，以便于排出漆溶剂蒸气和水蒸气，加速干燥。室内有温度控制装置，以测量和控制烘干室内的温度。

（2）红外线灯泡或白炽灯泡烘干法　用红外线灯泡或白炽灯泡直接照射到电动机绕组上进行烘干，改变灯泡个数及功率，即可改变烘干温度。

（3）电热烘箱加热烘干法　用电热烘箱进行加热烘干时，必须注意选用带有自动温度控制装置及测温装置的设备。

（4）电流加热烘干法　将三相定子绕组串联或并联后接到可调的低压交流电源上。此时要注意，流过定子绕组中的电流不要超过其额定电流，测量绝缘电阻时必须切断加热电源。

五、试验

三相异步电动机装配完毕后，为了保证电动机的重绕及装配质量，必须对电动机进行一系列试验，以考核其检修质量是否符合要求。试验的项目主要有直流电阻测定、绝缘电阻测定、耐压试验、空载实验、短路试验和温升试验等。

在试验前必须先对电动机做一般性检查，检查内容包括电动机的装配质量、各部分的紧固螺栓是否拧紧、电动机转动是否灵活、电动机接线是否正确等，在确认电动机状况良好后，才能进行试验。

（1）直流电阻测定　试验见前文。

（2）绝缘电阻测定　试验见前文。

（3）耐压试验　该试验必须在绝缘电阻测试合格后才能进行。耐压试验在工频耐压试验机上进行，主要考核三相定子绕组相间绝缘及对地绝缘性能。耐压试验通常进行两次，即将 U、V 两相绕组接高压，W 相和机壳接零线，进行一次耐压试验；将 U、W 两相绕组接高压，V 相和机壳接零线再进行一次试验，两次试验均未击穿便是合格。具体试验电压值见课题三。

（4）空载试验　空载试验的目的是测定电动机的空载电流和空载损耗功率，利用电动机空转运行检查电动机的装配质量和运行情况。

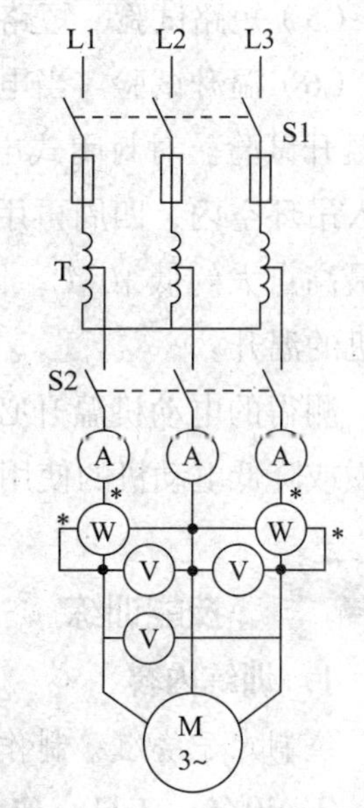

图 4-4-15　三相异步电动机试验电路

试验电路如图 4-4-15 所示。利用自耦调压器 T 来调节加在三相定子绕组上的电压，直到额定电压；用电流表 A 测三相空载电流；用两功率表法测三相功率，由于空载时电动机功率因数较低，最好用低功率因数功率表测量。测量用的电压表V可以用三块，也可用一块。

对测量结果可做以下评价：

1）空载电流　空载电流与额定电流的比值应符合表4–4–5所列范围，若修理后的电动机空载电流过大，说明定子铁芯绝缘受损，或定子与转子气隙过大，或定子绕组匝数太少。若空载电流过低，则应检查是否三相绕组接法有错误（如误将△形接法接成丫形接法等）或定子绕组匝数过多。三相空载电流的偏差值一般应在10%左右。

表4–4–5　空载电流与额定电流百分比　%

极数	功率/kW				
	<0.55	0.55 ~ 2.2	2.2 ~ 10	10 ~ 55	55 ~ 125
2	50 ~ 70	40 ~ 55	30 ~ 45	23 ~ 25	18 ~ 30
4	65 ~ 85	45 ~ 60	35 ~ 55	25 ~ 40	20 ~ 30
6	70 ~ 90	50 ~ 65	35 ~ 65	30 ~ 45	22 ~ 33
8	70 ~ 90	50 ~ 70	37 ~ 70	35 ~ 50	25 ~ 35

2）空载消耗　电动机空载时不输出机械功率，功率表上指示的电动机输入功率即为电动机的空载消耗功率。

若按图4–4–15进行空载试验对某些小修理部门有困难时，也可直接将三相异步电动机接三相交流电源，用钳形电流表分别测量三相空载电流，与表4–4–5进行比较，粗略估计电动机检修质量。

（5）短路试验　短路试验的目的是测定短路电压和短路损耗。

（6）温升试验　当电动机满载运行几小时以后，电动机的温升达到稳定值即可进行温升试验。对封闭式电动机而言，旋出吊环，将酒精温度计的玻璃球用锡箔裹紧，塞入吊环空内，四周再用棉絮裹住，测出的温度为电动机表面温度，它比绕组内部温度最高点大约低10 ℃。因此，把测量的温度加10 ℃，再减去周围环境温度，即为电动机的温升。

测得的电动机温升必须小于电动机绝缘等级所规定的温升，否则将使电动机很快烧损或降低电动机的使用寿命。

技能训练

1. 训练内容

绕制定子绕组、制作绝缘材料，并完成定子绕组的嵌线。

2. 设备、工具、仪表及材料

待修电动机1台，直尺、千分尺、电工工具、手锯、手锤、绕线机、木工工具、白纱绳、漆包线、竹楔、绝缘材料、划线板、压线板、剪刀、兆欧表、钳形电流表、万用表等。

3. 评分标准

评分标准见表 4–4–6。

表 4–4–6 评分标准

序号	项目内容	评分标准	配分	扣分	得分
1	绝缘制作	（1）槽绝缘尺寸不合格，扣 5 分 （2）槽楔尺寸不合格，扣 3 ~ 5 分	10		
2	绕线模制作	尺寸不合要求，每处扣 3 ~ 10 分	10		
3	线圈绕制	（1）线圈匝数不对，每只扣 10 分 （2）线圈导线交叉多，每只扣 3 分 （3）损伤导线绝缘层，扣 10 分 （4）绑扎不整齐，每只扣 2 分	30		
4	外表质量	（1）损伤导线绝缘层，每处扣 5 ~ 10 分 （2）未垫相间绝缘，扣 10 分 （3）各种绝缘损坏未修复，每处扣 5 ~ 10 分 （4）槽楔高于铁芯内圆，每处扣 5 分 （5）端部整形不合格，每处扣 5 分 （6）整体不整齐不美观，扣 5 ~ 10 分 （7）浸漆、烘干不符合要求，扣 5 ~ 10 分	20		
5	测试	（1）空载电流平衡度不合要求，每处扣 5 ~ 10 分 （2）绝缘电阻值低，扣 5 ~ 10 分	10		
6	接线	（1）接线错误，每处扣 5 分 （2）接线盒接线错误超过 4 处，扣 10 分	10		
7	安全文明生产	违反安全文明生产规定扣 10 分	10		
工时	12 h	合计	100		
备注		教师签字	年 月 日		

4. 训练步骤

（1）定子绕组的绕制和绝缘材料的制作

1）按测出的铁芯槽形状及铁芯长度，剪裁槽绝缘材料，可先裁剪几个槽，嵌线后确定尺寸是否合适，再裁剪其他，以免浪费，然后再制作槽楔。

2）根据教师要求的线圈尺寸制作绕线模（模芯宽度应稍大于铁芯槽的最宽处尺寸），并将制作好的绕线模交教师审查。

3）绕制线圈

①将绕线模紧固在绕线机上，计数器调零。

②将成卷的漆包线放置好，确保其可以自由灵活地转动。

③将漆包线端头在绕线模上固定，在挡板槽内放置扎线后开始绕线。注意：此时计数器必须从零开始计数。

④绕线至规定匝数后，用扎线扎好线圈并退出线模，剪断线头。

4）将槽绝缘件放在槽内，试嵌刚绕好的线圈。如试嵌合适，可继续绕制完全部线圈及裁制好全部槽绝缘；如不合适，则需修改绕线模后再绕线，直到合适为止。

提示

◇绕制线圈时，拉力要适当，不要太紧或太松；导线在绕线模芯中的排列不要交叉。

◇绕线开始时，计数器必须为零，绕完第一个线圈后，最好数一下是否与原来绕组的圈数相同。

◇绕线时绝不能损坏漆包线绝缘。

（2）定子绕组的嵌线

1）事先应将电动机外部及铁芯槽内清理干净。

2）按本任务叙述的方法，确定第一槽的位置，并做好记号。

3）嵌线

①拿起第一个线圈，用右手拇指和食指捏住线圈右边（注意：线圈的引出线朝向嵌线者一方），左手握住线圈左边，将两边扭动一下，使左边外侧线圈扭在上面，右边内侧线圈扭在下面。

②按本任务叙述的嵌线方法进行嵌线。在嵌线过程中应注意适时打入槽楔，垫放相间绝缘材料，对嵌好的线圈测试直流电阻及绝缘电阻。

4）接线。全部线圈嵌放完毕后，对照绕组展开图进行接线，接线完毕后应交教师检查，确认无误后方可用电烙铁在接头处搪锡。搪锡后，将事先套上的绝缘套管移至接头处，恢复绝缘。

5）整形与绑扎

①用木锤和垫木板对绕组端部进行整形，把端部打成合适的喇叭口，使其低于铁芯内圆，不能与机座及端盖相碰。

②将连接线及引出线贴附在绕组端面的顶端，用白纱带绑扎紧。

6）测试

①用万用表欧姆挡粗测三相绕组直流电阻，应合格。用兆欧表测量三相绕组对地绝缘电阻及相间绝缘电阻，应合格。

②用三相调压器给定子三相绕组内通入60 ~ 80 V的交流电（此时三相定子绕组可

暂时按Y形接法)，在定子铁芯内圆放一只钢珠，若钢珠沿内圆滚动，表明接线正确；反之，则表明可能接错线，或线圈有嵌反故障。如不好判定，也可用指南针法判定。

③用钢珠法判定接线是否正确时，可同时用钳形电流表测试三相定子电流是否平衡，如平衡则表明接线正确。

④上述测试合格后，将引出线按规定在接线盒上正确连接。

7)浸漆、烘干、装配及试运转。定子交教师审评后，浸漆、烘干、装配后进行试运转。如果没有把握，可先装配并进行简单试验；试验正常后再拆卸，进行浸漆、烘干处理。

提示

◇嵌线要仔细，不要嵌反，不要损伤导线绝缘层和对地绝缘，如有损伤要立即修复。在嵌线过程中要及时测试绝缘电阻。

◇嵌在槽内部分的导线不应交叉；在垫入相间绝缘材料时，必须注意应将两相绕组端部相碰处全部垫上。

◇槽楔不能高出铁芯内圆；绕组端部不能高出铁芯内圆，不能与机座及端盖相碰。

◇不能有异物及油污等进入被嵌电动机内；进行连接线焊接时，在接头处与绕组间要用纸板隔开，防止锡液滴入绕组缝隙内。

课题五 单相异步电动机的维护与检修

任务一 单相异步电动机的拆装与维护

学习目标

1. 能熟练拆装单相异步电动机。
2. 能对单相异步电动机进行维护保养。

一、单相异步电动机的结构形式

单相异步电动机的结构特点与三相异步电动机相似，即由产生旋转磁场的定子铁芯和绕组，与产生感应电动势、感应电流并形成电磁转矩的转子铁芯和绕组两大部分组成，普通单相异步电动机的外形与内部结构如图 4–5–1 和图 4–5–2 所示。但因电动机使用场合的不同，其结构形式也各异，大体上可分为以下几种。

图 4–5–1　单相异步电动机的外形

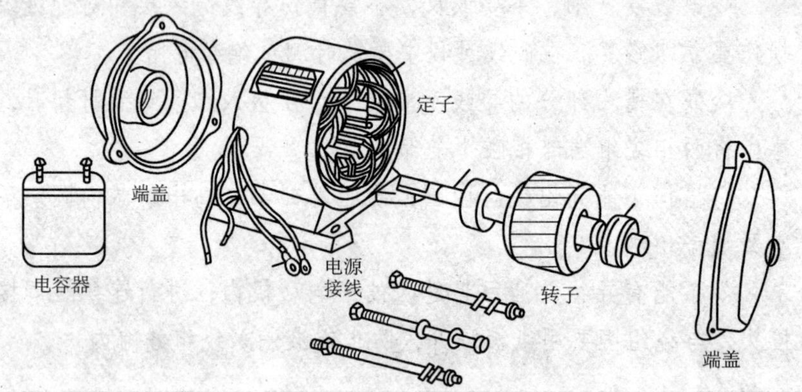

图 4–5–2　单相异步电动机的结构

1．内转子结构形式

这种结构形式的单相异步电动机与三相异步电动机的结构相似，即转子部分位于电动机内部，主要由转子铁芯、转子绕组和转轴组成，定子部分位于电动机外部，主要由定子铁芯、定子绕组、机座、前后端盖（有的电动机前、后端盖可代替机座的功能）和轴承等组成。如图 4–5–3 所示电容运行台扇电动机即为此种结构形式。

2．外转子结构形式

这种结构形式的单相异步电动机定子与转子的布置位置与内转子结构形式正好相反，即定子铁芯及定子绕组置于电动机内部，转子铁芯、转子绕组压装在下端盖内。上、下端盖用螺钉连接，并借助滚动轴承与定子铁芯及定子绕组一起组合成一台完整的电动机。电动机工作时，上、下端盖及转子铁芯与转子绕组一起转动。如图 4–5–4 所示电容运行吊扇电动机即为此种结构形式。

3．凸极式罩极电动机结构形式

这种结构形式的电动机又可分为凸极式集中励磁罩极电动机和凸极式分别励磁罩极电动机两类，如图 4–5–5 和图 4–5–6 所示。其中，凸极式集中励磁罩极电动机的外形与单相变压器相仿，套装于定子铁芯上的一次绕组（定子绕组）接交流电源，二次绕组（转子绕组）因产生电磁转矩而转动。

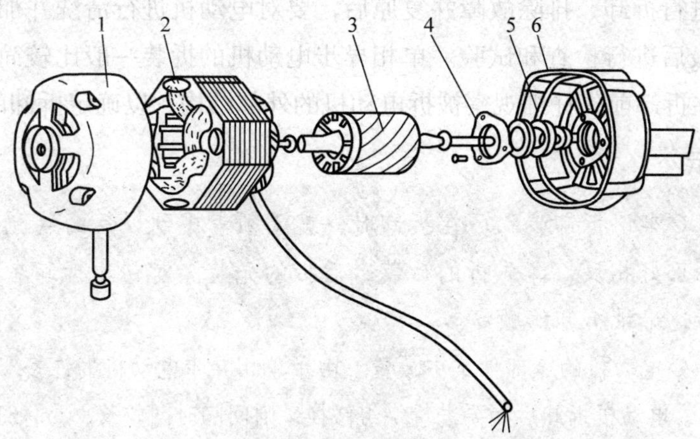

图 4-5-3 电容运行台扇电动机结构

1—前端盖 2—定子 3—转子 4—轴承盖 5—油毡圈 6—后端盖

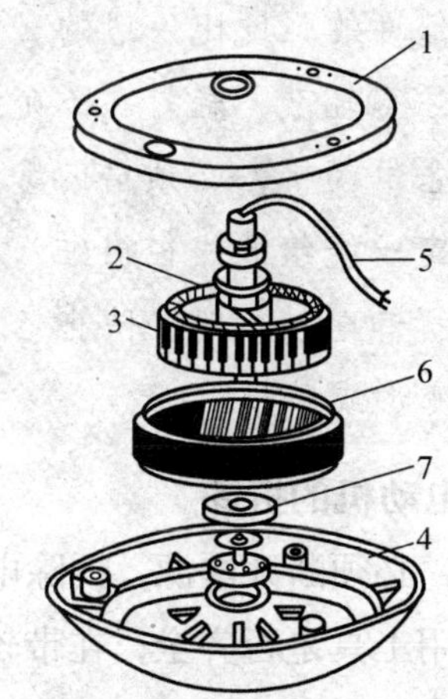

图 4-5-4 电容运行吊扇电动机结构

1—上端盖 2、7—挡油罩 3—定子 4—下端盖 5—引出线 6—外转子

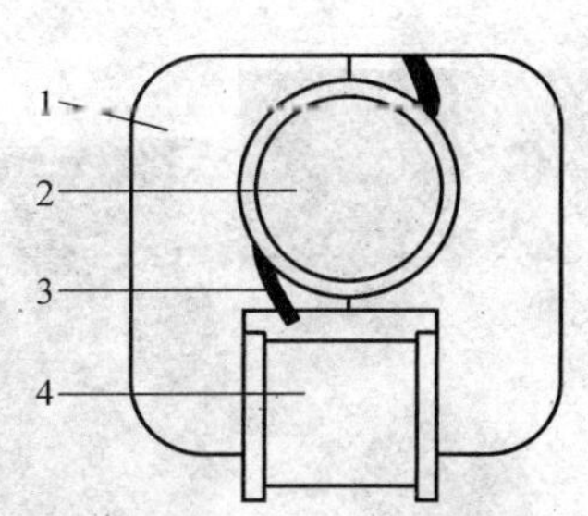

图 4-5-5 凸极式集中励磁罩极电动机结构

1—凸极式定子铁芯 2—转子 3—罩极 4—定子绕组

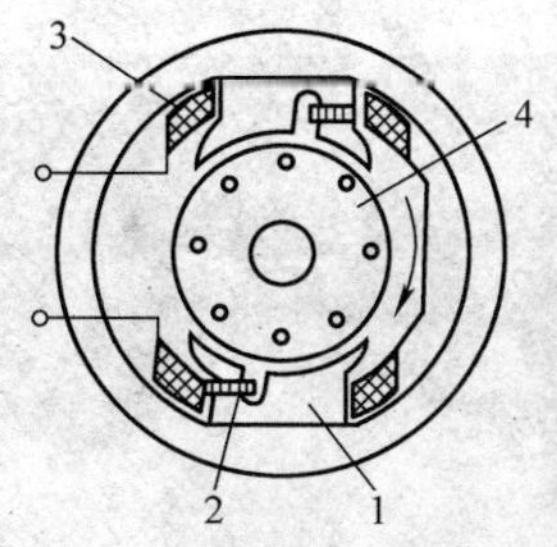

图 4-5-6 凸极式分别励磁罩极电动机结构

1—凸极式定子铁芯 2—罩极 3—定子绕组 4—转子

二、单相异步电动机的拆卸

对电动机进行拆卸、排除故障并复原后，要对电动机进行清洗并加注润滑油，然后进行装配，最后进行检查和试验。单相异步电动机的拆装一般比较简单，通常不需要专用工具，在拆卸前先仔细观察被拆电动机的外部结构，以确定拆卸的顺序。

提示

◇牢记拆卸步骤。在拆卸时，就必须考虑到以后的装配，通常两者顺序正好相反，即先拆的后装、后拆的先装。对初次拆卸者来说，可以边拆边记录拆卸的顺序。

◇电动机的零部件集中放置。由于单相异步电动机的许多零部件体积都较小，电动机拆卸后如要进行绕组修换，则间隔时间较长，为保证零部件不损坏、不丢失，必须将所有零部件集中放置在盒子内或袋子内，妥善保管。

◇保证电动机各零部件的完好。由于单相异步电动机一般功率都很小，体积也小，各零部件的强度比一般的三相异步电动机要差得多。因此，在拆装时应特别注意轻敲、轻打，不允许用与电动机铁芯及端盖等同样硬度的金属物敲击电动机，必须借助紫铜棒、紫铜板、木板等敲击电动机。由于电动机定子绕组的线径很细，因此不允许直接碰撞电动机定子绕组，要注意在拆卸电动机时，防止各零部件直接跌落在地上或钳台上，造成零部件的变形或破损。

1. 单相双电容启动式异步电动机的拆卸

（1）拆卸前的准备　拆卸前，必须断开电源，拆除电动机与外部电源的连接线，并标好标记；检查拆卸电动机的专用工具是否齐全；在带轮或联轴器的轴伸端做好定位标记，测量并记录联轴器或带轮与轴台间的距离；在电动机机座与端盖的接缝处做好标记。

（2）拆卸带轮及键楔（联轴器）　用拉具和扳手（或管钳）将带轮取下（图 4–5–7），用一字旋具将键楔朝槽口方向撬起卸下，取出键楔（图 4–5–8）。

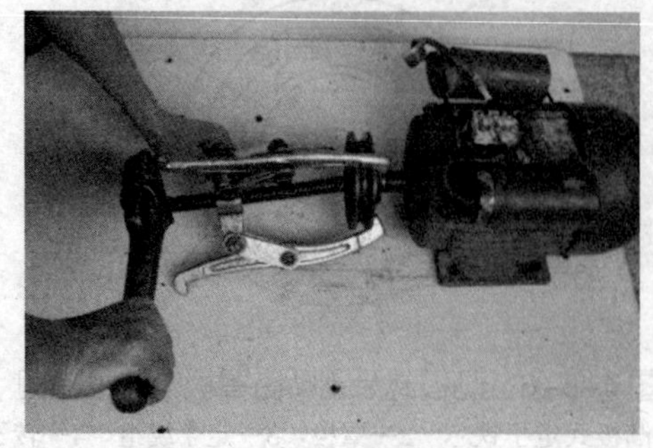

图 4–5–7　拆卸带轮

图 4–5–8　取出键楔

（3）拆卸风扇及风扇罩　待风扇防护罩的四个螺栓取下后将防护罩取下（图 4–5–9），在风扇套管上的螺栓松开取下后沿轴方向往外用力将风扇取下（图 4–5–10）。

图 4–5–9　拆卸风扇防护罩

图 4–5–10　拆卸风扇

（4）拆卸后端盖及转子　用扳手将后端盖的四个螺栓取下，然后用胶锤或木锤在前端盖处敲击转轴使后端盖松脱（图 4–5–11）。待后端盖松脱后用双手握紧后端盖小心地将后端盖连同转子一起取出。在此过程中要注意避免接触定子绕组，以免损伤绕组线圈（图 4–5–12）。

图 4–5–11　拆卸后端盖及转子

图 4–5–12　取出后端盖及转子

（5）拆卸转子　用胶锤均匀地敲击后端盖的周围使后端盖从后轴承上脱落下来（图 4–5–13）。拆卸完毕后的后端盖与转子如图 4–5–14 所示。后端盖和转子分离后，观察它们的结构，结合相关理论知识，可以发现，在前端轴承与笼型转子间有一个离心重锤机构，它的作用是在转子速度达到一定后靠重锤的离心力作用推开常闭的启动开关将启动电容断开。

（6）拆卸前端盖　待前端盖的四个螺栓取下后将前端盖连同启动开关拆卸下来（图 4–5–15）。可以发现，启动开关与接线盒中 V1、V2 端子相连接，是常闭触点，如图 4–5–16 所示。

（7）测试检查　用万用表测量工作绕组的直流电阻（接线盒中 U1 和 U2 端子）、启动绕组的直流电阻（接线盒中 Z1 和 Z2 端子），如图 4–5–17 和图 4–5–18 所示。

图 4-5-13　分离后端盖及转子

图 4-5-14　拆卸完毕后的后端盖与转子

图 4-5-15　拆卸前端盖

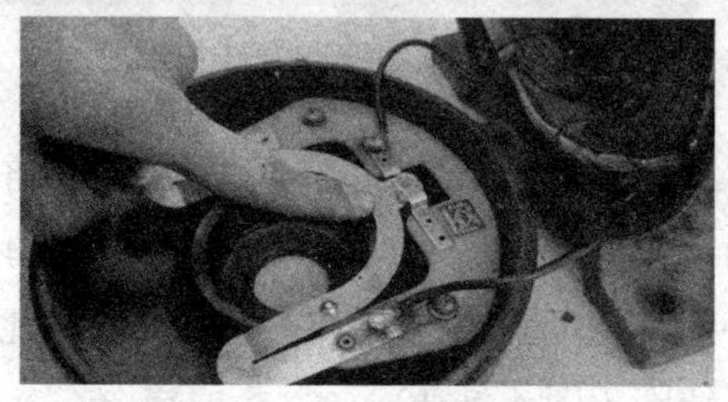

图 4-5-16　启动开关触点

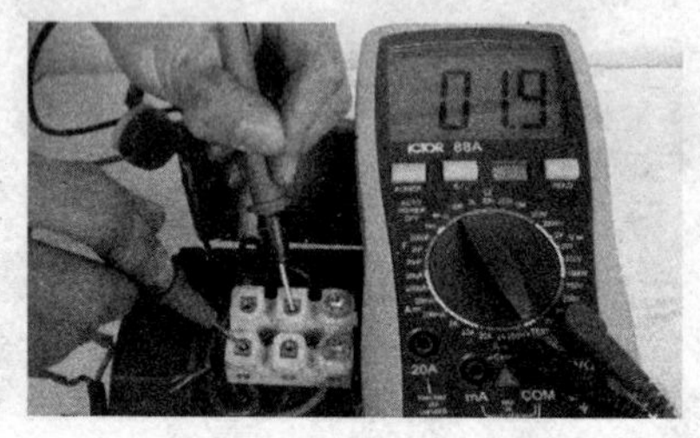

图 4-5-17　测量工作绕组直流电阻

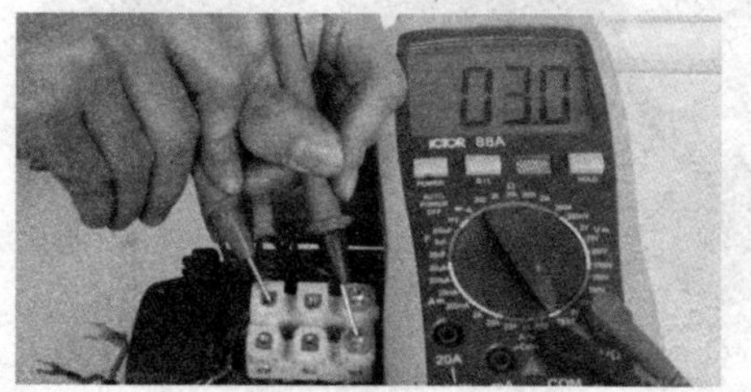

图 4-5-18　测量启动绕组直流电阻

用万用表测试启动开关（接线盒中 V1 和 V2 端子），可发现启动开关是常闭触点，如图 4-5-19 所示。参照以上测量和铭牌上标识内容可绘制出该电动机的电气原理图，如图 4-5 -20 所示。

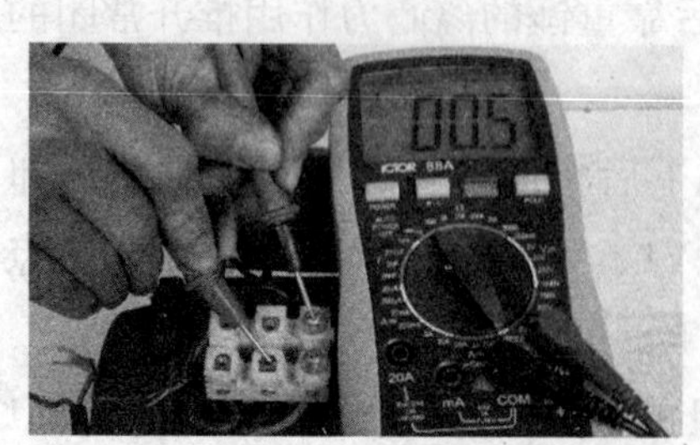

图 4-5-19　测试启动开关

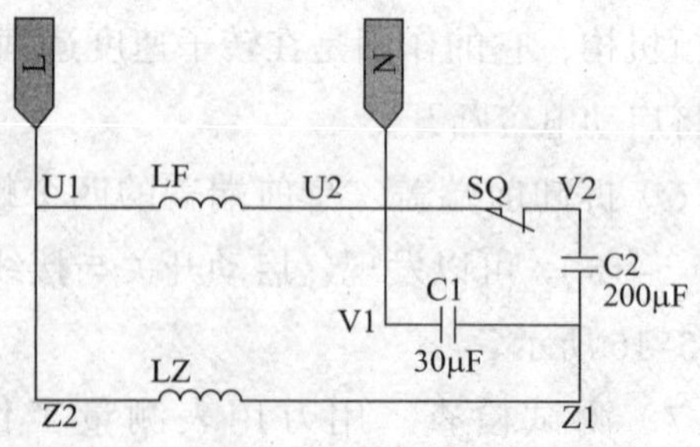

图 4-5-20　电气原理图

2. 转页式电风扇电动机的拆卸

（1）转页式电风扇的原理和结构　转页式电风扇的外形和拆解图如图 4-5-21 所

示。它由一台主电动机（风扇电动机）和一台转页电动机构成。风的方向由转页电动机拖动转页轮自动控制（也有转页不用电动机拖动而利用风力推动的自动转动结构）。主电动机为电容运行单相异步电动机；转页电动机为只有一组定子绕组的单相异步电动机，本身没有启动转矩，必须在主电动机转动后才能工作。主电动机启动后，吹出的风作用于转页轮产生作用力，即为转页电动机的启动外力，使转页电动机启动旋转。每次转页电动机启动时，由于转页轮所处的位置不同，因此该启动外力的方向也不相同，所以，转页轮有时顺时针转，有时逆时针转，但这不影响整台转页式风扇的工作效果。如需将风的方向固定不动，则只需断开转页电动机的电源开关即可。

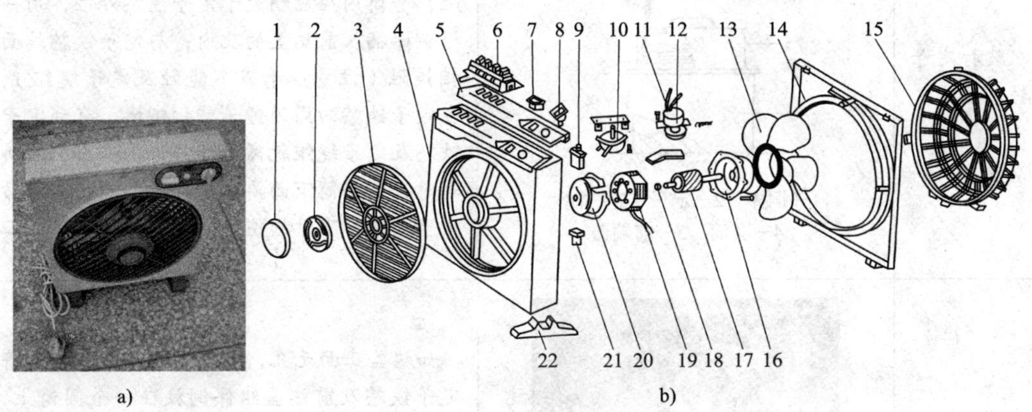

图 4-5-21 转页电风扇的外形和拆解图

a）外形 b）拆解图

1—装饰件 2—转页衬圈 3—转页轮 4—前框架 5—开关罩 6—琴键开关 7—转页电动机开关 8—定时开关旋钮 9—电容器 10—定时开关 11—转页电动机 12—橡胶轮 13—风叶 14—前盖 15—网罩 16—后端盖 17—转子 18—轴承构件 19—定子 20—前端盖 21—跌倒开关 22—底脚

（2）转页式电风扇的拆卸

1）切断电源后，拧去风扇网罩的固定螺母，转动网罩，将网罩取下。

2）拧去风叶的固定螺母，将风叶从主电动机的转轴上取下。

3）拧去装饰件，转动转页衬圈取下衬圈。

4）取出转页轮。

5）拧去风扇前盖与前框架之间的固定螺钉，将前盖取下。

6）拧去风扇电动机与前框架之间的固定螺钉，将风扇电动机取下。

（3）转页式电风扇电动机的拆卸 该风扇电动机为电容运行单相异步电动机，与排风扇、电容运行台扇的单相异步电动机结构相似，即为内转子式结构。

1）松开前、后端盖的固定螺钉，即可将后端盖拉出。

2）用手拿住转子轴，向外拉出转子，如无法拉出时，可用台虎钳将转子或转子轴夹住（注意：必须在钳口处垫上木板），用铜棒或木块均匀地敲击定子铁芯或前端盖，使转子与前端盖分离。

3）把压入前端盖中的定子铁芯（及定子绕组）取出。

拆卸端盖和定子的方法见表 4–5–1。

表 4–5–1　拆卸端盖和定子的方法

方法	图示	操作要点
敲打定子铁芯法	1—铜棒　2—定子　3—棉纱 4—套筒　5—前端盖	如端盖正面有孔则可用此法拆卸，即把定子铁芯与前端盖组件一起放在一个钢套筒上，套筒内径应稍大于定子铁芯外径，用一根铜棒插入前端盖的孔内，与定子铁芯端面相接触（注意：千万不能触及定子绕组），在定子铁芯四周用锤子敲打铜棒，直到定子铁芯及定子绕组脱离前端盖为止。用此法拆卸时，钢套筒下面要多垫棉纱等软物，以防定子铁芯掉下时损伤定子绕组
撞击法		如端盖正面无孔，则可用此法拆卸，即将定子铁芯及前端盖组件倒放在一个圆筒上，圆筒底部要多垫棉纱等软物，用双手将该组件与圆筒抱在一起撞击，依靠定子铁芯及绕组的质量，使其与前端盖脱离
敲打端盖法	将定子铁芯伸出端盖的部分用台虎钳夹紧（注意不能触及定子绕组），随后用铜棒敲击端盖台沿，使端盖与定子铁芯脱离，注意不能损伤端盖。此法不需任何专用工具，最为简单，如有可能应首先考虑采用	

3．单相异步电动机轴承的拆装

（1）外转子式单相异步电动机（吊扇）的轴承一般为滚动轴承，其拆装方法与三相异步电动机的轴承拆装法相同。

（2）内转子单相异步电动机的轴承一般为圆柱形滑动轴承，其拆卸方法有两种。

1）用轴承拉具拆卸　按照图 4–5–22 所示方法将拉具定位后，只需旋动轴承拉杆上部的螺母，拉杆下面的凸台即能把轴承慢慢拉出。

2）用敲击法拆卸　如图 4–5–23 所示放一铜棒，用锤子敲击铜棒，注意铜棒直径较小部分的尺寸应比轴承内孔稍小，铜棒直径较大部分的尺寸应小于端盖上的轴承孔径，敲击铜棒时用力应垂直、均匀，轻敲慢打，以免引起端盖变形。

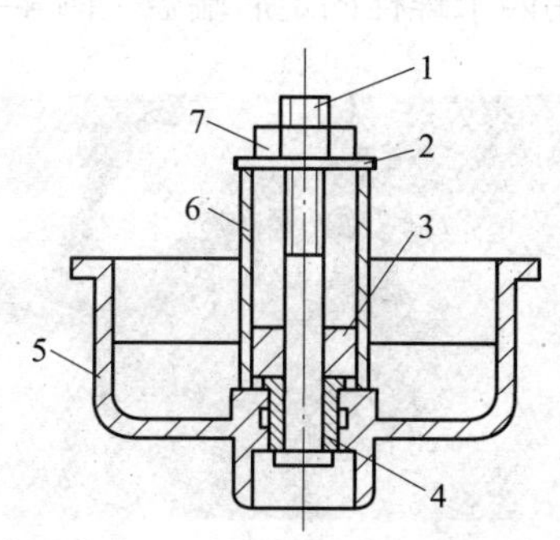

图 4-5-22 用轴承拉具拆卸轴承

1—轴承拉杆 2—垫圈 3—滑块 4—轴承 5—端盖 6—套筒 7—螺母

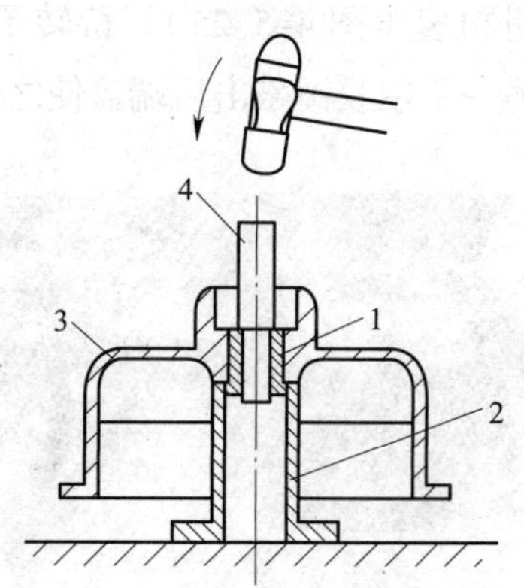

图 4-5-23 用敲击法拆卸轴承

1—轴承 2—套筒 3—端盖 4—铜棒

（3）圆柱形滑动轴承在安装时，首先，应将轴承内、外和端盖上的轴承孔清洗干净，然后，将浸透机油的油毡放入端盖轴承孔的油毡槽内，在滑动轴承的内、外面均涂上机油，再将轴承均匀地压入或打入端盖的轴承孔内，要保证轴承与端盖轴承孔之间的同心度，不能偏斜。

思考

拆卸单相异步电动机与拆卸三相异步电动机有哪些异同？在图 4-5-23 中，为什么要使用铁锤敲击铜棒拆卸轴承，而不用铁锤直接敲打轴承？

三、单相异步电动机的装配

将各零部件清洗干净，并检查完好后，按与拆卸相反的步骤进行装配。小功率电动机零部件小、结构刚性低、易变形，若装配操作用力不当会使其失去原来精度，影响电动机装配质量，所以在装配时要合理使用工具，用力适当。在装配过程中尽量少用修理工具修理，如进行刮、砂、锉等操作，因为这些工具会将屑末带入电动机内部，影响电动机零部件的原有精度。

1．操作要点

装配过程中，还应注意以下几点。

（1）在安装前端盖时应注意：要使前端盖对准机座的原位进行安装，避免错位；端盖位置对准后用胶锤敲击端盖的周围使之紧密的镶进机座（图 4-5-24）；避免端盖上的轴承弹片丢失。

图 4-5-24 安装前端盖

（2）安装转子与后端盖应注意：先将后端盖套进转轴的后轴承，然后将后端盖连同转子小心地、水平地塞进机座（图 4–5–25），待转子与后端盖基本对准原位后，一手在前端盖侧拖住转轴，另一手用胶锤敲击后端盖使之嵌入机座，然后用四个螺栓固定后端盖（图 4–5–26）。

图 4–5–25　安装转子与后端盖

图 4–5–26　固定转子与后端盖

2．检查测试内容

（1）测试转轴灵活性　待端盖安装好后用手旋转转轴看看转轴是否能灵活转动（图 4–5–27）。如果转动不灵活，可能是端盖偏位或个别螺栓未拧紧，应重新将端盖螺栓稍微拧松后用胶锤敲击端盖使转轴转动灵活，然后将螺栓锁紧。

注意：在锁紧四个螺栓时切勿一步锁紧，而是应四个螺栓轮流多次用力，同时不停地测试转轴的灵活性。

（2）测试绕组间及绕组对地绝缘电阻　为了确保电动机重装后能安全正常使用，已经装配好的电动机要进行一次绝缘测试，主要是用兆欧表测量工作绕组与启动绕组间及其各自与外壳间的绝缘电阻值，大于 0.5 MΩ 以上才可使用。如绝缘电阻较低，则应先将电动机进行烘干处理，然后再测绝缘电阻，合格后才可通电使用（图 4–5–28）。

图 4–5–27　测试转轴灵活性

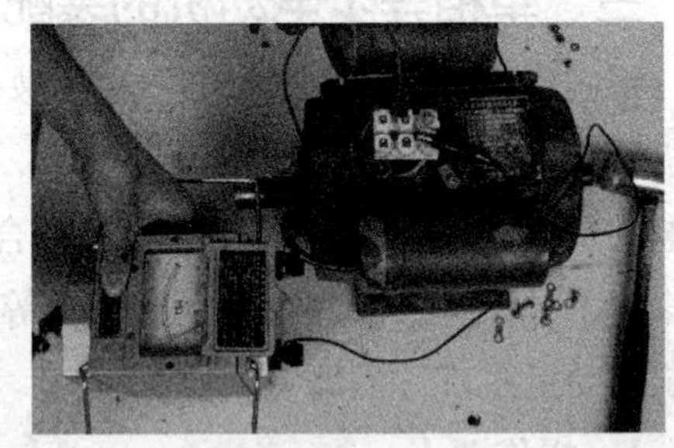
图 4–5–28　测试绕组间及绕组对地绝缘电阻

（3）电动机试运行　待电动机机械性能与电气性能检查无问题后，要进行试运行测试。按正确的方法接好各端子及电源线后通电试运行，同时用钳形电流表测量运行电流，图 4–5–29 中测得其空载电流为 4.88 A，对照其额定电流 9.44 A 可推测该电动机工作基本正常。

图 4–5–29　电动机试运行

四、单相异步电动机的使用和维护

单相异步电动机的使用和维护要求与三相异步电动机相同，但要注意：

1. 单相异步电动机接线时，需正确区分工作绕组与启动绕组，并注意它们的首、尾端。如果出现标志脱落，则电阻大者为辅助绕组。

2. 更换电容器时，电容器的容量与工作电压必须与原规格相同。启动用的电容器应选用专用的电解电容器，其通电时间一般不得超过 3 s。

3. 单相启动式电动机，只有在电动机静止或转速降低到使离心开关闭合时，才能采用对其改变方向的接线。

4. 额定频率为 60 Hz 的电动机，不得用于 50 Hz 电源，否则将引起电流增加，造成电动机过热甚至烧毁。

技能训练

1. 训练内容

拆卸单相吊扇。

2. 设备、工具及材料

（1）电工工具　验电笔、一字和十字旋具、钢丝钳、尖嘴钳、斜口钳、剥线钳、电工刀等。

（2）吊扇。

（3）拆装、接线、调试的专用工具。

（4）其他　汽油、刷子、干布、绝缘黑色胶布、草稿纸、圆珠笔、劳保用品等，按需而定。

3. 评分标准

评分标准见表 4–5–2。

表 4–5–2　评分标准

序号	项目内容	评分标准	配分	扣分	得分
1	拆装前的准备	（1）操作前未将所需工具、仪器及材料准备好扣 5 分 （2）拆除电动机电源线不正确，电源线没有保安措施扣 5 分	10		
2	拆卸	（1）拆卸方法和步骤不正确每次扣 5 分 （2）碰伤绕组扣 5 分 （3）损坏零部件，每次扣 5 分 （4）装配标记不清楚，每处扣 5 分	20		

续表

序号	项目内容	评分标准	配分	扣分	得分
3	装配	（1）装配步骤方法错误，每次扣 5 分 （2）损伤零部件，每次扣 5 分 （3）轴承清洗不干净扣 5 分 （4）加润滑油不适量扣 5 分 （5）紧固螺钉未拧紧，扣 5 分 （6）装配后转动不灵活扣 5 分	30		
4	接线	（1）接线不正确扣 5 分 （2）不熟练扣 5 分	10		
5	电气测量	（1）测量电动机绝缘电阻不正确扣 5 分 （2）不会测量电动机的电流等扣 5 分	10		
6	试车	（1）一次试车不成功扣 5 分 （2）二次试车不成功扣 10 分	10		
7	安全文明生产	违反安全文明生产规定扣 10 分	10		
工时	2 h	合计	100		
备注		教师签字	年 月 日		

4. 训练步骤

（1）拆卸吊扇　吊扇外形如图 4–5–30 所示，电路图如图 4–5–31 所示。

图 4–5–30　吊扇

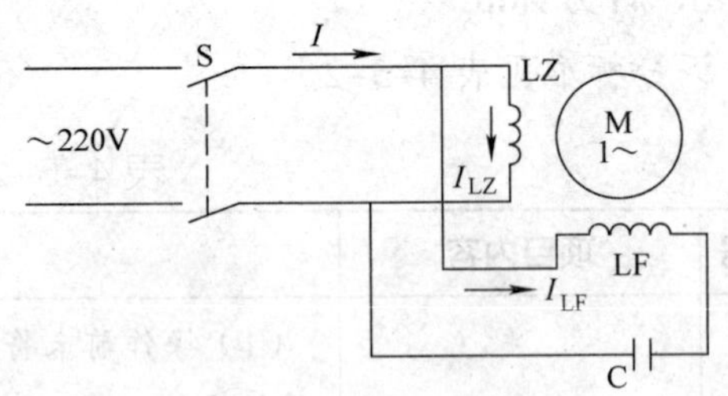

图 4–5–31　电路图

1）切断交流电源。

2）拆下风扇叶。

3）取下吊扇。

4）拆除启动电容器、接线端子及风扇电动机以外的其他附件。此时，必须记录下启动电容器的接线方法及电源接线方法。

（2）风扇电动机的拆卸

1）拆除上、下端盖之间的紧固螺钉。

2）取出上端盖。

3）取出内定子铁芯和定子绕组组件。

4）使外转子与下端盖脱离。

5）取出滚动轴承。

拆卸后风扇电动机的构件如图 4–5–32 所示。

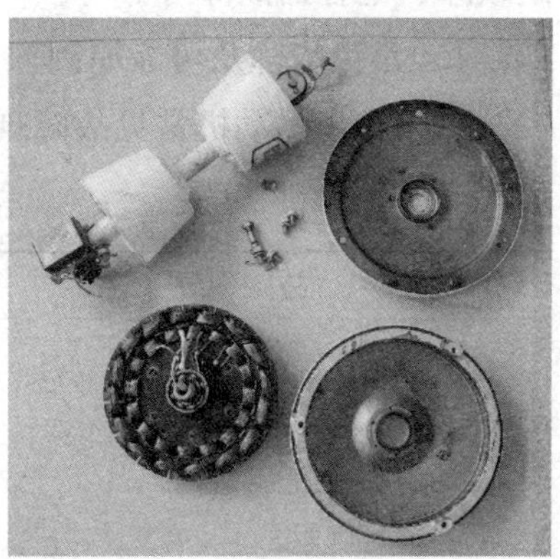

图 4–5–32 风扇电动机的构件

（3）检查启动电容器。

（4）记录定子绕组绝缘电阻的测定值。

（5）清洗滚动轴承及加润滑油。

（6）吊扇装配后的通电试运转。在确认装配及接线无误后可通电试运转，观察电动机的启动情况、转向与转速。如有调速器，可将调速器接入，观察调速情况。

提示

◇在拆除吊扇电源线及电容器时，必须注意记录接线方法，以免出错。

◇拆装吊扇时不可用力过猛，以免损伤零部件。

◇装配好的吊扇在试运转时，必须密切注意风扇的启动情况、转向及转速，并应观察风扇的运转情况是否正常，如发现不正常应立即停电检查。

任务二 单相异步电动机的检修

学习目标

能分析单相异步电动机常见故障原因并进行处理。

一、单相异步电动机常见故障及检修

单相异步电动机的许多故障，如机械构件故障和绕组断线、短路、接地等故障，无论在故障现象和处理方法上都和三相异步电动机相同，但由于单相异步电动机结构上的特殊性，也有一些故障也与三相异步电动机有所不同，如启动装置故障、启动绕组故障、电容器故障等。

1．常见故障及可能原因

单相异步电动机常见故障现象及原因分析见表 4–5–3。

表 4–5–3　单相异步电动机常见故障及原因分析

故障现象	造成故障的可能原因
无法启动	（1）电源电压不正常 （2）电动机定子绕组断路 （3）电容器损坏 （4）离心开关触头闭合不上 （5）转子卡住 （6）过载
启动转矩很小或启动迟缓且转向不定	（1）启动绕组断路 （2）电容器开路 （3）离心开关触头合不上
电动机转速低于正常转速	（1）电源电压偏低 （2）绕组匝间短路 （3）离心开关触头无法断开，启动绕组未切除 （4）电容器损坏（击穿或容量减小） （5）电动机负载过大
电动机过热	（1）工作绕组或启动绕组（电容运转式）短路或接地 （2）电容启动式电动机工作绕组与启动绕组相互接错 （3）电容启动式电动机离心开关触头无法断开，使启动绕组长时间运行
电动机转动时噪声大或振动大	（1）绕组短路或接地 （2）轴承损坏或缺少润滑油 （3）定子与转子空隙中有杂物 （4）电风扇风叶变形、不平衡
电动机通电后，熔丝熔断	（1）引出线短路或接地 （2）绕组严重短路或接地 （3）负载过大或卡住，使电动机不能转动
触摸电动机外壳，有触电感觉	（1）绕组接地 （2）引线或接线头接地 （3）绝缘受潮漏电 （4）绝缘老化

2. 常见故障处理实例

（1）电动机通电后不转，发出“嗡嗡”声，用外力推动后可正常旋转

1）用万用表检查启动绕组是否断开。如在槽口处断开，则只需将一根相同规格的绝缘线焊接在断开处，加以绝缘处理即可；如内部断线，则要更换绕组。

2）对单相电容异步电动机，检查电容器是否损坏。如损坏，更换同规格的电容。判断电容是否有击穿、接地、开路或严重泄漏故障的方法是将万用表置于 R × 10 kΩ 或 R × 1 kΩ 挡，用螺钉旋具或导线短接电容两端进行放电后，把万用表两表笔接电容出线端。表针摆动可能为以下情况：

①指针先大幅度摆向电阻零位，然后慢慢返回初始位置——电容器完好；

②指针不动——电容器有开路故障；

③指针摆到刻度盘上某较小阻值处，不再返回——电容器泄漏电流较大；

④指针摆到电阻零位后不返回——电容器内部已击穿短路；

⑤指针能正常摆动和返回，但第一次摆幅小——电容器容量已减小；

⑥把万用表置于 R × 100 Ω 挡，用表笔测电容器两端接线端对地电阻，若指示为零，说明电容已接地。

3）对单相电阻式异步电动机，用万用表检查电阻元件是否损坏。如损坏，应更换同规格的电阻。

4）对单相启动式异步电动机，要检查离心开关（或继电器）。如触点闭合不上，可能是有杂物进入，使铜触片卡住而无法动作，也可能是弹簧拉力太松或损坏。处理方法是清除杂物或更换离心开关（或继电器）。

5）对罩极电动机，检查短路环是否断开或脱焊，焊接或更换短路环。

（2）电动机通电后不转，发出“嗡嗡”声，外力推动也不能使之旋转

1）检查电动机是否过载，若过载则应减载。

2）检查轴承是否损坏或卡住，修理或更换轴承。

3）检查定、转子铁芯是否相擦，若是轴承松动造成，应更换轴承，否则应锉去相擦部位，校正转子轴线。

4）检查主绕组和副绕组接线，若接线错误，重新接线。

（3）电动机通电后不转，没有“嗡嗡”声，外力也不能使之旋转

1）检查电源是否断线，恢复供电。

2）检查进线线头是否松动，重新接线。

3）检查工作绕组是否断路、短路（与三相异步电动机定子绕组的检查方法相同），找出故障点，修复或更换断路绕组。

二、启动元件与电容故障及检修

1. 启动元件故障及检修

分相式单相电动机中，辅助绕组在电动机启动时接入电源，起动后辅助绕组退出电源，这种接入和退出是靠离心开关或启动继电器来自动完成的。由于辅助绕组不参加运行，所以辅助绕组的导线很细，匝数也多，一旦启动元件失灵，电动机启动后辅助绕组仍在电源下工作，则辅助绕组被烧毁。

（1）离心开关常见故障及处理 常用的离心开关有压簧式、甩簧式、簧片式三种。离心开关的额定电流（即堵转电流）常见规格有 14 A、22 A、30 A、37 A 四种，常见故障有转速达到动作值后不甩开（短路）和离心开关断路。

离心开关短路使辅助绕组长时间工作，造成辅助绕组因过热而烧毁，常见原因是动、静触点烧结，打不开；弹簧过硬，簧片过热失效；结构件磨损、变形等。

离心开关断路时，启动时辅助绕组未接入电源，所以单相电动机不能启动，常见原因是触点烧坏，弹簧失效，动、静触点之间有油垢、杂物，机械结构失灵等。

（2）启动继电器烧坏的原因及处理

1）电源电压过高。检查电源电压，排除电压故障，更换继电器。

2）接线错误。重新接线，更换继电器。

3）继电器选型不对，更换继电器。

4）线圈短路，更换继电器。

5）铁芯片间短路，严重锈蚀。设法排除故障，如无法排除则应更换继电器。

6）继电器线圈匝数不对，更换继电器。

7）检查出继电器本身烧坏时应及时更换。

2. 电容器故障及检修

电容器常见故障有：引线头脱落，引线受潮、腐蚀；过电压击穿（电击穿）；过热击穿（热击穿）；自然失效等。通常采用万用表检查，将万用表置于 $R \times 10\ k\Omega$ 挡上，先用一根表笔把电容器两个接线端短接放电，如图 4–5–33a 所示，然后按图 4–5–33b 所示将万用表笔接在电容器的两个接线端子上，此时可按万用表指针摆动情况判断电容器故障。

（1）万用表指针无摆动，说明电容器已开路。

（2）万用表指针大幅度摆到电阻为零的位置，指针不返回，说明电容器已短路。

（3）万用表指针先大幅度向电阻为零方向摆动，然后慢慢回到某一数值（几百千欧），说明电容器质量良好。

（4）万用表指针摆到某位置后停下来不返回，说明电容器漏电较大。

（5）万用表的指针摆动较正常电容器小，说明电容器的容量下降了，达不到标准值。

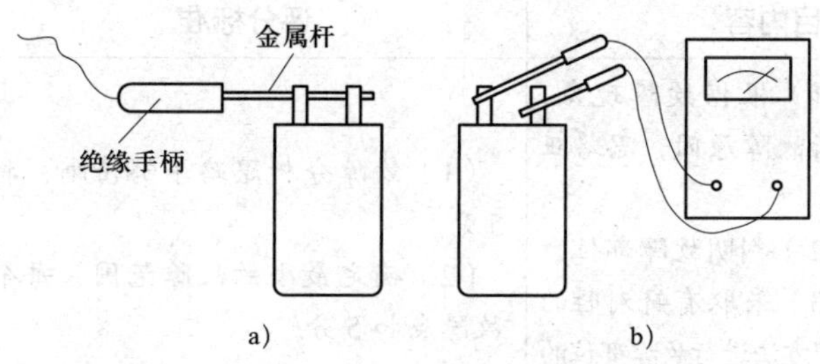

图 4-5-33 万用表检查电容器的方法

a）短接放电 b）测试电容

技能训练

1. 训练内容

完成单相异步电动机的故障排除。

2. 设备、工具及仪表

（1）电工工具 验电笔、一字和十字旋具、钢丝钳、尖嘴钳、斜口钳、剥线钳、电工刀等。

（2）仪表 MF30 万用表或 MF47 万用表、T301-A 型钳形电流表、兆欧表（500 V，0 ~ 2 000 MΩ）、转速表和单臂电桥等仪表。

（3）单相异步电动机 1 台。

3. 评分标准

评分标准见表 4-5-4。

表 4-5-4 评分标准

序号	项目内容		评分标准	配分	扣分	得分
1	电动机的维护	检查电动机绝缘电阻	测试电动机绝缘电阻不正确扣 5 分	5		
		检查电动机机温	检查不正确扣 5 分	5		
		检查机械性能	检查不正确扣 5 分	5		
		运行中听声音	检查不正确扣 5 分	5		
		监视机壳是否漏电	检查不正确扣 5 分	5		
		清洁	清洁不彻底扣 5 分	5		
2	调查研究	（1）故障进行调查，明确出现故障时的现象 （2）查阅有关记录	排除故障前不进行调查研究，扣 5 分	5		

续表

序号	项目内容		评分标准	配分	扣分	得分
3	故障分析	（1）根据故障现象，分析故障原因，思路正确 （2）判明故障部位 （3）采取有针对性的处理方法进行故障部位的修复	（1）故障分析思路不够清晰，扣5分 （2）确定最小的故障范围，每个故障点扣5分	15		
4	故障排除	（1）正确使用工具和仪表 （2）找出故障点并排除故障 （3）排除故障时要遵守电动机检修的有关工艺要求 （4）根据故障情况进行电气试验	（1）不能找出故障点，扣15分 （2）不能排除故障，扣15分 （3）排除故障方法不正确，扣5分 （4）根据故障情况不会进行电气试验，扣15分	40		
5	操作如有失误，从总分中扣分		（1）排除故障时，产生新的故障后不能自行修复，每个故障从总分中扣10分；已经修复，每个故障从总分中扣5分 （2）损坏电动机，从总分中扣40～100分	/		
6	安全文明生产		违反安全文明生产规定扣10分	10		
备注			合计	100		
			教师签字	年　月　日		

4. 训练步骤

（1）做好排除故障前的各项准备工作。

（2）询问用户，并利用看、闻、听、摸以及通电试验的方法初步了解单相电动机的故障现象。

（3）检查电动机对地绝缘电阻及绕组之间的绝缘电阻值。

（4）监视机壳是否漏电。用手摸之前先用试电笔试一下外壳是否带电，以免发生触电事故。

（5）检查温度。用手小心靠近外壳，看电动机是否过热烫手，如发现过热，可进一步在电动机外壳上滴几滴水进行观察，如果水急剧汽化，说明电动机过热严重，此时应立即停止运行，查明原因，排除故障后方能继续使用。

（6）检查机械性能。转动电动机的转轴，看其转动是否灵活。如转动不灵活，必须拆开电动机观察转轴是否有积炭、有无变形、是否缺润滑油。如果有积炭，可用小刀轻轻地将积炭刮掉并补充少量凡士林作润滑。如果是缺润滑油，则应补充适量的润滑油。

（7）运行中听声音。用长柄旋具头触及电动机轴承外的小油盖，耳朵贴紧旋具柄，细听电动机轴承有无杂音、振动声，以判断轴承运行情况。若为均匀的“沙沙”声，说明运转正常。如果有“嗞嗞”的金属碰撞声，说明电动机缺油；如果有“咕噜咕噜”的冲击声，说明轴承有滚珠被轧碎。

（8）拆卸电动机，记录好工作绕组和启动绕组的接线方法。

（9）用单臂电桥测试工作绕组和启动绕组的直流电阻值。

（10）查找故障，按正确的方法排除，可能出现的故障包括：

1）工作绕组和启动绕组端部或绕组之间连接处，或绕组引出线处断路。

2）工作绕组和启动绕组之间短路。

3）工作绕组或启动绕组与铁芯槽口的绝缘损毁造成接地短路。

4）工作绕组及启动绕组对地绝缘电阻降低。

5）定子与转子发生轻微相碰。

（11）故障排除后，按与拆卸相反的顺序重新装配。

（12）重新测试绝缘电阻。检查电动机装配后转动是否灵活。

（13）重新接上电源线，通电试车，测试电动机的转速。

（14）清理电动机。对拆开的电动机进行清理，先清理掉各部件上所有灰尘和杂物，尤其定子绕组上的积尘，可先用手风器或空气压缩泵将灰尘吹掉，然后用干布擦掉油污，必要时可沾少量汽油擦净，以不损伤绕组绝缘漆为原则。擦洗完毕，再吹一次。

提示

◇如单相异步电动机的工作绕组和启动绕组已经烧坏，则需重新绕制。

◇在检修单相异步电动机前应初步了解电动机的故障现象，如需要通电试运转，必须做好及时切断电源的准备。

◇若需进行通电试运转，必须经过教师的检查许可后，方可实施。

◇正确选用所用仪表及量程。

课题六　直流电动机的维护与检修

任务一　直流电动机的拆装与维护

学习目标

1. 能熟练拆装小型直流电动机。
2. 能完成直流电动机的保养和维护。

直流电动机既可作电动机用，也可作直流发电机用。与异步电动机比较，直流电动机结构复杂，使用维修较烦琐，价格较贵，但具有良好的启动性能，且能在较宽的范围内平滑而经济地调节速度。因此，直流电动机广泛应用于启动和调速要求较高的机械。目前使用的直流电动机主要有 Z2 和 Z4 两种系列，其外形如图 4–6–1 所示。Z4 系列为 20 世纪 80 年代开始研制生产的产品，其上部为给电动机通风冷却用的骑式鼓风机，就直流电动机本身而言，Z2 与 Z4 的内部结构基本上是相同的，即由定子和转子两大部分组成。定子是指电动机中静止不动的部分，包括机座、主磁极、换向极、前端盖、后端盖、电刷装置等部分。转子是指电动机中旋转的部分，

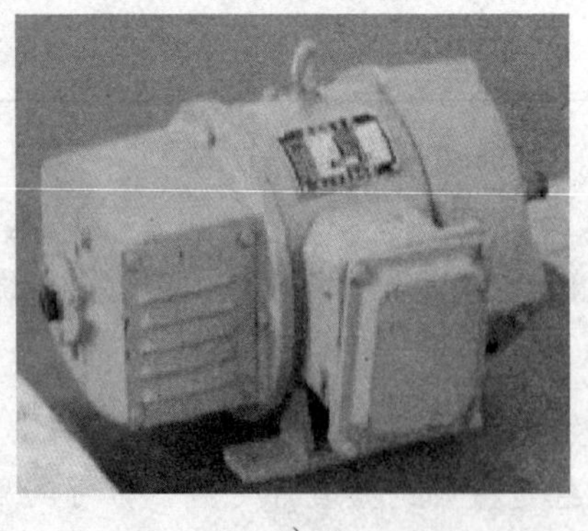

a)

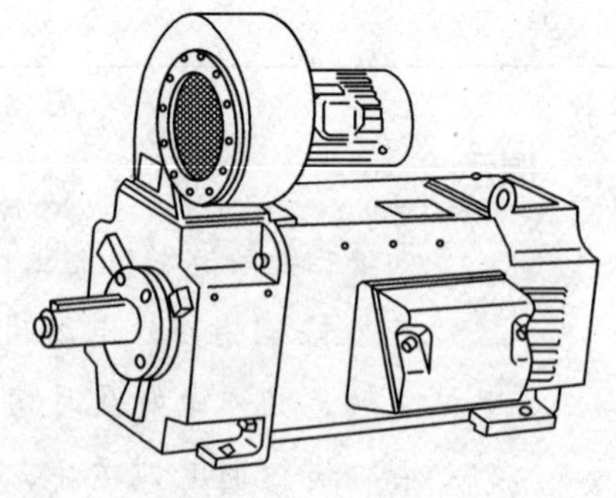

b)

图 4–6–1　直流电动机外形

a）Z2 系列直流电动机　b）Z4 系列直流电动机

主要由电枢铁芯、电枢绕组、换向器、转轴、风扇等部分组成。图 4–6–2 所示为直流电动机的各主要部件。

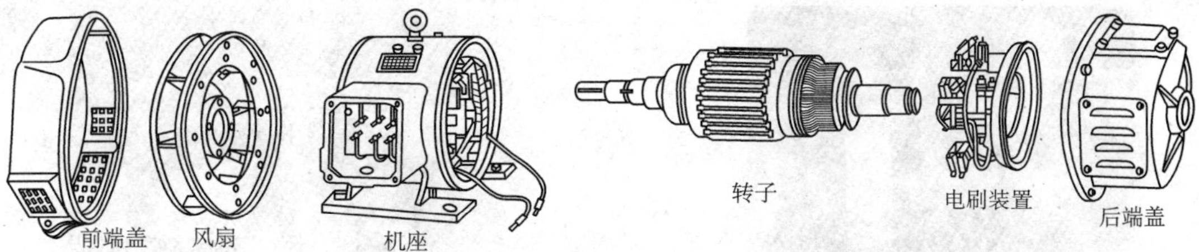

图 4–6–2　直流电动机的各种主要部件

直流电动机根据其主磁场产生方式的不同，可分为永久磁铁励磁和励磁绕组励磁两大类，除功率较小的直流电动机用永久磁铁励磁外，广泛采用的是励磁绕组励磁，根据励磁绕组接线方式的不同，可分为他励电动机、串励电动机、并励电动机和复励电动机等。

一、直流电动机的拆装

1. 直流电动机的拆卸

（1）拆卸　打开电动机接线盒，拆下电源连接线。在端盖与机座连接处做好标记（图 4–6–3）。

（2）取出电刷　打开换向器侧的通风窗，卸下电刷紧固螺钉，从刷握中取出电刷，拆下接到刷杆上的连接线（图 4–6–4）。

图 4–6–3　拆卸

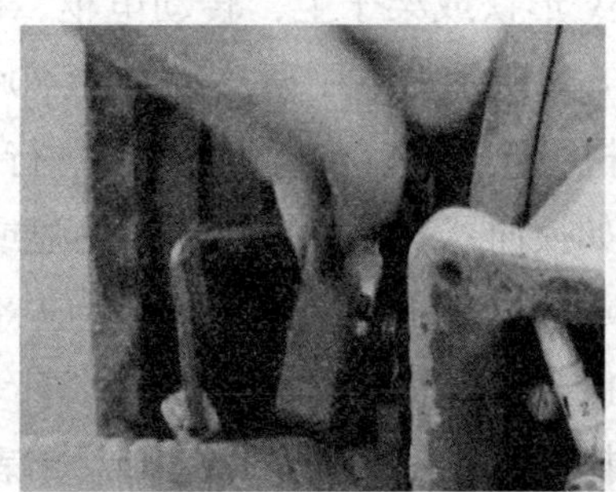

图 4–6–4　取出电刷

（3）拆卸轴承外盖　拆除换向器侧端盖螺钉和轴承盖螺钉，取出轴承外盖；拆卸换向器端的端盖，必要时从端盖上取下刷架（图 4–6–5）。

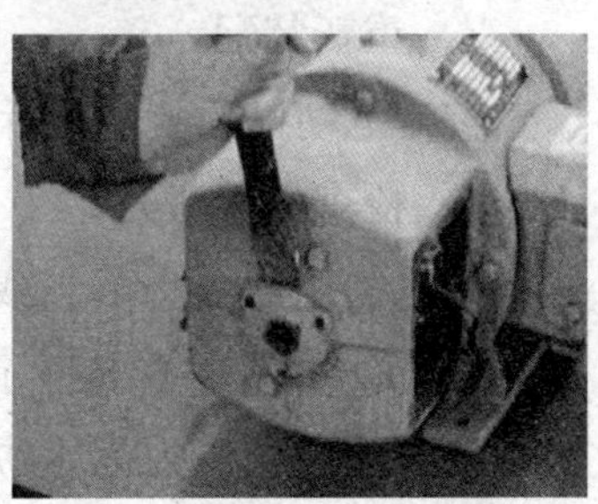

图 4–6–5　拆卸轴承外盖

（4）抽出电枢　抽出电枢时要小心，不要碰伤电枢（图 4–6–6）。

（5）拆卸放好　用纸或软布将换向器包好。拆下前端盖上的轴承盖螺钉并取下轴承外盖。将连同前端盖在内的电枢放在木架上或木板上（图 4–6–7）。轴承一般只在损坏后方可取出，无特殊原因，不必拆卸。

图 4–6–6　抽出电枢

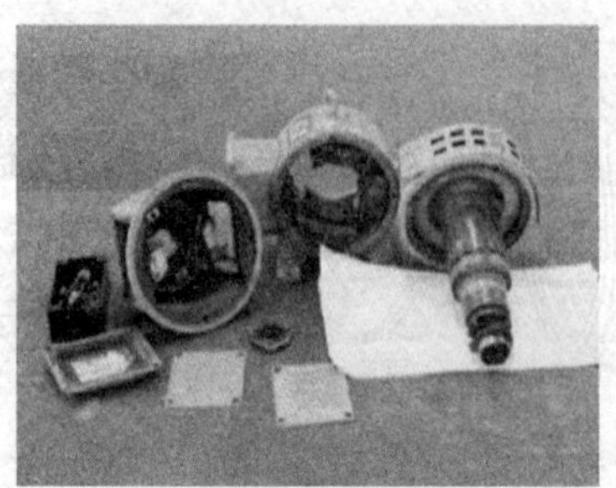
图 4–6–7　拆卸放好

2. 直流电动机的保养

（1）拆卸完成后，对轴承等零件进行清洗，并经质量检查合格后，涂注润滑脂待用。

（2）清洁电刷与换向器表面，检查电刷与换向器接触是否良好。

换向器表面应保持光洁，不得有机械损伤和火花灼痕。如有轻微灼痕时，可用 0 号砂纸在低速旋转着的换向器的表面上仔细研磨。用宽窄与换向器相同的 0 号砂纸包裹在换向器上，将电枢端轴承放在 V 形铁或架子上，转动电枢，研磨电刷，如图 4–6–8 所示。电刷研磨面要达 80% 以上。大型电动机可在安装后在电动机内部进行研磨。

图 4–6–8　研磨电刷

如换向器表面出现严重的灼痕或粗糙不平、表面不圆或有局部凸凹现象时，则应拆下重新车削加工。车削完成后应将片间云母槽中的云母片下刻 1 ~ 1.5 mm 左右，并清除换向器表面的金属屑及毛刺等，最后用压缩空气将整个电枢吹干净再装配。

换向器在负载下长期运行后，表面会产生一层坚硬的深褐色的膜，这层薄膜能保护换向器不受磨损，要保护好。

3. 重新装配

直流电动机的装配与拆卸步骤相反。

4. 检查电刷压力

如电刷压力大小不当或不均匀，则用弹簧秤校正电刷压力 14.7 ~ 24.5 kPa（150 ~ 250 g/cm^2），如图 4–6–8 所示。如弹簧失去弹性，要更换弹簧。

正常的电刷压力为 14.7 ~ 24.5 kPa（150 ~ 250 g/cm^2），可用弹簧秤测量和校正，如图 4–6–9 所示。如弹簧失去弹性，要更换弹簧。

5. 调整电刷中性线位置

调整电刷中性线位置常用的方法是感应法，励磁绕组通过开关接到 1.5 ~ 3 V 的直流电源上，毫伏表接到相邻两级的电刷上（电刷与换向器的接触一定要良好）。当打开或合上开关时，即交替接通和断开励磁绕组的电流时，毫伏表的指针会左右摆动，这时将电刷架顺电动机旋转方向或逆转方向缓慢移动，直到毫伏表指针几乎不动时，此时刷架的位置就是中性线位置，如图 4-6-10 所示。调整完电刷中性线位置，要将电刷架紧固。

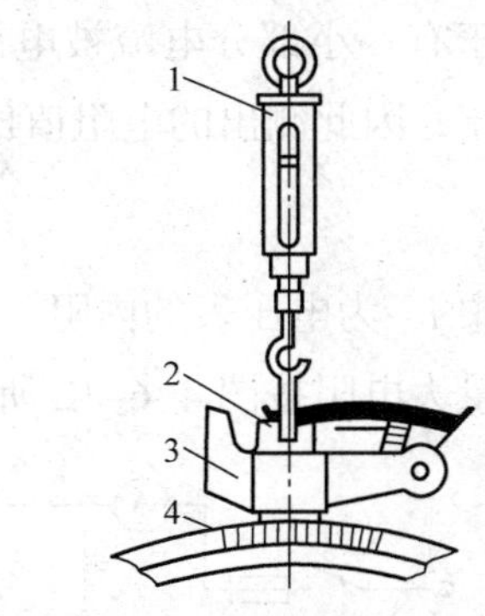

图 4-6-9　弹簧秤检查电刷压力

1—弹簧秤　2—电刷　3—刷架　4—换向器

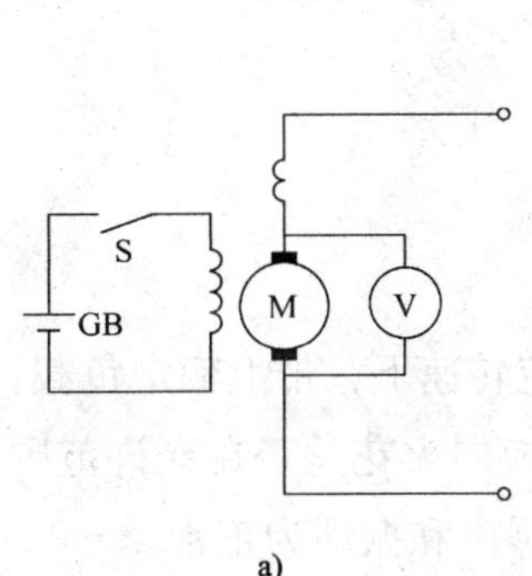

a)

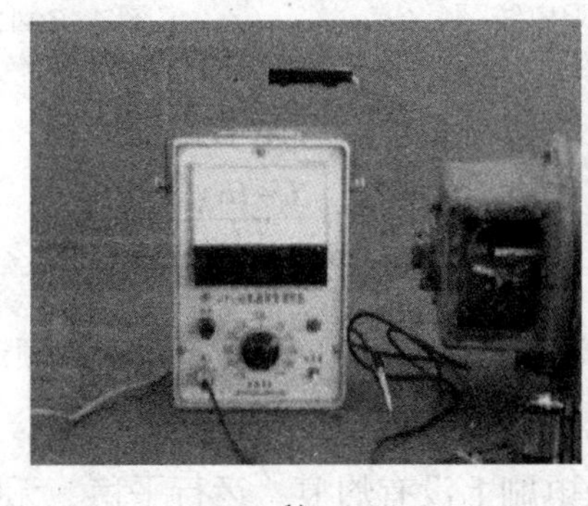
b)

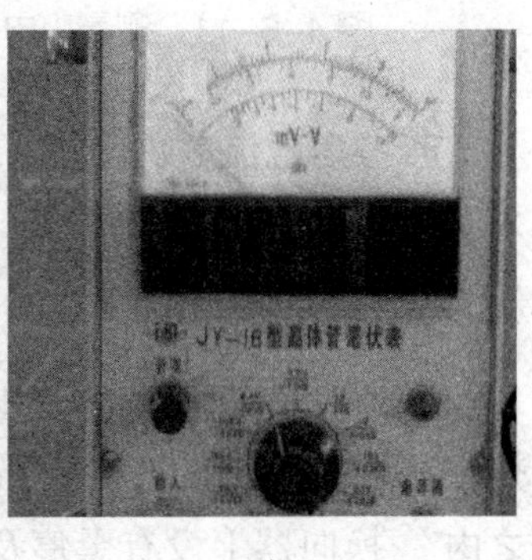
c)

图 4-6-10　毫伏表调整电刷中性线位置

a）原理图　b）接线　c）仪表显示

6. 测试

（1）检查换向极绕组极性　用指南针检查换向极绕组极性，如接反，改正接法。对电动机，换向极极性与顺着电枢转向的下一个主磁极极性相反；对发电机，换向极极性与顺着电枢转向的下一个主磁极极性相同。

（2）测量绝缘电阻　用兆欧表测量电枢绕组对机壳、换向片对地的绝缘电阻。电动机在冷态时，其绝缘电阻值应按绕组的额定电压大小来计算，要求每千伏工作电压不低于 1 MΩ，一般额定电压 500 V 以下的电动机在热态时（绕组温升接近额定温升时）绝缘电阻不应低于 0.5 MΩ。

（3）测量绕组的直流电阻　测量绕组直流电阻除使用电桥法外，还可以使用电流电压表法。测量小电阻按图 4-6-11 所示接线，图中 R 为被测电阻，R' 为调节电阻。

由于被测电阻值小，电流表的内阻将会影响测量精度，用此法接线时，电压表测量得到的电压值不包含电流表上的电压降，故测量较精确。此时被测电阻值 R 为：

$$R=\frac{U}{I}$$

由于有一小部分电流被电压表分路，故电流表中读出的电流大于流过被测电阻 R 上的电流，因此测出的电阻值比实际电阻值偏小。精确的电阻值可用下式计算：

$$R=\frac{U}{I-U/R_V}$$

式中 R_V 为电压表的内阻。

测量大电阻按图 4-6-12 所示接线。

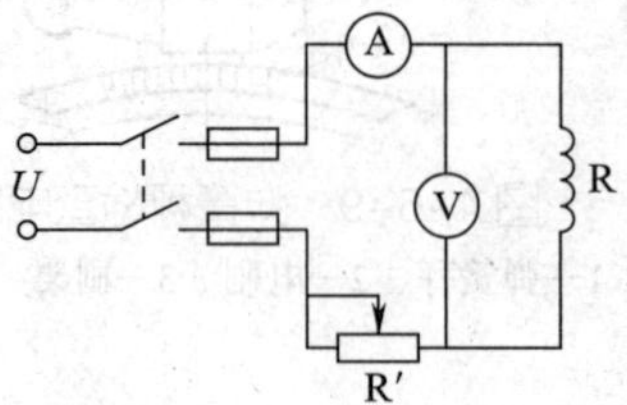

图 4-6-11　测量小电阻接线图

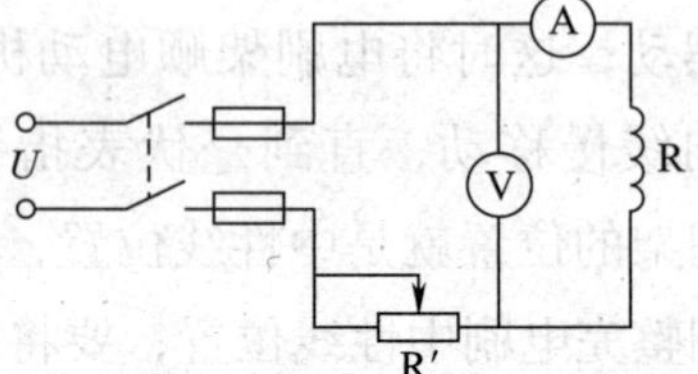

图 4-6-12　测量大电阻接线图

若考虑电流表内阻 R_A，则被测量电阻可用下式计算：

$$R=\frac{U-IR_A}{I}$$

7．通电试车

安装好电动机后，让电动机在额定电压、额定电流、额定转速下，带上额定负载，按定额运行一定的时间。观察电动机的运行状况是否良好，换向火花是否在允许范围之内。换向器上没有黑痕及电刷上没有灼痕，运行平稳、无噪声和振动为正常。

二、直流电动机的使用与维护

1．直流电动机的正确使用

电动机的使用寿命是有一定限制的，在运行过程中，其绝缘材料会逐步老化、失效，轴承将逐渐磨损，电刷在使用一定时期后因磨损必须进行更换，换向器表面有时也会发黑或被灼伤等。但一般说来，电动机结构是相当牢固的，在正常情况下使用，电动机寿命是比较长的。电动机在使用过程中由于受到周围环境的影响，如油污、灰尘、潮气、腐蚀性气体的侵蚀等，寿命可能会缩短。电动机若使用不当，如转轴受到的不应有的扭力等将使轴承加速磨损，甚至使轴扭断。再如电动机由于过载导致过热，会出现绝缘老化甚至烧损的情况。这些损伤都是由于外部因素造成的，为避免这些情况的发生，正确使用电动机、及时发现电动机运行中的故障隐患是十分重要的。正确使用电动机应从以下方面着手：

（1）根据负载大小正确选择电动机的功率，一般电动机的额定功率要比负载所需的功率稍大一些，以免电动机过载。但也不能太大，以免造成浪费。

（2）根据负载转速正确选择电动机的转速，其原则是使电动机和被拖动的生产机械都在额定转速下运行。

(3)根据负载特点正确选择电动机的结构型式，一般要求转速恒定的机械采用并励电动机；起重及运输机械选用串励电动机，并需考虑电动机的抗震性能及防止风沙雨水等的侵袭，在矿井内使用的直流电动机还需具有防爆性能。

(4)电动机在使用前的检查项目。对新安装使用的电动机或搁置较长时间未使用的电动机在通电前必须做如下检查：

1)检查电动机铭牌、电路接线、启动设备等是否完全符合规定。

2)清洁电动机，检查电动机绝缘电阻。

3)用手拨动电动机旋转部分，检查是否灵活。

4)通电进行空载试验运转，观察电动机转速，转向是否正常，是否有异声等。

以上检查合格后可带动负载启动。

(5)电动机在运行中的监视。对运行中的电动机进行监视的目的是清除一切不利于电动机正常运行的因素，及早发现故障隐患，及时进行处理，以免故障扩大，造成重大损失。监视的主要项目有：

1)监视电动机的温度，以粗估电动机运行中是否有过热现象。对于一般常用的小型直流电动机，可用手接触电动机外壳，如图 4–6–13 所示。是否有明显的烫手感觉，如明显的烫手，则属电动机过热。也可在外壳上滴几点水，如水滴急剧汽化，并伴有“咝咝”声，说明电动机过热。大、中型电动机有的往往装有热电偶等测温装置来监视电动机温度。如在电动机运行时，用鼻嗅到绝缘的焦味，则也属电动机过热，必须立即停机检查原因。

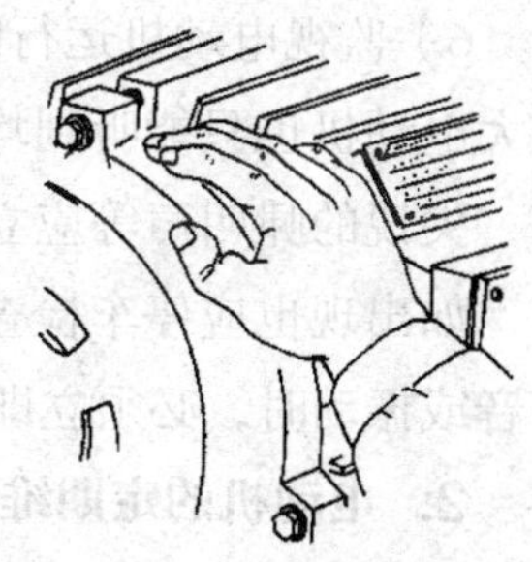

图 4–6–13 手接触电动机粗估过热

2)监视电动机的负载电流，一般不允许超过额定电流，容量较大的电动机一般都装有电流表以利于随时观测之用。负载电流与电动机的温度两者是紧密相连的。

3)监视电源电压的变化，电源电压过高或过低都会引起电动机的过载，给电动机运行带来不良后果，一般电压的变动量应限制在额定电压的 ±(5% ~ 10%)范围内。通常可在电动机的电源上装电压表进行监视。

4)监视电动机的换向火花，一般直流电动机在运行中电刷与换向器表面基本上看不到火花，或只有微弱的点状火花。在额定负载的情况下，一般直流电动机只允许有不超过 $1\frac{1}{2}$ 级的火花。电刷下的火花等级见表 4–6–1。

表 4–6–1 电刷下的火花等级

火花等级	电刷下火花程度	换向器及电刷的状态
1	无火花	换向器上没有黑痕；电刷上没有灼痕
$1\frac{1}{4}$	电刷边缘仅小部分有微弱的点状火花或有非放电性的红色小火花	

续表

火花等级	电刷下火花程度	换向器及电刷的状态
$1\frac{1}{2}$	电刷边缘大部分有轻微的火花	换向器上有黑痕出现，用汽油可以擦除；在电刷上有轻微灼痕
2	电刷边缘大部分有较强烈的火花	换向器上有黑痕出现，用汽油不能擦除；电刷上有灼痕。短时出现这一级火花，换向器上不出现灼痕，电刷不至烧焦或损坏
3	电刷的整个边缘有强烈的火花，即环火，同时有大火花飞出	换向器上有黑痕且相当严重；用汽油不能擦除；电刷上有灼痕。如在这一级火花短时运行，则换向器上出现灼痕，电刷将被烧焦或损坏

5）监视电动机轴承的温度，不能超过允许的数值；轴承外盖边缘处不允许有漏油现象。

6）监视电动机运行时的声音及振动情况等。电动机在正常运行时，不应有杂声，较大电动机也只能听到均匀的“哼”声和风扇的呼啸声。如运行中出现不正常的杂噪声、尖锐的啸叫声等应立即停车检查。电动机在正常运行时不应有强烈的振动或冲击声，如出现也应停车检查。总之只要当电动机在运行中出现与平时正常使用时不同的声音或振动时，必须立即停车检查以免造成事故。

2．电动机的定期维护

为了保证电动机正常工作，除按操作规程正确使用电动机，运行过程中注意正常监视外，还应对电动机进行定期检查维护，直流电动机的保养维护与交流电动机基本相同，其主要内容有：

（1）清擦电动机外部，及时除去机座外部的灰尘、油泥。检查、清擦电动机接线端子，观察接线螺栓是否松动、烧伤等。

（2）检查传动装置包括皮带轮或联轴器等有无破裂、损坏，安装是否牢固等。

（3）定期检查、清洗电动机轴承，更换润滑油或润滑脂。

（4）电动机绝缘性能的检查。电动机绝缘性能的好坏不仅影响到电动机本身的正常工作，而且还会危及人身安全，故电动机在使用中，应经常检查绝缘电阻，特别是电动机搁置一段时间不用后及在雨季电动机受潮后，还要注意查看电动机机壳接地是否可靠。

技能训练

1．训练内容

拆卸直流电动机，鉴定火花等级，调整电刷中性线位置。

2. 设备、工具及仪表

常用电工工具、直流电动机、直流毫伏表、3 V 直流电源等。

3. 评分标准

评分标准见表 4-6-2。

表 4-6-2 评分标准

序号	项目内容	评分标准	配分	扣分	得分
1	拆卸直流电动机	（1）拆卸步骤不正确，每处扣 5 分 （2）损伤零部件，每只扣 5 分 （3）损伤绕组和换向器，扣 20 分	20		
2	火花等级鉴别	（1）未熟记火花等级，每项扣 5 分 （2）火花等级判别错误，扣 10 ~ 20 分	20		
3	装配电动机	（1）装配步骤不正确，每处扣 5 分 （2）螺栓未拧紧，每只扣 5 分 （3）转子转动不灵活，扣 10 分	20		
4	寻找电刷中心线	（1）电路接线不正确，扣 10 分 （2）操作方法配合不好，扣 5 ~ 20 分	30		
5	安全文明生产	违反安全文明生产规定扣 10 分	10		
工时	4 h	合计	100		
备注		教师签字	年 月 日		

4. 训练步骤

（1）打开通风窗，接通电源，观察直流电动机运行时产生的火花，按火花等级表判定此时的火花等级。

（2）拆卸直流电动机　按前面所述步骤拆卸直流电动机。

（3）用图 4-6-8 所示的方法研磨电刷后，重新装配直流电动机，通电，再次观察并判定火花等级。

（4）松开刷架紧固螺钉，调整电刷中性线的位置。按图 4-6-10 所示的方法进行接线，直流电源电压为 3 V。频繁地闭合和断开开关，同时将电刷架向左或向右慢慢移动，观察直流毫伏表指针的摆动情况，直至毫伏表指针不动或摆动很小时停止，此时电刷的位置就是中性线的位置。

（5）将刷架固紧后再复测一次，观察并判定此时火花的等级。

提示

◇拆下刷架前，要做好标记，便于安装后调整电刷中性线位置。

◇抽出电枢时要仔细，不要碰伤换向器及各绕组；取出的电枢必须放在木架或木板上，并用布或纸包好。

◇装配时，拧紧端盖螺栓，必须用力均匀，按对角线上下左右逐步拧紧。

◇确定电刷中性线位置时，若是并励电动机，应将励磁绕组与电刷的连接线拆开。要保证电刷与换向器之间有良好的接触。

◇断开及闭合开关，转动刷架的位置，观察直流毫伏表指针的摆动情况，三者应同时进行。

◇在判别各种情况下的火花等级时，应保持电动机的负载不变。

任务二　直流电动机的检修

学习目标

1. 能分析直流电动机的故障原因。
2. 能检修直流电动机的常见故障。

一、直流电动机的常见故障

由于直流电动机的结构、工作原理与交流异步电动机不同，因此故障现象、故障处理方法也有所不同。但故障处理的基本步骤相同，即首先根据故障现象进行分析，然后进行检查与测量，找出故障所在，并采取相应的措施予以排除。直流电动机常见故障现象、产生故障的可能原因及排除方法见表 4–6–3。

表 4-6-3 直流电动机常见故障

故障现象	故障的可能原因	检查及排除故障
无法启动	电源无电压	检查电源及熔断器
	励磁回路断开	检查励磁绕组启动器
	电刷回路断开	检查电枢绕组及电刷与换向器接触情况
	启动电流太小	检查原因，调整启动电路
	电源正常但电动机不转	负载过大、电枢卡死或启动设备不合要求所致
转速不正常	转速过高	检查电源电压是否过高，主磁场是否过弱，电动机负载是否过小
	转速过低	检查电枢绕组是否存在断路、短路、接地等故障；检查电刷压力及电刷位置；检查电源电压是否过低及负载是否过大；检查励磁绕组回路是否正常
电刷下火花过大	电刷不在中心线上	调整刷杆位置
	电刷压力不当、电刷与换向器接触不良或电刷牌号不对	调整电刷压力，研磨电刷与换向器接触面，更换电刷
	换向器表面不光洁、有污垢，换向器上云母片突出，刷握松动或安装位置不正确	研磨换向器表面，下刻云母槽
	电动机过载或电源电压过高	降低电动机负载或电源电压
	电枢绕组、磁极绕组或换向极绕组有断路或短路故障	分别检查原因
	转子平衡未校好	重新校正转子动平衡
电动机温升过高	长期过载	更换功率大的电动机
	电源电压过高或过低	检查电源电压
	电枢、磁极、换向器绕组故障	分别检查原因
	启动或正、反转过于频繁	避免不必要的正、反转
机壳带电	电动机受潮后绝缘电阻下降	烘干或重新浸漆
	引出线碰机壳	修复出线头绝缘
	各绕组绝缘损坏，造成对地短路	修复绝缘损坏处

二、常见故障的检修

1．电枢绕组故障的检修

（1）电枢绕组接地　这是直流电动机最常见的故障。电枢绕组接地故障常出现在槽口处和槽内底部，可用兆欧表法或校验灯法检查。兆欧表测量法前文已有介绍，这里只介绍校验灯法。将 36 V 低压电通过 36 V 低压照明灯分别接在换向片上及转轴一端，若灯泡发光，则说明电枢绕组接地，如图 4–6–14 所示。

具体是哪个槽的绕组元件接地，可采用毫伏表检查，如图 4–6–15 所示。将 6 ~ 12 V 直流电压接到相隔 $K/2$ 的两换向片上，用毫伏表的一支表笔触及转轴，另一支依次触及所有的换向片，若读数为零，则该换向片或该换向片所连接的绕组元件接地。

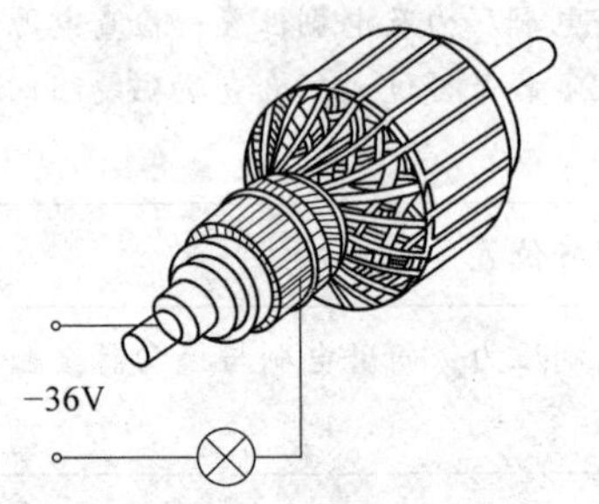

图 4–6–14　校验灯检查电枢绕组接地

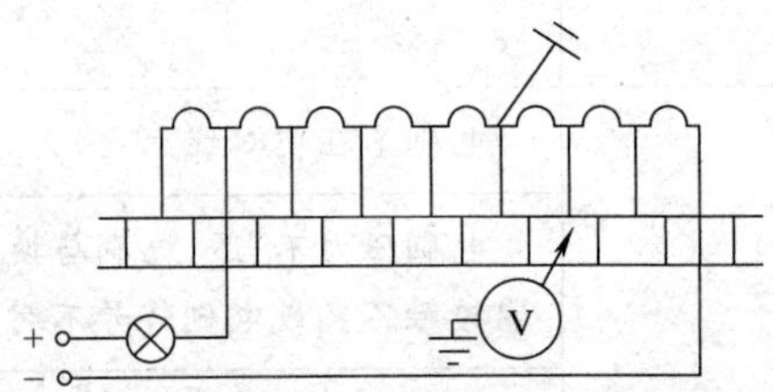

图 4–6–15　毫伏表检查电枢绕组接地

找出电枢绕组接地点后，可以根据绕组元件接地的部位，采取适当的修理方法。若接地点在元件引出线与换向片连接的部位，或者在电枢铁芯槽的外部槽口处，则只需在接地部位的导线与铁芯之间重新进行绝缘处理即可；若接地点在铁芯槽内，一般需要更换电枢绕组；如果只有一个绕组元件在铁芯槽内发生接地，而且电动机又急需使用时，可采用应急处理方法，即将该元件所连接的两换向片之间用端接线将该接地元件短接，此时，电动机仍可继续使用，但是电流及火花将会有所加大。

（2）电枢绕组断路、开焊故障　这也是直流电动机常见的故障。电枢绕组断路点一般发生在绕组元件引出线与换向片的焊接处，这种断路点比较容易发现，只要仔细观察换向器升高片处的焊点情况，再用旋具或镊子拨动各焊接点，即可发现。

若断路点发生在电枢铁芯内部或者其他不易发现的部位，则可测量换向片间的电压降，即在相隔接近一个极距的两换向片上接入低压直流电源，用直流毫伏表测量相邻换向片间的电压降，如图 4–6–16 所示。

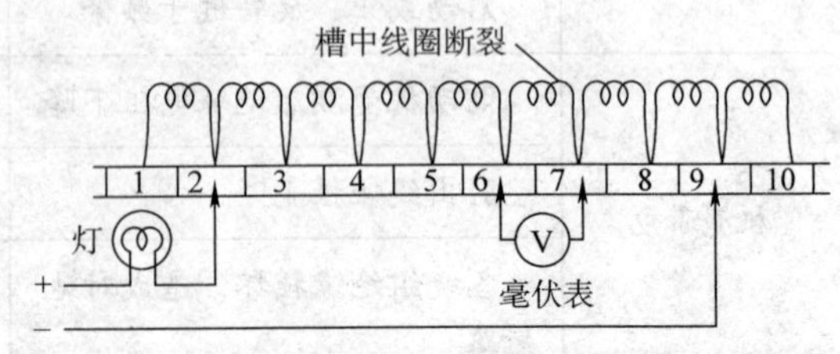

图 4–6–16　检查电枢绕组是否断路

电枢断路或焊接不良时，在相连接的换向片上测得的电压降将比平均值显著增大。

电枢绕组断路点若发生在绕组元件与换向片的焊接处，只要重新焊接好即可。断路点只要不在槽内部，都可以直接焊接，焊好后再进行绝缘处理。如果断路点发生在铁芯槽内，且断路点只有一处，则可将该绕组元件所连的两片换向片短接，也可以继续使用，若断路点较多，则需更换电枢绕组。

（3）电枢绕组短路　若电枢绕组短路严重，会使电动机烧坏。若只有个别线圈短路时，电动机仍能运转，只是使换向器表面火花变大，电枢绕组发热严重，若不及时发现并加以排除，则最终也将导致电动机烧毁。电枢绕组短路故障主要发生在同槽绕组元件的匝间短路，查找短路的方法如下。

1）短路测试器法　与检查三相异步电动机定子绕组匝间短路的方法一样，将短路测试器接通交流电源后，置于电枢铁芯的某一个槽上，将断锯条在其他各槽口上面平行移动，当出现较大振动时，则该槽内有短路故障。

2）毫伏表法　将 6.3 V 交流电压（用直流电压也可）加在相隔 $K/2$ 或 $K/4$（K 为换向片片数）两片换向片上，用毫伏表的两支表笔依次触到换向器的相邻换向片上，检测换向片间的电压。电枢绕组匝间短路时，在和短路绕组相连接的换向片上测得的压降值会显著降低；换向片间直接短路时，测得的片间压降等于零或甚微。

2．换向器的检修

（1）片间短路　可按如图 4–6–17 所示的方法确定换向器片间是否短路。如发现是片间表面短路或有火花烧灼伤痕，要用拉槽工具（图 4–6–18）刮去片间短路的金属屑末、电刷粉末、腐蚀物质及尘污等，直至用校验灯或万用表检查无短路为止，然后再用云母粉末或小块云母加上胶水填补孔洞，使其硬化干燥。若上述方法不能消除片间短路，就要拆开换向器，检查其内表面，如仍不能消除片间短路，即可确定短路故障发生在换向器内部，一般应更换换向器。

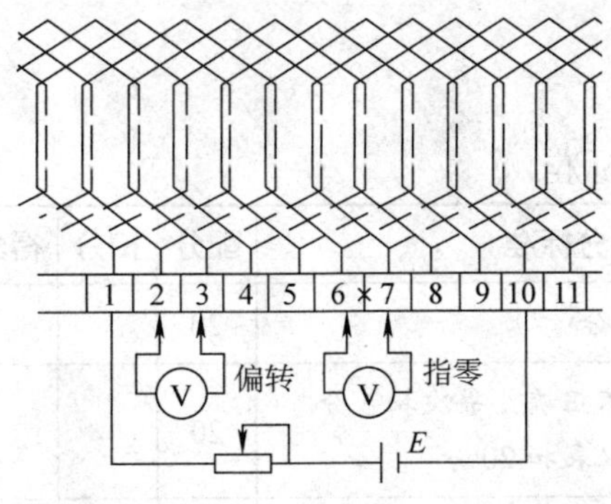

图 4–6–17　检查电枢绕组是否短路

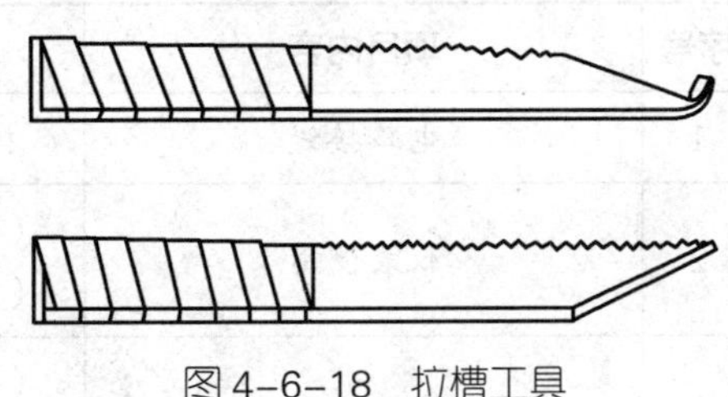

图 4–6–18　拉槽工具

电枢绕组短路故障可按不同情况分别处理，若绕组只有个别位置短路，且短路点较为明显，则可将短路导线拆开，然后在其间垫入绝缘材料并涂以绝缘漆，待烘干后即可使用。若短路点难以找到，电动机又急需使用时，则可用前面所述的短路法将短路元件所连接的两换向片短接即可。如短路故障较严重，则需局部或全部更换电枢绕组。

（2）换向器接地　接地故障经常发生在前面的云母环上，该环一部分外露，由于灰尘、油污和其他碎屑堆积在上面，很容易造成接地故障。发生接地故障时，这部分的云母片大多已烧毁，寻找起来比较容易，找到后再用校验灯或万用表检查。修理时，一般只把被击穿烧坏处的污物清除干净，用虫胶干漆和云母材料填补烧坏处，再用0.25 mm厚的可塑云母板覆盖1 ~ 2层。

（3）云母片凸出　由于换向器的换向片磨损比云母片快，往往出现云母片凸出，修理时，可用拉槽工具，把凸出的云母片刮削到比换向片低约1 mm，刮削要平，不可使两边比中间高。

3．调整电刷中性线位置

调整电刷中性线位置常用的方法是感应法，励磁绕组通过开关接到1.5 ~ 3 V的直流电源上，毫伏表接到相邻两级的电刷上（电刷与换向器的接触一定要良好）。当打开或合上开关时，即交替接通和断开励磁绕组的电流，毫伏表的指针会左右摆动，这时将电刷架顺电动机旋转方向或逆转方向缓慢移动，直到毫伏表指针几乎不动时，此时刷架的位置就是中性线位置。

技能训练

1．训练内容

完成直流电动机的检修及测试。

2．设备、工具及仪表

常用电工工具、直流电动机、直流毫伏表、3 V直流电源和焊接工具等。

3．评分标准

评分标准见表4–6–4。

表4–6–4　评分标准

序号	项目内容	评分标准	配分	扣分	得分
1	电路接线	接线错误扣20分	20		
2	仪表使用	（1）使用方法不正确，每次扣5分 （2）损坏仪器仪表扣20分	20		
3	故障检查	（1）检查方法不正确，每次扣5分 （2）故障判断不正确，每次扣15分	30		

续表

序号	项目内容	评分标准	配分	扣分	得分
4	测试	（1）测试方法不正确，每次扣 5 分 （2）测试结果不正确，每次扣 5 分	20		
5	安全文明生产	违反安全文明生产规定扣 10 分	10		
时间	4 h	合计	100		
备注		教师签字	年 月 日		

4．训练步骤

（1）电枢绕组接地故障的检查　将低压直流表接到相隔 $K/4$ 或 $K/2$ 的两片换向片上（可用胶带纸将接头粘在换向片上），注意一个接头只能和一片换向片接触。将直流毫伏表一端接转轴，另一端依次与换向片接触，观察毫伏表的读数，判断该片换向片或所接的绕组元件有无接地故障。

判断是绕组元件接地还是换向片接地的方法：

1）用电烙铁将绕组元件从换向片升高片处焊下来。

2）用万用表或校验灯判定故障部分。

（2）电枢绕组短路故障的检查

1）将低压直流电源按图 4–6–16 接到相应的换向片上。

2）用直流毫伏表依次测量并记录相邻两片换向片上的电压。

3）若读数很小或为零，则接在该两片换向片上的绕组元件短路或换向片片间短路。

4）判定故障部分可参照“接地故障”判定方法进行。

（3）电枢绕组断路故障的检查

1）将低压直流电源接到相应的换向片上。

2）用直流毫伏表依次测量并记录相邻两片换向片上的电压。

3）若相邻两片换向片上的电压基本相等，则表明电枢绕组无短路故障。

4）若电压表读数明显增大，则接在这两片换向片上的绕组元件断路。

（4）针对所发生的故障进行检修。

（5）重新装配电动机。

（6）测试

1）用指南针检查换向极绕组极性。

2）测量绝缘电阻。

3）测量绕组的直流电阻。

4）负载试验　安装好电动机，让电动机在额定电压、额定电流、额定转速下，带上额定负载，按定额运行一定的时间。观察电动机的运行状况是否良好，换向火花是否在允许范围内。换向器上没有黑痕及电刷上没有灼痕，运行平稳、无噪声和振动为正常。

课题七　几种特种电机的维护与检修 

任务一　电磁调速异步电动机的维护与检修

学习目标

1. 能完成电磁调速异步电动机的拆装、维修与保养。
2. 能排除电磁调速异步电动机的常见故障。

一、电磁调速异步电动机的结构

电磁调速异步电动机是一种交流无级变速电动机，它由普通的三相异步电动机、电磁转差离合器和测速发电机组成。另外，还需一套晶闸管控制装置，为电磁转差离合器提供直流励磁，并实现速度负反馈的自动调节。电磁调速异步电动机结构如图 4–7–1 所示。

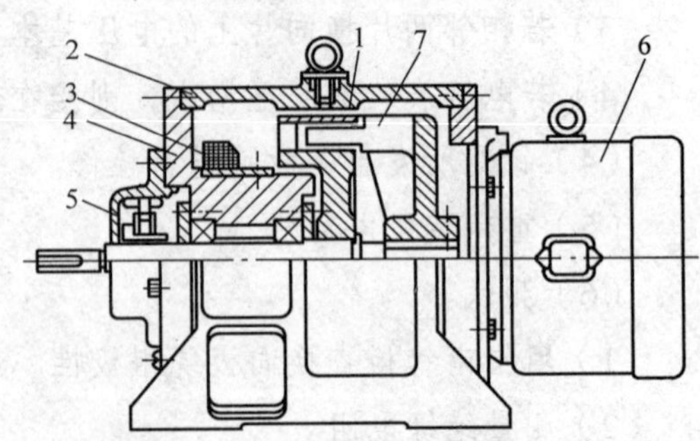

图 4–7–1　电磁调速异步电动机

1—电枢　2—机座　3—励磁线圈　4—导磁套　5—测速发电机　6—三相异步电动机　7—磁极

二、电磁调速异步电动机的拆装

1．切断电源

准备好拆卸工具，断开电源，拆下电源线，做好保护措施，并做好标记。

2．拆卸

（1）拆开异步电动机端盖固定螺钉，可

将电动机连同固定在其轴上的磁极一同抽出（对于采用相反的安装形式，即电枢装在电动机轴上的，则将电枢一同抽出），再检查异步电动机。

（2）由测速发电机端拆下测速发电机定子，取出转子，再将铝盖取下，可检查电磁转差离合器的外轴承。

（3）拆开导磁套的固定螺钉，并将离合器励磁线圈的引线从接线板上拆下，然后将导磁套和电枢一起抽出，再将电枢拆下，取下轴承铝盖，检查内轴承。

（4）若只需检查内轴承时，也可以不拆导磁套，直接由电动机一侧（此时电动机及磁极已拆下）拆下电枢，再取下铝盖，检查内轴承。

（5）若需要更换内轴承时，可将轴承铝盖取下，由装电枢的一侧用紫铜棒轻敲轴头，将轴连同轴承一并抽出，再由轴上取下轴承，然后更换轴承，轴承中一般加二硫化钼润滑剂。

思考

拆卸电磁调速异步电动机的步骤与拆卸三相异步电动机有什么不同？

3. 装配

（1）在装配电枢时，必须注意顶住从动轴端，以免铝盖受力变形。

（2）在电磁转差离合器的励磁线圈烧损需要更换时，可先按步骤拆卸。拆下电枢，然后旋下固定励磁线圈的螺钉及绝缘垫块，再由导磁套上抽出励磁线圈。按原来的尺寸规格用漆包线及绝缘材料重绕后，再装配好。

提示

◇测速发电机转子的磁环均为永磁式，一般用钼铁氧体非金属磁钢制造，质地硬且脆，拆装时必须特别注意不要损坏，在拆下时应两侧同时用力轻稳撬出。

◇装配时，宜用套圈衬垫，再用锤子轻轻敲入。

三、电磁调速异步电动机的维护和保养

1. 外部检查

在使用电磁调速异步电动机时要经常进行清洁处理和检查，防止电动机受潮和异物进入机体内部，随时注意有无不正常现象产生，要定期停机检查，并用压缩空气清洁内部。

2. 润滑

定期给电动机注油和加润滑脂。

3. 更换轴承

轴承如果磨损，会导致气隙不均匀，影响运转性能。如果发生摩擦、电动机发热，应及时检查修理，更换新轴承。

4. 测试测速机

应经常测试电磁调速异步电动机的测速发电机的状态。发现电压不足，应拆下并对转子充磁。

5. 绝缘检查

保持周围环境清洁，防止绝缘物受潮。特别是控制器，在长期停运在使用前，应检查绝缘电阻，其阻值不应低于 1 MΩ，否则需干燥处理。

6. 校准转速表

为了保证电磁调速电动机正常工作，要定期校准转速表。

四、电磁调速异步电动机常见故障与排除

电磁调速异步电动机常见的故障及排除方法见表 4–7–1。

表 4–7–1　电磁调速电动机常见故障与排除方法

常见故障	故障原因及排除方法
大小爪极式磁极变形及损坏	（1）电枢与磁极相互摩擦造成变形或爪片断裂，需调整电枢与磁极间的气隙，更换变形的磁极 （2）爪极式磁极加工及热处理不当造成变形，需更换符合工艺要求的、合格的磁极
励磁电流失控	因负载端滚柱轴承的滚柱之间承受负载不均匀导致励磁电流失控，应调整离合器气隙的偏心度，使气隙大小均匀一致，或修理、更换有缺陷的机座后端盖
励磁系统故障使励磁线圈短路或烧坏	（1）长期过载运行或励磁线圈散热不好 （2）启动、停机操作不当。应建立操作规程：启动时先开异步电动机再加励磁，停机时先关励磁再停异步电动机，或者在调速控制器中增加启停自动顺序控制电路
离合器电枢与磁极间气隙堵塞	对灰尘大量进入造成的气隙堵塞，应清除灰尘，加强保护
测速电压下降	测速发电机转子磁环破裂，需更换新磁环
电动机调速不灵及转速不稳	（1）调速电位器失灵，应修理或更换电位器 （2）测速发电机有故障，可调整发电机电压，检查及修复发电机 （3）控制部分异常，如放大器不稳定等，可对症相应检查放大器、调整电位器、增大负反馈电压等

续表

常见故障	故障原因及排除方法
电动机“飞车”	晶闸管触发移相环节中的晶体管或其他元件损坏，可用万用表检测，找出故障原因后，更换质量好的元器件
电动机高速运转时突然停车	（1）放大器有故障，造成移相过度，可用万用表查出故障点，进行相应的修理或调整 （2）电源电压过高，需检测、调整电源电压至额定值
电动机转速周期性振荡	测速发电机极性接反，纠正后重新试运行

五、电磁调速异步电动机的校验和试车

1. 正确接线，仔细校对一次。如果拖动电动机（即其中的普通三相异步电动机）是双速电动机，则四极变速机接 1U、1V、1W（2U、2V、2W 开路），六极变速机接 2U、2V、2W（1U、1V、1W 开路）。两组绝不能同时通电。脉冲测速发电机可接 U、V、W 三相。

2. 在接地螺钉上接好接地线。

3. 调试。

4. 拖动电动机一般可以全压启动，如果电源容量不足，可采用自耦变压器做降压启动。

提示

调试电磁调速电动机时应注意：

◇将调速电位器置零，观看转速表是否为零。若不为零，应校准转速表。

◇接通拖动电动机电源开关，检查电动机旋转方向是否正确。若不正确，立即停机，将电源线任意两根换接后再试。

◇发现有任何不正常现象或声音，应立即停机检查，排除故障，直至试运转正常。

◇接通控制器电源，缓慢调节调速电位器，观察转速表应逐渐上升。若发现转速有周期性振荡现象，应将电位器复零、停机，然后将励磁绕组的两根接线对调，重新试验。

◇将调速电位器旋于某一位置，观察转速表指示值。用机械转速表测定电动机实际转速。如两者数值不一致，调整转速表校准电位器，使两个数值一致，再重复校准一次。

◇调节调速电位器，使输出轴转速逐渐增加到最高转速，若无不正常现象，连续空载运行 1 ~ 2 h，试车完毕。

技能训练

1. 训练内容

拆装电磁调速异步电动机。

2. 设备、工具及仪表

电磁调速异步电动机 1 台、活扳手、锤子、木锤、紫铜棒、常用电工工具、万用表、兆欧表等。

3. 评分标准

评分标准见表 4–7–2。

表 4–7–2　评分标准

序号	项目内容	评分标准	配分	扣分	得分
1	拆卸电动机	（1）拆卸步骤不正确，扣 10 ~ 20 分 （2）损坏零部件，扣 10 ~ 20 分 （3）不能正确判定轴承润滑情况，扣 10 分 （4）不能正确判定励磁线圈好坏，扣 10 分	40		
2	装配电动机	（1）装配方法、步骤不正确，扣 10 ~ 20 分 （2）装配时损坏零部件，扣 10 ~ 20 分 （3）试车时性能不符合要求，扣 10 ~ 20 分	50		
3	安全文明生产	违反安全文明生产规定扣 10 分	10		
工时	6 h	合计	100		
备注		教师签字	年　月　日		

4. 训练步骤

（1）按前面所述步骤拆卸电磁调速异步电动机。

（2）检查内、外轴承的润滑脂状况，若已凝固或变质，应拆下轴承洗净后，重新加润滑脂。

（3）检查励磁线圈直流电阻及对地绝缘电阻，观察线圈外表绝缘状况，若确定已损坏，则需更换。

（4）检查三相异步电动机是否完好。

（5）重新装配好电磁调速异步电动机，并通电试运行。

提示

◇在拆装时不允许损坏零部件。

◇通电试车时要有监护人员在场。

任务二 交磁电机扩大机的维护与检修

学习目标

1. 能拆装交磁电机扩大机。
2. 能排除交磁电机扩大机的常见故障。

交磁电机扩大机主要用于自动控制系统中，它能将微弱的电信号放大成较强的电功率输出。

一、交磁电机扩大机的拆装

交磁电机扩大机的拆装与三相异步电动机及直流电动机相似，但还应注意以下几点。

1．拆卸

（1）拆卸时要做好标记。

（2）交磁电机扩大机与驱动电动机同轴结构的机座拆卸时，应在驱动电动机外壳及交磁电机扩大机外壳的接缝处打上标记，以便装配时减少两底脚的水平校正工作量。

（3）在前端盖（即电刷架边的端盖）与机壳接缝处打上标记，确定原来的电刷中性线位置。

（4）做好每只电刷与刷握相对位置的标记，如电刷接触面良好，则装配时可按原有标记安装，以减少电刷的研磨工作量。

2．装配

（1）装配前应进行以下检查：

1）用兆欧表检查各绕组之间的绝缘、各绕组对地的绝缘，并测量各绕组的电阻。

2）检查各绕组出线端的极性。在定子未装配前可用指南针检查控制绕组、补偿绕组和换向绕组的极性。如指南针方向一致，则表示极性正确。

3）检查换向器。换向器表面应保持清洁，不得沾有油污；换向器不得有短路、断路及脱焊；换向器与轴承的同轴度允差值应小于 0.03 mm，在旋转过程中，偏转应小于 0.05 mm。

（2）安装电刷时，应按标号及安装方向将电刷对号入座。电刷在刷握中不应卡住，但也不能过松（其间隙一般为 0.1 mm）。

（3）复查及调整电刷中性线位置。通常使用感应法校正，其接线如图 4-7-2 所示。

（4）在运转前应空载研磨电刷接触面，使磨合部分（镜面）达到电刷整个工作面 80% 以上时为止，通常需空载运行 1 ~ 2 h。

思考

安装电刷前如何调整交磁电机扩大机的几何中心线？

（5）电机扩大机装配后应检查引出线的极性。当电动机各绕组引出线接好后，可直接利用出线板上的接线端子，接上外加的直流电源，利用感应法分别测定各绕组的正、负极性，如图 4-7-3 所示。当接通开关 SA 时，直流毫伏表的指针应正向偏转。否则说明极性与图中方向相反，需要改正绕组线端接线。

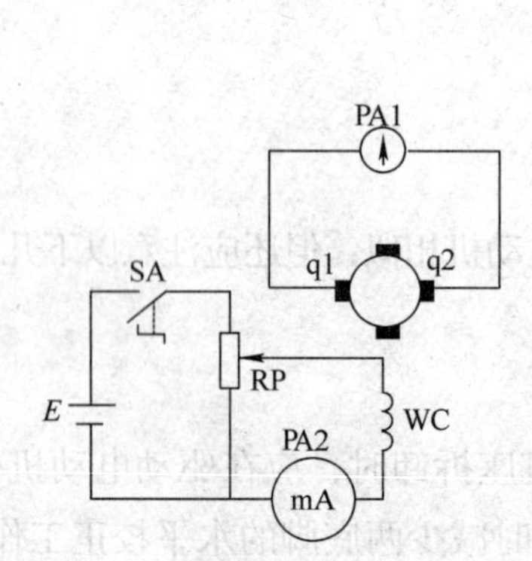

图 4-7-2　试验交轴电刷中性线位置

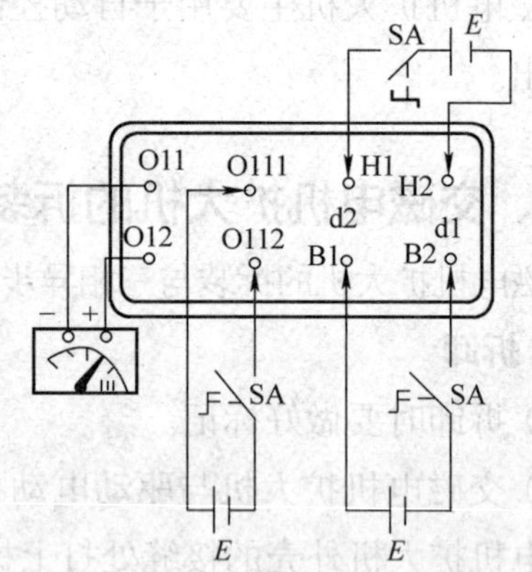

图 4-7-3　感应法测定控制绕组、补偿绕组和换向绕组的极性

提示

◇尽量使同一刷杆上所有的电刷压力均匀（对于电化石墨电刷的弹簧压力约为 30 kPa）。电刷如果磨损过多，应及时更换。

◇更换电刷时，应采用电机制造厂规定的型号，并使整台电机电刷型号一致。对于更换的电刷或原电刷发现接触面不好时应研磨电刷。

◇测定几何中心线的位置时，断开电机扩大机的交轴电路，并将检流计 A1（或毫伏表）跨接在交轴电刷 q1、q2 上，同时提起直轴电刷，然后在电枢不转时，利用开关通断的方法，给匝数较多的一个控制绕组通一个变化的电流，并移动交轴电刷 q1、q2，直到检流计 A1 读数较小，这时的电刷位置即为几何中性线位置。

◇中性线位置确定好后，为了改善换向和防止自激，使交磁电机扩大机工作稳定，可将电刷沿电枢旋转方向偏移几何中心线 1° ~ 3° 电角度，移动（在端盖上量）2 ~ 3 mm，然后将电刷位置固定好，并在位置上做好标记。

二、交磁电机扩大机使用和维护

1. 交磁电机扩大机的结构复杂，有不同的绕组，使用和维护时，一定要注意各绕组的极性，不可任意变动接线柱上各绕组引线的位置。

2. 要经常检查和校正交轴电刷中性线位置，其方法如图 4–7–4 所示。

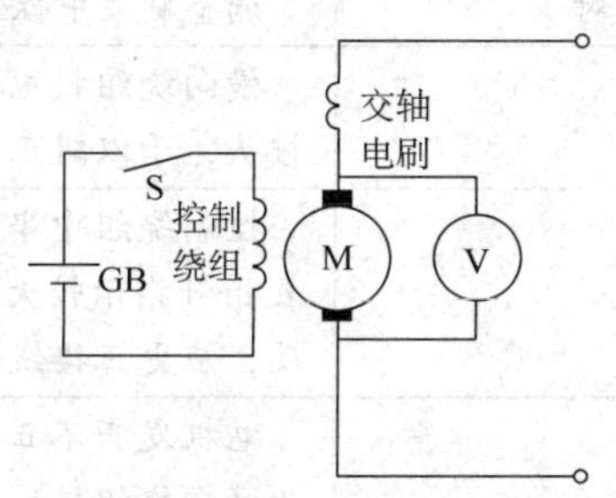

图 4–7–4 校正电刷中性线位置

（1）拆除交轴短路线。

（2）用 50 mA 双向直流毫安表接在交轴电刷上，并提起直轴电刷。

（3）将电机的电刷架紧固螺钉松开。

（4）用两节干电池接触控制绕组的两端，在接触的同时观察电流表的指针摆动情况。接触和断开时，电流表指针左右摆动，这时将电刷架沿换向器圆周方向前后移动，直到接触和断开时电流表的指针不再向两边摆动为止，这就是交磁电机扩大机中性线位置，随即做上记号，将电刷架固定好。

3. 保持电刷与换向器表面清洁，接触良好，电刷压力适当。

三、交磁电机扩大机常见故障及处理

交磁电机扩大机常见故障及处理见表 4–7–3。

表 4–7–3　交磁电机扩大机常见故障及处理

故障现象	故障原因	处理方法
空载电压不能建立	没有信号输入	用万用表检查电源电路
	控制绕组短路	用万用表电阻挡测量，也可换一组控制绕组加入信号源
	横向绕组断路	用万用表检查
	电枢绕组断路	参照直流电动机的故障处理方法进行
	电枢绕组短路	
	换向器片间短路	
剩磁电压过高	剩磁大	具有去磁绕组的，可接外加电源去磁 也可在控制绕组不接信号，电动机空转时将交轴（或直轴）两电刷短接一下，使产生的磁势方向与剩磁方向相反，达到去磁的目的
空载电压低	信号电流太小	检查电源，加大信号电流至额定值
	控制绕组部分短路	检查控制绕组电阻值，修复或重绕绕组
	电刷架位置不对	调整刷架中性线位置
	横向绕组接反	横向绕组接电流表检查，如电流过大，可改变接头，予以纠正
空载电压正常，加负载后电压显著下降	补偿绕组接反	控制绕组中串入电流表，当加上负载后，电流表指针指示较大，且左右摆动，则为补偿绕组接反，应更正接线
	换向绕组接反	电机发声不正常，换向器与电刷间火花大，即为换向绕组接反，更正接线
	电枢绕组极性接反	如电压下降接近零即为接反，将接电枢直轴电刷的接线互换
	电枢绕组与换向片接头松动	用感应法测量换向片间电压，如电压过高即为接触不良，重新焊好后，可直接观察
	换向极绕组或补偿绕组短路	给故障绕组分别加上低压交流电，测量绕组各组电压值，如电压高低不一，则有短路故障，应修理或更换
	补偿绕组并联电阻短路	更换该绕组
加负载后电压过高	电刷中性线位置不对	校正电刷中性线位置。可沿电动机旋转方向前移 1 ~ 2 片换向片
	补偿绕组过补偿	调整补偿绕组并联电阻值
	补偿绕组并联电阻断路	修复或更换绕组

续表

故障现象	故障原因	处理方法
电刷上火花过大	电刷接触不良	参照直流电动机的故障处理方法进行
	换向器表面不清洁	
	片间云母片凸出	
	电刷中性线位置不对	
	电枢动平衡不好	
	电枢绕组短路或脱焊	
	换向器绕组部分短路	

技能训练

1. 训练内容

完成交磁电机扩大机的拆装及故障处理。

2. 设备、工具及仪表

交磁电机扩大机组、轴承拉具、活扳手、锤子、木锤、紫铜棒、常用电工工具、万用表、兆欧表和指南针等。

3. 评分标准

评分标准见表 4-7-4。

表 4-7-4 评分标准

序号	项目内容	评分标准	配分	扣分	得分
1	拆卸交磁电机扩大机	（1）拆除接线时未做标记，每处扣 5 分 （2）拆除机械部分未做标记，每处扣 5 分 （3）损坏零部件扣 10 ~ 20 分 （4）不能正确判定励磁线圈好坏扣 10 分	30		
2	故障处理	未能正确排除故障	30		
3	装配交磁电机扩大机	（1）装配方法、步骤不正确扣 10 ~ 15 分 （2）绕组接线有误扣 10 分 （3）电刷接触不符合要求或位置不对扣 10 ~ 15 分 （4）试车时性能不满足要求扣 10 ~ 20 分	30		
4	安全文明生产	违反安全文明生产规定扣 10 分	10		
工时	6 h	合计	100		
备注		教师签字	年 月 日		

4．训练步骤

（1）拆卸前的准备

1）拆除异步电动机及交磁电机扩大机的外部接线。由于扩大机定子槽内嵌放有多种绕组，这些绕组的极性正确与否是扩大机能否正常工作的关键，所以，不可任意变动接线柱上各绕组的引线位置。当需要拆下引线时，必须在引线及与其对应的线柱上做个标记，以免接错。

2）在拆卸扩大机组时，应在异步电动机外壳、扩大机外壳的接缝处及扩大机前端盖（即电刷架处的端盖）与机壳接缝处做好标记。

3）做好每个电刷与电刷盒的相对位置标记。

（2）仿照直流电动机的拆卸步骤拆卸交磁电机扩大机。

（3）针对交磁电机扩大机已出现的故障现象，对照表 4–7–3 排除故障。

（4）按与拆卸相反的步骤重新装配好交磁电机扩大机及整个机组，在装配前应先做如下检查:

1）用欧姆表检查各绕组之间的绝缘电阻及对地绝缘电阻，其值应在 0.5 MΩ 以上。

2）检查各绕组出线头的极性、接法是否与原来完全一致。

（5）检查电刷与换向器表面接触是否良好，如接触不良应研磨电刷。检查电刷是否在中性线位置上，当电刷调到中性线位置后，移动刷架使电刷沿电动机旋转方向前移 1 ~ 2 片换向片，使扩大机处于最佳工作状态。

提示

◇在拆卸及装配好以后，必须保证各零部件与原来的一致，为此必须做好各种拆装标记。

◇必须保证各绕组的极性与原来的一致。

任务三 伺服电动机的维护与检修

学习目标

1. 能熟练进行伺服电动机的维护。
2. 能排除伺服电动机的常见故障。

伺服电动机（又称执行电动机、控制电动机）的作用是将输入的电信号转换成电动机轴上的转速输出，在自动控制系统中，伺服电动机常作执行元件使用。按其使用的电源分，伺服电动机分为交流伺服电动机和直流伺服电动机，其外形分别如图 4–7–5 和图 4–7–6 所示。

图 4–7–5 交流伺服电动机

图 4–7–6 直流伺服电动机

交流伺服电动机的结构与单相电容式异步电动机相似，也是由定子和转子两部分组成，它实质上就是一种微型交流异步电动机。直流伺服电动机实质上就是一台他励式直流电动机，其结构与一般直流电动机基本相同。

一、伺服电动机的使用和维护

1. 交流伺服电动机的使用和维护

交流伺服电动机因没有电刷之类的滑动接触，机械强度高，可靠性好，寿命长，只要选用恰当，使用正确，故障率通常很低。交流伺服电动机的使用和维护应注意以下问题：

（1）励磁绕组经常接在电源上，要防止过热现象。为此，交流伺服电动机要安装在有足够大散热面积的固定金属面板上，电动机与散热板应紧密接触，要通风良好，必要时可以用风扇冷却。电动机与其他发热器件尽量隔开一定距离。

（2）输入控制信号的放大器的输出阻抗要小，防止机械特性变软。

（3）信号频率不能超过其额定范围，否则，机械特性也会变软，还可能产生“自转”现象。

2. 直流伺服电动机的使用和维护

直流伺服电动机的使用和维护应注意以下问题：

（1）直流伺服电动机的特性与温度有关，使用寿命与使用环境温度、海拔高度、湿度、空气质量、冲击、振动及轴上负载等有关，选择时应综合考虑。

（2）电磁式电枢控制直流伺服电动机在使用时，要先接通励磁电源，然后再施加电枢控制电压。电动机运行过程中，一定要避免励磁绕组断电，以免电枢电流过大和超速。

（3）采用晶闸管整流电源时，最好采用三相全波桥式整流。若选用其他形式的整流电路，应使用良好的滤波装置。

（4）输入控制信号的放大器的输出阻抗要小，防止机械特性变软。

（5）运行中的直流伺服电动机，当控制电压消失或减小时，为了提高系统的快速响应性能，可以在电枢两端并联一个电阻，以便和电枢形成回路。

二、伺服电动机的故障处理

1. 交流伺服电动机的修理

交流伺服电动机的修理与单相异步电动机类似，主要应注意以下问题：

（1）拆装时的环境要清洁、整齐。

（2）由于伺服电动机的零件小，结构刚性较低，应避免任何机械碰撞和冲击，以免引起零件的变形，丧失精度，造成质量下降。

（3）在装配过程中，应注意所有接触导电部分的装配质量。例如，在具有电刷和滑环的电动机中，应注意它们的相对位置、接触的可靠性和电刷压力是否正常。许多伺服电动机往往由于接触不良而使动作失灵，或由于电刷压力不正常而使精度下降，阻尼时间不合格。

2. 直流伺服电动机的修理

直流伺服电动机的故障检修及修理后的试验与普通直流电动机基本相同，常见故障现象及原因见表 4–7–5。

表 4–7–5 常见故障现象及原因

故障现象	故障原因
电动机过热	（1）负载过大，或电枢电流均方根值大于标称输出转矩的电流平均值 （2）油污或电刷粉末嵌在换向器的云母槽中，引起绕组绝缘不良或内部短路 （3）电枢电流大于最大允许电流，造成磁钢发生不可逆的去磁

续表

故障现象	故障原因
电动机过热	（4）带有制动器的直流伺服电动机内的整流器损坏，制动线圈断线，或制动气隙不合适，造成制动器不释放
电动机旋转时有大的冲击	（1）测速发电机输出电压突然下降 （2）测速发电机在 1 000 r/min 时，输出电压的波纹峰值大于 2% （3）电动机线圈不正常或内部短路
电动机低速旋转时有大的波纹	（1）磁钢局部去磁。可将电动机从机床上拆下来，用手转动电动机轴，以其能否平滑地转动来判断是否去磁 （2）由测速发电机波纹引起，特征为：低速时，电动机波纹频率与测速发电机波纹频率一致
电动机运转时噪声大	（1）换向器损坏或光洁度不高 （2）电动机轴向窜动 （3）切削液进入电刷
电动机运转、停机和调速时有断续现象或振动	（1）脉冲编码器故障（如有编码器的话） （2）电动机线圈接触不良
电动机快速移动时，机床振动或有大的冲击	伺服电动机故障或测速发电机的电刷接触不良

3. 线圈及绕组的修理

绕组重绕时应注意以下几点：

（1）正确选用绝缘材料　伺服电动机有其使用条件的特征要求，例如高温、低温、高湿、霉菌、盐雾等。在上述条件下，电动机是否能够正常可靠地运行，很重要的因素就是能否根据不同的条件正确选择各种不同的绝缘材料。

（2）避免匝间短路　与一般电动机相比，伺服电动机发生匝间短路所造成的危害更大。由于伺服电动机绕组尺寸小，导线细而多，绕制时容易损坏导线的漆膜，进而造成匝间短路；又因其结构紧凑，线圈需经过整形、压形等多道工序，稍有不慎就容易造成匝间短路。所以每道工序都应严格按工艺进行。

（3）注意绕组匝数的准确性　为保证伺服电动机的各项技术数据和运行特性符合要求，绕线时各个绕组的匝数必须准确。

技能训练

1. 训练内容

完成直流伺服电动机发热故障的处理。

2．设备、工具、仪表及材料

（1）电工工具　验电笔、一字和十字旋具、钢丝钳、尖嘴钳、斜口钳、剥线钳、电工刀等。

（2）仪表　MF30 万用表或 MF47 万用表、T301–A 型钳形电流表、兆欧表（500 V，0 ~ 2 000 MΩ）、转速表。

（3）小型直流伺服电动机 1 台，型号自定。

（4）安装、接线用的专用工具。

（5）器材

1）配电板 1 块（100 mm × 200 mm × 20 mm）。

2）依据电动机容量，动力线采用 BVR 1.5 mm^2（红色）多股软塑料铜线，接地线采用 BVR 1 mm^2（黄绿色）多股软塑料铜线，其数量按需要而定。

3）自动空气开关 1 个，型号和规格为 DZ10–250/330。

4）绝缘黑色胶布、草稿纸、圆珠笔、螺钉、垫圈、劳保用品等，按需而定。

3．评分标准

评分标准见表 4–7–6。

表 4–7–6　评分标准

序号	项目内容		评分标准	配分	扣分	得分
1	电动机的维护	检查电动机绝缘电阻	测试电动机绝缘电阻不正确扣 5 分	5		
		电动机机温检查	电动机机温检查不正确扣 5 分	5		
		机械性能检查	机械性能检查不正确扣 5 分	5		
		运行中听声音	运行中听声音检查不正确扣 5 分	5		
		监视机壳是否漏电	监视机壳是否漏电检查不正确扣 5 分	5		
		清洁	清洁不彻底扣 5 分	5		
2	调查研究	（1）故障进行调查，弄清出现故障时的现象 （2）查阅有关记录	排除故障前不进行调查研究，扣 5 分	5		
3	故障分析	（1）根据故障现象，分析故障原因，思路正确 （2）判明故障部位 （3）采取有针对性的处理方法进行故障部位的修复	（1）故障分析思路不够清晰，扣 5 分 （2）确定最小的故障范围不正确，每个故障点扣 5 分	15		

续表

序号	项目内容		评分标准	配分	扣分	得分
4	故障排除	（1）正确使用工具和仪表 （2）找出故障点并排除故障 （3）排除故障时要遵守电动机检修的有关工艺要求 （4）根据故障情况进行电气测试	（1）不能找出故障点，扣15分 （2）不能排除故障，扣15分 （3）排除故障方法不正确，扣5分 （4）不能根据故障情况进行电气测试，扣15分	40		
5	操作如有失误，从总分中扣分		（1）排除故障时，产生新的故障且不能自行修复，每个故障从总分中扣10分；已经修复，每个故障从总分中扣5分 （2）损坏电动机，从总分中扣40～100分	/		
6	安全文明生产		违反安全文明生产规定扣10分	10		
工时	2 h		合计	100		
备注		教师签字	年　月　日			

4．训练步骤

（1）做好排除故障前的各项准备工作。

（2）通过询问用户，利用看、闻、听、摸以及通电试验的方法初步了解直流伺服电动机的故障现象。

（3）检查电动机对地绝缘电阻。

（4）监视机壳是否漏电。用手摸之前先用试电笔试一下外壳是否带电，以免发生触电事故。

（5）检查温度。用手小心地靠近或接触外壳，看电动机是否过热烫手。

（6）检查机械性能。通过转动电动机的转轴，看其转动是否灵活。

（7）运行中听声音。用长柄旋具头触及电动机轴承外的小油盖，耳朵贴紧旋具柄，细听电动机轴承有无杂音、振动声，以判断轴承运行情况。

（8）拆卸电动机，并做好记录。

（9）用单臂电桥测试绕组的直流电阻值。

（10）分析故障原因，确定故障范围，可能的故障原因包括：

1）负载过大或电枢电流过大。

2）绕组绝缘不良或内部短路。

3）带有制动器的直流伺服电动机内的整流器损坏。

4）制动线圈断线，或是制动气隙不合适，造成制动器不释放。

（11）针对故障的可能原因和故障范围查找故障并进行排除。

（12）故障排除后，按与拆卸相反的顺序重新装配。

（13）重新测试绝缘电阻。检查电动机装配后转动是否灵活。

（14）重新接上电源线，通电试车，测试电动机的转速。

任务四　测速发电机的维护

学习目标

1. 能熟练使用及维护直流测速发电机。
2. 能熟练使用及维护交流测速发电机。

测速发电机是一种能将旋转机械的转速变换成电压信号输出的小型发电机，在自动控制中，常作为测速元件、校正元件。测速发电机分为交流测速发电机和直流测速发电机。

交流测速发电机的外形结构如图 4–7–7 所示，它实质上就是一种微型交流异步发电机。

目前，交流测速发电机应用较多的是空心杯转子的异步测速发电机，其结构与空心杯转子的交流伺服电动机相似，定子上装有两个对称绕组，一个是励磁绕组，接交流电压，另一个是输出绕组，接测量仪器或仪表。转子采用空心杯，壁厚 0.2 ~ 0.3 mm，但电阻更大。

直流测速发电机外形如图 4–7–8 所示，其结构与直流伺服电动机基本相同。定子上装有励磁绕组，加直流励磁电压。电枢有有槽电枢、无槽电枢、空心杯电枢、印刷绕组电枢等，电枢接测量仪器或仪表。

图 4-7-7 交流测速发电机的外形

图 4-7-8 直流测速发电机的外形

一、交流测速发电机的使用和维护

1. 选用交流测速发电机时，应根据它在系统中所起的作用提出不同的技术要求。如作计算元件用时，应着重考虑其线性误差要小，电压稳定性要好；作校正元件用时，应着重考虑其电动势要大，对线性误差不宜提出过高的要求。

2. 交流测速发电机的主要技术数据很多都是空载时的指标，只有在负载电阻阻抗远大于测速发电机的输出阻抗时，才能直接应用这些数据，否则需重新测定。

3. 交流测速发电机的输入阻抗比较小，所以励磁电源的内阻抗也应该尽量小一些。励磁电源与交流测速发电机之间的连接导线不宜太长。

4. 若由于装配中紧固螺钉紧固不牢，造成交流测速发电机在运输和使用过程中紧固螺钉松动，导致内外定子间相对位置变化，使剩余电压增加，需重新紧固松动的螺钉。

5. 若由于装配时接线标志混乱或使用中接线错误，导致输出电压相位倒相和剩余电压与出厂要求不符，需改变接线。

6. 由于空心杯转子异步测速发电机是一种无接触式交流电机，通常不需特殊维护。对于因内外定子相对位置改变而引起剩余电压的增加，使用单位不便进行调整，需送制造厂调整。

7. 应正确处理异步测速发电机的输出斜率与其短路输出阻抗间的关系。一般说来，在一定几何尺寸下，满足一定线性误差要求的异步测速发电机，随着其输出斜率的提高，它的短路输出阻抗将急剧增加。

8. 异步测速发电机在出厂前都经过严格调试，以使其剩余电压（零速输出电压）达到要求，调试后已用红色磁漆将紧固螺钉点封，使用中严禁拆卸，否则剩余电压将急剧增加以至无法使用。

9. 空心杯转子异步测速发电机是一种精密控制元件，使用中应注意保证它与驱动它的伺服电动机之间连接的高同心度和无间隙传动，否则会使该测速发电机损坏或导致系统误差增加。此外应按照各品种规定的安装方式安装测速发电机，安装中应使测速发电机各部分受力均匀，以免导致剩余电压增加。

10. 异步测速发电机可以在超过它的最大线性工作转速 1 倍左右的转速下工作，但应注意，随着工作转速范围的扩大，其线性误差、相位误差都将增大。

11. 使用中应严格按照规定的接线标志接线，低电位端应与机壳共同接地。

12. 应按照规定的使用环境条件使用。

二、直流测速发电机的使用和维护

1. 为保证直流测速发电机线性误差不超过规定值，转速不应超过其最大线性工作转速，负载电阻不应小于规定的负载最小电阻。

2. 为了减少由于温度变化所引起的输出电压误差，可在电磁式直流测速发电机的励磁回路中，串联一个温度系数为负值的电阻。

3. 在电刷与换向器间产生的火花给系统带来干扰时，可在直流测速发电机的输出端并联一电容或接一滤波电路。

4. 直流测速发电机在出厂前已经将电刷位置调整到合适位置，以保证输出电压不对称度符合要求，使用中不允许松动刷架系统的紧固螺钉。

5. 永磁直流测速发电机不允许将电枢从定子中抽出，以免失磁。

6. 使用场合不允许有强的外磁场的存在，以免影响测速发电机输出特性的稳定。

7. 选型时应充分注意该测速发电机的负载状况，不允许超出测速发电机的最大允许负载电流使用，以免引起输出特性变坏或失磁。

8. 应注意由于电动机自身发热或环境温度的变化而导致输出斜率的降低或升高。

9. 应使直流测速发电机工作环境条件符合规定。

技能训练

1. 训练内容

维护直流测速发电机。

2. 设备、工具及仪表

（1）电工工具　数字式万用表、兆欧表、转速表、钳形电流表、拆卸与装配的专用工具等。

（2）带有直流测速发电机的直流电动机设备 1 台。

3. 评分标准

评分标准见表 4–7–7。

表 4–7–7 评分标准

序号	项目内容	评分标准	配分	扣分	得分
1	拆装前的准备	（1）操作前未将所需工具、仪器及材料准备好，每件扣 5 分 （2）拆除直流电动机电源电缆头及电动机外壳的保护接地工艺不正确，电缆头没有做安全保护措施扣 5 分	15		
2	拆卸	（1）拆卸方法和步骤不正确每次扣 5 分 （2）碰伤绕组扣 10 分 （3）损坏零部件，每次扣 5 分 （4）装配标记不清楚，每处扣 5 分	25		
3	清理、加润滑油、装配	（1）装配步骤方法错误，每次扣 5 分 （2）碰伤绕组扣 10 分 （3）损伤零部件，每次扣 5 分 （4）轴承清洗不干净、加润滑油不适量，每只扣 5 分 （5）紧固螺钉未拧紧，每只扣 3 分 （6）装配后转动不灵活扣 5 分	25		
4	接线	（1）接线不正确扣 5 分 （2）不熟练扣 5 分 （3）电动机外壳接地不好扣 5 分	15		
5	电气测量	（1）测量测速发电机和直流电动机绝缘电阻，不合格扣 3 分 （2）不会测量测速发电机转速扣 3 分 （3）测量测速发电机的输出电压，不正确扣 4 分	10		
6	安全文明生产	违反安全文明生产规定扣 10 分	10		
工时	3 h	合计	100		
备注		教师签字		年 月 日	

4. 训练步骤

（1）操作准备

1）断开励磁电源，拆除直流电动机的电源以及测速发电机与外部反馈电路的连接线，并标好标记。

2）检查维护测速发电机的专用工具是否齐全。

（2）做好相应的标记和必要的数据记录。

（3）做好安全检查，采取适当的保护措施。

（4）拆卸联轴器，将测速发电机与直流电动机分离。

（5）拆卸测速发电机机体。

（6）清理机体，按需添加润滑油。

（7）按拆卸步骤相反的顺序装配测速发电机。

（8）测量对地的绝缘电阻。

（9）重新接线，通电试车。

（10）用转速表测试测速发电机的转速，并测量其输出电压。

任务五　步进电动机的维护

学习目标

1. 能熟练拆装及维护步进电动机。
2. 能熟练进行步进电动机的接线。

步进电动机是一种将电脉冲信号变换成角位移或直线位移的执行元件，其运行特点是：每输入一个电脉冲，电动机就转动一个角度或前进一步。因此，步进电动机又称脉冲电动机。

四相反应式步进电动机的外形如图 4-7-9 所示，它也和一般电动机一样，分为定子和转子两大部分。

图 4-7-9　四相反应式步进电动机的外形

定子由硅钢片叠成，装上一定相数的控制绕组，采用集中绕组，接成 Y 形，其中每两个相对的磁极组成一相，由环形分配器送来的电脉冲对多相定子绕组轮流励磁。转子用硅钢片叠成或用软磁性材料做成凸极结构，转子本身没有励磁绕组的称为反应式步进电动机，用永久磁铁做转子的称为永磁式步进电动机。

一、步进电动机的使用和维护

步进电动机使用和维护应注意以下几点：

1. 步进电动机的引出线通常用不同颜色加以区别，其中颜色与其他线不同的一根是公共引出线，另外几根是各相绕组的首端。对三相步进电动机，如果要反向转动，只需将任意两相接线对调一下接线位置即可。

2. 启动时，应在启动频率下启动，之后逐渐上升到运行频率；停止时，应将频率逐渐降低到启动频率以下才能停止。

3. 工作过程中，应尽量使负载均匀，避免负载突变引起误差。

4. 注意冷却装置运行是否正常。

5. 发现失步时，应首先检查负载是否过大，电源电压是否正常，各相电流是否相等，指标是否合理；再检查驱动电源输出是否正常，波形是否正常；最后根据引起失步的原因处理。在处理过程中，不要任意更换元件和改变其规格。

6. 负载的转动惯量对步进电动机的启动及运行频率有较大的影响，选用时应注意厂家所给出的允许负载转动惯量。

二、步进电动机的拆装

1. 准备好拆卸场地并摆放好各种拆卸、安装、接线与调试使用的工具，断开电源，拆卸电动机与电源线的连接线，并对电源线头做好绝缘处理。

2. 将步进电动机从机床设备上拆下，固定螺栓要放置在专用的盒子里。

3. 如图 4–7–10 所示，用旋具将步进电动机前端盖的四只螺钉拆卸下来。

4. 如图 4–7–11 所示，待螺钉取下后，顺着转轴方向将端盖拔出来。在前端盖与轴承分离过程中轴承簧垫可能会掉下来，应当注意将它妥善保管好。

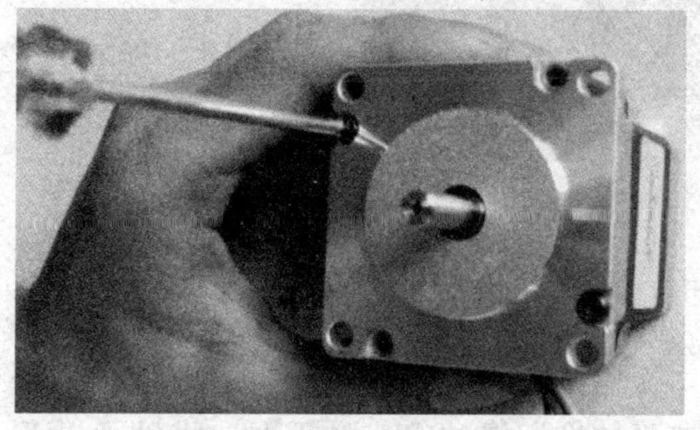

图 4–7–10 拆卸前端盖螺钉

图 4–7–11 取出前端盖

5. 如图 4–7–12 所示，待前端盖拆卸后取出转子，因转子是永磁铁芯，所以在拔取过程中应注意用力的方向。

6. 如图 4–7–13 所示，待前端盖和转子拆卸后，用手轻摇后端盖，将定子和后端盖分离。

7. 拆卸完毕将各部件摆放整齐并进行清点，以减少重装过程中的疏忽，如图 4–7–14 所示。

图 4–7–12　拆卸转子

图 4–7–13　拆卸后端盖

a)

b)

c)

图 4–7–14　拆卸完毕清点部件

a）定子　b）转子　c）端盖

8. 检查转子轴承的转动情况，看是否需要加换润滑油等，如需要，将轴承拆下，进行换油。

9. 按与拆卸相反的步骤完成步进电动机的装配。

10. 如图 4–7–15 所示，待步进电动机重新安装好后，首先要对转轴的灵活性进行试验，用手旋转转轴看转动是否灵活。值得注意的是，因转子是永磁铁芯，所以在转动时力度可能需要稍大些。

11. 在拆卸与安装过程中绕组有可能会损坏，因此在安装好后应对绕组的完好性进行检测，分别测量两相绕组的直流电阻，如图 4–7–16 所示（图中测得其中一相绕组直流电阻为 1.2 Ω，属正常范围）。

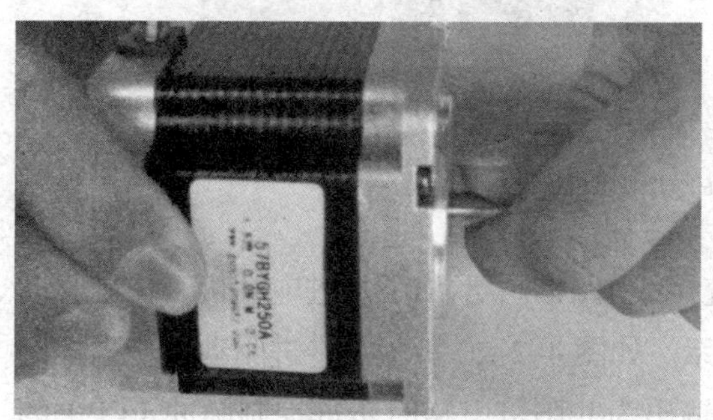

图 4–7–15 检查机械性能

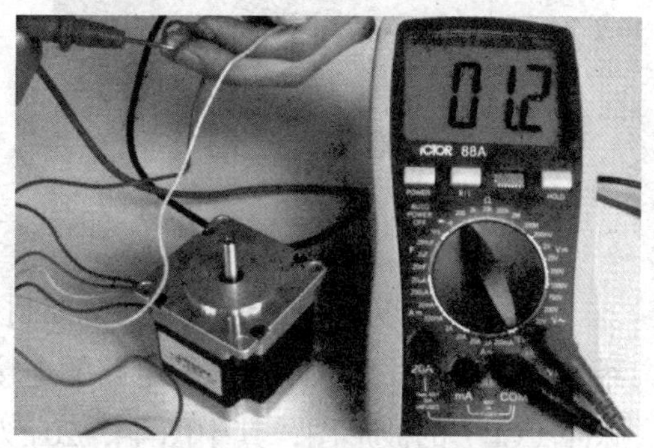

图 4–7–16 绕组直流电阻测试

12. 用万用表的“R × 200 MΩ”挡简易测量两相绕组各自对外壳的绝缘电阻，如图 4–7–17 所示（图中测得其中一相绕组对外壳的绝缘电阻为 194.5 MΩ，属正常范围），也可使用兆欧表进行绝缘电阻的测试。

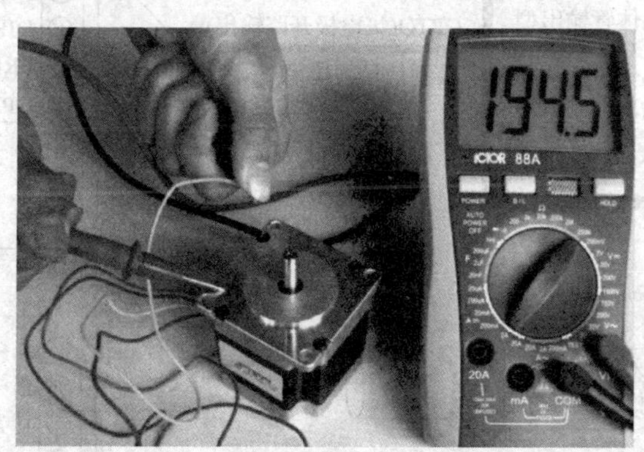

图 4–7–17 绕组对外壳的绝缘电阻测试

13. 将步进电动机安装在机床上，与传动机构进行连接，经检查无误后，通电试车。

三、步进电动机与步进驱动器的连接

如图 4–7–18 所示为步进电动机系统组成图。其中步进电动机是由专门的驱动器来驱动的，驱动器的作用是在步进脉冲和方向电平的控制下向步进电动机输出各相电压及通电顺序。

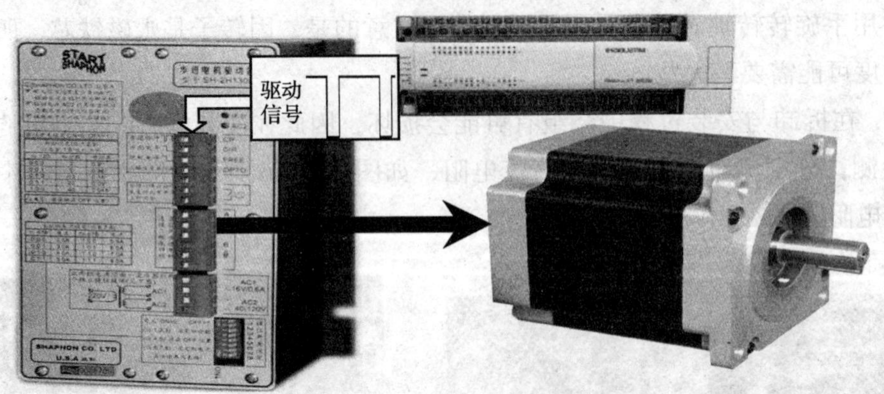

图 4-7-18　步进电动机系统组成图

如图 4-7-19 所示为步进电动机控制系统接线图，图中示出了步进电动机、步进驱动器、控制脉冲发生电路和电源电路的连接关系。如图 4-7-20 所示为步进驱动器步进控制脉冲（CP）的波形图，其中图 4-7-20a 为当输出为共阳极电路时步进控制脉冲（CP）的波形图，而图 4-7-20b 为当输出为共阴极电路时步进控制脉冲（CP）的波形图。

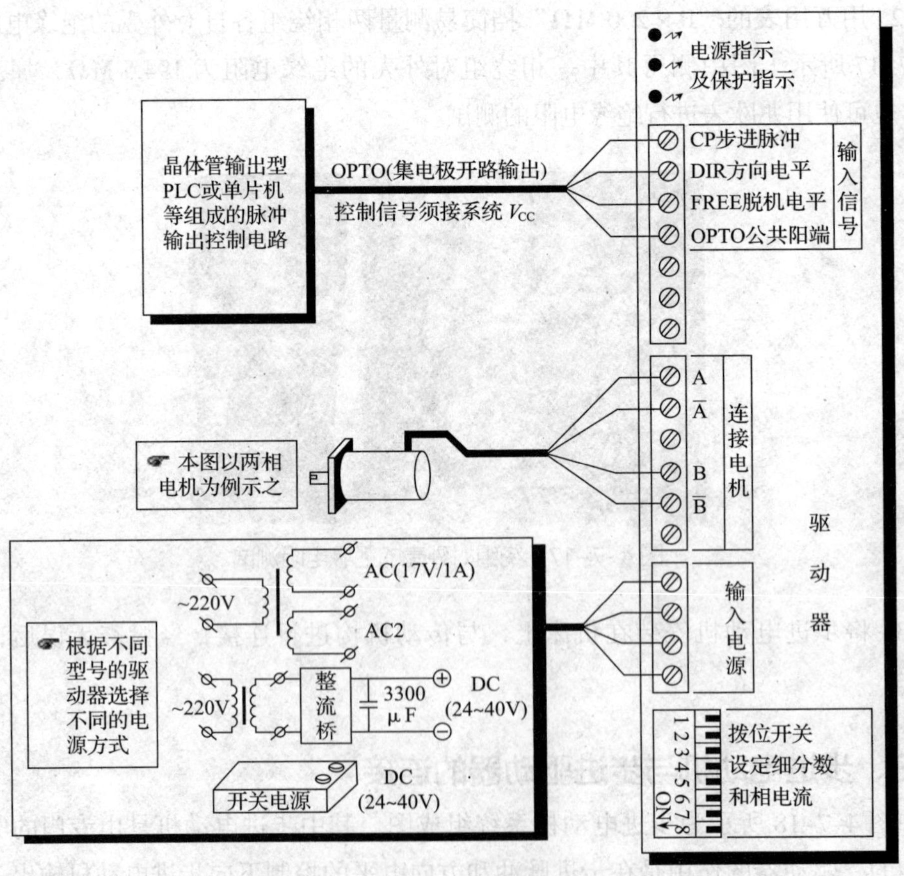

图 4-7-19　步进电动机控制系统接线图

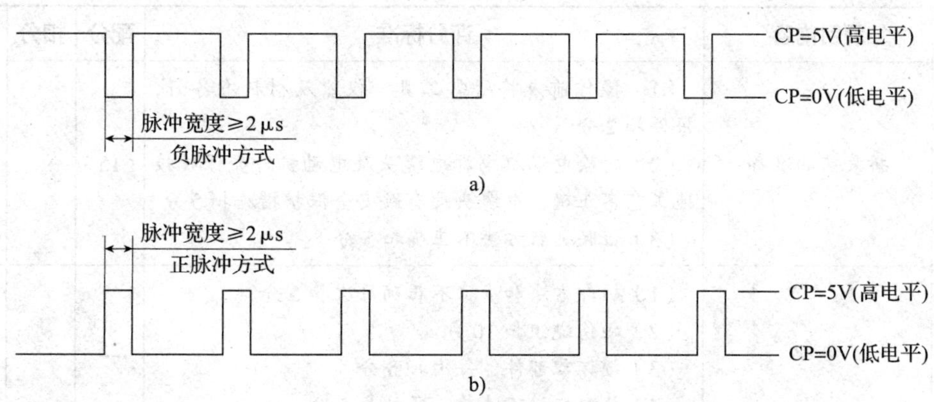

图 4-7-20　步进驱动器步进脉冲波形图

a）共阳脉冲　b）共阴脉冲

技能训练

1. 训练内容

拆装步进电动机。

2. 设备、工具、仪表及材料

（1）电工工具　验电笔、一字和十字旋具、钢丝钳、尖嘴钳、斜口钳、剥线钳、电工刀等。

（2）仪表　MF30 万用表或 MF47 万用表、T301-A 型钳形电流表、兆欧表（500 V，0 ~ 2 000 MΩ）、转速表。

（3）小型步进电动机 1 台，型号为 57BYGH250A 或自定。

（4）安装、接线用的专用工具。

（5）器材

1）配电板 1 块（100 mm×200 mm×20 mm）。

2）依据电动机容量，动力线采用 BVR 2.5 mm^2（红色）多股软塑料铜线，接地线采用 BVR 1 mm^2（黄绿色）多股软塑料铜线，其数量按需要而定。

3）自动空气开关 1 个，型号和规格为 DZ10-250/330。

4）绝缘黑色胶布、草稿纸、圆珠笔、螺钉、垫圈、劳保用品等，按需而定。

3. 评分标准

评分标准见表 4-7-8。

表 4–7–8 评分标准

序号	项目内容	评分标准	配分	扣分	得分
1	拆装前的准备	（1）操作前未将所需工具、仪器及材料准备好，每件扣 2 分 （2）拆除电动机电源电缆头及电动机外壳保护接地工艺不正确，电缆头没有做安全保护措施扣 5 分 （3）拉联轴器方法不正确扣 5 分	15		
2	拆卸	（1）拆卸方法和步骤不正确每次扣 5 分 （2）碰伤绕组扣 10 分 （3）损坏零部件，每次扣 5 分 （4）装配标记不清楚，每处扣 5 分	25		
3	装配	（1）装配步骤方法错误，每次扣 5 分 （2）碰伤绕组扣 10 分 （3）损伤零部件，每次扣 5 分 （4）轴承清洗不干净、加润滑油不适量，每只扣 5 分 （5）紧固螺钉未拧紧，每只扣 3 分 （6）装配后转动不灵活扣 5 分	25		
4	接线	（1）接线不正确扣 5 分 （2）接线不熟练扣 2 分 （3）电动机外壳接地不好扣 3 分	10		
5	电气测量	（1）测量电动机绝缘电阻不合格扣 5 分 （2）不会测量电动机的电流、转速各扣 5 分	15		
6	安全文明生产	违反安全文明生产规定扣 10 分	10		
工时	3 h	合计	100		
备注		教师签字	年 月 日		

4. 训练步骤

（1）操作前的准备　准备好拆卸场地及摆放好各种拆卸、安装、接线与调试使用的各种工具，断开电源，拆卸电动机与电源线的连接线，并对电源线头做好绝缘处理。

（2）步进电动机的拆卸

1）拆卸前端盖　拆卸前端盖螺钉，用旋具将步进电动机前端盖的四只螺钉拆卸下来，取出前端盖。

2）拆卸转子　待前端盖拆卸后取出转子。

3）拆卸后端盖　用手轻摇后端盖，将定子和后端盖分离。

4）拆卸完毕清理部件，对电动机进行保养。

（3）步进电动机的装配　按照拆卸相反的顺序装配步进电动机。

（4）检查机械性能　检查装配后转子是否转动灵活。

（5）绕组直流电阻测试　用单臂电桥测试绕组直流电阻。如果没有单臂电桥，可用数字万用表的 R×1 挡进行测试。

（6）测试绝缘电阻　用兆欧表测试绝缘电阻。

（7）通电试车　用转速表测试步进电动机转速。

第五单元

变压器的维护与检修

课题一　三相电力变压器的维护与检修

任务一　三相电力变压器的维护

学习目标

1. 能对三相电力变压器进行运行前的检查。
2. 能对三相电力变压器进行维护。

变压器是一种静止的电气设备，它利用电磁感应原理，把输入的交流电压升高或降低为同频率的交流输出电压，以满足高压输电、低压供电及其他用途的需要。变压器的种类很多，按用途分为电力变压器、整流变压器、电焊变压器和特殊变压器。电力变压器对电能的经济传输、分配和安全使用具有重要意义。为保证电力变压器能长期、安全、可靠地运行，必须十分重视变压器的检修及日常工作。以下主要介绍三相电力变压器的相关知识。

一、三相电力变压器的基本结构

铁芯和绕组是三相电力变压器最基本的组成部分，称为器身，器身放在装有变压器油的油箱内，储油柜、干燥器、防爆管、气体继电器等主要附件装在油箱上，其外形如图 5-1-1 所示。

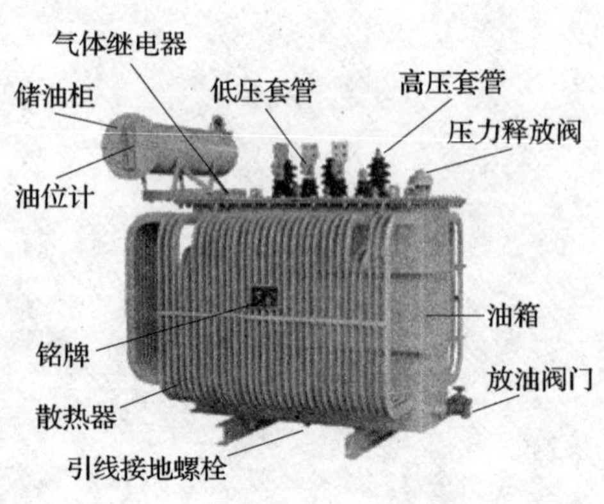

图 5-1-1　三相电力变压器的外形

二、三相电力变压器投入运行前的检查

无论是新配置的变压器还是检修以后的变压器，在投入运行前都必须进行仔细的检查。

1. 检查型号和规格

检查变压器型号和规格是否符合要求。

2. 检查各种保护装置

检查熔断器的规格型号是否符合要求；报警系统、继电保护系统是否完好，工作是否可靠；避雷装置是否完好；气体继电器是否完好，内部有无气体存在。如气体继电器内部有气体存在，应打开放气阀盖，放掉气体，气体继电器的结构如图 5–1–2 所示。检查浮筒、活动挡板和水银接触开关动作位置是否正确。

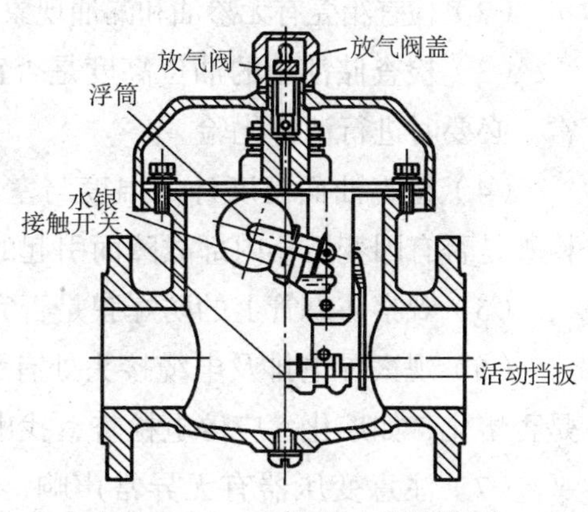

图 5–1–2 气体继电器结构图

3. 检查监视装置

检查各测量仪表的规格是否符合要求，是否完好；油温指示器、油位显示器是否完好，油位是否在与环境温度相应的油位线上。

4. 外观检查

检查箱体各个部分有无渗油现象；防爆膜是否完好；箱体是否可靠接地；各电压级的出线套管是否有裂缝、损伤，安装是否牢靠；导电排及电缆连接处是否牢固可靠。

5. 消防设备的检查

检查消防设备的数量和种类是否符合规定要求。

6. 测量各电压级绕组对地的绝缘电阻

20 ~ 30 kV 的变压器绝缘电阻值不低于 300 MΩ，3 ~ 6 kV 的变压器不低于 200 MΩ，0.4 kV 以下的变压器不低于 90 MΩ。

三、三相电力变压器投入运行后应进行的检查工作

为保证变压器安全运行，在变压器投入运行后要定期检查，以提高变电质量，及时发现和排除故障。

1. 监视仪表

电压表、电流表、功率表等应每小时抄表一次；在过载运行时，应每半小时抄表一次；电表不在控制室时每班至少抄表两次。温度计安装在配电盘上的，在记录电流数值的同时记录温度；温度计安装在变压器上的应在巡视变压器时记录。

2. 现场检查

有值班人员的应每班检查一次，每天至少检查一次，每星期进行一次夜间检查。无固定人员值班的至少每两个月检查一次，遇特殊情况或气候急剧变化时要及时检查。三相电力变压器定期检查的主要内容有：

（1）检查瓷管表面是否清洁，有无破损裂纹及放电痕迹，螺栓有无损坏及其他异常情况，如发现上述缺陷，应尽快停电检修。

（2）检查箱壳有无渗油和漏油现象，严重的要及时处理；检查散热管温度是否均匀。

（3）检查储油柜的油位高度是否正常，若发现油面过低应加油；检查油色是否正常，必要时进行油样化验。

（4）检查油面温度计的温度与室温之差（温升）是否符合规定，对照负载情况，检查是否有因变压器内部故障而引起的过热。

（5）观察防爆管上的防爆膜是否完好，有无冒烟现象。

（6）观察导电排及电缆接头处有无发热变色现象，如贴有示温蜡片，应检查蜡片是否熔化，如熔化，应停电检查，找出原因修复。

（7）注意变压器有无异常声响，或响声是否比以前增大。

（8）注意箱体接地是否良好。

（9）变压器室内消防设备干燥剂是否吸潮变色，需要时进行烘干处理或更换。

（10）定期进行油样化验。取油样可用如图 5–1–3 所示的溢流法。取样瓶应清洁、干燥不透光，用软管与放油阀门接通，打开阀门，先放掉一部分油，以冲洗阀门及软管的内表面，然后再放些油冲洗取样瓶和软管外表面。清洗完毕后，将软管插入取样瓶底部，瓶内盛满油后，使油溢出少许，在溢出过程中拉出软管，盖紧瓶盖，送交化验。

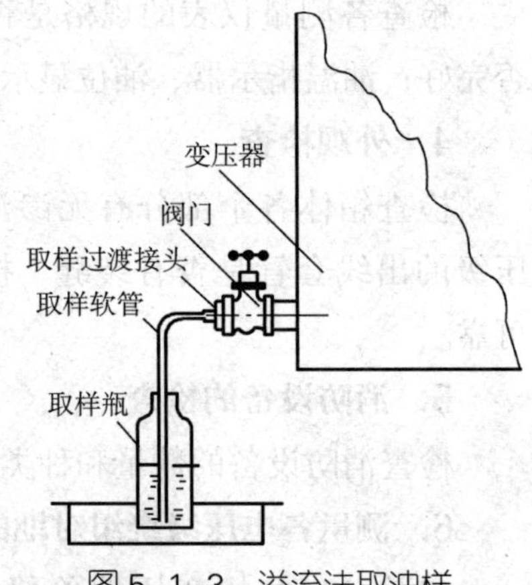

图 5–1–3　溢流法取油样

此外，进出变压器室时，应及时关门上锁，以防止小动物窜入而引起重大事故。

四、三相电力变压器的日常维护

1. 检查侧套管是否清洁，有无裂纹、放电痕迹以及其他现象。发现异常现象，应停电检修。

2. 检查油的温度和储油柜油面高度及油色，必要时进行油样化验。各密封处有无漏油、渗油现象。

3. 注意变压器的噪声情况，判断声响是否正常。

4. 观察导线母排及电缆接头有无发热、变色现象。

5. 观察安全气道的玻璃是否完整。检查气体继电器的油面高度，注意硅胶的变色情况。

6. 检查油箱的接地情况。

7. 监视指示仪表、电压表、电流表、功率表，观察变压器运行情况。

8. 检查变压器室内消防设备是否完整、良好、有效。

9. 检查一、二次侧引线及各连接点是否紧固，各部分的电气距离是否符合要求。

技能训练

1. 训练内容

对运行中的变压器进行检查。

2. 工具及材料

电工工具 1 套、绝缘鞋和劳保用品、笔纸若干。

3. 评分标准

评分标准见表 5–1–1。

表 5–1–1 评分标准

序号	项目内容	评分标准	配分	扣分	得分
1	检查记录	(1)记录不全，缺一项扣 5 分 (2)记录错误，每一项扣 5 分 (3)计算不正确，每项扣 10 分	90		
2	安全文明生产	触摸或拨动室内电气设备，扣 5 ~ 10 分	10		
工时	2 h	合计	100		
备注		教师签字	年 月 日		

4. 训练步骤

(1) 在教师或值班人员指导下进一步认识变配电设备和各类仪表的作用。

(2) 在教师或值班人员指导下检查运行中的变压器。

(3) 抄录电压表、电流表、功率表的读数。

(4) 记录油面温度和室内温度。

(5) 检查各密封处有无漏油现象。

(6) 检查高低压瓷管是否清洁，有无破裂及放电痕迹。

(7) 检查导电排、电缆接头有无变色现象。有示温蜡片的，检查蜡片是否熔化。

（8）检查防爆膜是否完好。

（9）检查硅胶是否变色。

（10）检查有无异常声响。

（11）检查油箱接地是否完好。

（12）检查消防设备是否完整，性能是否良好。

5．检查记录表

将抄录下的有关数据填入检查记录表，见表 5–1–2。

表 5–1–2　检查记录表

<table>
<tr><td rowspan="3">铭牌数据</td><td>型号</td><td colspan="2"></td><td>容量</td><td colspan="3"></td></tr>
<tr><td>电压</td><td colspan="2"></td><td>电流</td><td colspan="3"></td></tr>
<tr><td>接法</td><td colspan="2"></td><td>温升</td><td colspan="3"></td></tr>
<tr><td rowspan="13">检查记录</td><td rowspan="2">高压侧</td><td>电压</td><td></td><td rowspan="2">输入功率</td><td colspan="3" rowspan="2"></td></tr>
<tr><td>电流</td><td></td></tr>
<tr><td rowspan="2">低压侧</td><td>电压</td><td></td><td>电流</td><td colspan="3"></td></tr>
<tr><td>功率表读数</td><td></td><td>功率因数</td><td colspan="3"></td></tr>
<tr><td>油面温度</td><td></td><td>室温</td><td></td><td>温升</td><td colspan="2"></td></tr>
<tr><td rowspan="2">绝缘瓷管</td><td>清洁</td><td></td><td>无破裂</td><td></td><td>有放电痕迹</td><td></td></tr>
<tr><td>不清洁</td><td></td><td>有裂痕</td><td></td><td>无放电痕迹</td><td></td></tr>
<tr><td rowspan="2">防爆膜</td><td>完好</td><td></td><td rowspan="2">导电排和电缆接头</td><td colspan="2">有变色现象</td><td></td></tr>
<tr><td>不完整</td><td></td><td colspan="2">无变色现象</td><td></td></tr>
<tr><td rowspan="2">硅胶</td><td>变色</td><td></td><td rowspan="2">有无异常声响</td><td rowspan="2"></td><td rowspan="2">有无漏油</td><td rowspan="2"></td></tr>
<tr><td>未变色</td><td></td></tr>
<tr><td rowspan="2">接地线</td><td>可靠</td><td></td><td rowspan="2">消防设备品种数量</td><td colspan="3" rowspan="2"></td></tr>
<tr><td>不可靠</td><td></td></tr>
</table>

提示

◇进入变压器室前，要进行安全知识的学习。

◇进入变压器室后，不可触摸或拨动室内任何设备。

◇要切实注意人身安全。

任务二 三相电力变压器的检修

学习目标

1. 能分析处理三相电力变压器的常见故障。
2. 熟悉三相电力变压器试验的方法。

一、三相电力变压器常见故障的处理

三相电力变压器的常见故障很多，其原因可分为两类，一是因为电网、负载的变化使变压器不能正常工作，如变压器过负荷运行，电网发生过电压，电源品质差等；二是变压器内部元件发生故障，降低了变压器的工作性能，使变压器不能正常工作。

1. 了解故障发生的情况

三相电力变压器发生故障的原因比较复杂，为了正确和快速地分析原因，在进行故障处理之前，应详细了解变压器在故障发生时的情况，包括：

（1）变压器的运行状况、种类及过载状况。

（2）变压器的温升及电压状况。

（3）事故发生前的气候与环境状况，如气温、湿度及有无雷雨等。

（4）查看变压器的运行记录、前次大修记录和质量评价等。

（5）了解继电器保护动作的性质，如短路保护、启动保护、气体继电器等的动作。

2. 变压器短时过负载及处理原则

（1）解除音响报警，向值班班长汇报并做好记录。

（2）及时调整运行方式，调整负荷的分配，如有备用变压器，应立即投入。

（3）如属正常过负荷，可根据正常过负荷的倍数确定允许运行时间，并加强监视油位、油温，不得超过允许值，若过负荷超过允许时间，则应立即减小负荷。

（4）如属事故过负荷，则过负荷的允许倍数和时间，应依制造厂的规定执行。若过负荷倍数及时间超过允许值，应按规定减小变压器的负荷。

（5）过负荷运行时间内，应对变压器及其有关系统进行全面检查，若发现异常应汇报处理。

3．短路及其他故障原因的分析及处理

三相电力变压器常见故障的种类、现象、产生原因及处理见表 5–1–3。

表 5–1–3　三相电力变压器常见故障的种类、现象、产生原因及处理

故障种类	故障现象	故障的可能原因	故障的处理
绕组匝间或层间短路	（1）变压器异常发热 （2）油温升高 （3）油发出特殊的“嗞嗞”声 （4）电源侧电流增大 （5）高压熔断器熔断 （6）气体继电器动作	（1）变压器运行年久，绕组绝缘老化 （2）绕组绝缘受潮 （3）绕组绕制不当，使绝缘局部受损 （4）油道内落入杂物，使油道堵塞，局部过热	（1）更换或修复所损坏的绕组、衬垫绝缘材料（如电缆纸） （2）进行浸漆和干燥处理
绕组接地或相间短路	（1）高压熔断器熔断 （2）安全气道薄膜破裂、喷油 （3）气体继电器动作 （4）变压器油燃烧 （5）变压器振动	（1）绕组绝缘老化或有破损等严重缺陷 （2）变压器进水，绝缘油严重受潮 （3）油面过低，露出油面的引线绝缘距离不足而击穿 （4）过电压击穿绕组绝缘	（1）更换或修复绕组 （2）更换或处理变压器油 （3）检修渗漏油部位，注油至正常位置 （4）更换或修复绕组绝缘，并限制过电压的幅值
绕组变形与断线	（1）变压器发出异常声音 （2）断线相无电流指示	（1）制造装配不良，绕组未压紧 （2）短路电流的电磁力作用 （3）导线焊接不良 （4）雷击造成断线	（1）修复变形部位，必要时更换绕组 （2）拧紧压圈螺钉，紧固松脱的衬垫、撑条 （3）割除熔蚀面重焊新导线 （4）修补绝缘，并做浸漆干燥处理
铁芯片间绝缘损坏	（1）空载损耗变大 （2）铁芯发热、油温升高、油色变深 （3）变压器发出异常声响	（1）硅钢片间绝缘老化 （2）受强烈振动，片间发生位移或摩擦 （3）铁芯紧固件松动 （4）铁芯接地后发热烧坏片间绝缘	（1）对绝缘损坏的硅钢片重新刷绝缘漆 （2）紧固铁芯夹件 （3）按铁芯接地故障处理方法
铁芯多点接地或接地不良	（1）高压熔断器熔断 （2）铁芯发热、油温升高、油色变黑 （3）气体继电器动作	（1）铁芯与穿心螺杆间的绝缘老化，引起铁芯多点接地 （2）铁芯接地片断开 （3）铁芯接地片松动	（1）更换穿心螺杆与铁芯间的绝缘管和绝缘衬 （2）更换新接地片或将接地片压紧

续表

故障种类	故障现象	故障的可能原因	故障的处理
套管闪络	（1）高压熔断器熔断 （2）套管表面有放电痕迹	（1）套管表面积灰脏污 （2）套管有裂纹或破损 （3）套管密封不严，绝缘受损 （4）套管间掉入杂物	（1）清除套管表面的积灰和脏污 （2）更换套管 （3）更换封垫 （4）清除杂物
分接开关烧损	（1）高压熔断器熔断 （2）油温升高 （3）触点表面产生放电声 （4）变压器油发出“咕嘟”声	（1）动触头弹簧压力不够或过渡电阻损坏 （2）开关配备不良，造成接触不良 （3）绝缘板绝缘性能变劣 （4）变压器油位下降，使分接开关暴露在空气中 （5）分接开关位置错位	（1）更换或修复触头接触面，更换弹簧或过渡电阻 （2）按要求重新装配并进行调整 （3）更换绝缘板 （4）补注变压器油至正常油位 （5）纠正错误
变压器油变劣	油色变暗	（1）变压器故障引起放电造成变压器油分解 （2）变压器油长期受热氧化使油质变劣	对变压器油进行过滤或换新油

二、三相电力变压器的试验

1. 绝缘电阻和吸收比的测量

吸收比是兆欧表摇动 60 s 时测得的绝缘电阻值 $R_{60''}$ 与摇动 15 s 时测得的绝缘电阻值 $R_{15''}$ 的比值。用 2 500 V 兆欧表分别测量相间及每相对地的吸收比 $R_{60''}/R_{15''}$，只要这个值大于 1.3（电压等级 60 kV 及其以上的变压器要大于 1.5）就可以认为变压器绕组是干燥的，没有受潮。测量时其他非被测部位和油箱一起要接地。

2. 测量绕组的直流电阻

按正确方法测量绕组的绝缘电阻。

3. 测量各分接头上变压比

高压侧应接电压互感器测量，要求各相在相同分接头位置上测出变压比应与铭牌值相符，相差不应超过 1%。

4. 测定三相变压器的连接组别

变压器的一次侧、二次侧都可以有△形或 丫 形两种接法，一次绕组△形接法用 D 表示，丫 形接法用 Y 表示，有中线时用 YN 表示；二次绕组分别用小写 d、y 和 yn 表示。根据不同的需要，一次侧、二次侧有各种不同的接法，形成了不同的连接组别，也反映出不同的一次侧、二次侧的线电动势之间的相位关系。

国际上规定，标示三相电力变压器高、低压绕组线电动势的相位关系用时钟表示法。即规定高压侧线电动势 $\dot{E}_{1U1、1V1}$ 为长针，永远指向 12 点位置；低压侧线电动势 $\dot{E}_{2U1、2V1}$ 为短针，它指向几点钟，连接组别的标号就是几。如 Y,d11 表示高压侧为 Y 形接法，低压侧为△形接法，高压侧线电动势相位落后低压侧线电动势 30°。虽然连接组别有许多，但为了便于制造和使用，国家标准规定了五种常用的连接组，即 Y,yn0；Y,d11；YN,d11；YN,y0 和 Y,y0。

若一次侧、二次侧接法相同，连接组别的组标号为偶数，如 Y,yn0、YN,y0；若一次侧、二次侧接法不同，连接组别的组标号为奇数，如 D,yn5、YN,d11 等。

5. 空载试验

变压器的空载试验又称为无载试验或开路试验。空载试验就是从变压器任意一侧绕组（一般为低压侧）施以额定电压，在其他绕组开路的情况下测量其空载损耗和空载电流。对三相变压器进行空载试验时，三相电压应平衡，其线电压相差不得超过 2%。当接通电源后，首先要慢慢提高试验电压，观察各仪表指示是否正常，然后将电压升到额定电压，再读取空载电流和空载损耗值。测定额定电压下的空载电流 I_0，I_0 应在 I_N 的 5% 左右。采用两个功率表进行三相电力变压器空载试验的接线图如图 5-1-4 所示。

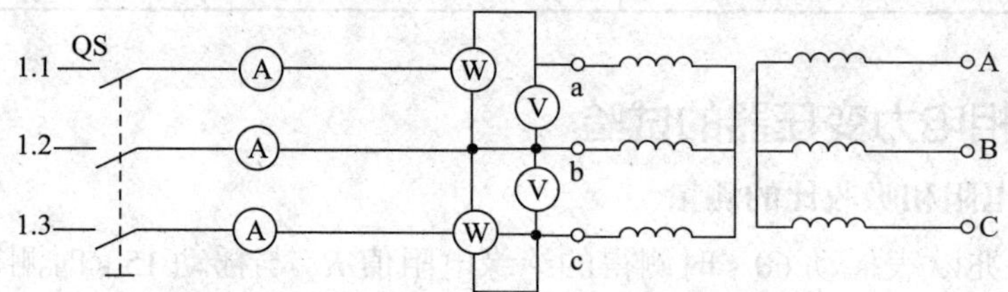

图 5-1-4　二功率表法三相变压器空载试验

6. 短路试验

变压器短路试验是将变压器低压侧短路，在高压侧慢慢提高试验电压，使变压器低压侧的电流等于额定电流，同时测量高压侧电压、电流和短路损耗功率。试验的目的是测定变压器的铜损、短路电压和短路阻抗等参数。变压器短路试验接线图如图 5-1-5 所示。

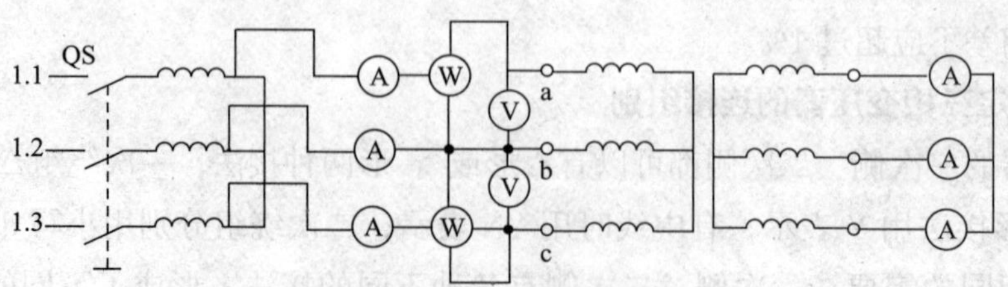

图 5-1-5　变压器短路试验

7. 耐压试验

耐压试验是检验绕组对地及对另一绕组之间的绝缘状况，接线如图 5-1-6 所示。当试验高压绕组时，将高压各相端线连在一起，接到高压试验变压器 T2 上，低压各相端线、中线和油箱一起接地，即可加电试验。如要测试低压绕组，则要把高压各相端线、中线和油箱一起接地。

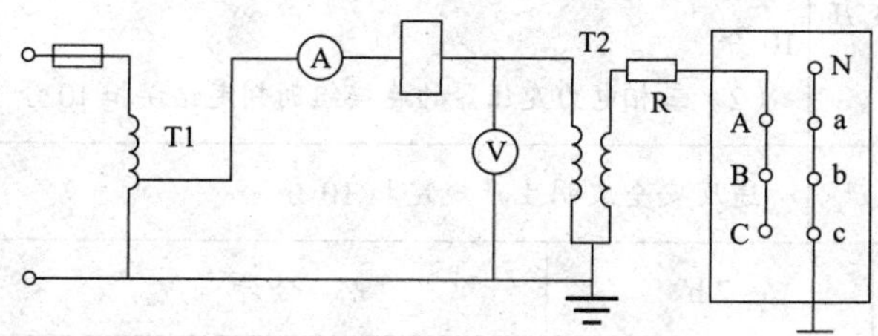

图 5-1-6　耐压试验接线图

试验电压见表 5-1-4 中交接和预防性试验规定电压。

表 5-1-4　油浸变压器试验电压标准

电压等级 /kV	0.3	3	6	10
出厂试验电压 /kV	5	18	25	35
交接和预防性试验电压 /kV	2	15	21	30

技能训练

1. 训练内容

完成电力变压器的试验，要求测量绝缘电阻和吸收比，测量绕组的直流电阻，测定三相电力变压器的连接组别。

2. 设备、工具、仪表及材料

兆欧表 1 台、单臂电桥 1 只、三相电力变压器 1 台、导线若干、电工工具 1 套、绝缘鞋和劳保用品、笔纸若干。

3. 评分标准

评分标准见表 5-1-5。

表 5-1-5　评分标准

序号	项目内容	评分标准	配分	扣分	得分
1	测量绝缘电阻	测量绝缘电阻每错一次扣 10 分	30		
2	吸收比	吸收比测量计算错误扣 10 分	10		

续表

序号	项目内容	评分标准	配分	扣分	得分
3	测量直流电阻	（1）测量直流电阻操作错误每次扣 10 分 （2）测量数值错误扣 10 分	30		
4	测定三相变压器的连接组别	（1）测定三相电力变压器的连接组别方法错误扣 10 分 （2）三相电力变压器的连接组别判定错误扣 10 分	20		
5	安全文明生产	违反安全文明生产规定扣 10 分	10		
工时	2 h	合计	100		
备注		教师签字	年 月 日		

4. 训练步骤

（1）做好测试前的准备工作，将仪器仪表及工具准备好，做好安全保护措施。

（2）测量三相电力变压器的绝缘电阻和吸收比，并做好记录。

（3）测量并记录三相电力变压器各相绕组的直流电阻。

（4）测定三相电力变压器的连接组别，并与变压器铭牌对照。

课题二　小型变压器的绕制与检修

任务一　小型变压器的绕制

学习目标

1. 能根据要求选择小型变压器的绕制材料。
2. 能根据要求绕制小型变压器。

一、绕制前的准备

1. 绕制变压器所用工具见表 5-2-1。

表 5-2-1 绕制变压器所用工具

材料、仪表或工具名称	相关图片	描述
标准变压器及漆包线		通过拆卸标准变压器来确定所选用相应的漆包线的一次和二次线圈的线径
绝缘材料的选择	a) 牛皮纸　b) 青壳纸	绝缘材料的选择应从两个方面考虑：一方面是绝缘强度，对于层间绝缘应用厚度为 0.08 mm 的牛皮纸，线包外层绝缘使用厚度为 0.25 mm 的青壳纸
仪表和量具	a) 万用表　b) 兆欧表 小砧　测微螺杆　固定刻度　可动刻度　旋钮　微调旋钮　框架 c) 螺旋测微尺（千分尺）	分别用于测量变压器的绕组直流电阻、绝缘电阻及绕组线径

续表

材料、仪表或工具名称	相关图片	描述
工具	a) 胶锤（或木锤）　b) 绕线机	用于拆卸变压器铁芯及绕组

2. 绝缘材料的选用必须考虑耐压要求和允许厚度，表 5–2–2 列出的是常用绝缘材料的性能和用途。层间绝缘厚度应按两倍层间电压的绝缘强度选用。对于 1 000 V 以下要求不高的变压器也可用电压的峰值，即 2 倍层间电压为选用标准。对铁芯绝缘及绕组间的绝缘，按对地电压的 2 倍来选用。

表 5–2–2　常用绝缘材料的性能和用途

品名	颜色	常用规格		特点	用途	备注
		厚度 / mm	耐压强度 / V			
电话纸	白色	0.04 0.05	400	坚实，不易破碎	线径小于 0.4 mm 的漆包线的层间绝缘垫纸	代用品：相同厚度的打字纸
电缆纸	土黄色	0.08 0.12	300 ~ 400 800	柔顺，耐拉力强	线径大于 0.5 mm 的漆包线的层间绝缘	代用品：牛皮纸
青壳纸	青褐色	0.25	1 500	坚实耐磨	线包外层绝缘（2 ~ 3 层）	
电容器纸	白色、黄色	0.03	475	薄，密度高	同电话纸	
聚酯薄膜	透明	0.04 0.05 0.10	3 000 4 000 9 000	耐温 140 ℃	层间绝缘	
玻璃漆布	黄色	0.15 0.17	2 000 ~ 3 000	耐湿好	绕组间绝缘	

续表

品名	颜色	常用规格		特点	用途	备注
		厚度 / mm	耐压强度 / V			
聚四氟乙烯薄膜	透明	0.03	6 000	耐温 280 ℃，耐酸碱	层间绝缘	
压制板	土黄色	1.0、1.5		坚实，易弯曲	线包骨架	又称弹性纸
黄蜡布	糖浆色	0.14、0.17	2 500	光滑，耐高压	高压绕组间绝缘	
黄蜡绸	糖浆色	0.08	400	细薄，少针孔	高压绕组的层间绝缘，高压绕组间绝缘（2 ~ 3 层）	
高频漆				粘料	黏合绝缘纸、压制板、黄蜡布和黄蜡绸	又称洋干漆
清喷漆	透明			粘料	黏合绝缘纸、压制板、黄蜡布和黄蜡绸等	又称罩光漆

3. 根据计算的匝数和导线的截面积选用相应规格的漆包线。对于 500 V 以下的变压器，当一、二次绕组裸导线的截面积乘以对应的匝数所得总面积占铁芯窗口面积的 50% 左右时，一般都能够绕得下。若导线总面积超过窗口面积的 30%，应考虑把匝数多的绕组改用小一号的导线，或都改用性质较好的绝缘材料，这样绕好的线包（绕好的全部绕组的简称）不会因装不下铁芯而返工。

二、制作木芯

木芯是用来套在绕线机转轴上支撑绕组骨架的，以便进行绕线。通常用杨木或杉木按铁芯中心柱截面 $a \times b$ 稍大些的尺寸 $a' \times b'$ 制成，如图 5–2–1 所示。木芯的高度应比铁芯窗口高度 h 大一些，木芯的中心孔径为 10 mm，孔必须钻得平直，木芯的四边必须相互垂直，否则绕线时会发生晃动，绕组不易平齐。木芯的边角用砂纸磨成略有圆角，以便套进或抽出骨架。

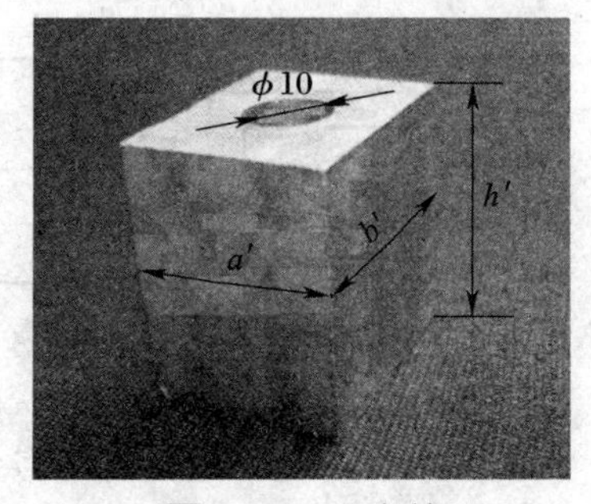

图 5–2–1 木芯

绕线芯子除起支撑作用外，还起对铁芯的绝缘作用，用料需有一定的机械强度与绝缘强度。小型变压器可选用绝缘纸板制成无框纸质骨架，如图 5-2-2a 所示。纸质无框绕线芯子，一般是用弹性纸制成。弹性纸的厚度根据变压器的容量选用，纸板的宽度等于木芯的高度 h'，弹性纸的长度 L 取为：

$$L=2(b'+t)+a'+(a'+t)=3a'+2b'+4t$$

按照图 5-2-2b 中虚线用裁纸刀划出浅沟，沿沟痕把弹性纸折成方形。第 5 面与第 1 面重叠，用胶水黏合。

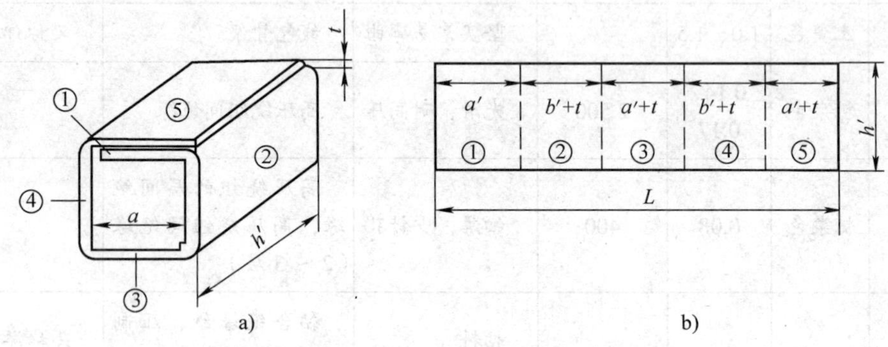

图 5-2-2　纸质无框绕线芯子

a）绕线芯子外形　b）展开图

要求较高的变压器都采用有框骨架。框架可用钢纸（又称反白纸）或玻璃纤维等材料做成，骨架实物如图 5-2-3 所示。活络框架的结构如图 5-2-4 所示。框架的两端用两块框板支住，四侧采用两种形状的夹板，拼合成为一个完整的框架，如图 5-2-4d 所示。

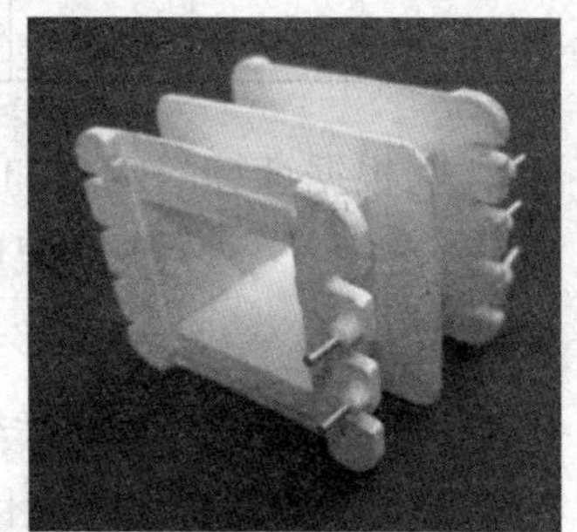

图 5-2-3　骨架实物图

三、绕线

1．绝缘纸的裁剪

绝缘纸的宽度应稍长于骨架或绕线芯子周长，而长度应稍大于骨架或绕线芯子的周长，还应考虑到绕组绕大后所需的裕量。

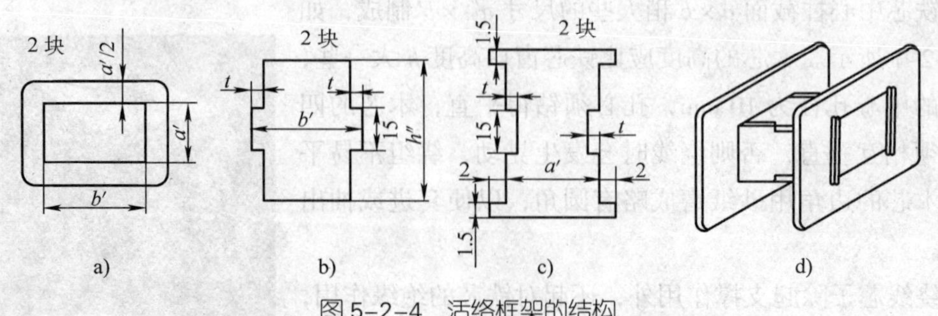

图 5-2-4　活络框架的结构

a）上下边框架　b）夹板　c）活络框架组成　d）完整框架

2. 起绕

小型变压器的绕组一般都采用手摇绕线机，如图 5–2–5 所示，一般绕线前，先套上芯子，如图 5–2–6 所示。在套好木芯的骨架或绕线芯子上垫好对铁芯的绝缘，然后将木芯中心孔穿入绕线机轴固紧，如图 5–2–7 所示。

图 5–2–5 手摇绕线机

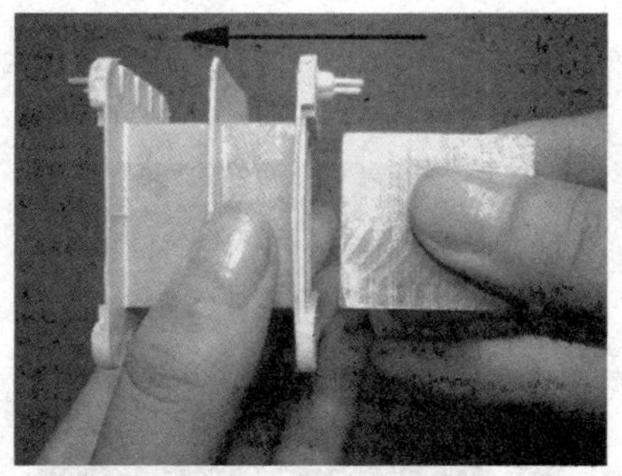
图 5–2–6 套上芯子

若采用绕线芯子，起绕时在导线引线头压入一条绝缘带的折条，以便抽紧起始线头，如图 5–2–8 所示。起绕时，在骨架上垫好绝缘层，然后导线一端固定在骨架的引脚上，如图 5–2–9 所示。引线需紧贴骨架，用透明胶带将其贴牢，如图 5–2–10 所示。导线起绕点不可过于靠近绕线芯子的边缘，以免在绕线时漆包线滑出，以防止在插硅钢片时碰伤导线的绝缘；若采用有框骨架，导线要紧靠边框板，不必留出空间。绕线时从引线的反方向开始绕起，以便压紧起始线头，如图 5–2–11 所示。

图 5–2–7 骨架与绕线机轴固紧

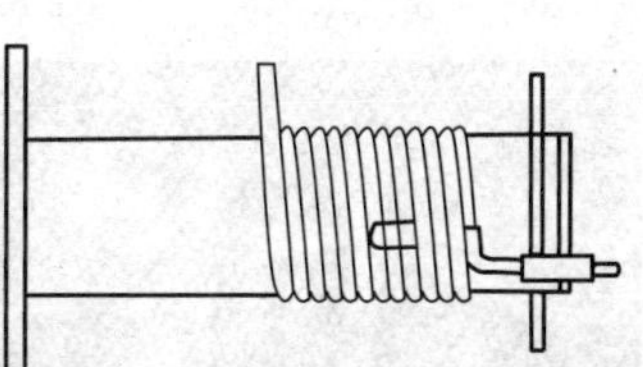
图 5–2–8 绕组线头的紧固

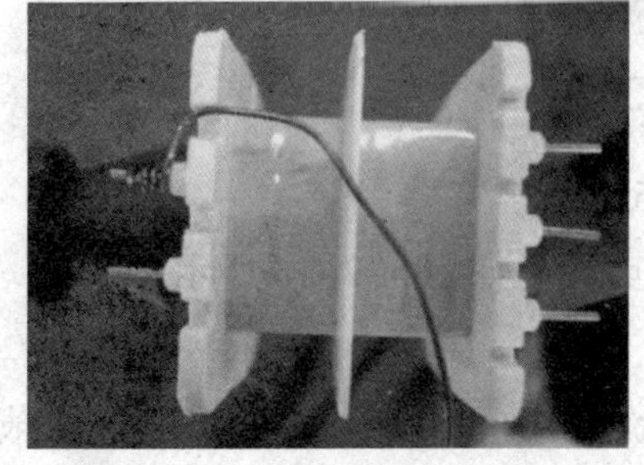
图 5–2–9 导线固定在骨架的引脚上

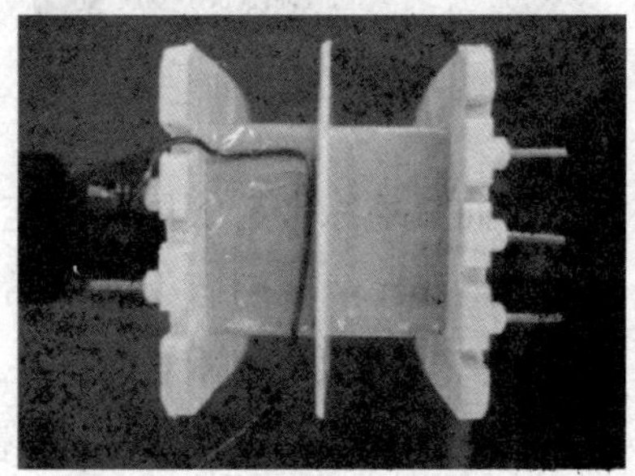
图 5–2–10 引线紧贴骨架

3. 绕线

导线要求绕得紧密、整齐、不允许有叠线现象。绕线时将导线稍微拉向绕线前进的相反方向约 5° 左右，如图 5–2–12 所示，拉线的手顺绕线前进方向而移动，拉力大小应根据导线粗细适当掌握，导线就容易排列整齐。每绕完一层要垫层间绝缘。

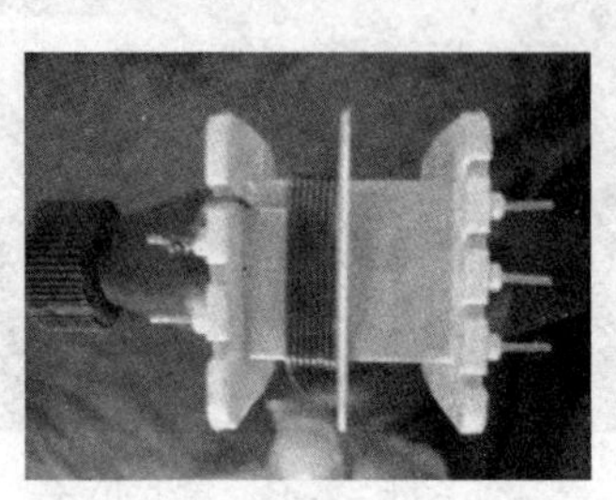

图 5–2–11　反方向开始绕起

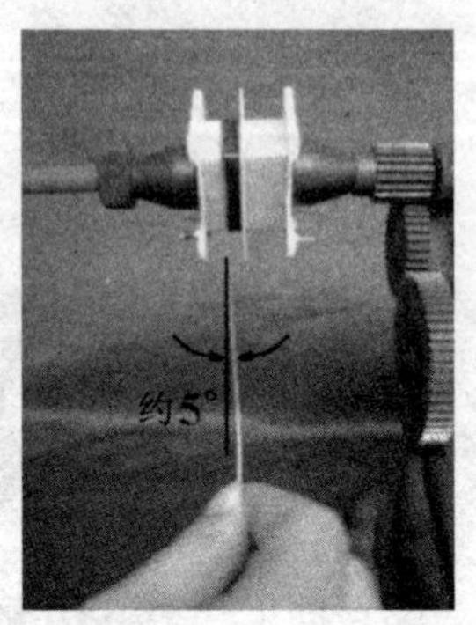

图 5–2–12　绕制过程中的持线方法

4. 线包的层次

绕线的顺序按一次绕组、静电屏蔽、二次侧高压绕组、低压绕组依次叠绕。每绕完一组绕组后，要衬垫绕组间绝缘。当二次绕组数较多时，每绕好一组后用万用表检查是否通路。

5. 线尾的紧固

（1）当一组绕组绕制进行到最后一层开始时，要垫上一条对折的棉线，以防引出导线转弯处的棱角与顺绕导线产生摩擦而损伤，如图 5–2–13 所示。

（2）继续绕线到结束，将线尾插入对折棉线的折缝中，如图 5–2–14 所示。

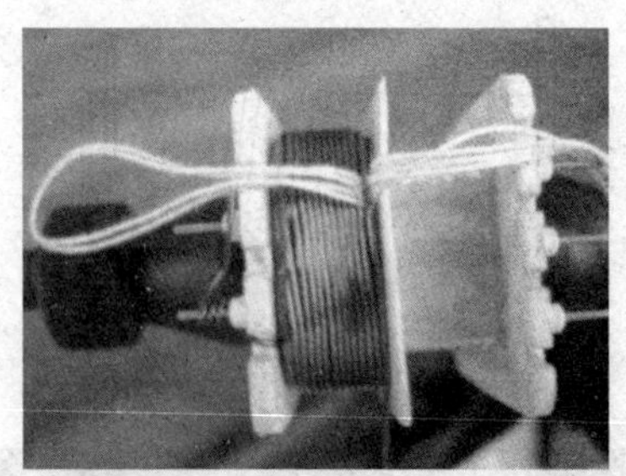

图 5–2–13　垫棉线

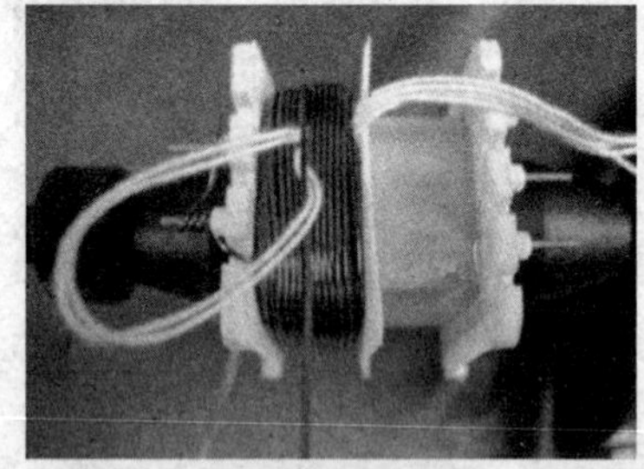

图 5–2–14　线尾插入对折棉线的折缝中

（3）抽紧绝缘带，线尾便固定了，如图 5–2–15 所示。

（4）将线尾绕在引脚上，然后将多余的漆包线剪掉，如图 5–2–16 所示。

6. 静电屏蔽层的制作

对于电子设备中的电源变压器，需在一、二次绕组间放置经典屏蔽层，屏蔽层可用厚度约 0.1 mm 的铜箔或其他金属箔制成，其宽度比骨架长度稍短 1 ~ 3 mm，长

图 5–2–15 抽紧绝缘带

图 5–2–16 剪掉多余的漆包线

度比一次绕组的周长短 5 mm 左右，如图 5–2–17 所示，夹在一、二次绕组的绝缘垫层间，但不能碰到导线或自行短路，铜箔上焊接一根多股软线作为引出接地线。如无铜箔，可用 0.12 ~ 0.15 mm 的漆包线密绕一层，一端埋在绝缘层内，另一端引出作为接地线。

7. 引出线的处理

当线径大于 0.2 mm 时，绕组的引出线可利用原线绞合后将表面的绝缘漆刮掉，然后将引出线焊在引角上即可，如图 5–2–18 所示。线径小于 0.2 mm 时应采用多股软线焊接后引出，焊剂应采用松香焊剂。引出线的套管应按耐压等级选用。

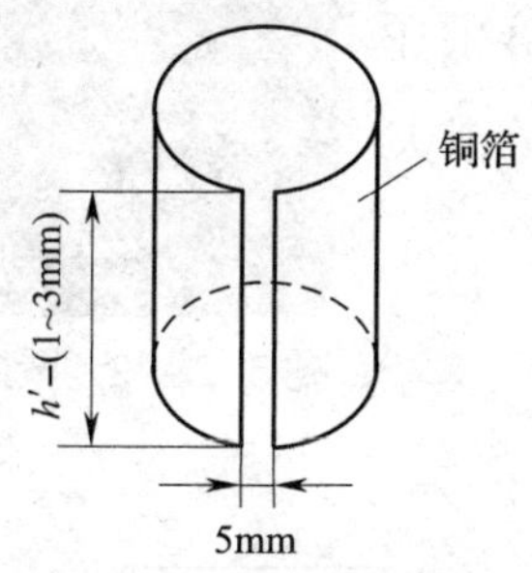

图 5–2–17 静电屏蔽层的形状

图 5–2–18 引出线的处理

8. 外层绝缘

线包绕制好后，外层绝缘用铆好焊片的青壳纸缠绕 2 ~ 3 层，用胶水粘牢，如图 5–2–19 所示。

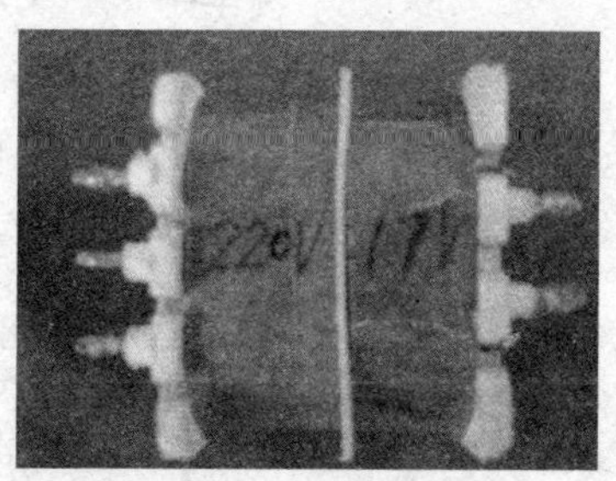
图 5–2–19 外层绝缘

四、铁芯镶片

1. 镶片要求

铁芯镶片要求紧密、整齐。

2. 镶片操作方法

（1）做好硅钢片安装准备，镶片前先将夹板装上，如图 5–2–20 所示。

（2）镶片应从线包两边一片一片地交叉对镶，如图 5-2-21 所示，镶到中部时则要两片两片地对镶。在插条形片时，不可直向插片，以免擦伤线包。当骨架稍小而线包稍大时，切不可强行插片，可先将铁芯中心柱或两边锉小些，也可将线包套在木芯上，用两块木板夹住线包两侧，在台虎钳上缓慢地将它压扁一些。

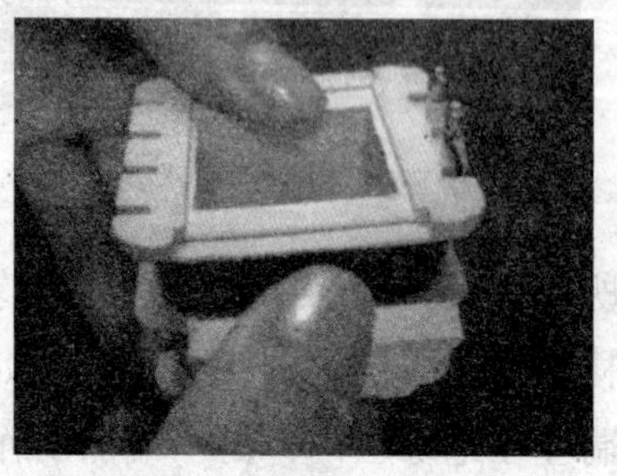
图 5-2-20　镶片前将夹板装上

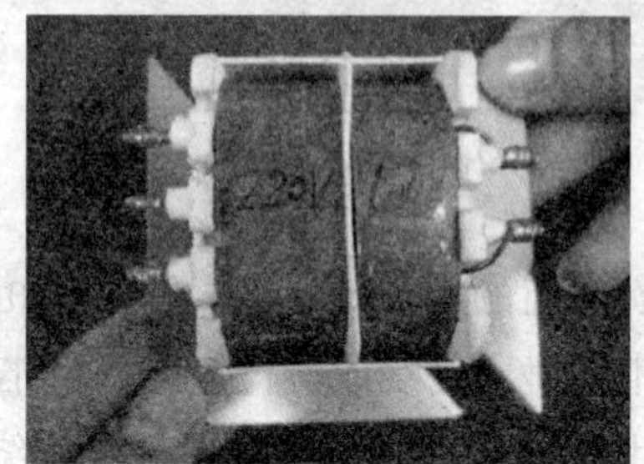
图 5-2-21　铁芯的镶片

（3）最后阶段余下的几片硅钢片比较难镶，俗称紧片。紧片需要旋具撬开两片硅钢片的夹缝才能插入，同时用木锤轻轻敲入，切不可强行将硅钢片插入，以免损伤框架和线包，如图 5-2-22 所示。

图 5-2-22　紧片的镶片

（4）镶片完毕后，把变压器放在平板上，用木锤将硅钢片敲打平整，E 型硅钢片接口间不能留有空隙。最后用螺栓或夹板紧固铁芯。

（5）参照图 5-2-23 把引出线焊到焊片上。

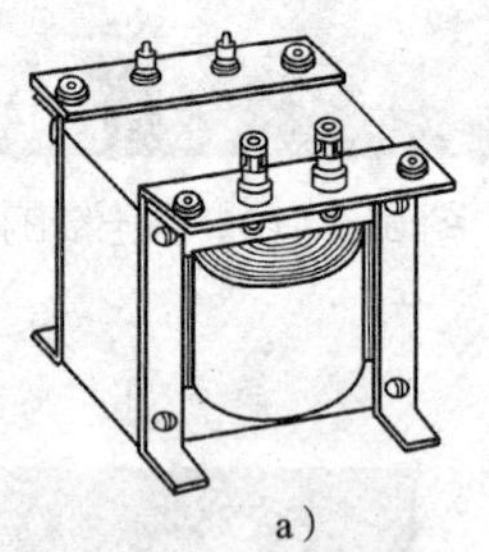
a）

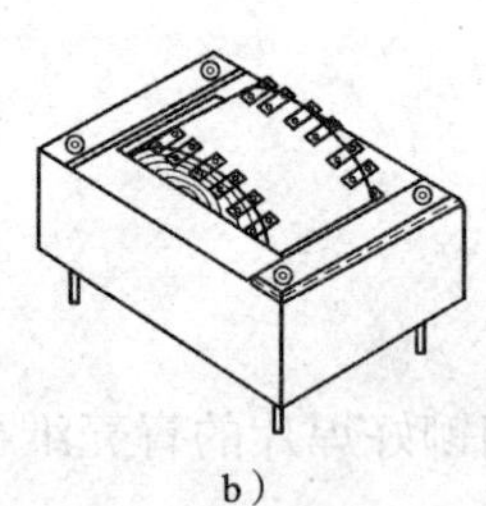
b）

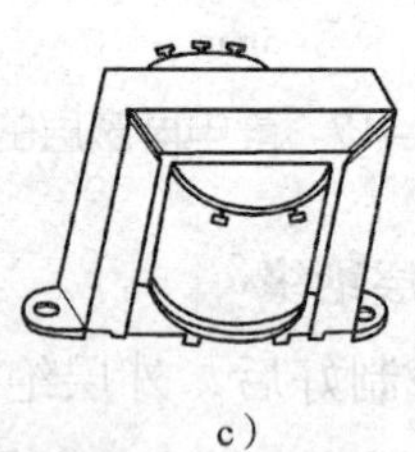
c）

图 5-2-23　变压器引出线的布置
a）立式变压器　b）卧式变压器　c）夹式变压器

五、参数测量

进行绝缘处理前应首先进行电气参数的测量，其方法见表 5-2-3，目的是检验制作出来的变压器的电气性能是否达到要求。对于重绕工作，则为检测电气性能是否与原变压器一致。

表 5-2-3 变压器的参数测量

序号	步骤	过程照片	步骤描述
1	兆欧表的开路试验	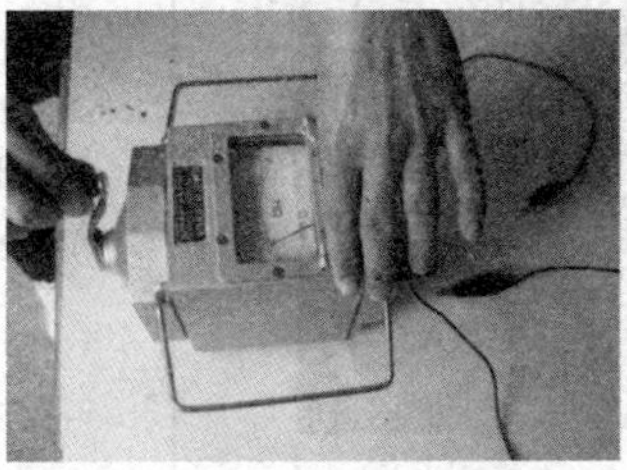	将兆欧表 L 线与 E 线自然分开，以 120 r/min 的速度摇动兆欧表。若兆欧表的表针指向无穷大，则为正常情况，兆欧表电压线圈也正常
2	兆欧表的短路试验	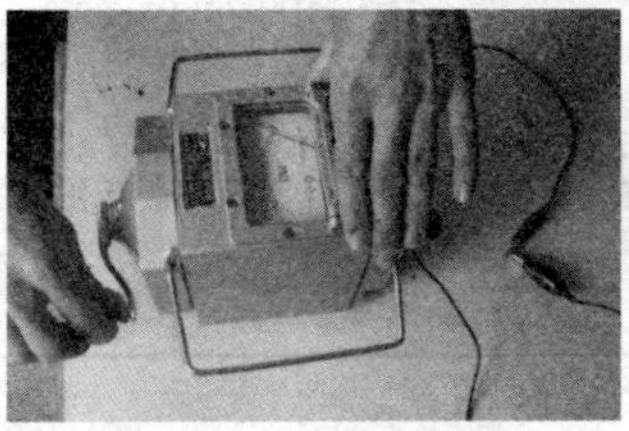	将兆欧表 L 线与 E 线短接，轻轻摇动兆欧表。若兆欧表的表针很快指向刻度 0，则为正常情况，兆欧表电流线圈也正常 注意：兆欧表轻摇一下即可，当指针指向刻度 0 后就不允许继续摇动，否则此时的短路电流可能会将兆欧表的电流线圈烧毁
3	一、二次绕组间绝缘电阻的测试	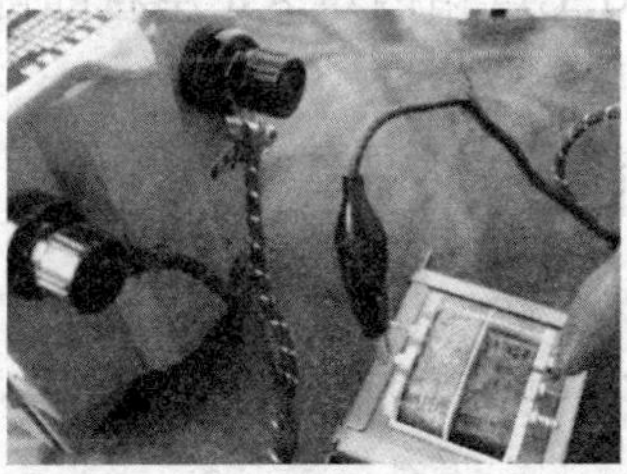	用兆欧表测量一次绕组和二次绕组间的绝缘电阻，阻值应接近“∞”（用兆欧表测量各绕组间和各绕组对铁芯的绝缘电阻。400 V 以下的变压器的绝缘电阻值不应低于 90 MΩ）
4	一次绕组与铁芯间绝缘电阻的测试	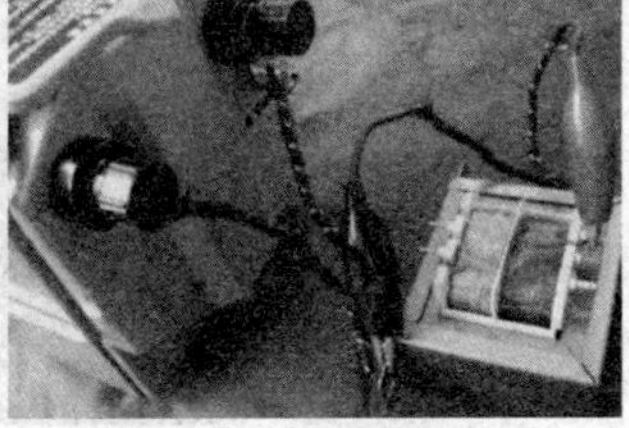	用兆欧表测量一次绕组对铁芯（外壳）的绝缘电阻，阻值应接近“∞”

续表

序号	步骤	过程照片	步骤描述
5	二次绕组与铁芯间绝缘电阻的测试	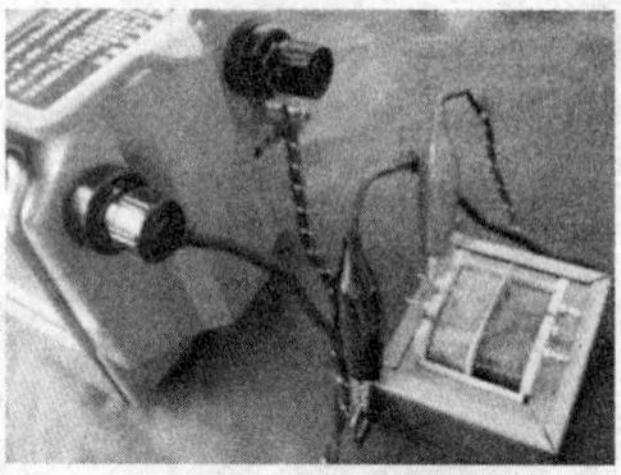	用兆欧表测量二次绕组对铁芯（外壳）的绝缘电阻，阻值应接近“∞”
6	空载电压的测试	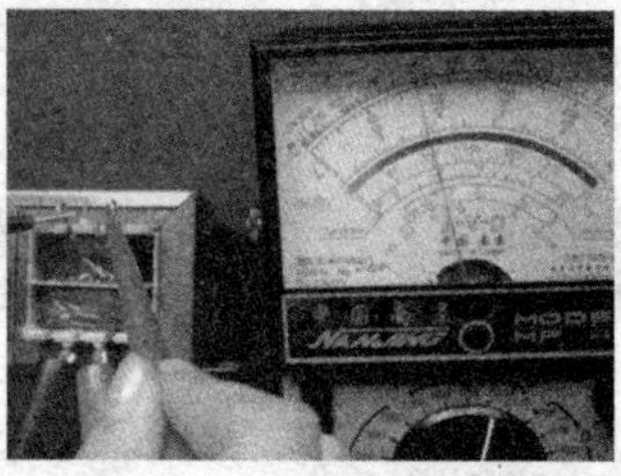	当一次侧电压加额定值 220 V 时，二次绕组的空载电压允许误差为 ±5%，例如测得二次侧电压为 16.5 V，误差为 3%，则在允许范围内

六、绝缘处理

线包绕好后，为防潮和增加绝缘强度，应做绝缘处理。处理方法是：将线包在烘箱内加温到 70 ~ 80 ℃，预热 3 ~ 5 h 后取出，立即浸入 1260 漆等绝缘清漆中约半小时，取出后在通风处滴干，然后在 80 ℃烘箱内烘 8 h 左右即可。

1．绝缘处理准备

将线包用导线杂（扎）好，如图 5-2-24 所示。

2．变压器身加热

放在烘箱内加温到 70 ~ 80 ℃，预热 3 ~ 5 h 后取出，以便油漆的渗透，如图 5-2-25 所示。

图 5-2-24　绝缘处理准备

图 5-2-25　变压器身加热

3．浸漆

立即浸入 1260 绝缘清漆中约 0.5 h，如图 5–2–26 所示。

4．绝缘风干或烘干

取出后在通风处滴干，然后在 80 ℃烘箱内烘 8 h 左右即可，如图 5–2–27 所示。

图 5–2–26 浸漆

图 5–2–27 绝缘风干或烘干

七、变压器重绕工作的准备

在工作中对变压器进行维修时，有时还需要以原有故障变压器为基础，将其拆卸后重新绕制导线。重绕工作在准备时还应完成以下内容。

1．测量线径

利用螺旋测微器分别测出一次和二次绕组的线径，如图 5–2–28 所示。

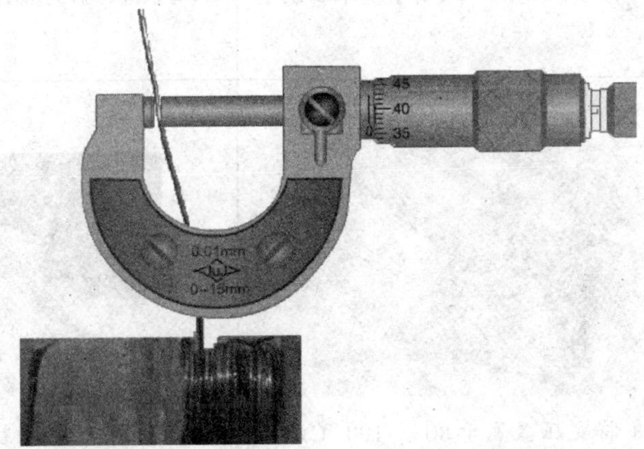

图 5–2–28 用螺旋测微器测量绕组的线径

2．单相变压器拆卸

重新绕制变压器前，应首先对原变压器进行拆卸。单相变压器的拆卸步骤见表 5–2–4。

表 5-2-4　单相变压器的拆卸步骤

<table>
<tr><th>序号</th><th>步骤</th><th colspan="2">过程照片及步骤描述</th></tr>
<tr><td rowspan="2">1</td><td rowspan="2">外壳拆卸</td><td> 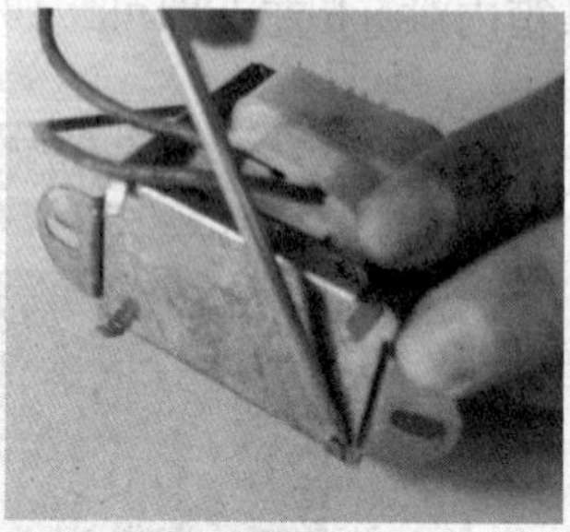（1）用一字旋具将小型变压器卡住底板的四个卡脚撬起</td><td> （2）取出外壳底板</td></tr>
<tr><td> 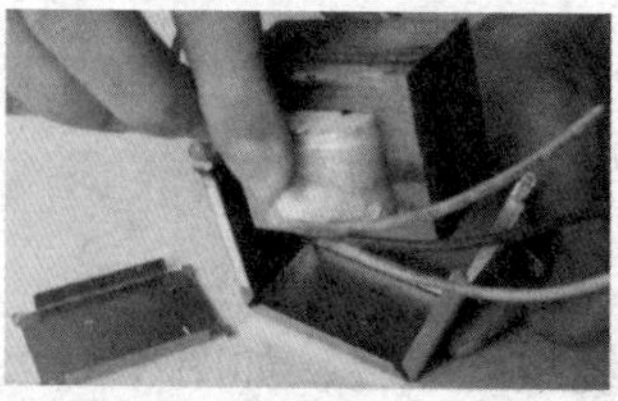（3）将整个外壳拆卸下来，并取出铁芯</td><td> 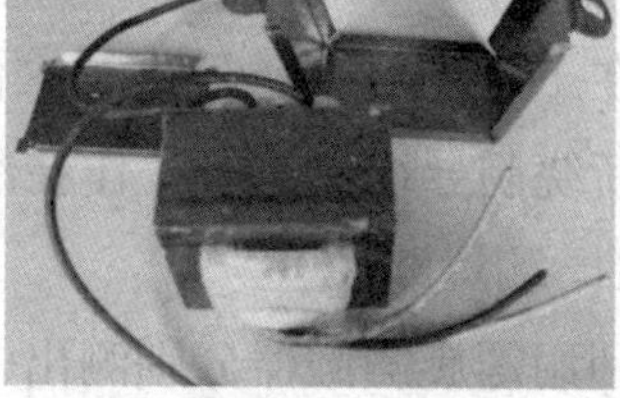（4）拆卸后的照片</td></tr>
<tr><td>2</td><td>铁芯起拆</td><td> 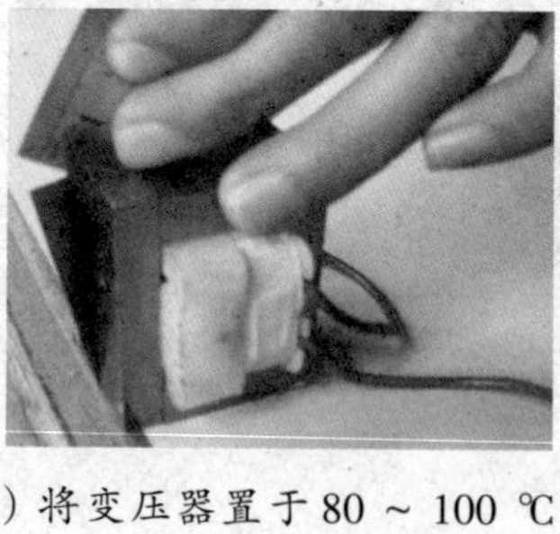（1）将变压器置于 80 ~ 100 ℃的温度下烘烤 2 h 左右，使绝缘软化，减小绝缘漆粘合力，并用锯条或刀片清除铁芯表面的绝缘漆膜。在变压器下方垫一木块，外边缘留几片不垫在木板上，在上方用磨制的断锯条对准最外面一层硅钢片的舌片</td><td> 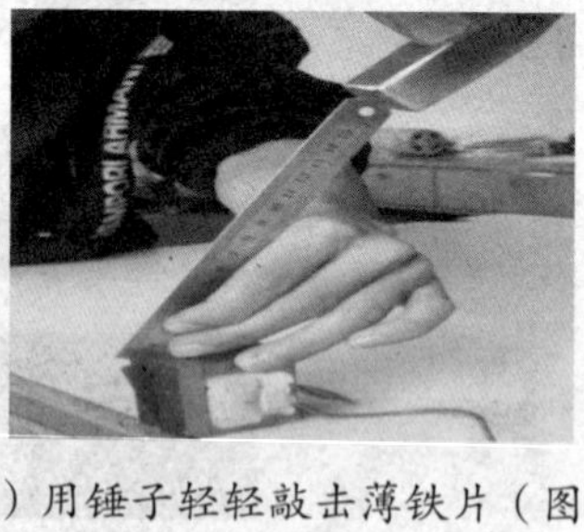（2）用锤子轻轻敲击薄铁片（图中为薄钢尺），将硅钢片先冲出几片来</td></tr>
</table>

续表

序号	步骤	过程照片及步骤描述	
2	铁芯起拆	（3）将冲出的那几片硅钢片沿两侧摇动，使硅钢片松动，同时将铁芯边摇动边往上提，直到这片硅钢片取出为止	（4）重复上述过程，逐步取出最外面插得较紧的硅钢片 外层硅钢片取出后，铁芯已不很紧固，其余部分可直接用手取出
3	绕组拆卸	（1）为了便于记录原绕组线圈的匝数，将待拆绕组连同骨架按与绕制线圈时相反的方向安装在绕线机上	（2）将绕线机的计数器清零
		（3）用手拖动线圈的线头并将拉出来的线绕在另一空骨架上。在骨架的拖动下，绕线机也被动转动，同时带动计数器计数。用此方法分别将一次和二次绕组拆卸下来并分别记录好一次和二次绕组的匝数	

提示

◇对有卷边和弯曲的硅钢片，可用木锤敲直展平后继续使用。注意不可用铁锤敲打，以免造成延展变形。若硅钢片表面出现锈蚀，应用汽油浸泡掉锈斑和旧绝缘漆膜，重刷绝缘漆。

◇如果整个线包需要重新绕制，原有的漆包线和骨架均不再用时，可采用破坏性拆法；将变压器铁芯夹紧在台虎钳上，用钢锯沿着铁芯舌宽面将线包连骨架一起锯开，即可轻易拆开铁芯。

技能训练

1. 训练内容

绕制稳压电源变压器。

2. 设备、工具及材料

（1）硅钢片选用 a=38 mm、c=19 mm、h=57 mm、A=114 mm、H=95 mm 的 E 形通用硅钢片，叠厚 48 mm，一次侧 220 V、0.6 A 绕组用最大外径为 0.67 mm 的 Q 型漆包线，绕 534 匝。

（2）二次侧 17 V、6 A 绕组用最大外径为 1.64 mm 的 Q 型漆包线，绕 41 匝。

（3）二次侧 30 V×2（中心抽头）、0.2 A 绕组用最大外径为 0.33 mm 的 Q 型漆包线，绕 146 匝。

（4）绕线芯子用厚 1 mm 的弹性纸制作；对铁芯绝缘用两层电缆纸（0.07 mm），一层黄蜡布（0.14 mm）；绕组间绝缘与对铁芯绝缘相同。

（5）17 V 层间绝缘用两层电缆纸（0.12 mm），其他绕组层间绝缘用一层电缆纸（0.07 mm）。

（6）电工工具 1 套，绕线机 1 台，其他专用工具。

3. 评分标准

评分标准见表 5-2-5。

表 5-2-5　评分标准

序号	项目内容	评分标准	配分	扣分	得分
1	绕组质量	（1）二次侧电压误差 ±3%，每超过 1%，扣 10 分 （2）中心抽头电压误差 ±1%，每超过 0.5%，扣 10 分 （3）绕组间短路，扣 30 分 （4）绕组接地（碰铁芯），扣 30 分	50		
2	外形	（1）线包不紧实，扣 10 分 （2）镶片不整齐、有空隙，扣 5 ~ 20 分 （3）引出线端未做电压值标记，扣 20 分 （4）焊片与青壳纸铆接不牢，每只扣 5 分	30		
3	引出线	（1）有虚假焊，每只扣 5 分 （2）引出线未套绝缘套管，每个扣 5 分	10		
4	安全文明生产	违反安全文明生产规定扣 10 分	10		
工时	6 h	合计	100		
备注		教师签字	年　月　日		

4．训练步骤

按小型变压器绕制工艺绕制绕组，绕制结束后，镶片、紧固铁芯、焊接引出线，交教师检验，待评分后再进行烘干、浸漆。

提示

◇木芯和绕线芯子做好后，送教师检验，合格后方可开始绕制绕组。

◇绕制绕组不要选错线径。

◇一次绕组引出线放在左侧，二次绕组引出线放在右侧。

◇导线排列要紧密、整齐，不可有叠线现象，匝数要准确。

◇不可损伤导线绝缘层，若发现导线绝缘层受潮，要及时修复。

◇绕制 30 V×2 绕组时，绕到 73 匝时要引出中心抽头引出线。

◇各绕组的头、尾、中心抽头都要套绝缘套管，并做好头、尾标记。

◇铁芯镶片时不要损伤线包，硅钢片接口不可有空隙。

◇铁芯用夹板紧固。

任务二　小型变压器的检修

学习目标

1. 能对小型变压器进行测试。
2. 能判别变压器的同名端及首尾端。

一、小型变压器的测试

1．绝缘电阻的测试

用兆欧表测量各绕组间及它们对铁芯的绝缘电阻，对于 400 V 以下的变压器，其绝缘电阻值不应低于 90 MΩ。

2．空载电压的测试

当一次侧电压加到额定值时，二次侧各绕组的空载电压允许误差为 ± 5%，中心抽头电压允许误差为±2%。

3．空载电流的测试

当一次侧输入额定电压时，其空载电流约为额定电流值的5%～8%。如空载电流大于额定电流的10%时，变压器损耗较大；当空载电流超过额定电流的20%时，它的温升将超过允许数值，就不能使用了。

提示

◇将光亮的铁芯外表面涂上黑漆会增加铁芯热辐射能力，在运转时可降低温度3～5℃。

◇铁芯插入后，还需夹紧铁芯片和安装变压器，功率较大的变压器用螺杆套上薄套管穿入铁芯孔内，加绝缘后用螺母紧固；功率较小的变压器用U形夹子紧固。

◇通电时要注意安全，应有监护人员在场。

二、变压器同名端的判别

变压器铁芯中的交变主磁通在一次、二次绕组中产生的交变感应电动势没有固定的极性。通常所说的变压器线圈的极性是指一次、二次两绕组的相对极性，即当一次绕组的某一端在某个瞬间电位为正时，二次绕组也一定在同一瞬间有一个电位为正的对应端，这两个对应端称为变压器的同名端，或者称为变压器的同极性端，通常用“*”来表示。

变压器同名端的判别方法有以下三种。

1．观察法

观察变压器一次、二次绕组的实际绕向，应用楞次定律、安培定则来判别。例如，变压器一次、二次绕组的实际绕向如图5-2-29所示。合上电源开关的一瞬间，一次绕组电流I_1产生主磁通Φ_1，在一次绕组产生自感电动势E_1，在二次绕组产生互感电动势E_2和感应电流I_2，用楞次定律可以确定E_1、E_2和I_1的实际方向，同时可以确定U_1、U_2的实际方向。这样可以判别出一次绕组A端与二次绕组a端电位都为正，即A、a是同名端；一次侧X端与二次侧x端电位为负，即X、x是同名端。

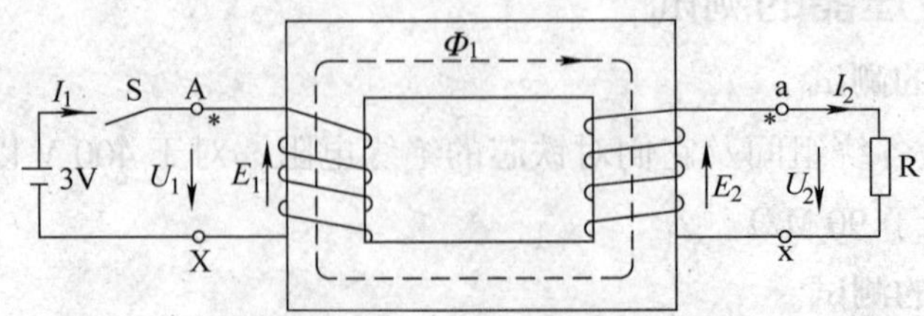

图5-2-29 通过绕组实际绕向判定变压器同名端

2．直流法

在无法辨清绕组方向时，可以用直流法来判别变压器同名端。用 1.5 V 或 3 V 的直流电源，按图 5-2-30 所示连接，将直流电源接入高压绕组，直流毫伏表接入低压绕组。合上开关一瞬间，如毫伏表指针向正方向摆动，则接直流电源正极的端子与接直流毫伏表正极的端子是同名端。

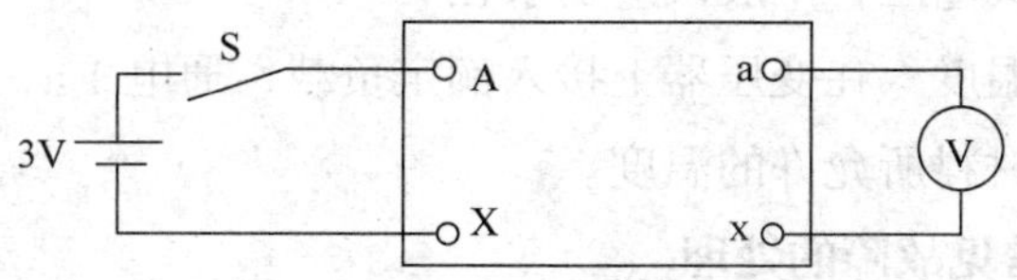

图 5-2-30 直流法判别变压器同名端

3．交流法

用导线将高压绕组一端与低压绕组一端相连接，同时将高压绕组及低压绕组的另一端接交流电压表，如图 5-2-31 所示。在高压绕组两端接入低压交流电源，测量 U_1 和 U_2 值，若 $U_1>U_2$，则 A、a 为同名端；若 $U_1<U_2$，则 A、a 为异名端。

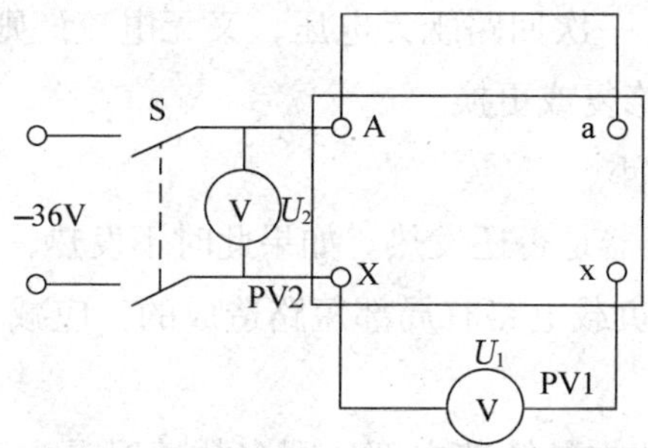

图 5-2-31 交流法判别变压器同名端

提示

判断变压器同名端的三种方法中，哪种方法最为快捷？

三、小型变压器的检查与故障处理

1．检查步骤

（1）外观检查 检查引线有无断线、脱焊，绝缘材料有无烧焦现象，变压器有无机械损伤，然后通电检查有无焦糊味或冒烟。如果有，则应排除故障后再做其他检查。

（2）线圈开路、短路的检查 用万用表电阻挡检查绕组的通断，以判断绕组是否开路；检查线圈是否短路时，可将绕组与一只灯泡串联后接在电源上，通过观察灯泡的亮度，检查绕组内部有无短路。灯泡的额定电压和功率可根据电源电压和变压器容量确定。

（3）测量绝缘电阻　用绝缘电阻表测试各绕组之间、各绕组与铁芯之间的绝缘电阻，冷态时应在 50 MΩ 以上。

（4）测量额定工作电压　在待测变压器一次绕组接上额定电压时（例如 220 V），测量二次侧输出的空载电压，一般误差要求在 ±（3% ~ 5%）。

（5）测量变压器温度　在变压器上接入额定负载，通电 1 h，温度不得超过允许温度，即变压器的绝缘材料所允许的温度。

2．小型变压器常见故障的处理

（1）接通电源无电压输出

1）如果一次回路有电压而无电流，一般是一次绕组出线端头断裂。如果断裂的线头处在绕组的外层，可剥开绝缘层，找出绕组上的断头，焊上新的引出线，包扎好绝缘层即可。如果断裂的线头在绕组内层，一般无法修复，只能拆除重绕。

2）若一次回路有较小的电流，而二次回路既无电压也无电流，则一般是二次绕组的出线端头断裂，处理方法同上。

3）如果接上电源后，一次回路既无电压，又无电流，则是由于电源线开路所致，应检查电源接线，并进行修复或更换。

（2）温升过高甚至冒烟

1）断开负载，看变压器是否还发热。如果此时不发热，空载电流也不大，则可认为发热是由于负载过大或负载电路有局部短路造成的，应减小负载或排除负载电路的故障。

2）若发热最严重的地方是铁芯内部，则多数情况是由于铁芯硅钢片之间绝缘太差，产生涡流致使铁芯发热。处理方法是，拆下铁芯，对硅钢片做绝缘处理后再重新装配。

3）如果因绕组遭受外力撞击、漆包线绝缘老化等原因造成匝间短路故障，短路处的温度会急剧上升。如果短路发生在同层排列相邻两匝或多匝之间，过热现象就较轻；若发生上、下层之间的两匝或多匝短路，过热现象就很严重。

4）如果短路发生在绕组的外层，可剥开绝缘层，如果是浸过漆的绕组，可用小型电烘箱或电吹风加热。待漆膜软化后，用薄竹片轻轻挑起绝缘已破坏的导线，刮掉断线端的绝缘层。在用一段导线将其两头与断头焊接在一起，垫上绝缘纸包好，然后涂上绝缘漆，吹干，外面再包上两层绝缘。如果芯线已损伤，则在损伤部位剪断，去掉一匝或多匝导线，在将导线两端焊接好，然后按上述方法进行绝缘处理。如果短路故障点发生在无骨架绕组两边沿口的上、下层之间，一般也可按上述方法修理。如果故障发生在绕组内部，一般无法修理，只能拆掉重绕。

5）剥开外层绝缘，若发现绝缘老化，应重新浸漆。如果老化严重，则应重新绕制。

（3）空载电流偏大

1）一次绕组匝数不足　解决的方法是增加一次绕组的匝数，同时按比例增加二次绕组的匝数，以保持变压比不变。这种情况，一般需要拆除重新绕制，若铁芯窗口不够，还要换大一号的铁芯。另外一种方法就是不增加变压器绕组，而是将铁芯硅钢片更换成质量更高的牌号。

2）铁芯叠厚不足　解决的方法是在可能的情况下增加铁芯厚度，无法增加时则要重新设计制作，也可以更换更高质量的硅钢片。

3）铁芯质量太差　解决的方法是更换质量高的硅钢片，或对铁芯做加厚处理。

（4）运行中有响声

1）硅钢片未插紧　如果判断出属于机械噪声，则是由于铁芯没有压紧，在运行时硅钢片产生机械振动所致，应采取措施压紧铁芯。

2）负载过大或短路引起振动　如果出现的是电磁噪声，则通常是由于设计时铁芯磁通密度选得过高，或变压器过载、短路，或存在漏电。如果属于设计原因，可更换质量更好的同等规格的硅钢片。属于其他原因的，则应减小负载或排除短路及漏电故障。

3）电源电压过高　变压器的电磁噪声还可能由电源电压过高所引起，可检查电源电压，并做相应的处理。

（5）铁芯带电

1）一次或二次绕组对地短路　这种故障多发生在无骨架绕组两边的沿口处、绕组最内层的四角处，绕组最外层也会发生，通常由于绕组外形尺寸过大而与铁芯窗口配合过紧，内绝缘裹得不好，或机械碰撞等原因造成，修理方法可参照匝间或层间短路的有关内容。

2）引出线头碰触铁芯　仔细检查各引出线头对铁芯的绝缘情况，排除引出线头与铁芯的短路点。

3）长期运行的绕组对铁芯绝缘老化　绝缘严重老化会造成绕组和铁芯之间出现漏电现象，应重新浸漆或更换绕组。

4）绕组受潮或环境湿度过高　由绕组受潮引起的漏电可使铁芯带电。应烘烤绕组加强绝缘，或将变压器置于通风干燥的环境中使用。

技能训练

1. 训练内容

采用交流法判别一次绕组与二次绕组的同名端。

2. 设备、工具、仪表及材料

一次侧电压为 380 V，二次侧电压为 127 V、24 V，变压器容量为 100 ~ 150 V·A，出线头未标电压标记。交流电压表 2 块，其量程均为 0 ~ 500 V。单相开启式负荷开关 1 只，容量为 15 A。万用表 1 只，电工工具 1 套。

3. 评分标准

评分标准见表 5–2–6。

表 5–2–6 评分标准

序号	项目内容	评分标准	配分	扣分	得分
1	一、二次绕组的判定	一、二次绕组的判定错一组，扣 10 分	10		
2	连接电路	连接电路（共两次连接），每出现一处错误扣 20 分	40		
3	选择量程	电压表量程选择错误，扣 10 分	10		
4	判定结果	判定结果错误，扣 30 分	30		
5	安全文明生产	违反安全文明生产规定扣 10 分	10		
工时	30 min	合计	100		
备注		教师签字	年 月 日		

4. 训练步骤

（1）先用万用表分别判定一次和二次各个绕组的两个出线头。

（2）按照交流法判别变压器同名端的方法进行电路连接，根据被测电压选择电压表的量程，读出电压表实测电压读数。

（3）根据读数判定一次侧、二次侧共三个绕组的同名端。

提示

◇电源应接在高压侧端，即一次绕组上。

◇电源电压可以选择 380 V 或 220 V，但电压表量程要在对应位置上。

◇通电时要注意安全，应有监护人员在场。